P rogrammable

L ogic

C ontroller

可编程控制器及工业控制网络

编著 王海燕 李精明

主审 林叶春

上海交通大学出版社
SHANGHAI JIAO TONG UNIVERSITY PRESS

内容提要

　　本书以西门子 S7－200 系列 PLC 为主,全面介绍 PLC 工作原理、硬件设备、软件指令以及由 PLC 构建的 Profibus DP 网络和工业以太网等工业控制网络。同时,考虑到船舶实际应用情况,单独一章介绍了 PLC 及其工业控制网络在船舶自动化领域的应用。海事局统考要求中关于 PLC 部分,既有西门子系列也有欧姆龙或三菱系列,而船舶实际应用的 PLC 类型则更为广泛。本书以西门子系列 PLC 为主,也介绍了欧姆龙、三菱和罗克韦尔 PLC,内容力求全面、详实,满足海事局统考要求。本书可作为船舶电子电气专业、轮机工程专业和其他相关专业教材,也可供相关工程技术人员参考。

图书在版编目(CIP)数据

　　可编程控制器及工业控制网络 / 王海燕,李精明编
著. 一上海:上海交通大学出版社, 2015 (2020 重印)
ISBN 978－7－313－13444－8

　Ⅰ. ①可… Ⅱ. ①王… ②李… Ⅲ. ①可编程序控制
器－高等学校－教材②工业控制计算机－计算机网络－高
等学校－教材 Ⅳ. ①TM571.6②TP273

　中国版本图书馆 CIP 数据核字(2015)第 197234 号

可编程控制器及工业控制网络

编　　著:	王海燕　李精明			
出版发行:	上海交通大学出版社	地　　址:	上海市番禺路 951 号
邮政编码:	200030	电　　话:	021－64071208
印　　制:	当纳利(上海)信息技术有限公司	经　　销:	全国新华书店
开　　本:	787 mm×1092 mm　1/16	印　　张:	24.5
字　　数:	561 千字			
版　　次:	2015 年 9 月第 1 版	印　　次:	2020 年 2 月第 2 次印刷
书　　号:	ISBN 978－7－313－13444－8			
定　　价:	58.00 元			

前　言

　　可编程控制器(PLC)自问世以来,以其可靠性高、编程简单、维护方便、通用性强、研发周期短等优点,被广泛应用于各行各业,如汽车制造、机械加工、冶金、矿业等。当然,PLC在船舶上也获得了广泛的应用,从船舶艏侧推控制、综合监控到船舶电站自动化、机舱设备控制等各个系统都有PLC的身影。可以说,PLC在船舶上的广泛应用,已经而且日益改变着船舶自动化的现状。

　　西门子系列PLC具有结构简单、编程方便、灵活通用等一系列的优点,而且西门子公司是重要的船舶自动化系统设备提供商,因此,西门子系列的PLC在船舶自动化领域具有很高的知名度。其经典的S7-200、S7-300等系列PLC在船舶机舱设备控制方面应用广泛,了解、掌握西门子系列PLC几乎已经成为船舶电气和轮机管理人员必备的技能之一。

　　随着网络技术的发展,船舶设备之间的互联互通已成为船舶自动化发展的趋势和重要内容。原来由单个PLC实现的对独立设备的控制也需要通过工业控制网络实现互联互通,从而提高机舱设备的整体运行性能,对船舶设备的综合监控、故障诊断等方面有重要的作用。

　　虽然西门子PLC在船舶领域应用广泛,但其他厂商的PLC在船舶应用上所占份额也相当可观,如三菱、欧姆龙和罗克韦尔等。尽管不同厂商的PLC原理和应用方式大同小异,掌握一种PLC便可以比较容易的掌握其他种类的PLC,但船舶电气和轮机管理等专业的学员仍希望在一本书中介绍其基本原理。

　　由于PLC在船舶的应用具有以上特点,结合船舶电子电气专业和轮机工程专业对PLC课程的要求,在近年来的教学过程中,我们以西门子PLC为主,介绍PLC的工作原理、硬件特性、程序设计以及工业控制网络的相关知识。通过这些内容的学习让学生初步掌握管理、使用、维护和初步设计船舶PLC控制系统的能力。同时,也介绍其他船舶常用PLC如三菱、欧姆龙和罗克韦尔PLC的相关基础知识,预期让学生更全面地了解PLC在船舶的应用现状。

　　不过,现有讲解PLC的教材多数为通用型教材,一般仅介绍某一厂家的PLC,尽管介绍 PLC 原理和指令的内容丰富,但对 PLC 工业控制网络的内容相对较为简单,特别是缺少关于 PLC 及其工业控制网络在船舶自动化领域的应用,而且也没有考虑到海事局考试大纲中对船舶 PLC 的多样性要求。实际考试大纲中既有西门子系列 PLC,也有欧姆龙和三菱系列 PLC,而船舶实际应用的 PLC 类型则更为广泛,因此,现有教材难以满足海事局统考要求和船舶工作实际,不适合航海类专业特色和教学内容。

因此,编者根据船舶电子电气专业和轮机工程专业的培养要求,结合在近年来教学实践中使用的教案,编写了本教材。本书在内容上充分考虑了专业特色和生产实际,以西门子系列 PLC 为主,在第 1~4 章中以 S7 - 200、300 系列 PLC 为例,详细讲述了 PLC 工作原理;在第 5~6 章中介绍了典型的工业控制网络 PROFIBUS 和工业以太网。同时,兼顾其他品牌的 PLC,在第 7 章分别介绍了三菱、欧姆龙和罗克韦尔 PLC 的硬件特性、软件设计和通信功能,以满足专业对 PLC 多样性的要求。特别是在第 8 章专门介绍了 PLC 在船舶的实际应用案例,体现了专业特色,也结合了船舶实际。本书作为船舶电子电气专业和轮机专业本科教材,也可供相关人员参考。

本书第 1、2、3、8 章由王海燕编写,第 4、5 章由李精明编写,第 6、7 章由陈铭治编写,全书由王海燕统稿,由林叶春老师主审。

作者在撰写过程中,参阅了国内外许多同类著作和相关文献,并引用了他们的成果和论述,在此向本书所引文献的作者们表示衷心的感谢。

本书的出版获得了上海海事大学三年规划教材建设项目的资助,在此谨表示衷心的感谢。同时,感谢上海交通大学出版社的编辑们,正是他们的支持和辛勤劳动,本书才能以高出版质量奉献给读者。

由于编者水平有限,书中存在的错误和不当之处,恳请专家、读者批评指正。

目　录

第1章 概　述

1.1　可编程控制器的发展

1.1.1　可编程控制器的产生与发展

在可编程控制器产生之前,早期的工业控制广泛采用继电器控制系统。继电器控制系统可以看作是由输入电路、继电器控制电路、输出电路和控制对象等四部分组成,如图1-1所示。其中输入电路由继电器、接触器、按钮、行程开关等器件组成,用于向系统输入控制信号。输出电路由接触器、电磁阀等执行元件组成,用于控制工业现场的各种控制对象,如电机、阀门等。继电器控制电路部分是系统的核心,由各种继电器组成,完成逻辑控制、定时、计数等控制功能。

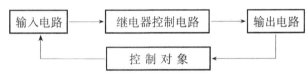

图1-1　继电器控制系统

虽然继电器控制系统在传统工业中起到不可替代的作用,但其控制系统通常是针对某一固定的动作顺序或生产工艺而设计的,控制功能仅仅局限于逻辑控制、定时、计数等一些简单功能。一旦系统的动作顺序或生产工艺发生变化,就必须对系统进行重新设计、布线、装配和调试。因此,随着生产规模的不断扩大和对控制系统灵活性要求的日益提高,继电器控制系统越来越难以适应现代工业生产的需求,迫使人们研制可以替代继电器控制系统的新型工业控制系统。

1968年,美国的汽车制造公司通用汽车公司(GM)提出了研制一种新型控制器的要求,并从用户角度提出新一代控制器应具备以下10个条件:

(1) 编程简单,可在现场修改程序。

(2) 维护方便,最好是插件式。

(3) 可靠性高于继电器控制柜。

(4) 体积小于继电器控制柜。

(5) 可将数据直接送入管理计算机。

(6) 在成本上可与继电器控制柜竞争。

(7) 输入可以是交流115 V(即用美国的电网电压)。

（8）输出为交流 115 V、2 A 以上，能直接驱动电磁阀。

（9）在扩展时，原有系统只需要很小的变更。

（10）用户程序存储器容量至少能扩展到 4 kB。

条件提出后，立即引起了开发热潮。1969 年，美国数字设备公司（DEC）研制出了世界上第一台可编程序控制器，并应用于通用汽车公司的生产线上。当时称可编程逻辑控制器（Programmable Logic Controller，PLC），目的是用来取代各种继电器，以执行逻辑判断、计时、计数等顺序控制功能。美国的 MODICON 公司紧随其后也开发出了同名的控制器。1971 年，日本从美国引进了这项新技术，很快研制成了日本第一台可编程控制器。1973 年，西欧国家也研制出他们的第一台可编程控制器。

到 20 世纪 70 年代中期以后，特别是进入 20 世纪 80 年代以来，随着半导体技术，尤其是微处理器技术的发展，PLC 已广泛地使用 16 位甚至 32 位的微处理器作为中央处理器，同时，输入输出模块和外围电路也都采用了中、大规模甚至超大规模的集成电路，使 PLC 在概念、设计、性能价格比以及应用方面都有了新的突破。这时的 PLC 已不仅仅具备逻辑判断功能，还同时拥有了数据处理、数字通信和智能控制的功能。实际上，这时的 PLC 称之为可编程序控制器（Programmable Controller，PC）更为合适。但为了与个人计算机（Personal Computer）的简称 PC 相区别，一般仍将它简称为 PLC。

实际上，PLC 是微机技术与传统的继电器-接触器控制技术相结合的产物，其基本设计思想是把计算机功能完善、灵活、通用等优点和继电器控制系统的简单易懂、操作方便、价格便宜等优点结合起来。PLC 的硬件是标准的、通用的，但可以根据实际应用对象，将控制内容编制成软件写入控制器的用户程序存储器内，从而实现不同的控制功能。

继电器控制系统已有上百年历史，它是用弱电信号控制强电系统的控制方法。在复杂的继电器控制系统中，故障的查找和排除困难，花费时间长，严重地影响工业生产。在工艺要求发生变化的情况下，控制柜内的元件和接线需要作相应的变动，改造工期长、费用高，以至于用户宁愿另外制作一台新的控制柜。而 PLC 克服了继电器-接触器控制系统中机械触点的接线复杂、可靠性低、功耗高、通用性和灵活性差的缺点，充分利用了微处理器的优点，并通过标准的接线端子将控制器和被控对象方便地连接起来。

对用户来说，可编程控制器是一种无触点设备，改变程序即可改变生产工艺，因此如果在初步设计阶段就选用可编程控制器，可以使设计和调试变得简单容易。从制造生产可编程控制器的厂商角度看，在制造阶段不需要根据用户的订货要求专门设计控制器，适合批量生产。由于这些特点，可编程控制器问世以后很快受到工业控制界的欢迎，并得到迅速的发展。目前，可编程控制器已成为工厂自动化的强有力工具，得到了广泛的应用。

我国从 1974 年也开始研制可编程序控制器，1977 年开始工业应用。目前它已经大量地应用在楼宇自动化、家庭自动化、商业、公用事业、测试设备和农业等领域，并涌现出大批应用可编程序控制器的新型设备。掌握可编程序控制器的工作原理，具备设计、调试和维护可编程序控制器控制系统的能力，已经成为现代工业对电气技术人员和工科学生的基本要求。

1.1.2 可编程控制器的定义

国际电工委员会(IEC)曾于 1982 年 11 月颁布了可编程控制器标准草案第一稿,1985 年 1 月发表了第二稿,1987 年 2 月颁布了第三稿。该草案第三稿中对可编程控制器作了如下定义:"可编程控制器是一种数字运算操作的电子系统,专为在工业环境下应用而设计。它采用了可编程序的存储器,用来在其内部存储和执行逻辑运算、顺序控制、定时、计数和算术运算等操作命令,并通过数字式和模拟式的输入和输出,控制各种类型的机械或生产过程。可编程控制器及其有关外围设备,都按易于与工业系统联成一个整体、易于扩充其功能的原则设计。"

定义强调了可编程控制器是"数字运算操作的电子系统",是一种计算机。它是"专为在工业环境下应用而设计"的工业控制计算机,除了能完成各种各样的控制功能外,还有与其他计算机通信联网的功能。这种工业计算机采用"面向用户的指令",因此编程方便。它能完成逻辑运算、顺序控制、定时计数和算术操作,它还具有数字量和模拟量输入输出控制的能力,并且非常容易"与工业控制系统联成一体",易于"扩充"。

定义还强调了可编程控制器应直接应用于工业环境,它须具有很强的抗干扰能力、广泛的适应能力和应用范围。这也是区别于一般微机控制系统的一个重要特征。

1.1.3 可编程控制器的分类及特点

目前,PLC 种类很多,规格性能不一。对 PLC 的分类,通常可根据它的结构形式、容量或功能进行。

1) 按结构形式分类

按照硬件的结构形式,PLC 可分为整体式、模块式和叠装式。

(1) 整体式 PLC(见图 1-2)。这种结构的 PLC 将电源、CPU、存储器、输入/输出(I/O)部件等集中配置在一起,装在一个箱体内,通常称为主机。整体式结构的 PLC 具有结构紧凑、体积小、重量轻、价格较低等特点,但主机的 I/O 点数固定,使用上不太灵活。小型的 PLC 通常使用这种结构,适用于功能要求比较简单的控制场合。西门子的 S7-200 系列 PLC、欧姆龙的 CP 系列 PLC 等都属于整体式 PLC。

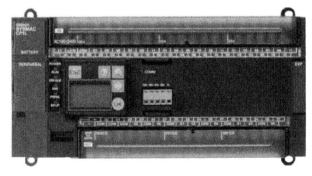

图 1-2 整体式 PLC(S7-200 系列和 CP 系列)

图 1-3　模块式 PLC(S7-300 系列)

（2）模块式 PLC(见图 1-3)。也称为积木式结构，即把 PLC 的各组成部分以模块的形式分开，如电源模块、CPU 模块、输入模块、输出模块等，把这些模块依次插装在一个底板上，组装在一个机架内。这种结构的 PLC 配置灵活，装配方便，便于扩展，但结构较复杂，价格也较高。大型的 PLC 通常采用这种结构，适用于比较复杂的控制场合。

（3）叠装式 PLC(见图 1-4)。这是一种新的结构形式，它吸收了整体式和模块式 PLC 的优点，如三菱公司的 FX2 系列 PLC，它的基本单元、扩展单元和扩展模块等高等宽，但是长度不同。它们不用基板，仅用扁平电缆，紧密拼装后组成一个整齐的长方体，输入输出点数的配置也相当灵活。

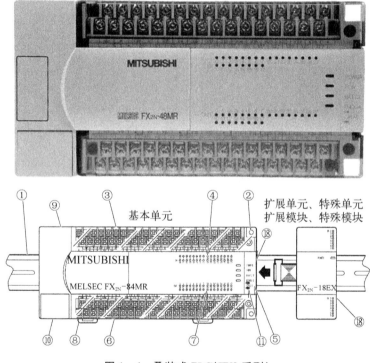

图 1-4　叠装式 PLC(FX2 系列)

2）按容量分类

PLC 的容量主要是指其 I/O 点数。按容量大小，可将 PLC 分为：

（1）小型 PLC：I/O 点数一般在 256 点以下。

（2）中型 PLC：I/O 点数一般在 256~1 024 点之间。

（3）大型 PLC：I/O 点数在 1 024 点以上。

3) 按功能分类

PLC 按功能上的强弱,可分为:

(1) 低档机。具有逻辑运算、计时、计数等功能,有的有一定的算术运算、数据处理和传送等功能,可实现逻辑、顺序、计时、计数等控制功能。

(2) 中档机。除具有低档机的功能外,还具有较强的模拟量输出、算术运算、数据传送等功能,可完成既有开关量又有模拟量的控制任务。

(3) 高档机。除具有中档机的功能外,还具有带符号运算、矩阵运算等功能,使得运算能力更强,还具有模拟量调节、强大的联网通信等功能,能进行智能控制、远程控制和大规模控制,可构成分布式控制系统,实现工厂自动化管理。

当然,上述分类的标准不是固定的,而是随 PLC 整体性能的提高而不断变化。

4) PLC 的特点

(1) 可靠性高,抗干扰能力强。在 I/O 环节,PLC 采用了光电隔离、滤波等多种措施。系统程序和大部分的用户程序都采用 EPROM,一般 PLC 的平均无故障工作时间可达几万小时。

(2) 控制功能强。PLC 所采用的 CPU 一般是具有较强位处理功能的位处理机,为了增强其复杂的控制功能和联网通信等管理功能,可以采用双 CPU 的运行方式。

(3) 编程方便易学。第一编程语言(梯形图)是一种图形编程语言,与多年来工业现场使用的电器控制图非常相似,理解方式也相同,非常适合现场人员的学习。

(4) 适用于恶劣的工业环境。采用封装的方式,适合于存在各种震动、腐蚀及有毒气体等的应用场合。

(5) 与外部设备连接方便。采用统一接线方式、可拆装的活动端子排,提供不同的端子,能适应多种电气规格。

(6) 体积小,重量轻,功耗低。

(7) 性价比高。与其他控制方式相比,性能价格比较高。

(8) 模块化结构,扩展能力强。根据现场需要可进行不同功能的扩展和组装,一种型号的 PLC 可用于控制从几个 I/O 点到几百个 I/O 点的控制系统。

(9) 维修方便,功能更改灵活。程序的修改就意味着控制功能的修改,因此功能的改变非常灵活。

1.2　可编程控制器的基本结构

可编程控制器的结构形式多种多样,但其组成的一般原理基本相同,都是以微处理器为核心的结构,如图 1-5 所示,主要由 CPU 单元、存储器、I/O 接口、外设接口、编程装置、电源等组成。

可编程控制器的基本工作过程是:编程装置将用户程序送入可编程控制器的存储器,在运行状态下,输入单元接收到外部元件发出的输入信号,CPU 单元从存储器中读取程序并执行程序,然后根据程序运行后的结果,由输出单元输出相关信号驱动外部设备。

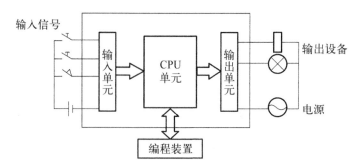

图 1-5 可编程控制器系统结构

1.2.1 CPU 单元

CPU 单元是可编程控制器的控制中枢,相当于人的大脑。CPU 单元一般由控制电路、运算器和寄存器组成,这些电路通常都被封装在一个集成芯片上。CPU 通过地址总线、数据总线、控制总线与存储单元、输入输出接口电路连接并实现数据交换。

CPU 单元的主要功能是在系统监控程序的控制下工作,采用循环扫描工作方式,将外部输入接口的信号读入输入映像寄存器区;在运行状态下,从存储器逐条读取用户指令,按指令规定的任务进行数据的传送、逻辑运算、算术运算等,将运算结果写入输出映像寄存区;最后刷新输出接口的输出信号。

CPU 常用的微处理器有通用型微处理器、单片机和位片式处理器等。通用型微处理器常见的如 Intel 公司的 8086、80186 到 Pentium 系列芯片;单片机型的微处理器如 Intel 公司的 MCS-96 系列单片机;位片式微处理器如 AMD 2900 系列的微处理器。小型 PLC 的 CPU 多采用单片机或专用 CPU;中型 PLC 的 CPU 大多采用 16 位微处理器或单片机;大型 PLC 的 CPU 多用高速位片式处理器,具有高速处理能力。

1.2.2 存储器

可编程控制器的存储器用来存储系统程序、用户程序和工作数据。通常由只读存储器(ROM)、随机存储器(RAM)和可电擦写的存储器(EEPROM)三大部分构成。

ROM 用以存放系统程序。系统程序在可编程控制器的生产过程中被固化在 ROM 中,用户不可更改。RAM 用于存放用户程序和中间运算数据,是一种高密度、低功耗、价格便宜的半导体存储器,可用锂电池做备用电源。它存储的内容是易失的,掉电后内容丢失;当系统掉电时,用户程序可以保存在 EEPROM 或由高能电池支持的 RAM 中。EEPROM 兼有 ROM 的非易失性和 RAM 的随机存取优点,用来存放需要长期保存的重要数据。

1.2.3 输入/输出接口

输入输出接口电路实际上是 PLC 与被控对象间传递输入输出信号的接口部件。PLC 输入电路作用是将 PLC 外部电路(如行程开关、按钮、传感器等)提供的符合 PLC 输入电路要求的电压信号,通过光电耦合电路送至 PLC 内部电路。输入电路通常以光电隔离和阻容滤波的方式提高抗干扰能力,输入响应时间一般在 0.1～15 ms 之间。PLC 输出电路的作用是将内部电路的计算结果输出到外部电路,驱动外部电路,如继电器、显示器、指示灯等动作。

根据输入输出信号形式的不同,可分为模拟量 I/O 单元和数字量 I/O 单元两大类。

1) 输入接口电路

由于生产过程中使用的各种开关、按钮、传感器等输入器件直接接到 PLC 输入接口电路上,为防止由于触点抖动或干扰脉冲引起错误的输入信号,输入接口电路必须有很强的抗干扰能力。输入接口电路提高抗干扰能力的方法主要是利用光电耦合和滤波电路实现,如图 1-6 所示。

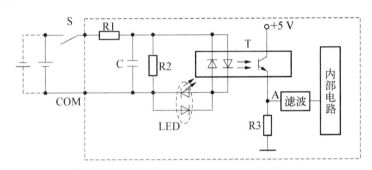

图 1-6　可编程控制器的输入电路

(1) 利用光电耦合器提高抗干扰能力。光电耦合器工作原理是:发光二极管(LED)有驱动电流流过时,导通发光,光敏三极管接收到光线,由截止变为导通,将输入信号送入 PLC 内部。光电耦合器中的发光二极管是电流驱动元件,要有足够的能量才能驱动。而干扰信号虽然有的电压值很高,但能量较小,不能使发光二极管导通发光,所以不能进入 PLC 内,实现了电气隔离。

(2) 利用滤波电路提高抗干扰能力。最常用的滤波电路是电阻电容滤波,如图 1-6 中的 R1 和 C。

图 1-6 中,S 为输入开关,当 S 闭合时,LED 点亮,显示输入开关 S 处于接通状态。光电耦合器导通,将高电平经滤波器送到 PLC 内部电路中。当 CPU 在循环的输入阶段锁入该信号时,将该输入点对应的映像寄存器状态置 1;当 S 断开时,对应的映像寄存器状态置 0。

常用输入电路根据电压类型及电路形式的不同,可以分为干接点式、直流输入式和交流输入式。输入电路的电源可由外部提供,有的也可由 PLC 内部提供。

2) 输出接口电路

根据所需驱动的负载元件的不同,可将输出接口电路分为 3 种。

(1) 小型继电器输出形式,如图 1-7 所示。这种输出形式既可驱动交流负载,又可驱动直流负载。它的优点是适用电压范围比较宽,导通压降小,承受瞬时过电压和过电流的能力强。缺点是动作速度较慢,动作次数(寿命)有一定的限制。建议在输出量变化不频繁时优先选用。

如图 1-7 所示输出电路的工作原理是:当内部电路的状态为 1 时,使继电器 K 的线

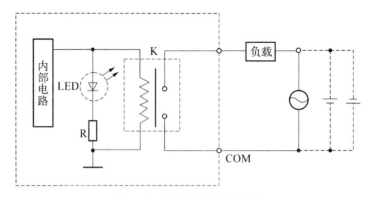

图 1-7　小型继电器输出电路

圈通电,产生电磁吸力,触点闭合,则负载得电,同时点亮 LED,表示该路输出点有输出。当内部电路的状态为 0 时,使继电器 K 的线圈无电流,触点断开,则负载断电,同时 LED 熄灭,表示该路输出点无输出。

（2）大功率晶体管或场效应管输出形式,如图 1-8 所示。这种输出形式只可驱动直流负载。它的优点是可靠性强,执行速度快,寿命长。缺点是过载能力差。适合在直流供电、输出量变化快的场合选用。

如图 1-8 所示输出电路的工作原理是:当内部电路的状态为 1 时,光电耦合器 T 导通,使大功率晶体管 VT 饱和导通,则负载得电,同时点亮 LED,表示该路输出点有输出。当内部电路的状态为 0 时,光电耦合器 T 断开,大功率晶体管 VT 截止,则负载失电,LED 熄灭,表示该路输出点无输出。若负载为电感性负载,则 VT 关断时会产生较高的反电势。VD 为续流二极管,其作用就是为 VT 提供放电回路,避免 VT 承受过电压。

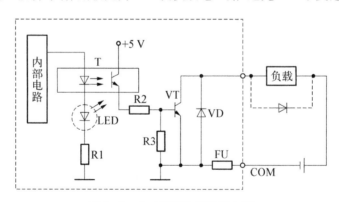

图 1-8　大功率晶体管输出电路

（3）双向晶闸管输出形式,如图 1-9 所示。这种输出形式适合驱动交流负载。由于双向可控硅和大功率晶体管同属于半导体材料元件,所以优缺点与大功率晶体管或场效应管输出形式的相似,适合在交流供电、输出量变化快的场合选用。

如图 1-9 所示输出电路的工作原理是:当内部电路的状态为 1 时,LED 导通发光,相当于双向晶闸管施加了触发信号,无论外接电源极性如何,双向晶闸管 T 均导通,负载得电,同时输出指示灯 LED 点亮,表示该输出点接通;当对应 T 的内部继电器的状态为 0 时,双向晶闸管施加了触发信号,双向晶闸管关断,此时 LED 不亮,负载失电。

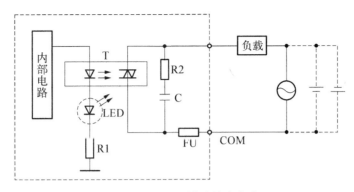

图 1-9 双向可控硅输出电路

3) I/O 电路的常见问题和解决方法

(1) 用三极管等有源元件作为无触点开关的输出设备,在与 PLC 输入单元连接时,由于三极管自身有漏电流存在,或者电路不能保证三极管可靠截止而使三极管处于放大状态,使得即使在三极管截止时,仍会有一个小的漏电流流过。当该电流值大于 1.3 mA 时,就可能引起 PLC 输入电路发生误动作。因此,可在 PLC 输入端并联一个旁路电阻来分流,使流入 PLC 的电流小于 1.3 mA。

(2) 应在输出回路串联保险丝,避免负载电流过大而损坏输出元件或电路板。

(3) 由于晶体管、双向晶闸管型输出端子漏电流和残余电压的存在,当驱动不同类型的负载时,需要考虑电平匹配和误动作等问题。

(4) 感性负载断电时产生很高的反电势,对输出单元电路产生冲击,对于大电感或频繁关断的感性负载应使用外部抑制电路,一般采用阻容吸收电路或二极管吸收电路。

当输出端接有直流感性负载时,如果 PLC 为直流输出,因其有内部保护,可以适应大多数场合;如果 PLC 为继电器型输出,因其没有内部保护,应在直流负载两端接抑制电路,如图 1-10 所示。在大多数的应用中,用附加的二极管 A 即可;而如果要求关断速度更快,则建议加上稳压二极管 B。确保稳压二极管能够满足输出电路的电流要求。

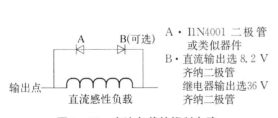

A·I1N4001 二极管或类似器件
B·直流输出选 8.2 V 齐纳二极管 继电器输出选 36 V 齐纳二极管

图 1-10 直流负载的抑制电路

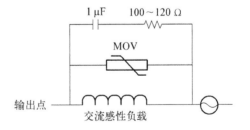

图 1-11 交流负载的抑制电路

当输出端接有交流感性负载时,如果 PLC 为交流输出,因为交流输出有内部保护,可以适应大多数场合;如果 PLC 为继电器型输出,因为没有内部保护,应在交流负载两端接抑制电路,图 1-11 给出了交流负载抑制电路的一个实例。当采用继电器或交流输出来切换交流负载时,交流负载电路中宜采用该图所示的电阻/电容网络。也可以使用金属氧化物可变电阻器(MOV)来限制峰值电压,此时需确保 MOV 的工作电压至少比正常的线电压高出 20%。

1.2.4　外设接口

外设接口电路用于连接手持编程器或其他图形编程器、文本显示器,并能通过外设接口组成 PLC 的控制网络。PLC 通过 PC/PPI 电缆或使用 MPI 卡通过 RS-485 接口与计算机连接,可以实现编程、监控、联网等功能。

1.2.5　电源

电源单元的作用是把外部电源(220 V 的交流电源)转换成内部工作电压。外部连接的电源,通过 PLC 内部配有的一个专用开关式稳压电源,将交流/直流供电电源转化为 PLC 内部电路需要的工作电源(直流 5 V、±12 V、24 V)。小型 PLC 可以为外部输入电路和外部的电子传感器元件(如接近开关)提供 24 V 直流电源。但驱动 PLC 负载的电源一般应由用户提供。

1.2.6　编程设备

编程器用来生成用户程序,是 PLC 的重要外围设备。利用编程器将用户程序送入 PLC 的存储器,还可以用编程器检查和修改用户程序,监视 PLC 的工作状态。

常见的给 PLC 编程的装置有手持式编程器和计算机编程软件。在可编程序控制器发展的初期,使用专用编程器来编程。小型可编程序控制器使用价格较便宜、携带方便的手持式编程器,大中型可编程序控制器则使用以小阴极射线管(CRT)作为显示器的便携式编程器。专用编程器只能对某一厂家的某些产品编程,使用范围有限。手持式编程器不能直接输入和编辑梯形图,只能输入和编辑文本指令,但它有体积小、便于携带、可用于现场调试、价格便宜的优点。

随着计算机的普及,越来越多的用户开始使用基于个人计算机的编程软件来编写用户程序。目前有的可编程序控制器厂商或经销商向用户提供编程软件,在个人计算机上添加适当的硬件接口和软件包,即可用个人计算机对 PLC 进行编程。利用微机作为编程器,可以直接编制并显示梯形图,程序可以存盘、打印、调试,对于查找故障非常有利。

1.3　PLC 的工作原理和编程语言

PLC 有两种操作模式,即 RUN(运行)模式和 STOP(停止)模式。在 RUN 模式下,PLC 执行用户程序实现控制功能。在 STOP 模式下,PLC 不执行用户程序,用户可以用编程器或编程软件创建和编辑用户程序,设置 PLC 的硬件功能,并将用户程序和硬件设置信息下载到 PLC 中。在不同的工作模式下,PLC 的工作过程有所差别。

1.3.1　PLC 的工作过程

1) PLC 的具体工作过程

PLC 通电后,首先需要对硬件和软件做一些初始化工作,然后开始周而复始地分阶段处理各种不同的任务。PLC 这种周期性的循环工作方式称为循环扫描工作方式,完成一次周期性的工作称为一个扫描周期。当 PLC 运行在不同的工作模式下时,其扫描过程有所差别,主要区别是在 STOP 模式下,PLC 不执行用户程序。

如图 1-12 所示,一个扫描周期主要可分为 5 个阶段。

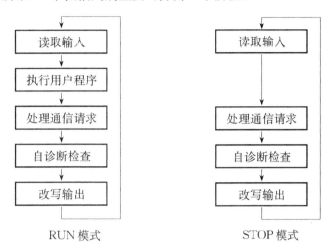

图 1-12　PLC 的扫描过程

（1）读取输入阶段。CPU 在处理用户程序时,使用的输入值不是直接从输入点读取的,运算的结果也不直接送到实际输出点,而是在内存中设置了两个映像寄存器:一个为输入映像寄存器,另一个为输出映像寄存器。用户程序中所用的输入值是输入映像寄存器的值,运算结果存放在输出映像寄存器中。在输入扫描过程中,CPU 把实际输入点的状态锁存到输入映像寄存器;在输出扫描过程中,CPU 把输出映像寄存器的值锁定到实际输出点。

每次扫描周期的开始,先读取输入点的当前值,然后写到输入映像寄存器区域。在此后的用户程序执行的过程中,CPU 访问输入映像寄存器区域,而并非直接读取输入端口的状态,输入信号的变化并不会影响到输入映像寄存器的状态,因此,通常要求输入信号有足够的脉冲宽度,才能被正确响应。

（2）执行用户程序阶段。用户程序执行阶段,PLC 按照用户程序指令的顺序,自左而右、自上而下地逐行扫描执行。在这一阶段 CPU 从用户程序的第一条指令开始执行直到最后一条指令结束,程序运行结果放入输出映像寄存器区域。在此阶段,允许对数字量 I/O 指令和不设置数字滤波的模拟量 I/O 指令进行处理。输出映像寄存器的值会随着程序的执行而变化,但不会直接改变输出点的值。

（3）处理通信请求阶段。这是扫描周期的信息处理阶段,CPU 处理从通信端口和智能模块接收到的信息,例如读取智能模块的信息并存放在缓冲区中,在适当的时候将信息传送给请求方等。

（4）执行 CPU 自诊断测试阶段。在此阶段 CPU 检查其硬件、用户程序存储器和所有 I/O 模块的状态。自诊断测试扫描过程中为保证设备的可靠性,及时反映所出现的故障,PLC 都具有自监视功能。自监视功能主要由时间监视器(Watchdog Timer,WDT)完成。WDT 是一个硬件定时器,每一个扫描周期开始前都被复位。WDT 的定时时间可由用户修改,一般在 100～500 ms 之间。其他的执行结果错误可由程序设计者通过标志位进行处理。

(5) 改写输出阶段。每个扫描周期的结尾,CPU 把存在输出映像寄存器中的数据输出给输出端点(写入输出锁存器中),更新输出状态。然后 PLC 进入下一个循环周期,重新执行输入采样阶段,周而复始,循环执行。

如果程序中使用了中断指令,当中断事件出现时,PLC 将停止正常的扫描工作方式,立即转入执行中断程序,从而提高 PLC 的响应速度。在扫描周期的各个阶段,均可对中断事件进行响应。

如果在程序中使用了立即 I/O 指令,则 PLC 可以直接存取 I/O 点。用立即 I/O 指令读输入点值时,相应的输入映像寄存器的值并未被修改;但使用立即 I/O 指令写输出点值时,相应的输出映像寄存器的值将被修改。

从以上对扫描周期的分析可知,扫描周期的时间变化基本上可分为三部分,即保证系统正常运行的公共操作、系统与外部设备信息的交换和用户程序的执行。第一部分的扫描时间基本上是固定的,因机器类型而有所不同;第二部分并不是每个系统或系统的每次扫描都有,占用的扫描时间也是变化的;第三部分随控制对象工艺的复杂程度和用户控制程序而变化,因此这部分占用的扫描时间不仅对不同系统其长短不同,而且对同一系统的不同执行条件也占用着不同的扫描时间。所以,系统扫描周期的长短,除了因是否运行用户程序而有较大的差别外,在运行用户程序时也不是完全固定不变的。这是由于在执行程序中,随变量状态的不同,部分程序段可能不执行而形成的。用户程序的扫描时间主要由 CPU 的运算速度和程序的复杂程度所决定。

2) 循环扫描过程的工作特点

从以上的分析可知,循环扫描过程具有如下特点:

(1) 扫描过程周而复始地进行,读输入、写输出和用户程序是否执行是可控的。

(2) 输入映像寄存器的内容是由设备驱动的,在程序执行过程中的一个工作周期内,输入映像寄存器的值保持不变,CPU 采用集中输入的控制思想,一般情况下,用户程序只能使用输入映像寄存器的值。

(3) 程序运行的结果储存到输出映像寄存器中,输出映像寄存器的值决定了下一个扫描周期中物理输出端子的输出值。而在程序执行阶段,输出映像寄存器的值既可以作为控制程序执行的条件,同时又可以被程序修改用来存储中间结果或下一个扫描周期的输出结果。此时的修改不会影响输出锁存器的当前输出值,这是与输入映像寄存器完全不同的。

(4) 对同一个输出单元的多次使用、修改次序会造成不同的执行结果。由于输出映像寄存器的值可以作为程序执行的条件,所以程序的下一个扫描周期的集中输出结果是与编程顺序有关的。对输出映像寄存器的最后一次修改决定了下一个周期的输出值,这是编程人员要注意的问题。

(5) 循环扫描工作方式会造成输入/输出的延迟,这是 PLC 的主要缺点。各 PLC 厂家为了缩小延迟采取了很多措施,编程人员应对所使用型号的 PLC 延迟时间的长短有清楚的认识,它也是进行 PLC 选型时的重要指标。

输入/输出采用映像寄存器结构的优点如下:

(1) 集中采样 I/O,程序扫描期间输入值固定不变,程序执行完后,统一输出。这种集中 I/O 的方法保证了程序的顺序执行与外部电路乱序执行的统一,使系统更加稳定可靠。

(2) 程序执行时,存取映像寄存器要比直接读取 I/O 点快得多,这样可以加快程序的执行速度。

(3) I/O 点必须按位存取,而映像寄存器可按位、字节、字、双字灵活地存取,增加了程序的灵活性。

1.3.2　PLC 的编程语言

与个人计算机相比,PLC 的硬件、软件的体系结构都是封闭的,各厂家的 PLC 其编程语言和指令系统的功能和表达方式也不一致,有的甚至有相当大的差异,因此,各厂家的 PLC 互不兼容。为了使用户在使用不同的 PLC 时可以减少培训时间,并使厂家减少产品研发的时间,IEC 于 1993 年公布了 PLC 标准 IEC 1131(以后改称 IEC 61131),它由 5 部分组成:通用信息、设备与测试要求、编程语言、用户指南和通信。该标准的第三部分是关于编程语言的,其中规范了可编程控制器的编程语言及其基本元素。这一标准对于可编程控制器软件技术的发展,乃至整个工业控制软件技术的发展,起到了举足轻重的推动作用。

IEC 61131 - 3 的制定,集中了美国、加拿大、欧洲国家(主要是德国、法国)以及日本等 7 家国际性工业控制企业的专家和学者的智慧以及数十年在工控方面的经验。在制定这一编程语言标准的过程中,PLC 正处在其发展和推广应用的鼎盛时期。在美国、加拿大和日本,普遍运用梯形图(LD)语言编程;在欧洲国家,则使用功能块图(FBD)和顺序功能图(SFC);同时,在德国和日本又常常采用指令表(IL)对 PLC 进行编程。为了扩展 PLC 的功能,特别是加强它的数据处理、文字处理以及通信功能,许多 PLC 还允许使用高级语言(如 BASIC 语言、C 语言)。因此,制定这一标准的首要任务就是把现代软件的概念和现代软件工程的机制应用于传统的 PLC 编程语言。IEC 61133 - 3 规定了两大类编程语言:文本化编程语言和图形化编程语言。前者包括指令表语言和结构化文本语言(ST),后者包括顺序功能图语言、梯形图语言和功能块图语言,如图 1 - 13 所示。

图 1 - 13　PLC 的编程语言

1) 顺序功能图

可认为顺序功能图是一种位于其他编程语言之上的图形语言,用来编制顺序控制程序。实际上,顺序功能图提供了一种组织程序的图形方法。S7 - 300/400 的 S7 Graph 是典型的顺序功能图语言,如图 1 - 14 所示,步、转换和动作是顺序功能图语言中的 3 个主要元素。在图 1 - 14 中每个方框代表一步。步序即代表步号也代表了所用到的编程元

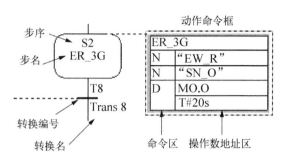

图 1 - 14　顺序功能图语言 S7 Graph

件,步名是用户赋予的名称。每一步都可以执行若干动作,在动作命令框中说明。各步之间的短横线表示转换,旁边的字样用来表示转换编号、名称和条件。当转换条件满足时,程序将从上一步转换到下一步,按顺序依次转换。

部分 PLC 没有配备顺序功能图语言,但是可以用顺序功能图来描述系统的功能,根据顺序功能图来设计相应的梯形图程序。

2) 梯形图

梯形图是使用得最多的 PLC 图形化编程语言,来源于继电器控制电路原理图,具有直观易懂的优点,很容易被熟悉继电器控制系统的技术人员掌握,特别适用于数字量逻辑控制。有时把梯形图称为电路或程序。

梯形图由触点、线圈和用方框表示的功能块组成,如图 1 - 15 所示。触点代表逻辑输入条件,例如外部的开关、按钮和内部条件等。线圈通常代表逻辑输出结果,用来控制外部的指示灯、交流接触器、内部的标志位等。功能块用来表示定时器、计数器或者数学运算等指令。

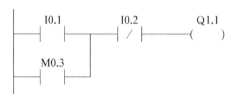

图 1 - 15　梯形图语言

在分析梯形图中的逻辑关系时,为了借用继电器电路图的分析方法,可以想象左右两侧垂直“电源线”之间有一个左正右负的直流电源电压。S7 - 200 的梯形图中省略了右侧的垂直电源线。

当图 1 - 15 中的 I0.1 与 I0.2 的触点接通,或者 M0.3 与 I0.2 的触点接通时,有一种假想的、只能从左向右流动的“能流”(Power Flow)流过 Q1.1 的线圈,使与 Q1.1 相连的外部设备得电。利用能流这一概念,可以帮助我们更好地理解和分析梯形图。

梯形图程序的逻辑通常被分解成小的容易理解的程序片段,这些片段通常被称为“梯级”或网络。用编程软件生成的梯形图和语句表程序中有网络编号,允许以网络为单位,给梯形图加注释。本书为了节省篇幅,一般没有标注网络号。

CPU 依次扫描执行每一个网络,按照从左到右、从上到下的顺序执行。一旦执行到程序的结尾,就又从上到下重新执行程序。在每一个网络中,指令以列为基础被执行,从第一列开始由上而下、从左到右依次执行,直到本网络的最后一个线圈列。因此,为了充分利用存储器容量,使扫描时间尽可能短,用梯形图编程时应限制触点之间的距离,并使网络左上边这部分空白最少。其中,串联触点较多的支路要写在上面,并联支路应写在左边,线圈置于触点的右边。

梯形图与电路原理图很相似,这是可以用 PLC 控制取代继电器控制的基础。把经实践证明成功的继电器控制电路图转换为梯形图程序,从而设计出具有相同功能的 PLC 控制程序,充分发挥 PLC 功能完善、可靠性高及控制灵活的特点。但是它们之间存在着本质上的区别:① 继电器控制电路中使用的继电器是物理的元器件,而 PLC 中的继电器是内部的寄存器位,称为"软继电器";② PLC 中的每一个继电器可以随时不受限地读取其内容,而物理继电器的触点个数是有限的;③ 在继电器控制系统中,动作顺序与电路图的编写顺序无关,而 PLC 是按照扫描方式工作的,虽然宏观上与执行顺序无关,但微观上在一时间段内的实际执行顺序与梯形图的编写顺序是一致的而不是无关的。

3) 功能块图

功能块图程序设计语言采用功能块来表示模块所具有的功能,是一种类似于数字逻辑电路的编程语言,有数字电路基础的人很容易掌握。该编程语言用类似与门、或门的原理方框图来表示逻辑关系,一些复杂的功能用指令框表示,如图 1-16 所示。方框图的左侧为逻辑运算的输入变量,右侧为输出变量,输入、输出端的小圆圈表示"非"运算。各方框图被"导线"连接在一起,信号从左向右流动。由于采用软连接的方式进行功能模块之间及功能模块与外部端子的连接,因此控制方案的修改、信号连接的替换等操作可以很方便地实现。

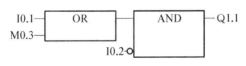

图 1-16　功能块图语言

4) 指令表

PLC 的指令表语言比较适合熟悉 PLC 和程序设计的经验丰富的程序员使用。PLC 的指令称作语句,由若干条指令构成的程序称作语句表。这种编程语言类似计算机的汇编语言,用助记符来表示各种指令的功能,是 CPU 直接执行的语言,如下述指令表程序段所示:

```
LD        I0.1
O         M0.3
AN        I0.2
=         Q1.1
```

梯形图语言程序与其他语言都需要转换成语句表指令后才能由 CPU 执行。由于其他的图形语言必须遵守一些特定的规则,因此指令表语言可以实现一些其他图形语言不能实现的功能,它是 PLC 用户程序的基本要素。若有计算机编程基础,学习指令表语言会容易一些,关键是对各指令含义的理解,要将其理解为位逻辑、标志位,就可以像书写计算机程序一样来编写 PLC 的控制程序,PLC 通过一个逻辑堆栈分析器对其解释执行。

5）结构化文本

结构化文本（Structure Text）是一种高级的文本语言，是用结构化的文本描述语句来描述程序的一种高级程序设计语言。在大、中型的 PLC 系统中，常采用该语言。结构化文本语言使用了高级语言的许多传统特性，包括变量、操作符和控制流程语句。结构化文本语言还能与其他的 PLC 编程语言一起工作。

大多数制造厂商采用的结构文本语言与 BASIC 语言、Pascal 语言或 C 语言等高级语言相类似，但为了应用方便，在语句的表达方法及语句的种类等方面都进行了简化。它是一个专门为工业控制应用开发的编程语言，具有很强的编程能力。结构文本编程语言采用高级语言进行编程，可以完成较复杂的控制运算，但对工程设计人员要求较高，需要有一定的计算机高级语言的知识和编程技巧，直观性和操作性较差。

结构化文本语言不能代替其他的语言。每种语言都有它自己的优点和缺点。结构化文本语言的一个主要优点就是能简化编写复杂的数学方程。比如一个起保停梯形图用指令表表示为

LD　START
OR　LAMP
ANI STOP
OUT LAMP

用结构化文本表示就是：

LAMP：＝（START OR LAMP）AND NOT（LAMP）；

综上所述，PLC 的编程语言有多种，不同型号的 PLC 编程软件对以上 5 种编程语言的支持种类是不同的。早期的 PLC 仅仅支持梯形图编程语言和指令表编程语言；随着 PLC 技术的不断发展，目前的 PLC 可支持多种编程语言，如 SIMATIC 公司的 STEP7 就包括了梯形图、指令表及功能块图多种编程方法，并能自动进行几种语言的转换。

1.3.3　PLC 的软件

PLC 的软件包含系统软件和应用软件两大部分。系统软件类似于 PC 机中使用的操作系统，而应用软件，顾名思义，则类似于各种不同的应用程序。

1）系统软件

系统程序是 PLC 赖以工作的基础，采用汇编语言编写，在 PLC 出厂时就已固化于 ROM 型系统程序存储器中。

系统软件包括系统管理程序、用户指令解释程序和一些供系统调用的专用标准程序块等。系统管理程序用以完成机内运行相关时间分配、存储空间分配管理及系统自检等工作；用户指令的解释程序用以完成将用户指令变换为机器码的工作。系统软件在用户使用可编程控制器之前就已装入机内，并永久保存。

每个 CPU 都有一个系统的管理程序，相当于 PC 机的操作系统，用以组织与特定的控制任务无关的 CPU 功能和顺序，如诊断 PLC 系统工作是否正常，对 PLC 各模块的工

作进行控制,与外设交换信息,根据用户的设定使 PLC 处在编制用户程序状态或运行用户程序状态等。如果修改了操作系统的参数(操作系统的默认设置),则会影响 CPU 在某些区域的操作。

用户指令解释程序用于把用户用各种语言编写的控制程序解释成微处理器能够执行的机器码。

整个系统软件是一个整体,它的质量很大程度上影响了 PLC 的性能。通常情况下,进一步改进和完善系统软件就可以在不增加任何设备的条件下大大改善 PLC 的性能,使其功能越来越强。

2) 应用软件

应用软件又称为用户程序,是用户为完成某一特定的控制任务而利用 PLC 的编程语言编制的程序。应用软件是一定控制功能的表述,同一台 PLC 用于不同的控制目的,就需要编制不同的应用软件。用户软件存入 PLC 后,如需改变控制目的,可多次改写。

应用软件一般由三个部分构成:用户程序、数据块和参数块,通过编程器或编程软件写入 PLC 的用户程序存储器中。用户程序是用于完成控制目的的各种 PLC 可执行的指令的有机组合,通过与数据块和参数块中的数据和参数配合,完成特定的控制功能。在应用软件中,用户程序是必选项,数据块和参数块是可选部分。

PLC 是通过在 RUN 方式下,循环扫描执行用户程序来完成控制任务的,用户程序决定了一个控制系统的功能。一个用户程序的任务可以包括以下各项:

(1) 指定在 CPU 上暖启动和热启动的条件(如带有某个特定值的初始化信号)。

(2) 处理过程数据(如二进制信号的逻辑组合,读入并处理模拟信号,为输出指定二进制信号,输出模拟值)。

(3) 指定对中断的响应。

(4) 处理程序正常运行中的干扰。

3) 应用软件的组织

在 PLC 中,应用软件,即用户的控制程序,一般由主程序、子程序和中断服务程序组成。

主程序是程序的主体,每一个项目都必须并且只能有一个主程序。在主程序中可以调用子程序和中断服务程序。主程序通过指令控制整个应用程序的执行,每次 CPU 扫描都要执行一次主程序。

子程序是可选指令的集合,仅在被其他程序调用时执行,同一子程序可以在不同的地方被多次调用。使用子程序可以简化程序代码和减少扫描时间,设计得好的子程序容易移植到别的项目中去。

中断服务程序是指令的一个可选集合。中断服务程序不是被主程序调用,而是在中断事件发生时由 PLC 的操作系统调用。中断服务程序用来处理预先规定的中断事件,因为不能预知何时会出现中断事件,所以不允许中断程序改写可能在其他程序中使用的存储器。

1.3.4　PLC 的控制过程

1) 控制过程举例

本小节通过一个例子来说明 PLC 的控制过程。图 1 - 17 是一个 PLC 组成的控制系

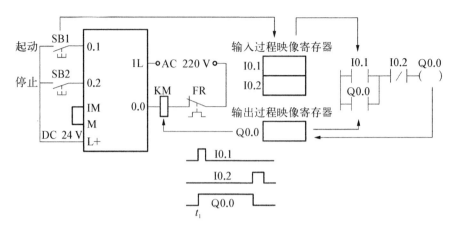

图 1-17　PLC 外部接线图与梯形图

统。起动按钮 SB1 和停止按钮 SB2 的常开触点分别接在编号为 0.1 和 0.2 的输入端,接触器 KM 的线圈接在编号为 0.0 的输出端。如果热继电器 FR 动作(其常闭触点断开)后需手动复忙,可将 FR 的常闭触点与接触器 KM 的线圈串联,这样可以少用一个 PLC 的输入点。

图 1-17 梯形图中的 I0.1 与 I0.2 是输入变量,Q0.0 是输出变量,它们都是梯形图中的编程元件。I0.1 与接在输入端子 0.1 的 SB1 的常开触点和输入过程映像寄存器 I0.1 相对应,Q0.0 与接在输出端子 0.0 的 PLC 内的输出电路和输出过程映像寄存器 Q0.0 相对应。梯形图以指令的形式储存在 PLC 的用户程序存储器中。

图 1-17 中的梯形图完成的逻辑运算如下。

在读取输入阶段,PLC 将 SB1 和 SB2 的常开触点的 ON/OFF 状态读入相应的输入过程映像寄存器,外部触点接通时将二进制数 1 存入寄存器,反之存入 0。

当能流经过触点 I0.1 时,CPU 从输入过程映像寄存器 I0.1 中取出二进制数,并存入堆栈的栈顶。堆栈是存储器中一片特殊的区域,用于存放中间计算结果,将在第 3 章详细介绍。

当能流经过与触点 I0.1 并联的触点 Q0.0 时,CPU 从输出过程映像寄存器 Q0.0 中取出二进制数,并与栈顶中的二进制数取"或"(触点的并联对应"或"运算),运算结果存入栈顶。运算结束后只保留运算结果,不保留参与运算的数据。

当能流经过触点 I0.2 时,因为 I0.2 是常闭触点,CPU 取出输入过程映像寄存器 I0.2 中的二进制数后将它取反(如果是 0 则变为 1,如果是 1 则变为 0),再与前面的运算结果(保存在栈顶)相"与"(电路的串联对应"与"运算),然后将计算结果存入栈顶。

当能流经过线圈 Q0.0 时,CPU 将栈顶中的二进制数送入 Q0.0 的输出过程映像寄存器。

在修改输出阶段,CPU 将各输出过程映像寄存器中的二进制数传送给输出模块并锁存起来。如果输出过程映像寄存器 Q0.0 中存放的是二进制数 1,外接的 KM 线圈将通电,反之将断电。

I0.1、I0.2 和 Q0.0 的波形中的高电平表示按下按钮或 KM 线圈通电。当 $t < t_1$ 时,读入输入过程映像寄存器 I0.1 和 I0.2 的值均为二进制数 0,此时输出过程映像寄存器 Q0.0 中存放的值亦为 0。在程序执行阶段,经过上述逻辑运算过程之后,运算结果仍为

$Q0.0=0$,所以 KM 的线圈处于断电状态。在 $t<t_1$ 区间,尽管输入、输出信号的状态没有变化,然而用户程序仍一直反复不断地循环执行着。当 $t=t_1$ 时,按下起动按钮 SB1,I0.1 变为 1 状态,经逻辑运算后 Q0.0 也变为 1 状态。在输出处理阶段,将 Q0.0 对应的输出过程映像寄存器中的 1 送到输出模块。输出模块中与 Q0.0 对应的物理继电器的常开触点接通,接触器 KM 的线圈通电。

PLC 在 RUN 工作状态时,执行一次图 1-17 所示的扫描操作所需的时间称为扫描周期,其典型值为 $1 \sim 100$ ms。指令执行所需的时间与用户程序的长短、指令的种类和 CPU 执行指令的速度有很大的关系。用户程序较长时,指令执行时间在扫描周期中占相当大的比例。

2) I/O 响应时间

由于 PLC 采用循环扫描的工作方式,而且对输入和输出信号其在每个扫描周期的固定时间集中输入、输出,所以必然会产生输出信号相对输入信号滞后的现象。扫描周期越长,滞后现象越严重。对慢速控制系统这是允许的,而当控制系统对实时性要求较高时,这就成了必须面对的问题,所以编程者应对滞后时间有一个具体数量上的了解。

从 PLC 输入端信号发生变化到输出端对输入变化做出反应,需要一段时间,这段时间就称为 PLC 的响应时间或滞后时间。

响应时间由输入延迟、输出延迟和程序执行时间三部分决定。

(1) PLC 输入电路中设置了滤波器,滤波器的常数越大,对输入信号的延迟作用就越强。输入延迟是由硬件决定的,有些 PLC 滤波器时间常数可调。

(2) 从输出锁存器到输出端子所经历的时间称为输出延迟,对各种不同的输出形式,其值大小不同。输出延迟也是由硬件决定的,对于不同型号的 PLC,延迟的具体数值可通过查表得到。

(3) 程序执行时间主要由程序的长短来决定。对于一个实际的控制程序,编程人员需对此部分进行现场测算,使 PLC 的响应时间控制在系统允许的范围内。

在最有利的情况下,输入状态经过一个扫描周期就可以在输出得到响应,这段时间称为最小 I/O 响应时间。在最不利的情况下,输入点的状态恰好错过了输入的锁入时刻,造成在下一个输出锁定时才能被响应,这就需要两个扫描周期时间,称为最大 I/O 响应时间。它们是由 PLC 的扫描执行方式决定的,与编程方法无关。

对于一般的工业控制系统,这种滞后现象是完全允许的。同时可以看出,输入状态要想得到响应,开关量信号宽度至少要大于一个扫描周期才能保证被 PLC 采集到。当然,现在的 PLC 加强了快速响应和输入脉冲捕捉的功能,保证了各种宽度的开关量都能被准确地采集到。

1.4 PLC 与工业控制网络

1.4.1 工业控制网络及其特点

工业控制网络在提高生产速度、管理生产过程、合理高效加工以及保证安全生产等工业控制及先进制造领域起到越来越关键的作用。工业控制网络已经从最初的计算机集成控制系统(CCS)到集散控制系统(DCS),发展到现场总线控制系统。近年来,以太网进入工业控制领域,出现了大量基于以太网的工业控制网络。同时,随着无线技术的发展,基于无线的工业控制网络的研究也已开展。图1-18总结了工业控制网络的四大主要类型:传统控制网络、现场总线、工业以太网以及无线网络。传统控制网络现在已经很少使用。目前广泛应用的是现场总线与工业以太网,而工业以太网关键技术的研究是目前工业控制网络研究的热点。

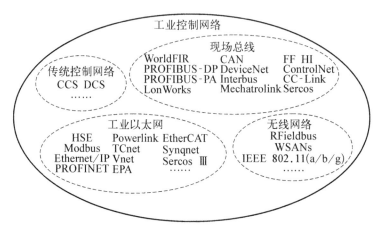

图1-18 工业控制网络的主要分类

工业控制网络是由多个"网络节点"构成的,这些网络节点是指分散在各个生产现场,具有相应数字通信能力的测量控制仪器。工业控制网络不仅包括底部设备层的检测器、传感器等部件,而且包括终端管理层的办公操作系统和连接所有系统的现场总线技术。它采用规范、公开的通信协议,把现场总线当做通信连接的纽带,从而使现场控制设备可以相互沟通信息,共同组成完成相应生产任务的控制系统与网络系统。

工业控制网络的主要特点如下:

(1)系统的开放性。工业控制网络的开放性是指对相关标准的公开性、一致性,强调对标准的遵从与共识,它可以和世界上其他地方遵守相同标准的系统或者设备连接。用户可以根据自己的要求,把来自不同厂家的产品组合成自己需要的系统。

(2)互用性与互操作性。互用性意味着不同生产厂家生产的性能类似的设备可以相互替换,而互操作性则是指实现互联系统间、设备间的信息沟通与传送。

(3)通信的及时性。实现测量监控是工业控制网络的基本任务,但是有些测控任务是有严格的实时性和时序要求的,这就要求工业控制网络能够提供相应的实时通信,提供时间管理与时间发布功能。

(4)对现场环境的适应性。工业控制网络作为工厂网络的底层,能够适应各种不同的现场环境,支持同轴电缆、双绞线、红外线、射频、电力线等,抗干扰能力较强,能够采用两线制实现通信与供电,并可满足安全防爆的要求。

工业控制网络经历了从传统控制网络到现场总线,再到目前研究非常广泛的工业以太网以及无线网络的发展过程。工业控制网络未来的发展方向主要体现在以下几个方面：① 提高通信的实时性；② 提高通信的安全性；③ 提高通信可信性；④ 多总线集成技术。

1.4.2　现场总线及其国际标准

IEC 对现场总线(Field Bus)的定义是"安装在制造和过程区域的现场装置与控制室内的自动控制装置之间的数字式、串行、多点通信的数据总线称为现场总线"。它是当前工业自动化的热点之一。现场总线以开放的、独立的、全数字化的双向多变量通信代替 0～10 V或 4～20 mA 的现场电动仪表信号。现场总线集检测、数据处理、通信于一体，可以代替变送器、调节器、记录仪等模拟仪表。它不需要框架、机柜，可以直接安装在现场导轨槽上。现场总线的接线极为简单，只需一根电缆，从主机开始，数据链从一个现场总线 I/O 连接到下一个现场总线 I/O。使用现场总线后，自控系统的配线、安装、调试和维护等方面的费用可以节约 2/3 左右。现场总线实现信息处理的现场化，在传输控制信息的同时，可从现场获取更多诊断、维护等非控制信息。

由于历史的原因，现在有多种现场总线标准并存。IEC 的现场总线国际标准(IEC 61158)是迄今为止制定时间最长、意见分歧最大的国际标准之一。它的制定时间超过 12 年，先后经过 9 次投票，在 1999 年底获得通过。经过多方的争执和妥协，最后容纳了 8 种互不兼容的协议，分别是：TS61158、ControlNet、PROFIBUS、P‐Net、FF HSE、SwiftNet、WorldFIP 以及 Interbus 现场总线。为了反映现场总线与工业以太网技术的最新发展，IEC/SC65C/MT9 小组对 IEC 61158 第二版标准进行了扩充和修订。新版标准规定了 10 种类型的现场总线，除原有的 8 种类型，还增加了 Type9 FF H1 现场总线和 Type10 PROFINET 现场总线。2003 年 4 月，IEC 61158 Ed.3 现场总线第三版正式成为国际标准。

长期以来，由于现场总线标准争论不休，互连、互通与互操作问题很难解决，于是现场总线开始转向以太网。经过近几年的努力，以太网技术已经被工业自动化系统广泛接受。为了满足高实时性能应用的需要，各大公司和标准组织纷纷提出各种提升工业以太网实时性的技术解决方案，从而产生了实时以太网(Real-Time Ethernet，RTE)。为了规范这部分工作的行为，2003 年 5 月，IEC/SC65C 专门成立了 WG11 实时以太网工作组，负责制定 IEC 61784‐2/基于 ISO/IEC 802.3 的实时应用系统中工业通信网络行规国际标准，其中，包括我国 EPA 实时以太网标准的 7 个新增实时以太网将以 IEC PAS 公共可用规范的形式同时予以发表。最新版 IEC 61158 Ed.4(第 4 版)标准已于 2007 年出版。IEC 61158 第 4 版容纳了 20 余种现场总线和实时以太网，如表 1‐1 所示。

表 1‐1　IEC 61158 第 4 版现场总线类型

类　　　型	技　术　名　称
Type1	TS61158 现场总线
Type2	ControlNet 现场总线
Type3	PROFIBUS 现场总线

类　　型	技　术　名　称
Type4	P-NET 现场总线
Type5	FF HSE 高速以太网
Type6	SwiftNet 被撤销
Type7	WorldFIP 现场总线
Type8	Interbus 现场总线
Type9	FF H1 现场总线
Type10	PROFINET 实时以太网
Type11	TCnet 实时以太网
Type12	EtherCAT 实时以太网
Type13	Ethernet Powerlink 实时以太网
Type14	EPA 实时以太网
Type15	Modbus-RTPS 实时以太网
Type16	Sercos Ⅰ、Ⅱ 现场总线
Type17	Vnet/IP 实时以太网
Type18	CC-L ink 现场总线
Type19	Sercos Ⅲ 实时以太网
Type20	HART 现场总线

同时,也有一些应用广泛但还没有纳入 IEC 标准的现场总线,如 DeviceNet 总线以及 CAN 总线等。

IEC 61158 系列标准是概念性的技术规范,它不涉及现场总线的具体实现,因而,在该标准中只有现场总线的类型编号,不允许出现具体现场总线的技术名或商业贸易用名称。为了使设计人员、实现者和用户能够方便地进行产品设计、应用选型比较以及实际工程系统的选择,IEC/SC65C 制定了 IEC 61784 系列配套标准。该标准由以下部分组成:

IEC 61784-1 用于连续和离散制造的工业控制系统现场总线行规集;

IEC 61784-2 基于 ISO/IEC8802.3 实时应用的通信网络附加行规;

IEC 61784-3 工业网络中功能安全通信行规;

IEC 61784-4 工业网络中信息安全通信行规;

IEC 61784-5 工业控制系统中通信网络安装行规。

1.4.3　PLC 的网络控制功能

随着工业控制网络技术的日益成熟及企业对自动化程度要求的提高,自动控制系统也向多级网络控制方向发展,这就要求构成控制系统的 PLC 必须要有网络通信和控制的功能,能够相互连接,远程通信,构成网络。这些市场的需求促使各 PLC 生产厂家纷纷给自己的产品增加通信及联网的功能,研制开发自己的 PLC 网络产品,如西门子公司的 SINEC H3 网,欧姆龙公司的 SYSMAC 网,三菱公司的 MELSEC NET 网等。现在市场上销售的 PLC 产品,即使是微型和小型的 PLC 也都具有网络通信的接口。

　　PLC 的通信包括 PLC 之间、PLC 与上位计算机之间以及 PLC 与其他智能设备之间的通信。PLC 与计算机之间可以直接或通过通信处理器、通信转换器相互连接构成网络,实现信息的交换,可以构成"集中管理、分散控制"的分布式控制网络,满足工程自动化系统发展的需要。

　　今后 PLC 网络的总体发展趋势是向高速、多层次、大信息吞吐量、高可靠性和开放式的方向发展。PLC 的通信与网络技术的内容十分丰富,各生产厂家的 PLC 网络也不相同。本书将以西门子工业自动化通信网络为主介绍 PLC 的网络控制功能。

第2章 S7－200 系列 PLC 的硬件系统

西门子公司具有品种非常丰富的 PLC 产品,其中 S7 系列是传统意义的 PLC,包括 S7－200、S7－300 和 S7－400 等多个系列,覆盖了高、中、低端的 PLC。M7－300/400 系列是具有 AT 兼容计算机功能的 PLC,C7 系列是由 S7－300 和操作员面板组合而成。

SIMATIC S7－200 系列属于小型 PLC,可用于代替继电器的简单控制场合,也可用于复杂的自动化控制系统。由于它有一定的通信功能,在大型网络控制系统中也能充分发挥其作用。

S7－200 的可靠性高,可以用梯形图、语句表(即指令表)和功能块图三种语言来编程。它的指令丰富,指令功能强,易于掌握,操作方便,内置有高速计数器、高速输出、PID 控制器、RS－485 通信/编程接口、PPI 通信协议、MPI 通信协议和自由端口模式通信功能。最大可以扩展到 248 点数字量 I/O 或 35 路模拟量 I/O,最多有超过 30 kB 的程序和数据存储空间。

2.1 S7－200 系列 PLC 系统结构

S7－200 PLC 包含了一个单独的 S7－200 CPU 和各种可选择的扩展模块,可以十分方便地组成不同规模的控制器。其控制规模可以从几点到几百点。S7－200 PLC 可以方便地组成 PLC－PLC 网络和微机－PLC 网络,从而完成规模更大的工程。

2.1.1 S7－200 系列 PLC 的主机

S7－200 系列 PLC 是整体式结构,其 CPU 也称为主机。S7－200 有 6 种 CPU,分别是 CPU221、CPU222、CPU224、CPU224XP、CUP224XPsi 和 CPU226,其性能差异很大。这些性能直接影响到 PLC 的控制规模和 PLC 系统的配置。

档次最低的 S7－200 PLC 主机是 CPU221,其数字量输入点数有 6 点,数字量输出点数有 4 点,是控制规模最小的 PLC。档次最高的应属 CPU226,它集成了 24 点输入/16 点输出,共有 40 个数字量 I/O。可连接 7 个扩展模块,最大扩展至 248 点数字量 I/O 点或 35 路模拟量 I/O。

S7－200 系列 PLC 几种 CPU 的外部结构大体相同,如图 2－1 所示。状态指示灯 LED 用于显示 CPU 所处的工作状态指示。存储卡接口可以插入存储卡,可用来保存程序和数据。通信接口可以连接 PPI 电缆或 RS－485 总线的通信电缆。

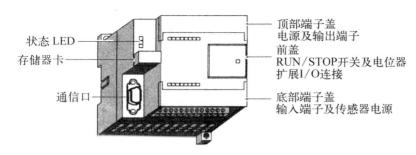

状态 LED
存储器卡
通信口

顶部端子盖
电源及输出端子
前盖
RUN/STOP开关及电位器
扩展I/O连接
底部端子盖
输入端子及传感器电源

图 2 - 1　S7 - 200 PLC 的外部结构

顶部端子盖下面为输出端子和 PLC 供电电源端子。输出端子的运行状态可以由顶部端子盖下方一排指示灯显示,指示灯亮表示对应的输出端子为 ON 状态。底部端子盖下面为输入端子和传感器电源端子。输入端子的运行状态可以由底部端子盖上方一排指示灯显示,当输入端子为 ON 状态时,对应的指示灯亮。

前盖下面有运行、停止开关和接口模块插座。将开关拨向停止位置时,可编程序控制器处于停止状态,此时可以对其编写程序。将开关拨向运行位置时,可编程序控制器处于运行状态,此时不能对其编写程序。将开关拨向监控状态,可以运行程序,同时还可以监视程序运行的状态。接口插座用于连接扩展模块实现 I/O 扩展。

1) CPU 的技术指标

S7 - 200 系列 CPU 模块有交流和直流两种输入电源,其技术指标如表 2 - 1 所示。CPU 的用户存储器使用 EEPROM,后备电池(可选件)可使用 200 天,布尔运算执行时间为 0.22 μs/指令,内部标志位、顺序控制继电器各有 256 点,计数器和定时器各有 256 点;有两点定时中断,最大时间间隔为 255 ms;有 4 点外部硬件输入中断。CPU221 无扩展功能,其他 CPU 具有一定的扩展能力。

表 2 - 1　S7 - 200 PLC 的 CPU 电源规范

输入电源	直　　流		交　　　流	
输入电压	20.4～28.8 V		85～264 V(47～63 Hz)	
输入电流	仅 CPU, 24 V 时	最大负载, 24 V 时	仅 CPU	最大负载
CPU 221	80 mA	450 mA	30/15 mA,120/240 V 时	120/240 V 时 120/60 mA
CPU 222	85 mA	500 mA	40/20 mA,120/240 V 时	120/240 V 时 140/70 mA
CPU 224	110 mA	700 mA	60/30 mA,120/240 V 时	120/240 V 时 200/100 mA
CPU 224XP	120 mA	900 mA	70/35 mA,120/240 V 时	120/240 V 时 220/100 mA
CPU 224XPsi	120 mA	900 mA	—	—
CPU 226	150 mA	1 050 mA	80/40 mA,120/240 V 时	120/240 V 时 320/160 mA
冲击电流	28.8 V 时 12 A		264 V 时 20 A	
隔离(现场与逻辑)	非隔离		1 500 V	
保持时间(掉电)	10 ms,24 V		20/80 ms,120/240 V	
保险(不可替换)	3 A,250 V 慢速熔断		2 A,250 V 慢速熔断	

CPU221 本机集成了 6 点数字量输入和 4 点数字量输出,共有 10 个数字量 I/O 点,无扩展能力。CPU221 有 6 kB 程序和数据存贮空间,4 个独立的 30 kHz 高速计数器,2 路独立的 20 kHz 高速脉冲输出,1 个 RS-485 通信/编程口。CPU221 具有 PPI 通信、MPI 通信和自由方式通信能力,非常适于小型数字量控制。

CPU222 本机集成了 8 点输入/6 点输出,共有 14 个数字量 I/O。可连接 2 个扩展模块,最大可扩展至 78 点数字量 I/O 点或 10 路模拟量 I/O 点。CPU222 有 6 kB 程序和数据存贮空间,4 个独立的 30 kHz 高速计数器,2 路独立的 20 kHz 高速脉冲输出,具有 PID 控制器。它还配置了 1 个 RS-485 通信/编程口,具有 PPI 通信、MPI 通信和自由方式通信能力。CPU222 是具有扩展能力、适应性更广泛的小型控制器。

CPU224 本机集成了 14 点输入/10 点输出,共有 24 个数字量 I/O。它可连接 7 个扩展模块,最大可扩展至 168 点数字量 I/O 点或 35 路模拟量 I/O 点。CPU224 有 13 kB 程序和数据存贮空间,6 个独立的 30 kHz 高速计数器,2 路独立的 20 kHz 高速脉冲输出,具有 PID 控制器。CPU224 配有 1 个 RS-485 通信/编程口,具有 PPI 通信、MPI 通信和自由方式通信能力,是具有较强控制能力的小型控制器。

CPU226 本机集成了 24 点输入/16 点输出,共有 40 个数字量 I/O。可连接 7 个扩展模块,最大可扩展至 248 点数字量 I/O 点或 35 路模拟量 I/O。CPU226 有 13 kB 程序和数据存贮空间,6 个独立的 30 kHz 高速计数器,2 路独立的 20 kHz 高速脉冲输出,具有 PID 控制器。CPU226 配有 2 个 RS-485 通信/编程口,具有 PPI 通信、MPI 通信和自由方式通信能力。用于较高要求的中小型控制系统。

各 CPU 的技术指标如表 2-2 所示。

表 2-2 S7-200 系列 CPU 的技术指标

	CPU 221	CPU 222	CPU 224	CPU 224XP	CPU 226
存储器					
用户程序长度 在运行模式下编辑 不在运行模式下编辑	4 kB 4 kB		8 kB 12 kB	12 kB 16 kB	16 kB 24 kB
用户数据	2 kB	8 kB	10 kB	10 kB	
I/O					
数字量 I/O	6 输入/4 输出	8 输入/6 输出	14 输入/10 输出	14 输入/10 输出	24 输入/16 输出
模拟量 I/O	无			2 输入/1 输出	无
数字 I/O 映像大小	256(128 输入/128 输出)				
模拟 I/O 映像区	无	32(16 输入/16 输出)	64(32 输入/32 输出)		
最多允许的扩展模块	无	2 个模块	7 个模块		
最多允许的智能模块	无	2 个模块	7 个模块		
脉冲捕捉输入	6	8	14		24

（续表）

	CPU 221	CPU 222	CPU 224	CPU 224XP	CPU 226
高速计数 单相 两相	总共 4 个计数器 4 个,30 kHz 时 2 个,20 kHz 时		总共 6 个计数器 6 个,30 kHz 时 4 个,20 kHz 时	总共 6 个计数器 4 个,30 kHz 时 2 个,200 kHz 时 3 个,20 kHz 时 1 个,100 kHz 时	总共 6 个计数器 6 个,30 kHz 时 4 个,20 kHz 时
脉冲输出	2 个,20 kHz 时(仅限 DC 输出)			2 个,100 kHz 时 (仅限 DC 输出)	2 个,20 kHz 时 (仅限 DC 输出)
常规					
定时器	总共 256 个定时器:4 个 1 ms;16 个 10 ms;236 个 100 ms				
计数器	256(由超级电容或电池备份)				
内部存储器位掉电保存	256(由超级电容或电池备份) 112(存储在 EEPROM)				
时间中断	2 个,1 ms 分辨率时				
边沿中断	4 个上升沿和/或 4 个下降沿				
模拟电位计	1 个,8 位分辨率时		2 个,8 位分辨率时		
布尔型执行速度	0.22 μs/指令				
可选卡件:存储器、电池和实时时钟;内置:存储卡和电池卡					
集成的通信功能					
端口(受限电源)	1 个 RS－485 口			2 个 RS－485 口	
PPI,MPI(从站)波特率	9.6 kbaud、19.2 kbaud、187.5 kbaud				
自由端口波特率	1.2~115.2 kbaud				
每段最大电缆长度	带隔离中继器:187.5 kbaud 时最多 1 000 m,38.4 kbaud 时最多 1 200 m 不带隔离中继器:50 m				
最大站点数	每段 32 个站,每个网络 126 个站				
最大主站数	32				
点到点(PPI 主站模式)	是(NETR/NETW)				
MPI 连接	共 4 个,2 个保留(1 个给 PG,1 个给 OP)				

2）输入输出技术指标

S7－200 系列 CPU 的输入为直流输入,可接为源型或漏型输入,但 CPU224XP 和 CPU224XPsi 的输入与其他 CPU 的技术指标有所不同,具体如表 2－3 所示。

表 2 - 3　S7 - 200 系列 CPU 的输入接口技术指标

常　规	24 VDC 输入(CPU221、CPU222、CPU224、CPU226)	24 VDC 输入(CPU224XP、CPU224XPsi)
类型	漏型/源型(IEC 类型 1 漏型)	漏型/源型(IEC 类型 1 漏型，I0.3~I0.5 除外)
额定电压	24 VDC，4 mA 典型值	24 VDC，4 mA 典型值
最大持续允许电压	30 VDC	
浪涌电压	35 VDC，0.5 s	
逻辑 1(最小)	15 VDC，2.5 mA	15 VDC，2.5 mA(I0.0~I0.2 和 I0.6~I1.5) 4 VDC，8 mA(I0.3~I0.5)
逻辑 0(最大)	5 VDC，1 mA	5 VDC，1 mA(I0.0~I0.2 和 I0.6~I1.5) 1 VDC，1 mA(I0.3~I0.5)
输入延迟	可选择(0.2~12.8 ms)	
连接 2 线接近开关传感器(Bero)允许的漏电流(最大)	1 mA	
隔离(现场与逻辑) 光电隔离	是 500 VAC，1 min	
高速计数器(HSC)输入速率 HSC 输入 　所有 HSC 　所有 HSC 　仅 CPU 224XP 和 CPU 224XPsi 上的 HC4、HC5	逻辑 1 电平　　　　单相　　　　两相 15~30 VDC　　　20 kHz　　　10 kHz 15~26 VDC　　　30 kHz　　　20 kHz >4 VDC　　　　200 kHz　　　100 kHz	

　　S7 - 200 系列 CPU 的输出可以是 24 V 直流输出或者继电器输出。如果是继电器输出，则各种型号 CPU 的技术指标一致；如果是 24 V 直流输出，则 CPU224XP 和 CPU224XPsi 与其他 CPU 的输出技术指标有所不同，具体如表 2 - 4 所示。

表 2 - 4　S7 - 200 系列 CPU 输出接口的技术指标

常　规	24 VDC 输出(CPU221、CPU 222、CPU224、CPU226)	24 VDC 输出(CPU224XP)	24 VDC 输出(CPU224XPsi)	继电器输出
类型	固态 MOSFET (源型)		稳态 MOSFET (漏型)	干触点
额定电压	24 VDC	24 VDC	24 VDC	24 VDC 或 250 VAC
电压范围	20.4~28.8 VDC	5～28.8 VDC(Q0.0~Q0.4) 20.4~28.8 VDC(Q0.5~Q1.1)	5~28.8 VDC	5~30 VDC 或 5~250 VAC

（续表）

常　　规	24 VDC 输出 (CPU221、CPU 222、 CPU224、CPU226)	24 VDC 输出 (CPU224XP)	24 VDC 输出 (CPU224XPsi)	继电器输出
浪涌电流(最大)	8 A,100 ms			5 A,4 s@10% 占空比
逻辑 1(最小)	20 VDC,最大电流	最大电流时,L＋减 0.4 V	负载增加 10 kΩ 时,外部电压导轨减 0.4 V	—
逻辑 0(最大)	0.1 VDC,10 kΩ 负载		1 M 端＋0.4 V,最大负载	—
每点额定电流 (最大)	0.75 A			2.0 A
每个公共端的额定电流(最大)	6 A	3.75 A	7.5 A	10 A
漏电流(最大)	10 μA			
照明负载(最大)	5 W			30 W DC;200 W AC
感性嵌位电压	L＋减 48 VDC,1 W 功耗		1 M 端＋48 VDC,1 W 功耗	—
接通电阻(触点)	0.3 Ω 典型(0.6 Ω 最大)			0.2 Ω(全新时最大值)
隔离 光电隔离(现场与逻辑) 逻辑到触点 电阻(逻辑与触点) 隔离组	500 VAC,1 min — 见接线图			— 1 500 VAC,1 min 100 Ω 见接线图
延时(最大) 从断开到接通 从接通到断开	2 μs(Q0.0 和 Q0.1), 15 μs(其他) 10 μs(Q0.0 和 Q0.1) 130 μs(其他)	0.5 μs(Q0.0 和 Q0.1),15 μs(其他) 1.5 μs(Q0.0 和 Q0.1),130 μs(其他)		— —
脉冲频率(最大)	20 kHz(Q0.0 和 Q0.1)	100 kHz(Q0.0 和 Q0.1)	100 kHz(Q0.0 和 Q0.1)	1 Hz
机械寿命周期	—	—	—	10^7(无负载)
触点寿命	—	—	—	10^5(额定负载)
同时接通的输出	全部水平安装时低于 55 ℃,全部垂直安装时低于 45 ℃			
两个输出并联	是,只要输出在同一个组内			否

另外 CPU224XP 和 CPU224XPsi 还有 2 点模拟量输入与 1 点模拟量输出。模拟量输入为单端输入,电压范围为±10 V,分辨率为 12 位(含符号位),转换为数据字的满量程范围为−32 000～32 000。模拟量输出信号为 0～10 V 电压信号或 0～20 mA 电流信号,分辨率为 12 位。

3) 接线方式

S7 - 200 系列 CPU 根据型号的不同可以使用直流电源或交流电源,输入为 24 V 直流电源,输出可以是直流输出或者继电器输出,以 CPU224 为例,其接线如图 2 - 2 和图 2 - 3 所示。

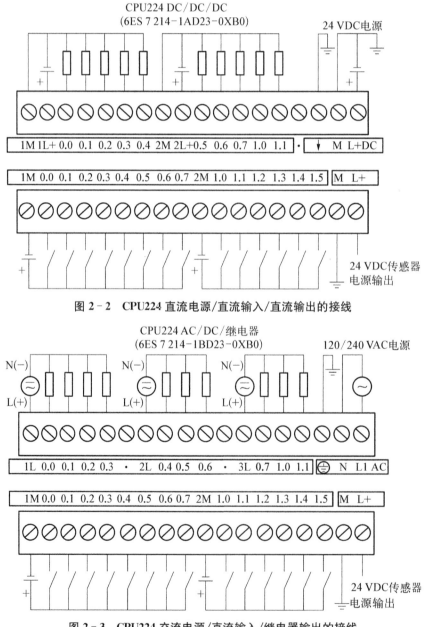

图 2 - 2 CPU224 直流电源/直流输入/直流输出的接线

图 2 - 3 CPU224 交流电源/直流输入/继电器输出的接线

CPU224 的主机共有 14 个输入点（I0.0～I0.7、I1.0～I1.5）和 10 个输出点（Q0.0～Q0.7、Q1.0～Q1.1），在编写端子代码时采用八进制，没有 0.8 和 0.9。CPU224 输入电路采用了双向光电耦合器，24 V 直流极性可任意选择，系统设置 1M 为输入端子 I0.0～I0.7 的公共端，2M 为输入端子 I1.0～I1.5 的公共端。图 2-2 和图 2-3 中，24 VDC 的负极接公共端 1M 或 2M。输入开关的一端接到 24 VDC 的正极，另一端连接到 CPU224 各输入端。

CPU224 的输出电路有晶体管输出电路和继电器输出两种供用户选用。在晶体管输出时，CPU224 的 10 个输出端中 Q0.0～Q0.4 共用 1 M 和 1 L 公共端，Q0.5～Q1.1 共用 2 M 和 2 L 公共端，在公共端上需要用户连接适当的电源，为 PLC 的负载服务。PLC 由 24 V 直流供电，负载采用了 MOSFET 功率驱动器件，所以只能用直流电为负载供电。输出端将数字量输出分为两组，每组有一个公共端，共有 1L,2L 两个公共端，可接入不同电压等级的负载电源，如图 2-2 所示。

在继电器输出电路中，PLC 由 220 V 交流电源供电，负载采用了继电器驱动，所以既可以选用直流为负载供电，也可以采用交流为负载供电。在继电器输出电路中，数字量输出分为三组，每组的公共端为本组的电源供给端，Q0.0～Q0.3 共用 1L,Q0.4～Q0.6 共用 2L,Q0.7～Q1.1 共用 3L,各组之间可接入不同电压等级、不同电压性质的负载电源，如图 2-3 所示。

关于模拟量的接线方式将在扩展模块中详细讲解。

4）CPU 的工作方式

CPU 有两种工作方式，分别是停止（STOP）方式和运行（RUN）方式。在主机前面板上用两个发光二极管显示当前工作方式，绿色指示灯亮表示为运行状态，红色指示灯亮表示为停止状态。在标有 SF 的指示灯亮时表示系统故障，PLC 停止工作。

（1）停止方式。CPU 在停止工作方式时，不执行用户程序。此时可以通过编程装置或编程软件向 PLC 装载程序或进行系统设置。在程序编辑、上下载等处理过程中，必须把 CPU 置于停止方式。

（2）运行方式。CPU 在运行工作方式下，PLC 按照自身的循环扫描工作方式执行用户程序。

CPU 的工作模式可以通过三种方法改变，分述如下：

（1）用工作方式开关改变工作方式。工作方式开关有 3 个档位：STOP、TERM（Terminal）和 RUN。把工作方式开关切到 STOP 位，可以停止用户程序的执行。把工作方式开关切到 RUN 位，可以起动用户程序的执行。把工作方式开切到 TERM（暂态）或 RUN 位，允许在 STEP7-Micro/WIN32 软件设置 CPU 工作状态。如果工作方式开关设为 STOP 或 TERM，电源上电时，CPU 自动进入 STOP 工作状态。如果工作方式设置为 RUN，电源上电时，CPU 自动进入 RUN 工作状态。

（2）用编程软件改变工作方式。把工作方式开关切换到 TERM（暂态），可以使用 STEP7-Micro/WIN32 编程软件设置工作方式。

（3）在程序中用指令改变工作方式。在程序中插入一个 STOP 指令，CPU 可由 RUN 方式进入 STOP 工作方式。但是不能使用指令将 PLC 从 STOP 方式转为 RUN 方式。

2.1.2 S7-200 系列 PLC 的扩展模块

扩展模块作为基本单元输入/输出点数的扩充,没有 CPU,只能与主机连接使用,不能单独使用。S7-200 的扩展模块包括数字量 I/O 模块、模拟量 I/O 模块和通信模块。

S7-200 小型 PLC 的电源模块与 CPU 封装在一起,通过连接总线为 CPU 模块、扩展模块提供 5 V 的直流电源,如果容量许可,还可提供给外部 24 V 直流的电源,供本机输入点和扩展模块继电器线圈使用。应根据下面的原则来确定 I/O 电源的配置。

(1)有扩展模块连接时,如果扩展模块对 5 VDC 电源的需求超过 CPU 的 5 V 电源模块的容量,则必须减少扩展模块的数量。

(2)当+24 V 直流电源的容量不满足要求时,可以增加一个外部 24 V 直流电源给扩展模块供电。

用户选用具有不同功能的扩展模块,可以满足不同的控制需要,节约投资费用。连接时 CPU 模块放在最左侧,扩展模块用扁平电缆与左侧的模块相连。

1)数字量 I/O 模块

数字量扩展模块是为了解决本机集成的数字量输入/输出点不能满足需要的问题而使用的扩展模块。当需要超过本机集成数量的数字量输入/输出点时,可选用数字量扩展模块。用户选择具有不同 I/O 点数的数字量扩展模块,可以满足应用的实际要求,同时节约不必要的投资费用。S7-200 PLC 目前总共可以提供 3 大类,共 9 种数字量输入/输出模块,如表 2-5 所示。

表 2-5 数字量扩展模块

类　　型	型　　号	各组输入点数	各组输出点数	从总线耗电
输入扩展模块 EM221	EM221 24 VDC 输入	4,4	无	30 mA
	EM221 230 VAC 输入	8 点相互独立	无	30 mA
输出扩展模块 EM222	EM222 24 VDC 输出	无	4,4	50 mA
	EM222 继电器输出	无	4,4	40 mA
	EM222 230 VAC 双向 晶闸管输出	无	8 点相互独立	50 mA
输入/输出 扩展模块 EM223	EM223 24 VDC 输入/ 继电器输出	4	4	40 mA
	EM223 24 VDC 输入/ 24 VDC 输出	4,4	4,4	40 mA
	EM223 24 VDC 输入/ 24 VDC 输出	8,8	4,4,8	80 mA
	EM223 24 VDC 输入/ 继电器输出	8,8	4,4,4,4	160 mA

2）模拟量 I/O 模块

模拟量扩展模块提供了模拟量输入和模拟量输出功能。在工业控制中,被控对象常常是模拟量,如温度、压力、流量等。PLC 内部执行的是数字量,模拟量扩展模块可以将传感器检测到的外部的模拟量转换为数字量送入 PLC 内部,经 PLC 运算处理后,再由模拟量扩展模块将 PLC 输出的数字量转换为相应的模拟量信号送给控制对象。

模拟量扩展模块使 PLC 具有较大的适应性,可适用于复杂的控制场合,直接与传感器和执行器相连,例如 EM231 模块可直接与 Pt100 热电阻相连。同时,也使 PLC 具有较好的灵活性,当实际应用变化时,PLC 可以相应地进行扩展,并可非常容易地调整用户程序。

S7 - 200 提供了 5 种模拟量输入/输出模块、两种热电偶输入模块和两种热电阻输入模块,如表 2 - 6 所示。

表 2 - 6　模拟量扩展模块

模　　块	模拟量输入点	模拟量输出点	热电偶输入点	热电阻输入点
EM231	4	—	—	—
EM231	8	—	—	—
EM231	—	—	4	—
EM231	—	—	8	—
EM231	—	—	—	2
EM231	—	—	—	4
EM232	—	2	—	—
EM232	—	4	—	—
EM235	4	1	—	—

EM231 热电偶、热电阻扩展模块是为 S7 - 200 系列 CPU222、CPU224 和 CPU226/226XM 设计的模拟量扩展模块。EM231 热电偶模块具有特殊的冷端补偿电路,该电路测量模块连接器上的温度,并适当改变测量值,以补偿参考温度与模块温度之间的温度差。如果在 EM231 热电偶模块安装区域的环境温度迅速地变化,则会产生额外的误差,要想达到最大的精度和重复性,热电阻和热电偶模块应安装在稳定的环境温度中。

EM231 热电偶模块用于 7 种热电偶类型:J、K、E、N、S、T 和 R 型。用户必须用 DIP 开关来选择热电偶的类型,连到同一模块上的热电偶必须是相同类型的。

热电阻的接线方式由 2 线、3 线和 4 线共 3 种,其中 4 线方式的精度最高。EM231 热电阻模块可以通过 DIP 开关来选择热电阻的类型、接线方式、测量单位和开路故障的方向。连接到同一个扩展模块上的热电阻必须是相同类型的。改变 DIP 开关后必须将 PLC 断电后再通电,新的设置才能起作用。

模拟量模块的使用和 PLC 对模拟量的处理稍显复杂。下面以 EM235 模块为例,说明模拟量模块的使用,其他模块的使用与此类似。

EM235 具有 4 路模拟量输入和 1 路模拟量输出。它的输入信号可以是不同量程的电压或电流。其电压、电流的量程由开关 SW1～SW6 设定。DIP 开关 SW6 决定模拟量输入的单双极性,当 SW6 为 ON 时,模拟量输入为单极性输入;SW6 为 OFF 时,模拟量输入为双极性输入。SW4 和 SW5 决定输入模拟量的增益选择,而 SW1,SW2,SW3 共同决定了模拟量的衰减选择。将 6 个 DIP 开关进行排列组合,可以得到不同的输入功能设定,具体设置可参见模块手册。6 个 DIP 开关决定了所有的输入设置。也就是说开关的设置应用于整个模块,开关设置也只有在重新上电后才能生效。

EM235 有 1 路模拟量输出,其输出可以是电压也可以是电流。EM235 的常用技术指标如表 2 - 7 所示。

表 2 - 7　EM235 的常用技术参数

模拟量输入特性	
模拟量输入点数	4
输入范围	电压(单极性)0～10 V,0～5 V,0～1 V,0～500 mV,0～100 mV,0～50 mV 电压(双极性)±10 V,±5 V,±2.5 V,±1 V,± 500 mV,± 250 mV,± 100 mV,±50 mV,±25 mV
	电流 0～20 mA
数据字格式	双极性:全量程范围−32 000～＋32 000 单极性:全量程范围 0～32 000
分辨率	12 位 A/D 转换器
模拟量输出特性	
模拟量输出点数	1
信号范围	电压输出±10 V 电流输出 0～20 mA
数据字格式	电压−32 000～＋32 000 电流 0～32 000
分辨率电流	电压 12 位 电流 11 位

图 2-4 演示了模拟量扩展模块 EM235 的接线方法。对于电压信号,按正、负极直接接入 X＋和 X−(其中 X 可分别代表 A、B、C、D 四种输入),如图中的 A＋和 A−;对于电流信号,必须将 RX 和 X＋短接后接入电流输入信号的"＋"端,如图中的 RC 和 C＋以及 RD 和 D＋。"RX"端内置连接着一个 250 Ω 的标准电阻,在采集电流信号时作为采样电阻用,必须与"A＋"端连接。这是因为 AD 芯片只能处理电压信号,因此必须利用采样电阻将电流信号转换成电压信号。而未连接传感器的通道要将 X＋和 X−短接,如图中的 B＋和 B−。

由于 EM235 不提供变送器工作电源,因此二线制变送器必须使用外部电源。接线时,EM235 的"−"端应与电源的"−"连接成等电位。

对于某一模块,只能同时将所有输入端设置为一种量程和数据格式,即相同的输入量

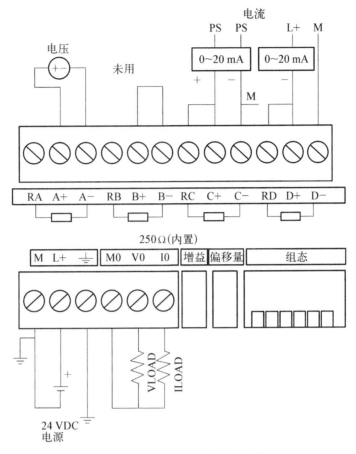

图 2 - 4　EM235 模块的接线方法

程和分辨率。

　　EM235 模块内置的模拟量到数字量的转换器(ADC)为 12 位模数转换器,但其 12 位数字量的读数是左对齐的,因此,S7 - 200 的模拟量处理的数值绝对值范围是 0～32 000,无论是输入还是输出均如此。

　　模拟量输入分为单极性和双极性输入两类,其数据格式如图 2 - 5 所示。输入量的最高有效位是符号位,符号位为 0 表示当前的数值为正。电流输入只有单极性,而电压输入则分为单极性和双极性两种。在单极性格式中,符号位一直为 1,低 3 位为 3 个连续的 0,这使得 ADC 每变化 1 个单位,数据字则以 8 个单位变化。

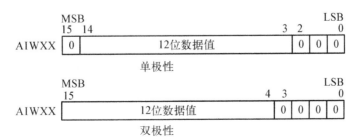

图 2 - 5　输入数字量格式

在双极性格式中,符号位的值由 ADC 转换得到的数据决定,低 4 位为 4 个连续的 0,这使得 ADC 每变化 1 个单位,数据字则以 16 为单位变化。

模拟量输出需要将 PLC 中使用的数字量转换为相应的模拟量(见图 2-6)。EM235模块中数字量到模拟量转换器(DAC)也是 12 位的,而且其 12 位数字量读数在输出数据格式中是左端对齐的。数据字的最高有效位 MSB 是符号位,0 表示一个正数据字值,1 表示一个负值。数据在装载到 DAC 寄存器之前,最低 4 个连续的 0 是被截断的,这些位不影响输出信号值。

图 2-6　输出数字量格式

下面给出模拟量和数字量之间的转换关系。

假设模拟量的标准电信号取值范围是 $A_0 \sim A_m$(如 $4 \sim 20$ mA),A/D 转换后数值为 $D_0 \sim D_m$(如:$6\,400 \sim 32\,000$)。设模拟量的标准电信号是 A,A/D 转换后的相应数值为 D。由于是线性关系,函数关系 $A = f(D)$ 可以表示为数学方程

$$A = (D - D_0) \times (A_m - A_0)/(D_m - D_0) + A_0 \tag{2-1}$$

依据该方程式,可以方便地根据 D 值计算出 A 值。

将该方程式逆变换,可得出函数关系 $D = f(A)$,可以表示为数学方程:

$$D = (A - A_0) \times (D_m - D_0)/(A_m - A_0) + D_0 \tag{2-2}$$

下面通过一个具体实例说明模拟量与数字量之间的转换。以 $4 \sim 20$ mA 信号为例,经 A/D 转换后,得到的数值是 $6\,400 \sim 32\,000$,即 $A_0 = 4$,$A_m = 20$,$D_0 = 6\,400$,$D_m = 32\,000$,代入式(2-1),得出

$$A = (D - 6\,400) \times (20 - 4)/(32\,000 - 6\,400) + 4$$

假设该模拟量与 AIW0(模拟量输入寄存器地址)对应,则当 AIW0 的值为 12 800 时,即 $D = 12\,800$ 时,相应的模拟电信号是

$$6\,400 \times 16/(25\,600) + 4 = 8 \text{ mA}$$

又如,某温度传感器的取值范围为 $-10 \sim 60$ ℃,与 $4 \sim 20$ mA 的标准信号相对应。T 表示温度值,AIW0 中的数值为 PLC 模拟量采样后经模/数转换后得到的数值,则根据上式直接代入得到 AIW0 中的数值所表示的实际温度值为

$$T = 70 \times (\text{AIW0} - 6\,400)/(25\,600) - 10$$

因此,可以用 T 的数值送入显示器中,直接显示所测量的温度值。

3) 通信模块

S7 - 200 系列 PLC 除 CPU226 本机集成了 2 个通信口以外,其他均在其内部集成了一个通信口,通信口采用 RS - 485 总线接口标准。除此以外各 PLC 还可以接入通信模块,以扩大其接口的数量和联网能力。下面介绍两种通信模块。

(1) EM277 模块。EM277 模块是 PROFIBUS - DP 从站模块。该模块可以作为 PROFIBUS - DP 从站和 MPI 从站。EM277 可以用作与其他 MPI 主站通信的通信口,S7 - 200 可以通过该模块与 S7 - 300/400 连接。使用 MPI 协议或 PROFIBUS 协议的 STEP7 - Micro/WIN 软件和 PROFIBUS 卡,以及 OP 操作面板或文本显示器 TD200,均可通过 EM277 模块与 S7 - 200 通信。最多可将 6 台设备连接到 EM277 模块,其中为编程器和 OP 操作面板各保留一个连接,其余 4 个可以通过任何 MPI 主站使用。为了使 EM277 模块可以与多个主站通信,各个主站必须使用相同的波特率。

当 EM277 模块用作 MPI 通信时,MPI 主站必须使用 DP 模块的站址向 S7 - 200 发送信息,发送到 EM277 模块的 MPI 信息,将会被传送到 S7 - 200 上。EM277 模块是从站模块,它不能使用 NETR/NETW 功能在 S7 - 200 之间通信。EM277 模块不能用作自由口方式通信。EM277 模块如图 2 - 7 所示。

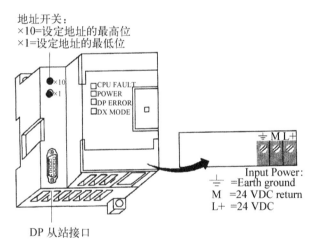

图 2 - 7　EM277 模块

EM277 PROFIBUS - DP 模块部分技术数据如下。

☆ 物理特性:尺寸 71 mm×80 mm×62 mm,功耗 2.5 W。

☆ 通信特性:通信口 1 个,接口类型为 RS - 485,外部信号与 PLC 间隔离 (500 VAC),波特率为 9.6、19.2、…、500 kbit/s,协议为 PROFIBUS - DP 从站和 MPI 从站,电缆长度为 100~1 200 m。

☆ 网络能力:站地址为 0~99(由旋转开关设定),每个网段最多站数为 32 个,每个网络最多站数为 126 个,最多到 99 个 EM277 站;MPI 方式可连接 6 个站,其中 2 个预留 (1 个为 PG,另 1 个为 OP)。

☆ 电源损耗:使用＋5 VDC(从 I/O 总线)供电,电流为 150 mA。

☆ 通信口电源:5 VDC 电源,每个口最大电流 90 mA,隔离 500 VAC;24 VDC 电源,

图 2-8　CP243-2 模块

每个口最大电流 120 mA,非隔离。

（2）CP243-2 通信处理器。CP243-2 是 S7-200（CPU22X）的 AS-i 主站。AS-i 接口是执行器/传感器接口。CP243-2 模块如图 2-8 所示。

每个 CP243-2 的 AS-i 上最大可以达到 248 点输入和 186 点输出。内置模拟量处理系统最多可以连接 31 个模拟量从站,每个从站可以为 4 个开关元件提供地址。S7-200 同时可以处理最多 2 个 CP243-2 通信处理器。通过连接 AS-i 可以显著地增加 S7-200 的数字量输入和输出的点数。

CP243-2 与 S7-200 的连接方法同扩展模块相同。它具有 2 个端子可与 AS-i 接口电缆相连。其前面板的 LED 显示所有连接的和激活的从站状态与准备状态。两个按钮可以切换运行状态,并可以设定当前组态。

在 S7-200 的过程映像区中,CP243-2 占用 1 个数字量输入字节（状态字节）、1 个数字量输出字节（控制字节）及 8 个模拟量输入字和 8 个模拟量输出字。因此,CP243-2 占用了 2 个逻辑插槽。通过用户程序,用状态字和控制字设置 CP243-2 的工作模式。根据工作模式的不同,CP243-2 在 S7-200 模拟地址区既可以存储 AS-i 从站的 I/O 数据或存储诊断值,也可以使主站调用（例如改变一个从站地址）有效。通过按钮,所连接的 AS-i 从站可作为设定组态被接管。

CP243-2 支持扩展 AS-i 特性的所有特殊功能。CP243-2 有 2 种工作模式,标准模式可以访问 AS-i 从站的 I/O 数据、扩展模式为主站调用（如写参数）方式。CP243-2 可以在 AS-i 上处理 62 个数字量或 31 个模拟量。

CP243-2 的功耗为 2 W,通过 AS-i 的电流最大为 100 mA,通过背板总线需 5 VDC 电流 220 mA。

S7-200 PLC 的控制系统就是由 S7-200 CPU 和这些扩展模块构成的。

2.1.3　S7-200 PLC 的系统配置

S7-200 PLC 组成的控制系统可以单独由不同型号的 CPU 来实现,但由于 CPU 本身自带的 I/O 点较少,更普遍的情况是通过配置扩展模块,构成功能更加丰富的 PLC 控制系统。

S7-200 PLC 的扩展配置是由 S7-200 的基本单元（CPU222、CPU224 和 CPU226）和 S7-200 的扩展模块组成的,如图 2-9 所示。其扩展模块的数量受三个条件约束:① 基本单元所能带扩展模块的数量;② CPU 中映像寄存器的数量,扩展总点数不能大于输入和输出映像寄存器的总数;③ 基本单元的

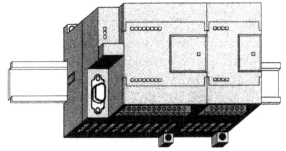

图 2-9　S7-200 PLC 的扩展

电源承受扩展模块消耗 5 VDC 总线电流的能力。

S7 - 200 系列 CPU 带扩展模块的能力是不同的,如图 2 - 10 所示。CPU221 不能扩展,CPU222 最多可以带 2 个扩展模块,CPU224 和 CPU226 最多可以带 7 个扩展模块。虽然 CPU224 和 CPU226 都可以带 7 个扩展模块,但实际上可扩展的 I/O 点数也不相同,因为 CPU224 的 5 V 供电能力为 660 mA,低于 CPU226 的 1 000 mA。

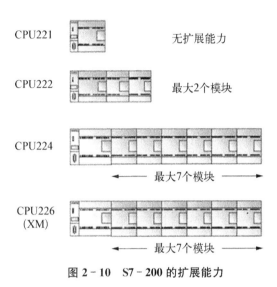

图 2 - 10　S7 - 200 的扩展能力

每个扩展模块的配置(组态)地址编号取决于各模块的类型和该模块在 I/O 链中所处的位置。S7 - 200 的扩展配置的地址分配原则是:

(1) 数字量扩展模块和模拟量模块分别编址。数字量输入模块的地址冠以字母"I",数字量输出模块的地址冠以字母"Q",模拟量模块的地址冠以字母"AI",模拟量模块的地址冠以字母"AQ"。

(2) 数字量模块的编址以字节为单位,地址分配是从最靠近 CPU 模块的模块开始从左到右按字节递增。

(3) 模拟量模块的编址以字为单位(即以双字节为单位),地址分配是从最靠近 CPU 模块的模拟量模块开始从左到右递增。

(4) 数字量输入/输出映像寄存器的单位长度为 1 个字节(8 位二进制数),因此,如果数字量扩展模块输入/输出的实际位数未满 8 位,则本模块中没有使用的位号也不能分配给 I/O 链的后续模块。例如,EM221 只有 4 路输入,占据半个字节,假设其地址为 I2.0～I2.3,其中未使用的 I2.4～I2.7 也不能分配给后续模块。后续模块的地址从 I3.0 开始。

例 1: 某一控制系统选用 CPU224,系统所需的输入输出点数分别为数字量输入 24 点,数字量输出 20 点,模拟量输入 6 点,模拟量输出 2 点。请给出配置方案。

解: 需要扩展的点数计算:

需要扩展的数字输入点数 24－14＝10;

需要扩展的数字输出点数 20－10＝10;

需要扩展的模拟输入点数 6－0＝6;

需要扩展的模拟输出点数 2－0＝2。

通过查询扩展模块的技术参数，选择方案：1 个 EM221(8I)，1 个 EM222(8O)，1 个 EM223(4I4O)，2 个 EM235(4AI1AO)。

此方案下，扩展模块的数量(5 个)小于允许扩展模块的数目(7 个)；数值量 I/O 点数(26/26)小于 I/O 映像寄存器的数量(256/256)；模拟量 I/O 点数(8/2)小于容许的模拟量(32/32)。

下面计算扩展模块消耗的电流：

EM221　30×1＝30 mA；

EM222　50×1＝50 mA；

EM223　40×1＝40 mA；

EM235　30×2＝60 mA。

扩展模块消耗电流总计为 180 mA，小于 CPU 可提供的电流 600 mA。

综上所述，这种选择方案是可行的。其地址如图 2-11 所示。

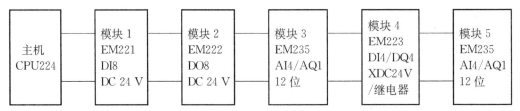

主机 I/O	模块 1 I/O	模块 2 I/O	模块 3 I/O	模块 4 I/O	模块 5 I/O
I0.0　Q0.0	I2.0	Q2.0	AIW0　AQW0	I3.0　Q3.0	AIW8　AQW2
I0.1　Q0.1	I2.1	Q2.1	AIW2	I3.1　Q3.1	AIW10
I0.2　Q0.2	I2.2	Q2.2	AIW4	I3.2　Q3.2	AIW12
I0.3　Q0.3	I2.3	Q2.3	AIW6	I3.3　Q3.3	AIW14
I0.4　Q0.4	I2.4	Q2.4			
I0.5　Q0.5	I2.5	Q2.5			
I0.6　Q0.6	I2.6	Q2.6			
I0.7　Q0.7	I2.7	Q2.7			
I1.0　Q1.0					
I1.1　Q1.1					
I1.2					
I1.3					
I1.4					
I1.5					

图 2-11　例 1 中扩展模块的编址

例 2：采用 CPU226，扩展单元由 6 个 16 点数字量输入/16 点数字量继电器输出的 EM223 模块和 1 个 8 点数字量输入/8 点数字量输出的 EM223 模块构成。CPU226 可以提供 5 VDC 电流 1 000 mA，6 个 16 点数字量输入/16 点数字量继电器输出的 EM223 模块和 1 个 8 点数字量输入/8 点数字量输出的 EM223 模块消耗 5 VDC 总线电流 980 mA。可见扩展模块消耗的 5 VDC 总电流小于 CPU222 可以提供的 5 VDC 电流，故这种组态是可行的。此系统共有 248 点数字量输入/输出，具体地址分配如图 2-12 所示。

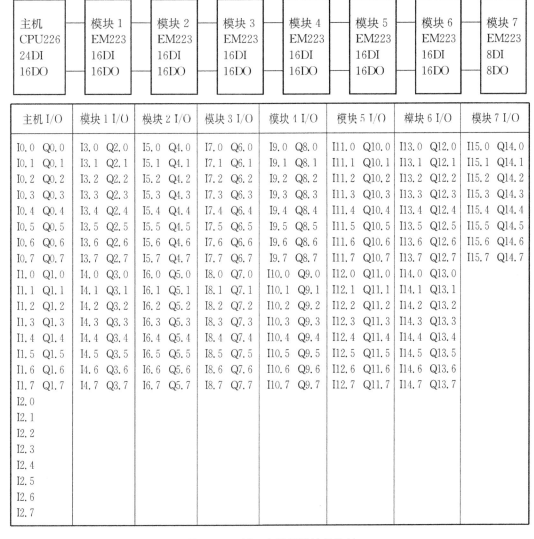

图 2 - 12　例 2 中扩展模块的编址

2.2　S7 - 200 系列 PLC 的 CPU 存储区

2.2.1　数据存储类型

　　所有的数据在计算机中都是以二进制形式存储的,在 PLC 中也是如此,数据的长度和表示方式称为数据格式。S7 - 200 的指令对数据格式有一定的要求,指令与数据之间的格式一致才能正常工作。

2.2.1.1　数据的长度

　　在 PLC 中使用的都是二进制数,其最基本的存储单位是位(bit),可以用来表示开关量(或称数字量)的工作状态。二进制数的“位”只有 0 和 1 两种取值,开关量(或数字量)也只有两种不同的状态,如触点的断开和接通,线圈的失电和得电等。在 S7 - 200 梯形图中,可用"位"描述它们,如果该位为 0 则表示对应的线圈为原始(失电)状态,该位对应的常开触点断开、常闭触点闭合;如果该位为 1,则表示对应线圈的状态为得电状态,该位对应的常开触点闭合、常闭触点断开。

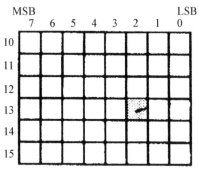

MSB　　　　　　　LSB
7　6　5　4　3　2　1　0

图 2-13　位数据的存放

同普通计算机一样,PLC 通常也可以使用多位二进制数表示数字。8 位二进制数组成 1 个字节(Byte),其中的第 0 位为最低有效位(LSB),第 7 位为最高有效位(MSB),如图 2-13 所示;相邻的 2 个字节(16 位)组成 1 个字(Word);相邻的 2 个字(32 位)组成 1 个双字(Double Word)。位、字节、字和双字占用的连续位数称作数据长度。

多位二进制数读写起来很不方便,可以用十六进制数来表示多位二进制数。S7-200 用数字签名的"16♯"来表示十六进制常数。

PLC 中一般使用二进制补码来表示有符号数,其最高位为符号位,最高位为 0 时表示正数,最高位为 1 时表示负数。正数的补码是它本身;将正数的补码逐位取反后加 1,得到绝对值与该正数相同的负数的补码。

BCD 是 Binary Coded Decimal Numbers(二进制编码的十进制数)的缩写,用 4 位二进制数的组合来表示 1 位十进制数。例如十进制数 23 对应的 BCD 码是 16♯23,而十六进制数 16♯23 对应的十进制数是 35。BCD 码在 PLC 控制系统中常用于输入输出设备,如拨码开关输入的是 BCD 码,送给七段显示器的数字也是 BCD 码。

2.2.1.2　数据类型及数据范围

S7-200 系列 PLC 的数据类型可以是字符串、布尔型(0 或 1)、字节型、整数型和实数型(浮点数)。布尔型数据指位数据,用 0 或 1 表示;字节型为 8 位;整数型数包括 16 位符号整数(INT)和 32 位符号整数(DWord);实数型数据采用 32 位单精度数来表示。数据类型、长度及数据范围如表 2-8 所示。

表 2-8　数据类型、长度及数据范围

数据的长度、类型	无符号整数范围		符号整数范围	
	十进制	十六进制	十进制	十六进制
字节 B(8 位)	0～255	0～FF	−128～127	80～7F
字 W(16 位)	0～65 535	0～FFFF	−32 768～32 767	8000～7FFF
双字 D(32 位)	0～4 294 967 295	0～FFFFFFFF	−2 147 483 648～2 147 483 647	80000000～7FFFFFFF
位(BOOL)	0、1			
实数	$-10^{38}\sim10^{38}$			
字符串	每个字符以 ASCII 码存储,字符串由若干个 ASCII 码字符组成;最大长度为 255 个字节,第一个字节中定义该字符串的长度			

2.2.1.3　常数

S7 - 200 的许多指令中常会使用常数。常数的数据长度可以是字节、字和双字。CPU 以二进制的形式存储常数,书写常数可以用二进制、十进制、十六进制、ASCII 码或实数等多种形式。常数的书写格式如表 2 - 9 所示。

表 2 - 9　常数的书写格式

常　　数	举　　例
十进制常数	20 047
十六进制常数	16#4E4F
ASCII 码常数	'Text'
实数或浮点数格式	+1.175 463E-20(正数) -1.175 463E-20(负数)
二进制格式	2#1011_0101

2.2.2　数据的编址方式

PLC 的编址就是对 PLC 内部元件所在的位置进行编码,以便程序执行时可以唯一地识别每个元件,就像为每个元件编写门牌号码一样。PLC 内部在数据存储区为每一种元件分配一个存储区域,并用字母作为区域标志符,同时表示元件的类型,例如:数字量输入写入输入映像寄存器(区标志符为 I),数字量输出写入输出映像寄存器(区标志符为 Q),模拟量输入写入模拟量输入映像寄存器(区标志符为 AI),模拟量输出写入模拟量输出映像寄存器(区标志符为 AQ)。除了输入输出外,PLC 还有其他元件:V 表示变量存储器;M 表示内部标志位存储器;SM 表示特殊标志位存储器;L 表示局部存储器;T 表示定时器;C 表示计数器;HC 表示高速计数器;S 表示顺序控制存储器;AC 表示累加器。

存储器的基本单位可以是位(bit)、字节(Byte)、字(Word)、双字(Double Word),因此编址方式也可以分为位、字节、字、双字编址,如图 2 - 13、图 2 - 14 所示。

(1) 位编址。位编址的指定方式为:(区域标志符)字节号. 位号。例如 I3.2,表示输入映像寄存器第 3 字节第 2 位,如图 2 - 13 所示。

(2) 字节编址。字节编址的指定方式为:(区域标志符)B(字节号),且最高有效位为第 7 位。例如 VB100 表示由 V100.0~V100.7 这 8 位组成的字节,如图 2 - 14 所示。

(3) 字编址。字编址的指定方式为:(区域标志符)W(起始字节号),且最高有效字节为起始字节。例如 VW100 表示由 VB100 和 VB101 这 2 字节组成的字,其中 VB100 为高 8 位字节,如图 2 - 14 所示。

(4) 双字编址。双字编址的指定方式为:(区域标志符)D(起始字节号),且最高有效字节为起始字节。例如 VD100 表示由 VB100 到 VB103 这 4 字组成的双字,其中 VB100 为高 8 位字节,如图 2 - 14 所示。

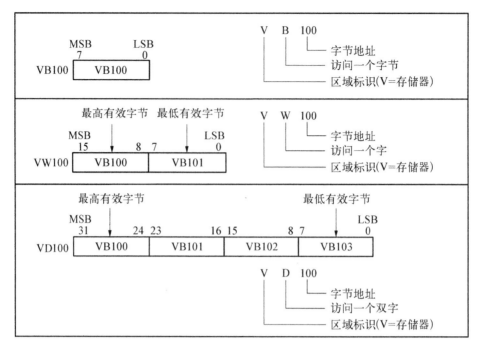

图 2-14　V 存储区的编址方式

2.2.3　PLC 内部元件及其编址

在 S7-200 PLC 内部,各存储器和寄存器按照功能组织,其存储地址也按照元件种类分别编址,如数字量输入映像寄存器(区标志符为 I)、数字量输出映像寄存器(区标志符为 Q)、模拟量输入映像寄存器(区标志符为 AI)、模拟量输出映像寄存器(区标志符为 AQ)等。PLC 中有些元件可以直接和外设联系,如刚提到的输入/输出映像寄存器,也有一些元件不直接和外设打交道,如变量存储器 V、内部标志位存储器 M、特殊标志位存储器 SM、局部存储器 L、定时器 T、计数器 C、高速计数器 HC、顺序控制存储器 S 和累加器 AC。掌握各元件的功能和使用方法是编程的基础。

1) 输入映像寄存器

输入映像寄存器也称为输入继电器,是 PLC 用来接收用户设备输入信号的接口。PLC 中的"继电器"与继电器控制系统中的继电器有本质性的差别,是"软继电器",其实质是存储单元。每一个"输入继电器"线圈都与相应的 PLC 输入端相连(如"输入继电器" I0.0 的线圈与 PLC 的输入端子 0.0 相连),若外部开关信号闭合,则"输入继电器的线圈"得电,在程序中其常开触点闭合,常闭触点断开。由于存储单元可以无限次地读取,所以有无数对常开、常闭触点供编程时使用。编程时应注意,"输入继电器"的线圈只能由外部信号来驱动,不能在程序内部用指令来驱动,因此,在用户编制的梯形图中只应出现"输入继电器"的触点,而不应出现"输入继电器"的线圈。

S7-200 输入映像寄存器区域有 IB0～IB15 共 16 个字节的存储单元。系统对输入映像寄存器是以字节(8 位)为单位进行地址分配的。输入映像寄存器可以按位进行操作,每一位对应一个数字量的输入点。如 CPU224 的基本单元输入为 14 点,需占用 2×8=

16 位,即占用 IB0 和 IB1 两个字节,其中 I1.6、I1.7 因没有实际输入而未使用,但是用户程序中也不可使用。不过,如果输入映像寄存器中某个字节整体未使用,如 IB3～IB15,则可作为内部寄存器位使用。

输入映像寄存器可采用位、字节、字或双字来存取。输入映像寄存器位存取的地址编号范围为 I0.0～I15.7。

2) 输出映像寄存器

输出映像寄存器也称为输出继电器,是用来将输出信号传送到负载的接口。每一个"输出继电器"线圈都与相应的 PLC 输出相连,在扫描周期的末尾,CPU 将输出过程映像寄存器的数据传送到输出模块,由后者驱动负载。输出继电器线圈的通断状态只能在程序内部用指令驱动,但其开、关状态可供编程时无限次使用。

S7 - 200 输出映像寄存器区域有 QB0～QB15 共 16 个字节的存储单元。系统对输出映像寄存器也是以字节(8 位)为单位进行地址分配的。输出映像寄存器可以按位进行操作,每一位对应一个数字量的输出点。如 CPU224 的基本单元输出为 10 点,需占用 $2 \times 8 = 16$ 位,即占用 QB0 和 QB1 两个字节。但未使用的位和字节均可在用户程序中作为内部标志位使用。

输出继电器可采用位、字节、字或双字来存取。输出继电器位存取的地址编号范围为 Q0.0～Q15.7。

3) 变量存储器

变量存储器主要用于存储变量,可以存放数据运算的中间运算结果或设置参数。在进行数据处理时,变量存储器会被经常使用。变量存储器可以按位寻址,也可以字节、字、双字为单位寻址。其中可以按位存取的编号范围根据 CPU 的型号有所不同,CPU221/222 为 V0.0～V2047.7 共 2 kB 存储容量,CPU224/226 为 V0.0～V5119.7 共 5 kB 存储容量。

4) 内部标志位存储器

内部标志位存储器用来保存控制继电器的中间操作状态,其作用相当于继电器控制中的中间继电器。内部标志位存储器在 PLC 中没有输入/输出端与之对应,其线圈的通断状态只能在程序内部用指令驱动,其触点不能直接驱动外部负载,只能在程序内部驱动输出继电器的线圈,再利用输出继电器去驱动外部负载。

内部标志位存储器可采用位、字节、字或双字来存取。内部标志位存储器位存取的地址编号范围为 M0.0～M31.7,共 32 个字节。

5) 特殊标志位存储器

PLC 中还有若干特殊标志位存储器,特殊标志位提供大量的状态和控制功能,用来在 CPU 和用户程序之间交换信息。特殊标志位存储器能以位、字节、字或双字来存取,CPU224 的 SM 位地址编号范围为 SM0.0～SM179.7,共 180 个字节。其中 SM0.0～SM29.7 的 30 个字节为只读型区域。

常用的特殊存储器用途如下。

SM0.0:运行监视。SM0.0 始终为"1"状态。当 PLC 运行时可以利用其触点驱动输出继电器,在外部显示程序是否处于运行状态。

　　SM0.1：初始化脉冲。每当 PLC 的程序开始运行时，SM0.1 线圈接通一个扫描周期，因此 SM0.1 的触点常用于调用初始化程序等。

　　SM0.3：开机进入 RUN 时，接通一个扫描周期，可用在启动操作之前，给设备提前预热。

　　SM0.4、SM0.5：占空比为 50% 的时钟脉冲。当 PLC 处于运行状态时，SM0.4 产生周期为 1 min 的时钟脉冲，SM0.5 产生周期为 1 s 的时钟脉冲。若将时钟脉冲信号送入计数器作为计数信号，则可起到定时器的作用。

　　SM0.6：扫描时钟，1 个扫描周期闭合，另一个为 OFF，循环交替。

　　SM0.7：工作方式开关位置指示，开关放置在 RUN 位置时为 1。

　　SM1.0：零标志位，运算结果为 0 时，该位置 1。

　　SM1.1：溢出标志位，结果溢出或为非法值时，该位置 1。

　　SM1.2：负数标志位，运算结果为负数时，该位置 1。

　　SM1.3：被 0 除标志位。

　　其他特殊存储器的用途可参见附录 B 或查阅相关编程手册。

　　6）局部变量存储器

　　局部变量存储器 L 用来存放局部变量。局部变量存储器 L 和变量存储器 V 十分相似，主要区别在于 V 存储的是全局变量，对用户程序全局有效，即同一个变量可以被任何程序（主程序、子程序和中断程序）访问。而局部变量只是局部有效，即变量只和特定的程序相关联。

　　S7 - 200 有 64 个字节的局部变量存储器，其中 60 个字节可以作为暂时存储器，或给子程序传递参数。后 4 个字节作为系统的保留字节。PLC 在运行时，根据需要动态地分配局部变量存储器，在执行主程序时，64 个字节的局部变量存储器分配给主程序，当调用子程序或出现中断时，局部变量存储器分配给子程序或中断程序使用。

　　局部存储器可以按位、字节、字、双字直接寻址，其位存取的地址编号范围为 L0.0～L63.7。

　　L 存储器可以作为地址指针。

　　7）定时器

　　PLC 所提供的定时器作用相当于继电器控制系统中的时间继电器，其设定时间由程序设置。

　　每个定时器有一个 16 位的当前值寄存器，用于存储定时器累计的时基增量值（1～32 767），另有一个状态位表示定时器的状态。若当前值寄存器累计的时基增量值大于等于设定值，则定时器的状态位被置"1"，该定时器的常开触点闭合。

　　定时器的定时精度分别为 1 ms、10 ms 和 100 ms 三种。CPU222、CPU224 及CPU226 的定时器地址编号范围为 T0～T255，它们的分辨率和定时范围并不相同，用户应根据所用 CPU 型号及时基，正确选用定时器的编号。

　　8）计数器

　　计数器用于累计计数输入端接收到的由断开到接通的脉冲个数，其设定值由程序赋予。

计数器的结构与定时器基本相同,每个计数器有一个 16 位的当前值寄存器用于存储计数器累计的脉冲数,另有一个状态位表示计数器的状态。若当前值寄存器累计的脉冲数大于等于设定值时,计数器的状态位被置"1",该计数器的常开触点闭合。计数器的地址编号范围为 C0~C255。

9) 高速计数器

一般计数器的计数频率受扫描周期的影响,不能太高。而高速计数器可用来累计比 CPU 的扫描周期更快的事件。高速计数器的当前值是一个双字长(32 位)的整数,且为只读值。

高速计数器的地址编号范围根据 CPU 的型号的不同而有所不同。CPU221/222 各有 4 个高速计数器;CPU224/226 各有 6 个高速计数器,编号为 HC0~HC5。

10) 累加器

累加器是用来暂存数据的寄存器,它可以用来存放运算数据、中间数据和结果。CPU 提供了 4 个 32 位的累加器,其地址编号为 AC0~AC3。累加器的可用长度为 32 位,可采用字节、字、双字的存取方式,按字节、字只能存取累加器的低 8 位或低 16 位,双字可以存取累加器全部的 32 位。

11) 顺序控制继电器

顺序控制继电器是使用步进顺序控制指令编程时的重要状态元件,通常与顺序控制指令一起使用以实现顺序功能流程图的编程。

顺序控制继电器的地址编号范围为 S0.0~S31.7。

12) 模拟量输入/输出映像寄存器

S7 - 200 的模拟量输入电路是将外部输入的模拟量信号转换成 1 个字长(16 位)的数字量存入模拟量输入映像寄存器区域,区域标志符为 AI。

模拟量输出电路是将模拟量输出映像寄存器区域的 1 个字长数值转换为模拟电流或电压输出,区域标志符为 AQ。

在 PLC 内的数字量字长为 16 位,即两个字节,对模拟量输入/输出是以字(W)为单位分配地址,故其地址均以偶数表示,如 AIW0、AIW2、…;AQW0、AQW2、…。

模拟量输入/输出的地址编号范围根据 CPU 的型号的不同而有所不同。CPU222 为 AIW0~AIW30/AQW0~AQW30;CPU224/226 为 AIW0~AIW62/AQW0~AQW62。

2.3　S7 - 200 系列 PLC 的寻址方式

S7 - 200 编程语言的基本单位是语句,而语句是由指令构成的,每条指令有两部分:前面的部分是操作码,后面的部分是操作数。操作码指出这条指令的功能是什么,操作数则指明了操作码所需要的数据所在的位置。所谓寻址,就是寻找操作数的过程。S7 - 200 CPU 的寻址方式分为三种:立即寻址、直接寻址和间接寻址。

2.3.1　立即寻址

在一条指令中,如果操作码后面的操作数就是操作码所需要的具体数据,这种指令的寻址方式就叫立即寻址。例如传送指令：

$$MOV \qquad IN, OUT$$

操作码"MOV"指出该指令的功能把 IN 中的数据传送到 OUT 中，其中 IN 称为源操作数，OUT 称为目标操作数。

若指令为

$$MOVD \qquad 2\,505, VD500$$

其功能是将十进制数 2\,505 传送到 VD500 中，这里 2\,505 就是源操作数。因这个操作数的数值已经在指令中了，不用再去寻找，这个操作数称为立即数。这种寻址方式就是立即寻址方式。

但是目标操作数的数值在指令中并未给出，只给出了要传送到的地址 VD500，这个操作数的寻址方式就是下面要讲到的直接寻址。

2.3.2　直接寻址

直接寻址是在指令中直接使用存储器或寄存器的元件名称（区域标志）和地址编号，直接到指定的区域读取或写入数据。例如：

$$MOVD \qquad VD400, VD500$$

本条指令的功能是将 VD400 中的双字数据传送给 VD500。其中源操作数和目标操作数在指令中都没有直接给出，而只给出了操作数所在的地址。这种寻址方式就是直接寻址。

可以用按位、字节、字、双字的寻址方式存取 V、I、Q、M、S 和 SM 存储器区，如 VB100 表示以字节方式存取，VW100 表示以字方式存取，VD100 则表示以双字方式存取（见图 2 - 13）。

2.3.3　间接寻址

间接寻址时操作数并不直接提供数据所在的位置，而是通过使用地址指针先指出存放所需数据的地址的存储单元，然后从存放地址的存储单元中取出数据存放的地址，最后根据取出的地址来存取存放在存储器中的数据。在 S7 - 200 中允许使用地址指针对 I、Q、M、V、S、T、C（仅当前值）存储区进行间接寻址。间接寻址不能用于位地址、HC 和 L 存储区。

（1）使用间接寻址前，要先创建一指向该位置的指针。指针为双字（32 位），存放的是另一存储器的地址，只能用 V、L 或累加器 AC 作指针。生成指针时，要使用双字传送指令（MOVD），将数据所在单元的内存地址送入指针，双字传送指令的输入操作数开始处加"&"符号，表示某存储器的地址，而不是存储器内部的数值。指令的目标操作数是指针所在存储单元的地址。例如：

$$MOVD \qquad \& VB200, AC1$$

该指令的功能是将 VB200 存储单元的地址送入累加器 AC1 中。

（2）指针建立好后，利用指针存取数据。在使用地址指针存取数据的指令中，操作数前加"∗"号表示该操作数为地址指针，而不是数据的地址。例如：

$$\text{MOVW} \quad \ast \text{AC1},\text{AC0}$$

MOVW 指令为字传送指令，该指令将 AC1 中的数值作为源操作数的起始地址，从起始地址开始的一个字长的数据（即 VB200，VB201 内部数据）送入 AC0 内，如图 2　15 所示。

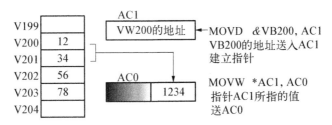

图 2 - 15　使用指针的间接寻址

（3）连续存取指针所指的数据时，因为指针是 32 位的，所以应使用双字指令来修改指针的值，从而改变指针所指向的位置，例如可采用双字加法（ADDD）或双字加 1（INCD）指令。修改时必须特别注意需要调整的存储器地址的字节数：存取字节时，指针值加 1；存取字时，指针值加 2；存取双字时，指针值加 4。

例：用于非线性校正的表格存放在 VW100 开始的 100 个字中，表格的偏移量（表格中字的序号）在 VD400 中，在 I0.0 的上升沿，间接寻址将表格中相对于偏移量的数据值传送到 VW310 中。

LD	I0.0	
EU		
MOVD	&VB100,	VD410
+D	VD400,	VD410
+D	VD400,	VD410
MOVW	∗VD410,	VW310

一个字由两个字节组成，地址相邻的两个字的地址增量为 2（两个字节），所以用了两条双整数加法指令。

2.4　S7 - 200 系列 PLC 的常用通信网络

SIMATIC NET 是西门子网络产品统一商标，它是一个对外开放的网络，已广泛应用于工业生产的各个领域。为了适应不同控制的需求，其控制网络分成了若干个层次，采用不同的国际标准，以满足用户的不同需要。

西门子公司的生产网络金字塔由 4 级组成,由上到下依次是公司管理级、工厂过程管理级、过程监控级、过程测量与控制级。在这 4 级子网中包含 3 层总线。最底层为 AS-i 总线。AS-i 是执行器-传感器(Actuator Sensor Interface)的简称,是传感器和执行器通信的国际标准,主要负责现场传感器和执行器的通信,也可以是远程 I/O 总线(PLC 与远程 I/O 模块之间的通信)。中间层为工业现场总线 PROFIBUS,是用于车间级和现场级的国际标准,它采用令牌方式与主从轮询相结合的存取控制方式,也可采用主从轮询存取方式的主从式多点链路。顶层为工业以太网,它基于国际标准 IEEE 802.3,是一种开放式网络,可以实现管理-控制网络的一体化,可以集成到互联网。

根据所使用的 S7-200 CPU,网络可以支持一个或多个通信协议,包括通用协议和公司专用协议。S7-200 PLC 可以插入 CP243-2 通信处理器构成 AS-i 主站,进一步扩大 I/O 点数。S7-200 PLC 也可以插入 EM227 模块构成 MPI 的从站,成为 MPI 网络的一员,或者构成 PROFIBUS-DP 从站成为 DP 网络的一员。还可以利用内部集成的 PPI 接口以 PPI 方式或自由口方式组成通信网络。

2.4.1　S7-200 的网络通信协议

在通信网络中,上位机、编程器和各个可编程序控制器都是整个网络的成员,或者说它们在网络中都是节点。每个节点都被分配了各自的节点地址。在网络通讯中,可以用节点地址去区分各个设备。但是,这些设备在整个网络中所起的作用并不完全相同。有的设备如上位 PC 机、PG 编程器等设备可以读取其他节点的数据,也可以向其他节点写入数据,还可以对其他节点进行初始化。这类设备掌握了通讯的主动权,叫主站。还有些设备比如 S7-200 系列 PLC,在有些通讯中可以做主站使用。但是,有另一些通信网络中,它只能让主站读取和写入数据,而不能读取其他设备的数据,也无权向其他设备写入数据,这类设备在这种通信网络中是被动的,叫从站。根据网络结构的不同,在一个网络中的主站和从站数量也不完全相同。一般情况总是把 PC 机和编程器作为主站。网络也有单主站和多主站之分。单主站就是一个主站连到多个从站构成网络。多主站就是由多个主站和多个从站构成网络。

S7-200 CPU 支持多种通信协议。使用 S7-200 CPU,可以支持一个或多个以下协议:第一种是点到点(Point-to-Point)接口即 PPI 方式;第二种是多点(Multi-Point)接口即 MPI 方式;第三种是过程现场总线 PROFIBUS 即 PROFIBUS-DP 方式;第四种是用户自定义协议即自由口方式。

1) 点对点接口协议

PPI 通信协议是西门子公司专为 S7-200 系列 PLC 开发的一个通信协议,协议没有对外开放。PPI 是一个主/从协议。在这个协议中,主站(其他 CPU、编程器或文本显示器 TD200)给从站发送申请,从站进行响应。从站不初始化信息,当主站发出申请或查询时,从站才响应。一般情况下,网络上的所有 S7-200 CPU 都为从站。

如果在用户程序中允许选用 PPI 主站模式,一些 S7-200 CPU 在运行模式下可以作为主站。一旦选用主站模式,就可以利用网络读(NETR)和网络写(NETW)指令读/写其他 CPU。当 S7-200 CPU 做 PPI 主站时,它还可以作为从站响应来自其他主站的申请。

对于一个从站有多少个主站和它通讯,PPI 没有限制,但是在网络中最多只有 32 个主站。

2) 多点接口方式

MPI 可以是主/主协议,也可以是主/从协议,这主要取决于设备的类型。如果设备是 S7 - 300/400 CPU,MPI 就可以建立主/主协议,因为所有的 S7 - 300/400 CPU 都可以是网络的主站。而如果设备是 S7 - 200 系列 CPU,MPI 就只能建立主/从协议,因为 S7 - 200 CPU 只能做从站,不能做主站。

MPI 总是在两个相互通讯的设备之间建立连接,这种连接是非公用的。另一个主站不能干涉两个设备之间已经建立的连接。由于设备之间的连接是非公用的,并且要占用 CPU 中的资源,因此每个 CPU 只能支持一定数目的连接。每个 CPU 可以支持 4 个连接,保留两个连接,其中一个给编程器或编程计算机,另一个给操作面板。

通过与 S7 - 200 CPU 建立一个非保留的连接,S7 - 300/400 PLC 可以和 S7 - 200 进行通讯。S7 - 300/400 PLC 可以通过 XGET 和 XPUT 指令对 S7 - 200 PLC 进行读/写操作。

CPU200 通过内置接口连接到 MPI 网络上,可与 S7 - 300/400 CPU 进行通讯,但 S7 - 200 CPU 在 MPI 网络中彼此间不能通讯。

3) PROFIBUS 方式

在 S7 - 200 系列的 CPU 中,CPU222,CPU224,CPU226 都可以通过增加 EM277 PROFIBUS - DP 扩展模块的方法支持 DP 网络协议。

PROFIBUS 协议用于分布式 I/O 设备(远程 I/O)的高速通讯。许多厂家在生产类型众多的 PROFIBUS 设备:从简单的输入或输出模块到复杂的电机控制器和可编程序控制器。

PROFIBUS 网络通常有一个主站和几个 I/O 从站。主站配置成知道所连接的 I/O 从站的型号和地址。主站初始化网络并检查网络上的所有从站设备和配置中的匹配情况。主站连续地把输出数据写到从站,并且从从站读取输入数据。当 PROFIBUS - DP 主站成功地配置完一个从站时,它就拥有该从站。如果网络中有第二个主站,它只能很有限地访问第一个主站的从站。

4) 自由口方式

自由口通信是通过用户程序可以控制 S7 - 200 CPU 通讯口的操作模式。利用自由口模式,可以实现用户定义的通信协议去连接多种智能设备。

通过使用接收中断、发送中断、发送指令(XMT)和接收指令(RCV),用户程序可以控制通信口的操作。在自由口模式下,通信协议完全由用户程序控制。通过特殊功能继电器可以设定允许自由口模式,而且只有在 CPU 处于 RUN(运行)模式时才能允许自由口方式。当 CPU 处于 STOP(停止)模式时,自由口通信停止。通讯口转换成正常的 PPI 协议操作。

自由口方式是 S7 - 200 PLC 一个很有特色的功能。它使 S7 - 200 PLC 可以与任何通信协议公开的其他设备(如控制器)进行通讯。这就是说,S7 - 200 PLC 可以由用户自己定义通讯(例如 ASCII 协议)。波特率最高为 38.4 kbit/s(可调整)。用户可以在 S7 - 200 系列 PLC 编程时,自由定义通信协议。这使得 S7 - 200 可通信的范围大大增加,使控制系统配合更加灵活、方便。凡是具有串行接口的外部设备,如打印机或条形码阅读器、变频器、调制解调器、上位 PC 机等,都可以用自由口协议与 S7 - 200 进行有线或无线通信。具有 RS - 232 接口的设备也可用 PC/PPI 电缆连接起来和 S7 - 200 CPU 进行自由口方式的通信。

2.4.2　PPI 网络

　　CPU 200 系列 CPU 上集成的编程口同时就是 PPI 通信联网接口。利用 PPI 通信协议进行通讯非常简单方便,只用 NETR 和 NETW 两条语句传递,不需额外配置模块或软件。PPI 通信网络是个令牌传递网,以 CPU 200 系列 PLC、TD200 文本显示器、OP 操作面板或上位 PC 机(插 MPI 卡)为站点,就可以构成 PPI 网。

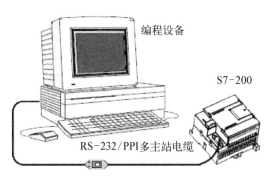

**图 2 - 16　由编程设备与 S7 - 200PLC
组成的 PPI 网络**

　　1)网络拓扑结构

　　最简单的 PPI 网络的例子是一台上位 PC 机和一台 PLC 通讯,如图 2 - 16 所示。S7 - 200系列 PLC 的编程就可以用这种方式实现。这时上位机有两个作用:编程时起编程器作用,运行时又可以监控程序的运行,起监视器作用。

　　多个 S7 - 200 系列 PLC 和上位机也可以组成 PPI 网络。在这个网络中,上位机和各个 PLC 都有各自的站地址,通讯时,各个 PLC 和上位机的区别是它们的站地址不同。

此外,各个站还有主站和从站之别。

　　图 2 - 17 给出一个 PPI 网络的例子,在这个网络中,个人计算机可以和各个 PLC 进

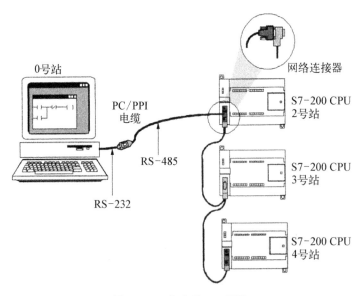

图 2 - 17　多主站 PPI 网络

行通信。该网络是由个人计算机作为 0 号站，3 台 S7 - 200 CPU 分别作为 2 号、3 号和 4 号站组成的 PPI 网络。在这个网络中，个人计算机是主站。所有的可编程序控制器可以是从站也可以是主站。

对于多主站网络，应在编程软件中设置使用 PPI 协议，并选中"Multiple Master Network"(多主网络)复选框和"Advanced PPI"(高级 PPI)复选框。如果使用 PPI 多主站电缆，可以忽略这两个复选框。

高级 PPl 功能允许在 PPI 网络中与一个或多个 S7 - 200 CPU 建立多个连接，S7 - 200 CPU 的通讯口 0 和通讯口 1 分别可以建立 4 个连接，EM277 可以建立 6 个连接。

在多主网络中，两台 S7 - 200 CPU 之间可以用网络读写指令相互读写数据。

2）多主站 PPI 电缆

S7 - 200 的通信接口为 RS - 485。计算机可以使用 RS - 232C 或 USB 通信接口，多主站 PPI 电缆用于计算机与 S7 - 200 之间的通信，有 RS - 232c/PPI 和 USB/PPI 两种电缆。

使用 RS - 232C/PPI 电缆和自由口通信功能，S7 - 200 可以与其他有 RS - 232C 接口的设备通信。多主站电缆的价格便宜，使用方便，但是通信速率较低。

PPI 多主站电缆(见图 2 - 18)护套上有 8 个 DIP 开关，通信的波特率用 DIP 开关的 1～3 位设置，其设置如表 2 - 10 所示。第 4 位和第 8 位未用。第 5 位为 1 或 0，分别选择 PPI 和 PPI/自由口模式。第 6 位为 1 或 0，分别选择远程模式和本地模式。第 7 位为 1 或 0，分别对应于调制解调器的第 10 位模式和第 11 位模式。

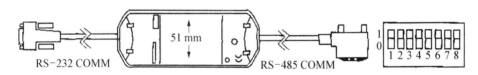

图 2 - 18　PPI 多主站电缆

表 2 - 10　PPI 多主站电缆的波特率和转换时间

波特率/kbaud	转换时间/ms	设置(1=上)
115 200	0.15	110
57 600	0.3	111
38 400	0.5	000
19 200	1.0	001
9 600	2.0	010
4 800	4.0	011
2 400	7.0	100
1 200	14.0	101

使用 PPI 多主站电缆和自由口模式，可以实现 S7 - 200 CPU 与 RS - 232C 标准兼容的设备的通信。自由口模式用于 S7 - 200 CPU 与西门子驱动设备通信的 USS 协议、与其

他设备通信的 Mdbus 协议和用户自定义的通信协议。

PPI 多主站电缆上的有"Tx"和"Rx"指示灯,分别指示 RS-232C 端发送和接收数据。"PPI"灯用来指示 RS-485 发送数据。

当数据从 RS-232C 端传送到 RS-485 端口时,PPI 电线是发送模式,反之是接收模式。检测到 RS-232C 的发送线有字符时,电缆立即从接收模式切换到发送模式。RS-232C 发送线处于空闲的时间超过电缆切换时间时,电缆又切换到接收模式。

当 RS-232 传输线从空闲状态切换到接收模式时,需要一个时间周期,这个时间周期被定义为电缆的转换时间。如表 2-10 中所示,电缆的转换时间取决于所选择的波特率。

如果在应用自由端口通信的系统中使用 RS-232/PPI 多主站电缆,那么在以下情况下,必须考虑转换时间:

S7-200 响应 RS-232 设备发送的消息。在 S7-200 接收到 RS-232 设备发送的请求消息之后,S7-200 必须延时一段时间才能发送数据。延时时间应该大于或者等于电缆的转换时间。

RS-232 响应 S7-200 发送的消息。在 S7-200 接收到 RS-232 设备的应答消息之后,S7-200 必须延时一段时间才能发送下一条消息。延时时间应该大于或者等于电缆的转换时间。

PC/PPI 电缆是 S7-200 老型号的编程电缆,可以与新版的编程软件配合使用。国内有的公司生产和它兼容的产品,取消了 DIP 开关,价格也下降了许多。

3) CP 通信卡

S7-200 PLC 与 PC 机连接,除了使用 PPI 多主站电缆,利用 PC 机上的 RS-232C 接口外,还可以通过专门的通信卡实现。表 2-11 列出了可供用户选择的通信硬件、波特率和通信协议。

表 2-11　编程软件支持的 CP 卡和协议

组　　　态	波　特　率	协　　议
RS-232/PPI 多主站或 USB/PPI 多主站电缆1 连接到编程站的一个端口	9.6～187.5 kbaud	PPI
PC 适配器 USB,V1.1 或更高版本	9.6～187.5 kbaud	PPI、MPI 和 PROFIBUS
CP 5512 类型Ⅱ,PCMCIA 卡(适用于笔记本电脑)	9.6 kbaud～12 Mbaud	PPI、MPI 和 PROFIBUS
CP5611(版本 3 以上)PCI 卡	9.6 kbaud～12 Mbaud	PPI、MPI 和 PROFIBUS
CP1613、S7-1613 PCI 卡	10 Mbaud 或 100 Mbaud	TCP/IP
CP1612,SoftNet-S7 PCI 卡	10 Mbaud 或 100 Mbaud	TCP/IP
CP1512,SoftNet-S7 PCMCIA 卡(适用于笔记本电脑)	10 Mbaud 或 100 Mbaud	TCP/IP

当波特率小于等于 187.5 kbaud 时,PPI 多主站电缆能以最简单和经济的方式将 PC 机连接到 S7-200 CPU 或 S7-200 网络。USB/PPI 多台主设备电缆是一种即插即用设备,可用于支持 USB 的 PC。在支持至多以 187.5 kbaud 波特率进行通讯时,它将提供 PC

和 S7－200 网络之间的绝缘。其操作无须设置开关,只要连接电缆,选择 PC/PPI 电缆作为接口,选择 PPI 协议,并在"PC 连接"标签中将端口设置为 USB。

CP 卡为编程站管理多主站网络提供了硬件,并且支持多种波特率下的不同协议。每一块 CP 卡为网络连接提供了一个单独的 RS－485 接口。CP 5511 PCMCIA 卡有一个提供 9 针 D 型接口的适配器。可以将通讯电缆的一端接到 CP 卡的 RS－485 接口上,另一端接入网络。

4) 网络连接器

西门子的网络连接器用于把多个设备连接到网络中。两种连接器都有两组螺丝端子可以连接网络的输入和输出。一种连接器仅提供连接到 CPU 的接口,而另一种连接器增加了一个编程器接口。两种网络连接器还有网络偏置和终端偏置的选择开关,该开关在 ON 位置时的内部接有终端电阻,在 OFF 位置时未接终端电阻,因此接在网络端部的连接器上的开关应放在 ON 位置,如图 2－19 所示。网络连接器的端接和偏置状态如图 2－20所示。

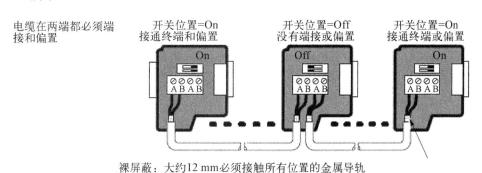

图 2－19　网络连接器的连接

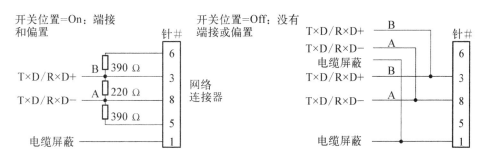

图 2－20　网络连接器的端接和偏置状态

5) 网络参数

通信网络选定以后,便可以利用 S7－200 的编程软件 STEP7－Micro/WIN 32 进行参数选择、设定和测试。关于这部分的详细内容将在第 3 章介绍。

2.4.3　MPI 网络

在 MPI 网络中,S7－200 CPU 只能做从站,不能做主站。

图 2－21 所示为 MPI 网络,其中 S7－200 为从站,S7－300 PLC、编程 PC 机和人机界

面(HMI)为主站。在图 2-21 所示的网络中,通信波特率如果不超过 187.5 kbit/s,PG/PC 设备可以使用自带的 RS-232C 接口,采用 PPI 多主站电缆实现网络连接;但如果通信波特率超过 187.5 kbit/s,则必须使用 CP 通信卡连接。

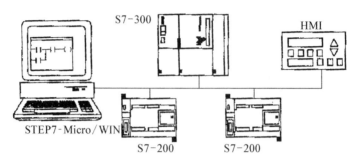

图 2-21　MPI 网络结构

2.4.4　PROFIBUS-DP 网络

在 PROFIBUS-DP 网络中,S7-200 PLC 只能作为从站使用。S7-200 PLC 不能直接连接到 PROFIBUS-DP 网络,而只能通过通信扩展模块 EM277 连接到 DP 网络中。

图 2-22 中 S7-315-2DP 作为 PROFIBUS-DP 网络的主站,S7-200 和 ET 200(远程 I/O)作为从站,编程软件可以通过 EM277 对 S7-200 PLC 编程。主站可以读写 S7-200 的 V 存储区,每次可以与 EM277 交换 1~128 个字节的信息。EM277 只能作从站。如果使用 CP 卡,应在编程软件中设置使用 PROFIBUS 协议。如果网络中只有 PROFIBUS 设备,可以选择 DP 协议或标准协议。如果网络中有非 DP 设备,例如 TD200,可以为主站设备选择通用(DP/FMS)协议。

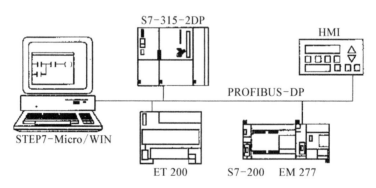

图 2-22　PROFIBUS-DP 网络

只有所有的主站都使用通用协议,并且网络的波特率小于 187.5 kbit/s 时,才能使用 PPI 多主站电缆。要想得到大于 19.2 kbit/s 的波特率,计算机应使用 CP 通信卡,网络中所有的主站都必须使用相同的 PROFIBUS 网络协议。

PROFIBUS 网络的最大长度与传输的波特率和电缆类型有关。当电缆导体截面积为 0.22 mm² 或更粗、电缆电容小于 60 pF/m、电缆阻抗为 100~120 Ω、传输速率为 9.6~19.2 kbaud 时,网络的最大长度为 1 200 m;当传输速率为 187.5 kbaud 时,网络的最大长度为 1 000 m。

按照 RS - 485 串口通讯的规范,当网络中的硬件设备超过 32 个,或者波特率对应的网络通讯距离已经超出规定范围时,就应该使用 RS - 485 中继器来拓展网络连接。

PROFIBUS 通讯属于 RS - 485 通讯的一种,因而也遵循这样的原则,即如果网络中实际连接的硬件超过 32 个时,或者所对应的波特率超过一定的距离时,则需要增加相应的 RS - 485 中继器来进行物理网段的扩展,如图 2 - 23 所示。

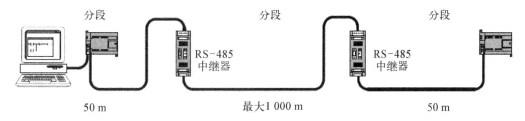

图 2 - 23　使用中继器扩展 PROFIBUS 网络

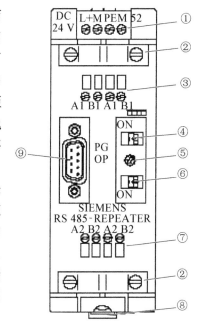

由于 RS - 485 中继器本身将造成数据的延时,因而一般情况下网络中的中继设备都不能超过 3 个,但西门子的 PROFIBUS RS - 485 中继器采用了特殊的技术,可以将个数增加到 9 个,即在一条物理网线上,最多可以串联 9 个西门子的 RS - 485 中继器。这样,网段的扩展距离将大大增加。当波特率为 9.6 kbit/s 时,每个中继器允许增加另外 32 个设备,可以把网络再延长 1 200 m。最多可以使用 9 个中继器,网络总长度可以增加至 9 600 m。

图 2 - 24 为 RS - 485 中继器的面板,其中:① 是 RS - 485中继器的电源端子;② 是网段 1 和网段 2 电缆屏蔽层接地;③ 是网段 1 的信号线端子;④ 是网段 1 的终端电阻设置;⑤ 是网络开关,用于接通和断开网段 1、2;⑥ 是网段 2 的终端电阻设置;⑦ 是网段 2 的信号线端子;⑧ 是背板安装弹簧片;⑨ 是用于 PG/OP 连接到网段 1 的接口。

RS - 485 中继器上下分为两个网段,其中 A1/B1 和 A1^1/B1^1 是网段 1 的一个 PROFIBUS 接口,A2/B2 和

图 2 - 24　RS - 485 中继器面板

A2^1/B2^1 是网段 2 的一个 PROFIBUS 接口,PG/OP 接口属于网段 1;信号再生是在网段 1 和网段 2 之间实现的,同一网段内信号不能再生(即从网段 1 到网段 2 有放大信号的功能);两个网段之间是信号隔离的,所以 RS - 485 中继器还可以实现两个网段之间的隔离。

2.4.5　AS - i 接口网络

在现场总线系统中,PROFIBUS 等可以解决现场级和车间级设备的通信问题,但工业自动化现场信号均要落实到具体的传感器或执行器上,这些设备散落在工厂的每个角落,数量庞大。它们不可能全都连接到 PROFIBUS 等较高级别总线上。因此,必须有一

种更为底层的总线完成该任务,通过这种总线,可以将最低级设备连接到高层网络中,从而构成完整的工业通信网络。

AS-i的意思源自 Actuator-Sensor-Interface,可以解释为:在执行器、传感器和 PLC 之间的接口。AS-i 被公认为最好、最简单、成本最低的底层现场总线,它通过高柔性和高可靠性的单根电缆把现场具有通信能力的传感器和执行器连接起来。它可以在简单应用中自成系统,也可以通过连接模块与各种高层总线连接。它取代了传统自控系统中繁琐的底层连线,实现了现场设备信号的数字化和故障诊断的现场化、智能化,大大提高了整个系统的可靠性,且能节约安装、调试和维护成本。

1990 年,在德国政府的支持下,由 11 个传感器和执行器方面的制造商开始研发 AS-i,并一起颁布了它的机械和电气标准。随后,AS-i 联合会在 1991 年建立,该联合会对各厂家的产品进行测试和认证,只有合格的产品才会被授予 AS-i 的标志进行销售。

2.4.5.1　特点和技术规范

通常来说,AS-i 具有以下几方面优点:

(1) 简单。主站和从站的内部程序都是生产厂商预先在设备中写好的,用户只需按照要求做好基本的设置即可。而且传输电缆的连接也非常简单,不需要做传统的剥线等繁琐的工作。

(2) 成本低。与传统的底层接线和设备维护相比,AS-i 可节约近 40% 的成本。在传统的接线中,每个装置的各个信号都要分别连接控制器或 PLC,有些装置还需要提供辅助电源。所有这些都需要大量的接线,既增加了成本,又需要很多的时间,而且会增加使用中的故障率,不易维护。AS-i 系统从根本上消除了这种缺陷,不仅省去大量的电缆连接,也省去了各种电缆槽、桥架和大量的端子,而且还提供了高智能的诊断功能。

从以下数字可以看出 AS-i 总线与传统接线方式之间惊人的成本差距:

AS-i 安装成本小于传统方式的 5%;

组装成本小于传统方式的 75%;

材料成本大约为传统方式的 20%。

(3) 可靠性高。数据通信的可靠性是现场总线通信的最重要因素。和其他总线一样,AS-i 也采取了许多抗干扰措施,比如 APM(Alternating Pulse Modulation,交变脉冲调制)调制技术和差错校验。AS-i 对网络和从站设备提供不间断的监控,此外还具有极强的诊断功能。从设备硬件到软件都按照高可靠性的规范和协议进行开发和制造,这些都保证了 AS-i 系统的高可靠性。

(4) 速度快。AS-i 对整个系统的最大扫描时间不超过 5 ms,甚至超过了很多控制器的最小响应时间。

AS-i 的技术数据和传输协议遵循 EN 50295 标准。主要包括:

必须是标准化的接口,以便不同制造商的产品可以方便地互联。

通信技术必须是低成本的,通信设备必须小型化,以便现场传感器和执行器可以最大限度地小型化和简单化。

具有坚固的网络拓扑,不需要屏蔽和终端电阻,即使在恶劣环境中也能保证通信的可靠性。

网络中只有 1 个主站,最多 31 个从站,每个从站有 4 位 I/O 可以利用。

最多 124 个 I/O 传感器和执行器。

主从站间采用循环方式进行访问。

循环时间最大 5 ms。

网络连接电缆为双芯、非屏蔽、1.5 mm 的黄色异型电缆或圆形电缆。最大长度为 100 m,使用中继器可扩展到 300 m,但最多只能使用两个中继器。

供电电源 30 VDC(29.5~31.6 V)。辅助电源也可为 24 VDC。从站能得到的最大供电容量为 8 A。

AS-i 总线属于单主站系统。因此,在一个系统中,只能有 1 个主站,最多 31 个从站。如果还需要更多的从站,就要安装另一个 AS-i 系统,通过增加主站的方式来扩展系统。

2.4.5.2　基本模块

AS-i 系统由不同功能的模块组成,主要可以分为主站、从站、供电电源和网络元件。下面将具体介绍每种模块的功能和特点。

1) 主站

AS-i 是单主站系统。主站能在精确的时间间隔内完成与从站的通信任务,包括数据交换、参数设置和诊断等功能。AS-i 主站的这些功能是由它内部的 ASIC (Application Specific Integrated Circuit,专用集成电路)和微处理器一起实现的。

主站装置可以是 PLC、PC 或各种网关,其中网关最为重要(如西门子 CP343 模块)。网关可以把 AS-i 系统连接到更高层的网络中(如 PROFIBUS)。网关作为 AS-i 主站的同时,也是高层网络中的从站。

2) 从站

AS-i 从站的作用是连接现场 I/O。从站也分为两种:一是智能型装置;二是普通 I/O 设备。

在智能型装置中,集成有通信用的 ASIC,它们可以直接连接在 AS-i 中,并具有诊断功能。

对于普通 I/O 设备来说,如果欲接入 AS-i 系统,必须提供一个带有 ASIC 的 AS-i 模块,I/O 设备与这些模块连接。

3) 供电电源

供电电源为 30 VDC,必须使用专用的 AS-i 电源,并且直接与数据线连接。AS-i 从站正常工作的电压至少为 26.5 V。一个从站消耗的电流在 100 mA 以上,一个分支上的所有从站消耗电流约为 2 A,AS-i 电缆能提供的最大容量为 8 A。当消耗的电流过大时,需要添加辅助电源。辅助电源为 24 VDC,用一条双芯黑色无屏蔽的电缆将辅助电源与从站连接起来。辅助电源线同样使用穿刺技术连接。

AS-i 系统中,电源是非常重要的模块,它与一般的电源相比很大不同。它的功能包括:

(1) 供电。

(2) 平衡网络。AS-i 在对称的非接地条件下工作。为了达到 EMC 要求,要求网络尽可能平衡。在平衡网络中,屏蔽线要接地,在AS-i网络中也只允许该点接地。

(3) 数据解耦。数据解耦也集成在供电电源中,它由两组并联的39 Ω电阻和50 μH电感组成。作用是利用电感对电流的微分作用,把AS-i发送的电流信号转换成电压信号,并且可以在电源发生短路时对网络进行一定程度的保护。

(4) 安全隔离。供电电源将220 VAC转换为30 VDC。

(5) 网络元件。AS-i的主要网络元件有电缆、中继器和从站服务器(PSG)。AS-i的黄色异型电缆用于连接电源和主从站,作用是供电和传送数据;黑色异型电缆用于连接辅助电源和从站。AS-i的数据电缆采用非屏蔽、异型端面的双芯非双绞线。防护要求达到IP67,即使使用过也可以保证该防护等级。独特的穿刺连接技术使安装更加简单,更加可靠,有很好的防水防尘性能。

2.4.5.3　CP243-2模块

CP243-2是S7-200的扩展模块,用作一个AS-i主站,和S7-200可编程控制器配合使用,使得S7-200接入AS-i网络。图2-25中,一个CP243-2扩展模块连接在S7-200 CPU222上作为AS-i网络的主站。网络中包括一个AS-i电源和若干AS-i从站。

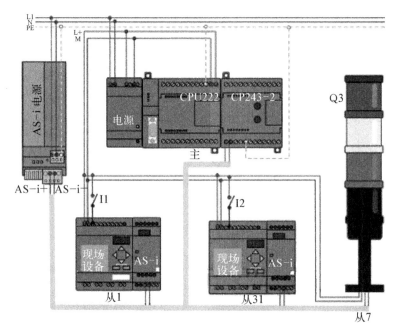

图2-25　S7-200 PLC组成的AS-i网络

图2-26为CP243-2的面板。从图中可以看出,CP243-2上部的端子没有使用,而下部的前4个端子用于连接AS-i电缆,第5个端子是设备接地端子,直接接地,具体接线如图2-27所示。

由图2-26可以看出,CP243-2有两个连接端子可以连接AS-i,这两个连接端子内部已经接通,最大负载能力为3 A。如果AS-i电缆上流过的电流超过3 A,就不能采用图2-27的接线方式,而应该采用图2-28的连接方式,以避免较大电流流过模块内部连线,损坏模块。

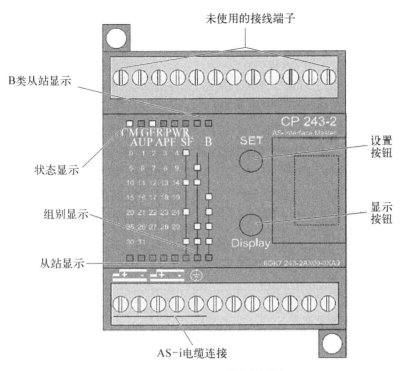

图 2 - 26 CP243 - 2 模块的面板

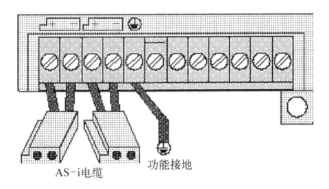

图 2 - 27 CP243 - 2 模块的接线(小电流)

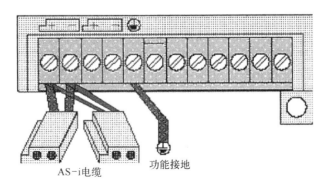

图 2 - 28 CP243 - 2 模块的接线(大电流)

CP243-2面板上有两行LED显示灯：

顶部CM、AUP、CER、APF、PWR和SF，代表模块的状态显示。"B"LED灯表示B类从站，当显示B类从站时，该指示灯亮。

底部前面的5个指示灯指示连接的从站，另外的3个指示灯指示从站的组别。

如果从站组的3个指示灯（下排指示灯的最后3个）全部熄灭，当前模块为"状态显示"。也就是说，此时CM、AUP、CER、APF、PWR和SF指示模块的状态。

正常情况下，CP243-2的显示是"状态显示"。也就是说，"状态显示"是缺省的显示。状态指示灯代表的含义如表2-12所示。其中，"配置模式"是CP243-2的一种工作模式，在该模式下，CP243-2可以检测和配置各AS-i从站的参数；"保护模式"是CP243-2的正常工作模式，在该模式，CP243-2读写各AS-i从站的数据。

表2-12   状态显示指示灯的含义

LED(颜色)	状态	意义
CM(黄色)	配置模式	指示CP243-2的操作状态。 LED点亮：配置模式； LED熄灭：保护模式
AUP(绿色)	允许自动地址编程	当CP243-2工作在保护模式时，该指示灯亮表示允许AS-i从站自动地址编程
CER(黄色)	配置错误	该指示灯指示AS-i总线上当前检测到的从站配置信息与原来的配置是否一致。如果不一致，该指示灯亮。 下列情况之一，该指示灯会点亮： AS-i总线上已经配置好的一个从站设备不存在； AS-i总线上存在先前没有配置的从站设备； AS-i总线上一个从站设备改变了配置参数(I/O配置，ID值，扩展ID1值，扩展ID2值)； CP243-2在离线状态
APF(红色)	AS-i电源失败	该指示灯亮表示AS-i供电电源电压太低或故障
PWR(绿色)	电源	该指示灯亮表示CP243-2电源供电正常
SF(红色)	系统错误	下列情况之一，该指示灯将被点亮： CP243-2检测到了内部故障； 当面板上的一个按钮按下时，CP243-2不能切换到要求的模式(如AS-i总线上存在地址为0的从站)

如果从站组的3个指示灯至少有一个被点亮，当前为"从站显示"状态，这时，除"PWR"灯外，所有状态指示灯熄灭。

显示从站时，AS-i总线上的从站5个为一组，当按下DISPLAY按钮时，将会显示下一组。首先显示标准(A类)从站，然后显示B类从站(这时"B"LED灯会点亮)。

下面两种情况将会返回到模块状态显示：

当前显示为最后一组从站，再按下"DISPLAY"按钮。

超过8 min没有按"DISPLAY"按钮。

可以通过按面板上的"DISPLAY"按钮切换从站的显示状态,当按下"DISPLAY"按钮时,将显示下一组从站(5 个为一组)。当显示从站状态时,3 个组别指示灯至少有一个被点亮。

"从站显示"的特性:

如果 CP243－2 在"配置模式",所有检测到的从站将被显示。

如果 CP243－2 工作在"保护模式",所有 AS－i 从站将被显示,同时,错误的或者没有被配置的从站对应的指示灯会闪烁。

AS－i 从站 5 个一组被显示,3 个组别指示灯显示组别号。要得到正确的从站号,可以首先通过组别指示灯确定从站的组别,再通过该组别的 5 个指示灯确定从站。当前点亮的指示灯表示该从站是激活的。另外,查看 B 类从站时,"B"指示灯被点亮(见图 2－26)。

下面举例说明从站的显示。

3 个组别指示灯用于显示从上到下排列的 7 个组别:001、010、011、100、101、110、111。有一点需要注意,组别指示灯从右向左排列。如图 2－29 所示,组别指示灯最右边的指示灯被点亮,组别号不是 001,而是 100,对应的从站组是从上往下数第 4 组,从站号是:15～19。

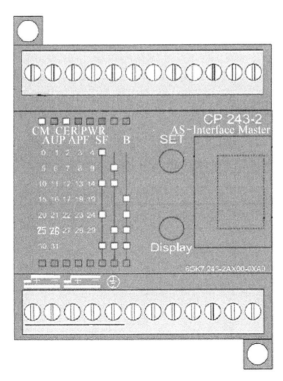

图 2－29 CP243－2 的从站显示

另一个实例如图 2－30 所示。首先,组别指示灯中间的那个被点亮,对应第 2 行;再查看从站指示灯,第 2 列和第 4 列的从站指示灯被点亮,对应的从站号是从站 6 和从站 8。在图 2－30 中,如果"B"灯也被点亮,则表示从站 6B 和 8B 是激活的。

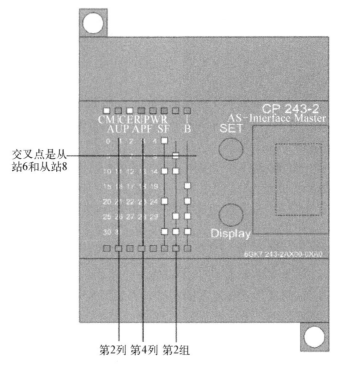

交叉点是从
站6和从站8

第2列　第4列　第2组

图2-30　CP243-2从站显示举例

2.4.5.4　S7-200 PLC与CP243-2模块的接口

CP243-2作为S7-200的扩展模块,占用S7-200的地址空间。一个CP243-2占用8位的数字量输入地址、8位的数字量输出地址和8个模拟量输入地址、8个模拟量输出地址。也可以这样理解:一块CP243-2相当于两个S7-200的I/O扩展模块:一个8DI/8DO数字量模块,一个8AI/8AO模拟量模块。为了便于理解,下面举例说明:一个CPU222直接和一个CP243-2扩展模块连接,地址分配如表2-13所示。

表2-13　CPU222和一个CP243-2模块直接相连的地址分配

CPU 222		CP 243-2			
8DI	8DO	8DI	8DO	8AI	8AO
I0.0	Q0.0	I1.0	Q1.0	AIW0	AQW0
I0.1	Q0.1	I1.1	Q1.1	AIW2	AQW2
I0.2	Q0.2	I1.2	Q1.2	AIW4	AQW4
I0.3	Q0.3	I1.3	Q1.3	AIW6	AQW6
I0.4	Q0.4	I1.4	Q1.4	AIW8	AQW8
I0.5	Q0.5	I1.5	Q1.5	AIW10	AQW10
I0.6	Q0.6	I1.6	Q1.6	AIW12	AQW12
I0.7	Q0.7	I1.7	Q1.7	AIW14	AQW14

从表2-13可以看出,CPU222本身占用一个字节(8位)的数字量输入和一个字节的数字量输出,即占用了I0.0~I0.7和Q0.0~Q0.7。CP243-2继续占用其后的一个字节的数字量输入和一个字节的数字量输出,同时还占用8个模拟量输入和8个模拟量输出。

所以,CP243 - 2 占用 I1.0～I1.7 作为其数字量输入,占用 Q1.0～Q1.7 作为数字量输出,AIW0～AIW14 作为 8 个模拟量输入,AQW0～AQW14 作为 8 个数字量输出。

CP243 - 2 所占用的地址取决于 S7 - 200 CPU 的型号和 CP243 - 2 在 S7 - 200 扩展模块中的位置,如一个 CPU 224 和两个 CP243 - 2 连接,地址分配如表 2 - 14 所示。

表 2 - 14　CPU 224 与两个 CP243 - 2 连接的地址分配

CPU 224		CP 243 - 2				CP 243 - 2			
14DI	10DO	8DI	8DO	8AI	8AO	8DI	8DO	8AI	8AO
I0.0	Q0.0	I2.0	Q2.0	AIW0	AQW0	I3.0	Q3.0	AIW16	AQW16
I0.1	Q0.1	I2.1	Q2.1	AIW2	AQW2	I3.1	Q3.1	AIW18	AQW18
I0.2	Q0.2	I2.2	Q2.2	AIW4	AQW4	I3.2	Q3.2	AIW20	AQW20
I0.3	Q0.3	I2.3	Q2.3	AIW6	AQW6	I3.3	Q3.3	AIW22	AQW22
I0.4	Q0.4	I2.4	Q2.4	AIW8	AQW8	I3.4	Q3.4	AIW24	AQW24
I0.5	Q0.5	I2.5	Q2.5	AIW10	AQW10	I3.5	Q3.5	AIW26	AQW26
I0.6	Q0.6	I2.6	Q2.6	AIW12	AQW12	I3.6	Q3.6	AIW28	AQW28
I0.7	Q0.7	I2.7	Q2.7	AIW14	AQW14	I3.7	Q3.7	AIW30	AQW30
I1.0	Q1.0								
I1.1	Q1.1								
I1.2									
I1.3									
I1.4									
I1.5									

1) 数字量输入输出

一个 CP243 - 2 占用一个字节的数字量输入地址(8DI),这个字节又叫状态字节,如表 2 - 15 所示。

表 2 - 15　CP243 - 2 的状态字节

Bit7	Bit6	Bit5	Bit4	Bit3	Bit2	Bit1	Bit0
0	ASI_RESP	0	0	0	0	CP_READY	ASI_MODE

其中,ASI_MODE 和 CP_READY 两个位的含义如表 2 - 16 所示。

表 2 - 16　模式选择位

位	值	含　　义
ASI_MODE	0	CP243 - 2 工作在"保护模式"
	1	CP243 - 2 工作在"配置模式"
CP_READY	0	CP243 - 2 没有准备好,CPU 不能够对其执行读写操作
	1	CP243 - 2 已经准备好,CPU 可以读写其数据

一个 CP243 - 2 还占用一个字节的数字量输出地址(8DO),这个字节又叫控制字节,如表 2 - 17 所示。控制字节各位的描述如表 2 - 18 所示。

表 2 - 17　CP243 - 2 的控制字节

Bit7	Bit6	Bit5	Bit4	Bit3	Bit2	Bit1	Bit0
PLC_RUN	ASI_COM	BS5	BS4	BS3	BS2	BS1	BS0

表 2 - 18　控制字节各位的描述

位	值	含　义
BS0～BS5	000000 ～ 111111（二进制），对应的十进制是 0～63	这 6 个位用于区域选择，如 000000 对应的是区域 0，000001 对应的是区域 1，111111 对应的是区域 63
ASI_COM	未说明	
PLC_RUN	该位用于通知 CP243 - 2 S7 - 200 CPU 的工作模式。也就是说，该位用于告诉 CP243 - 2当前 S7 - 200 CPU 工作在"STOP"模式还是"RUN"模式。 　S7 - 200 CPU 由"STOP"模式转换为"RUN"模式时，不会自动将"PLC_RUN"位设置为 1。为了通知 CP243 - 2 当前 S7 - 200 CPU 工作在"RUN"模式，需要在程序的开始（第一次扫描时）将该位手动置 1。 　当 S7 - 200 CPU 由"RUN"模式转换为"STOP"模式时，会自动将该位设置为"0"，以通知 CP243 - 2，CPU 工作在"STOP"模式	
	0	通知 CP243 - 2，S7 - 200 CPU 工作在"STOP"模式，这时 CP243 - 2 向所有的数字量从站发送"0"，向模拟量模块的模拟量输出也将中断
	1	通知 CP243 - 2，S7 - 200 CPU 工作在"RUN"模式。 　CP243 - 2 向所有从站发送输出区域 0 的内容。 　不要使用 S7 - 200 的操纵系统功能比如"CPU configuration/setting the outputs"或"force outputs"将"PLC_RUN"永久设置为 1

　　2）模拟量输入与输出

　　CP243 - 2 除了占用 8DI 和 8DO，还占用 8 个模拟量输入和 8 个模拟量输出（8AIW/8AQW）。CP243 - 2 就是利用这 8 个输入和 8 个输出完成对各从站的读写功能。CP243 - 2 对各从站的读写是通过一种"区域选择机制"实现的。下面以 8AIW 为例说明"区域选择机制"。

　　CP243 - 2 通过 8AIW 完成了所有 AS - i 从站的数字量输入和模拟量输入，另外还有诊断信息等。一个 AS - i 从站最多有 4 个数字量输入，31 个从站需要占用 32×4＝128 位，可见仅 32 个从站的数字量输入占用完了 8AIW。一个 AS - i 从站可以接入 4 个模拟量，仅 2 个从站就占完了 8AIW。如何使 8AIW 能够容纳占用空间远大于 128 位的信息呢？这就引入了"区域选择机制"。

　　所谓的"区域选择机制"，就是将远大于 128 位空间的信息以 128 位为单位分成多个区域。根据我们的需要，8AIW 存储相应区域的信息。

　　控制字节的 BS0～BS5 用于实现区域选择，不同的取值可以选择不同的区域。因为 BS0～BS5 一共有 6 位，因此最多可以选择 64 个区域。事实上，CP243 - 2 使用区域选择机制，将 8 个模拟量输入字和 8 个模拟量输出字转换为 64 个不同的模拟量输入区域和 64 个不同的模拟量输出区域，每个区域占 8 个字长的空间。

　　CP243 - 2 模拟量模块的输入区域通过区域选择映射,如图 2 - 31 所示。

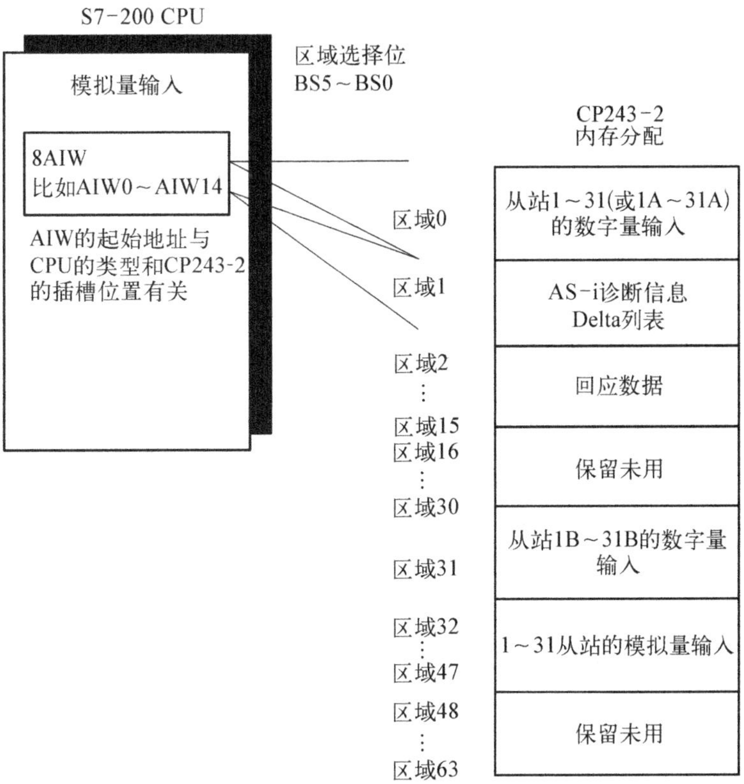

图 2 - 31　CP243 - 2 模拟量模块的输入区域映射

　　由图 2 - 31 可以看出,CP243 - 2 占用 S7 - 200 CPU 的 8 个模拟量输入字的地址空间,这 8AIW 的起始地址取决于 CPU 的型号和 CP243 - 2 插入的位置。这 8AIW 通过区域选择位 BS0～BS5 决定选择哪个区域,也就是和哪个区域相对应。

　　CP243 - 2 模拟量模块的输出区域也是通过区域选择映射实现的,原理与图 2 - 31 相同,不作过多解释。

　　这样,S7 - 200(CPU22X)最大可以达到 248 点输入和 186 点输出。通过连接 AS - i 可以显著地增加 S7 - 200 的数字量输入和输出的点数。

第3章 S7-200系列PLC的基本指令及应用

3.1 基本逻辑操作指令

逻辑控制指令是PLC中最基本、应用最频繁的指令,是构成PLC控制程序的基本元素。S7-200 PLC的基本逻辑控制指令包括位逻辑指令、定时器指令和计数器指令。这类指令的操作数大多是位逻辑量,主要用于逻辑控制类程序中。掌握这类指令是实现PLC控制程序的基础。

3.1.1 位逻辑指令

位逻辑指令包括逻辑堆栈指令、触点及线圈指令、RS触发器指令等。特别要指出的是S7-200系列PLC中有一个9层堆栈,用于处理所有逻辑操作,称为逻辑堆栈。逻辑堆栈中的数据按照"后进先出"的原则存取,用于存放中间运算的结果,可与触点指令联合使用,实现复杂梯形图网络的分支与合并。

3.1.1.1 触点及线圈指令

触点及线圈指令是梯形图程序最基本的元素。从元件角度出发,触点和线圈是元件的组成部分,线圈得电则该元件的常开触点闭合、常闭触点断开;反之,线圈失电则常开触点恢复断开,常闭触点恢复接通。从梯形图的结构来看,触点是线圈的工作条件,线圈的动作是触点运算的结果。如图3-1所示,当常开触点I0.0闭合时,输出线圈Q0.0可以得电,从而使用Q0.0元件的常开或常闭触点就有相应的动作。

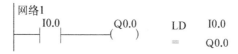

图3-1 触点和线圈指令举例

触点指令包括标准触点、立即触点、取反指令及正、负跳变指令等,同时由于触点分常开和常闭两种类型,上述指令又可分为针对常开触点的指令和针对常闭触点的指令,如表3-1所示。

在语句表中,分别用LD(Load,装载)、A(And,与)和O(Or,或)指令来表示开始、串联和并联的常开触点,而用LDN、AN和ON来表示开始、串联和并联的常闭触点,在梯形图中触点中间的"/"表示常闭。触点指令中变量的类型为布尔型。

表 3 - 1　触点指令

指　令			梯形图符号	数据类型	操作数	指　令　功　能
标准触点	常开	LD	⊢ bit ⊢	布尔	I、Q、V、M、SM、S、T、C、L	常开触点与左侧母线相连接
		A	⊣ bit ⊢			常开触点与其他程序段相串联
		O	⊣ bit ⊔			常开触点与其他程序段相并联
	常闭	LDN	⊢ bit/⊢			常闭触点与左侧母线相连接
		AN	⊣ bit/⊢			常闭触点与其他程序段相串联
		ON	⊣ bit/⊔			常闭触点与其他程序段相并联
立即触点	常开	LDI	⊢ bit I ⊢		I	常开立即触点与左侧母线相连接
		AI	⊣ bit I ⊢			常开立即触点与左侧母线相串联
		OI	⊣ bit I ⊔			常开立即触点与左侧母线相并联
	常闭	LDNI	⊢ bit/I⊢			常闭立即触点与左侧母线相连接
		ANI	⊣ bit/I⊢			常闭立即触点与左侧母线相串联
		ONI	⊣ bit/I⊔			常闭立即触点与左侧母线相并联
取反	NOT		⊣NOT⊢		无	改变能流输入的状态
正负跳变	正	EU	⊣ P ⊢		无	检测到一次正跳变,能流接通一个扫描周期
	负	ED	⊣ N ⊢		无	检测到一次负跳变,能流接通一个扫描周期

A、AN 是单个触点串联连接指令,可连续使用。但在用梯形图编程时会受到打印宽度和屏幕显示的限制。S7-200 PLC 的编程软件中规定的串联触点使用上限为 11 个。

立即触点是针对快速输入需要而设立的,指令的操作数是输入口。执行立即指令时,立即读入物理输入点的值,根据该值决定触点的接通/断开状态,但是并不更新该物理输入点对应的输入过程映像寄存器。立即触点可以不受扫描周期的影响,及时地反映输入状态的变化。

取反(NOT)指令可改变能流输入的状态,也就是说,当到达取反指令的能流为 1 时,经过取反指令后能流为 0;反之亦然。

正跳变指令(EU)检测到一次正跳变(触点的输入信号由 0 变为 1)时,或负跳变指令(ED)检测到一次负跳变(触点的输入信号由 1 变为 0)时,相应的触点接通一个扫描周期。这两条指令没有操作数。

线圈指令包括线圈输出指令、立即输出指令、置位(复位)指令和立即置位(复位)指令等,如表 3-2 所示。线圈指令与置位指令的区别在于线圈的工作条件满足时,线圈得电,相应的输出点有输出;条件失去时,线圈失电,相应的输出点没有输出。而置位或复位指令具有保持功能,在某扫描周期中,对位元件来说一旦被置位,就保持在通电状态,除非对它复位;而一旦被复位就保持在断电状态,除非再对它置位。

表 3-2　输出指令

指　令		梯形图符号	数据类型	操　作　数	指令功能
输出	=	—(bit)	布尔	I、Q、V、M、SM、S、T、C、L	将新值写入输出点的过程映像寄存器中
立即输出	=I	—(bit I)	布尔	Q	新值同时写到物理输出点和相应的过程映像寄存器中
置位与复位	S	—(bit S N)	Bit：布尔 N：Byte	Bit：I、Q、V、M、SM、S、T、C、L N：IB、QB、VB、MB、SMB、SB、LB、AC、＊VD、＊LD、＊AC、常数	将从指定地址开始的 N 个点置位
	R	—(bit R N)	Bit：布尔 N：Byte	Bit：I、Q、V、M、SM、S、T、C、L N：IB、QB、VB、MB、SMB、SB、LB、AC、＊VD、＊LD、＊AC、常数	将从指定地址开始的 N 个点复位
立即置位与立即复位	SI	—(bit SI N)	Bit：布尔 N：Byte	Bit：I、Q、V、M、SM、S、T、C、L N：IB、QB、VB、MB、SMB、SB、LB、AC、＊VD、＊LD、＊AC、常数	立即将从指定地址开始的 N 个点置位
	RI	—(bit RI N)	Bit：布尔 N：Byte	Bit：I、Q、V、M、SM、S、T、C、L N：IB、QB、VB、MB、SMB、SB、LB、AC、＊VD、＊LD、＊AC、常数	立即将从指定地址开始的 N 个点复位

　　立即置位及立即复位指令与立即触点指令类似,一旦立即置位或复位指令被执行,则指令对应的操作数的值立即改变,而不受扫描周期的影响。但与立即触点指令不同的是,如果立即置位或复位指令的操作数为 Q 时,立即置位或复位指令将改变输出映像寄存器中的值。

　　图 3-2 给出了立即指令应用的梯形图、语句表和时序图,从时序图中可以看出不同输入和输出指令之间的区别。在 I0.0 的第一个上升沿,由于已经过了输入采样过程,输入映像寄存器中的值不能变化,Q0.0、Q0.1 和 Q0.2 所对应的输出映像寄存器中的值没有变化;但由于 Q0.3 前面为立即触点指令,因此 Q0.3 对应的输出映像寄存器中的值立即变为 1,但 Q0.3 对应的物理触点没有变化。当程序运行到输出刷新阶段时,Q0.3 对应的物理触点变为 1。在下一周期输入采样阶段,I0.0 的信号被采集进输入映像寄存器,Q0.0、Q0.1 和 Q0.2 所对应的输出映像寄存器中的值变为 1,Q0.0 对应的物理触点没有变化,但由于 Q0.1 和 Q0.2 采用的是立即线圈和立即置位指令,其对应

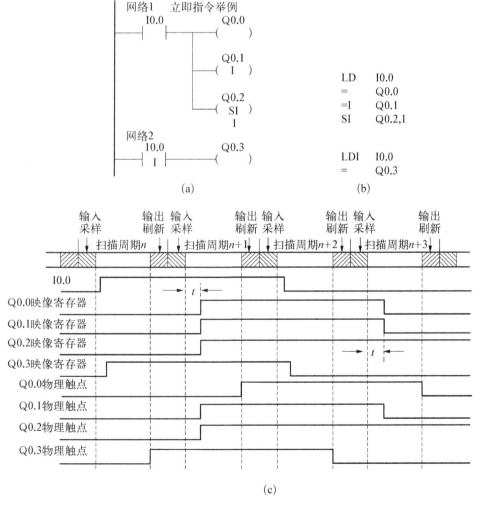

图 3-2　立即指令示例

(a) 梯形图　(b) 语句表　(c) 时序图

的物理触点立即置位。读者可继续分析以后的动作过程,从中可以清晰地理解各指令的动作过程。

3.1.1.2 逻辑堆栈指令

S7-200 系列 PLC 采用模拟栈的结构,用于保存逻辑运算结果及断点的地址,称为逻辑堆栈。堆栈数据是布尔数据类型,也就是说每层只能是 1 或者是 0。操作方式是先进后出,类似于弹夹,先压入的子弹只能最后射出。堆栈存储的数据都是位运算的中间结果。西门子的堆栈有 9 层,第一层存放最近的位运算结果,共有 6 条逻辑堆栈操作指令,如表 3-3 所示。

表 3-3　逻辑堆栈指令

语　句	功 能 描 述	语　句	功 能 描 述
ALD	栈装载与,电路块串联连接	LRD	逻辑读栈
OLD	栈装载或,电路块并联连接	LPP	逻辑出栈
LPA	逻辑入栈	LDS N	装载堆栈

实际上,除了表 3-3 所列的堆栈指令外,还有一些基本位逻辑指令也与堆栈有关。执行 LD(装载)指令时,将指令指定的位地址中的二进制数据装栈顶。执行 A(与)指令时,将指令指定的位地址中的二进制数和栈顶中的二进制数相"与",结果存入栈顶。执行 O(或)指令时,将指令指定的位地址中的二进制数和栈顶中的二进制数相"或",结果存入栈顶。执行常闭触点对应的 LDN、AN 和 ON 指令时,取出指令指定的位地址中的二进制数后,将它取反(0 变为 1,1 变为 0),然后再做对应的装载、与、或操作。图 3-3 说明了基本逻辑指令对堆栈的影响。

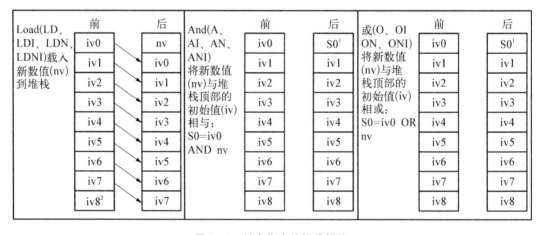

图 3-3　触点指令的堆栈操作

触点的串并联指令只能将单个触点与别的触点或电路串并联,堆栈操作指令用于处理线路的分支点。在编制控制程序时,经常遇到多个分支电路同时受一个或一组触点控制的情况。要想将图 3-4 中由 I3.2 和 T16 触点组成的串联电路与它上面的电路并

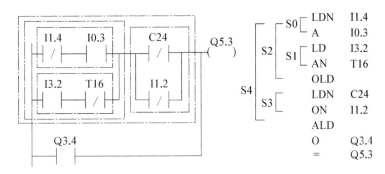

图 3-4　ALD 与 OLD 指令

联,首先需要完成两个串联电路块内部的"与"逻辑运算(即触点的串联),这两个电路块分别用 LDN 和 LD 指令表示电路块的起始触点。前两条指令执行完后,"与"运算的结果 S0 存放在栈顶;第 3、4 条指令执行完后,"与"运算的结果 S1 压入堆顶,原来在栈顶的 S0 被推到堆栈的第 2 层,第 2 层的数据被推到第 3 层……栈底的数量丢失。OLD 指令用逻辑"或"操作对堆栈第 1 层和第 2 层的数据相"或",即将两个串联电路块并联,并将运算结果 S2＝S0＋S1 存在堆栈的顶部,第 3～9 层中的数据依次向上移动一位。

OLD 指令不需要地址,它相当于需要并联的两块电路右端的一段垂直连线。

图 3-4 中 OLD 后面的两条指令将两个触点并联,运算结果 S3 被压入栈顶,堆栈中原来的数据依次向下一层推移,栈底值被推出丢失。ALD 指令用逻辑"与"操作对堆栈第 1 层和第 2 层的数据相"与",并将运算结果 S4＝S2・S3 存入堆栈的顶部,第 3～9 层中的数据依次向上移动一位。

将电路块串并联时,每增加一个用 LD 或 LDN 指令开始的电路块内部的运算结果,堆栈中增加一个数据,堆栈深度加 1,每执行一条 ALD 或 OLD 指令,堆栈深度减 1。OLD 和 ALD 指令的堆栈操作如图 3-5 所示。图中某单元的数据为 x 表示不确定的值。

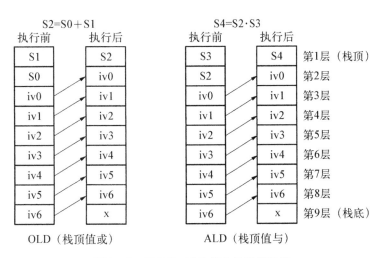

图 3-5　OLD 和 ALD 指令的堆栈操作

梯形图和功能块图编辑器自动地插入处理栈操作所需要的指令。在语句表中,必须由编程人员加入这些堆栈处理指令。图 3－6 中的语句表和梯形图是对应的,读者应能根据语句表绘制出相应的梯形图。

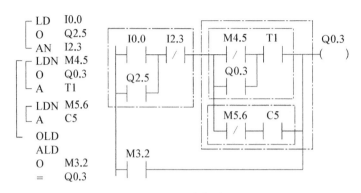

图 3－6　语句表与梯形图

对于较复杂的程序,特别是含有 ORB 和 ANB 指令时,应分析清楚电路的串并联关系后,再开始画梯形图。首先将电路划分为若干块,各电路块从含有 LD 的指令(例如 LD、LDI 和 LDP 等)开始,在下一条含有 LD 的指令(包括 OLD 和 ALD)之前结束。然后分析各块电路之间的串并联关系。

在图 3－6 的语句表中,划分出 3 块电路。OLD 或 ALD 指令将它上面靠近它的、已经连接好的电路并联或串联起来。所以 OLD 指令并联的是语句表中划分的第 2 块和第 3 块电路。由图 3－6 可以看出语句表和梯形图中电路块的对应关系。

LPS(入栈)指令把栈顶值复制后压入堆栈,栈中原来数据依次下移一层,栈底值压出丢失。LRD(读栈)指令把逻辑堆栈第二层的值复制到栈顶,第 2～9 层数据不变,堆栈没有压入和弹出。但原栈顶的值丢失。LPP(出栈)指令把堆栈弹出一级,原第二级的值变为新的栈顶值,原栈顶数据从栈内丢失。LDS(装入堆栈)指令复制堆栈中的第 N 个值到栈顶,原栈顶及以下各层的数据依次向下压一层,栈底的值被推出并消失。

LPS、LRD、LPP 和 LDS 指令的操作过程如图 3－7 所示。

图 3－8 给出了一个使用堆栈的例子。每一条 LPS 指令必须有一条对应的 LPP 指令,中间的支路都用 LRD 指令,处理最后一条支路时必须使用 LPP 指令。在一块独立电路中,用入栈指令同时保存在堆栈中的运算结果不能超过 8 个。

用编程软件将梯形图转换为语句表程序时,编程软件会自动加入 LPS、LRD 和 LPP 指令。写入语句表程序时,必须由用户来写入 LPS、LRD 和 LPP 指令。

最后还有一点要指出的是,用语句表编出的程序不一定能转换为梯形图,但是用梯形图编出的程序一定能转换为语句表程序。语句表编程是用 CPU 的本机语言在编程,而梯形图编程是在图形编辑器中编程,必定有某些限制,以便正确绘图。

3.1.1.3　RS 触发器指令

RS 触发器指令有两个,一个是置位优先触发器 SR(Set Dominant Bistable),另一个是复位优先触发器 RS(Reset Dominant Bistable),其真值表如表 3－4 所示。

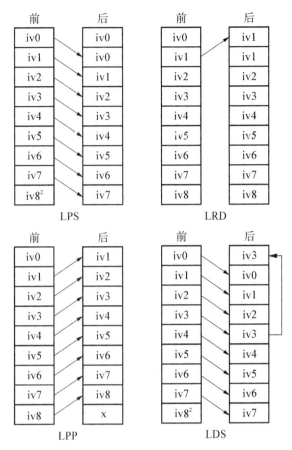

图 3 - 7　堆栈操作过程示意图

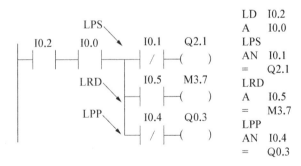

图 3 - 8　堆栈指令的使用

表 3 - 4　RS 触发器的真值表

指　　　令	S1	R	输出（Bit）
置位优先触发器指令（SR）	0	0	保持前一状态
	0	1	0
	1	0	1
	1	1	1

（续表）

指　　令	S	R1	输出（Bit）
复位优先触发器指令（RS）	0	0	保持前一状态
	0	1	0
	1	0	1
	1	1	0

　　置位优先触发器指令 SR 当置位信号（S1）和复位信号（R）都为真时，输出为真。复位优先触发器指令 RS，当置位信号（S）和复位信号（R1）都为真时，输出为假。图 3-9 给出了两种触发器的不同使用情况。

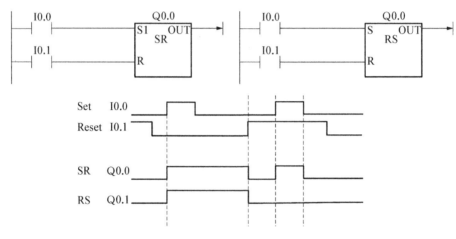

图 3-9　触发器指令的使用

3.1.2　比较指令

　　比较指令是将两个数值或字符串按指定条件进行比较，条件成立时，触点就闭合。所以比较指令实际上也是一种位指令。

　　数值比较指令的运算符有＝、＞＝、＜、＜＝、＞和＜＞等 6 种，字符串比较指令有＝和＜＞两种。如果使用梯形图指令，触点中间的 B、I、D、R、S 分别表示字节、字、双字、实数（浮点数）和字符串比较，如表 3-5 所示。

表 3-5　比较指令

	字节比较	整数比较	双字整数比较	实数比较	字符串比较
LAD （以==为例）	IN1 ─┤==B├─ IN2	IN1 ─┤==I├─ IN2	IN1 ─┤==D├─ IN2	IN1 ─┤==R├─ IN2	IN1 ─┤==S├─ IN2
	LDB=IN1,IN2 AB=IN1,IN2 OB=IN1,IN2	LDW=IN1,IN2 AW=IN1,IN2 OW=IN1,IN2	LDD=IN1,IN2 AD=IN1,IN2 OD=IN1,IN2	LDR=IN1,IN2 AR=IN1,IN2 DR=IN1,IN2	LDS=IN1,IN2 AS=IN1,IN2 OS=IN1,IN2

字节比较用于比较两个字节型整数值 IN1 和 IN2 的大小。字节比较是无符号的。比较式可以是 LDB、AB 或 OB 后直接加比较运算符构成,如 LDB=、AB<>、OB>=等。整数 IN1 和 IN2 的寻址范围为 VB、IB、QB、MB、SB、SMB、LB、＊VD、＊AC、＊LD 和常数。指令格式例如:LDB= VBl0,VBl2。

整数比较用于比较两个一字长整数值 IN1 和 IN2 的大小,整数比较是有符号的(整数范围为 16♯8000~16♯7FFF)。

双字整数比较用于比较两个双字长整数值 IN1 和 IN2 的大小,双字整数比较是有符号的(双字整数范围为 16♯80000000~16♯7FFFFFFF)。

实数比较用于比较两个双字长实数值 IN1 和 IN2 的大小,实数比较是有符号的(负实数范围为 $-3.402\,823E+38$~$-1.175\,495E-38$,正实数范围为 $+1.175\,495E-38$~$+3.402\,823E+38$)。

图 3 - 10 给出了比较指令使用的方法。在网络 1 中,如果 C30 的值$\ge$30,则比较指令有能流输出,Q0.0 置位。其他网络请读者自行分析。

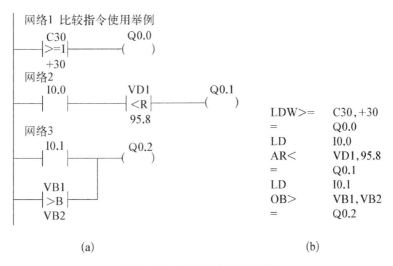

图 3 - 10　比较指令使用举例

(a) 梯形图　(b) 语句表

3.1.3　定时器指令

S7 - 200 系列 PLC 的定时器包括接通延时定时器(TON)、有记忆的接通延时定时器(TONR)和断开延时定时器(TOF)三类。

每个定时器均有一个 16 位的当前值寄存器、一个 16 位的设定值寄存器及一个 1 位的状态位。当前值和设定值都是 16 位有符号整数(INT),允许的最大值为 32 767。状态位也称为定时器位,用于反映定时器触点状态,也就是反映设定值和当前值的关系。不同类型的定时器,其工作原理有所不同。

定时器有 1 ms、10 ms、100 ms 三种分辨率,不同编号的定时器使用了不同的分辨率,如表 3 - 6 所示。

表 3-6　定时器的分类

类　　型	分辨率/ms	定时范围/s	定 时 器 号
TONR	1	32.767	T0 和 T64
	10	327.67	T1~T4 和 T65~T68
	100	3 276.7	T5~T31 和 T69~T95
TON TOF	1	32.767	T32 和 T96
	10	327.67	T33~T36 和 T97~T100
	100	3 276.7	T37~T63 和 T101~T255

定时器的设定值不等于设定时间,实际的设定时间除了与设定值有关外还与定时器的分辨率有关,即

$$设定时间 = 设定值 \times 分辨率$$

例如使用 T37 号定时器,设定值为 100,则其设定时间为 100 ms×100＝10 s。

3.1.3.1　接通延时定时器

接通延时定时器的使能输入端(IN)输入电路接通时开始定时。当前值大于等于预置时间端 PT(Preset Time)指定的设定值(1~32 767)时,定时器位变为 ON,梯形图中该定时器的常开触点闭合,常闭触点断开。达到预设值后,当前值仍然继续增大,直到 32 767。

输入电路断开时,定时器自动复位,当前值被清零,定时器位变为 OFF。

在第一个扫描周期,当前值和定时器位均被清零。

图 3-11 中 T37 为 100 ms 定时器,设定时间为 100 ms×10＝1 s。当 I0.0 为 ON 时,T37 使能开始计时;当 I0.0 为 OFF 时,禁止计时并复位 T37。在 I0.0 的第一个脉冲时,由于时间短,未达到计时时间,因此定时器 T37 的常开触点 T37 断开,Q0.0 为 0。随后

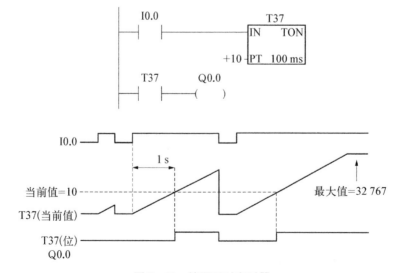

图 3-11　接通延时定时器

I0.0 变为 0,定时器被复位。I0.0 的第二个脉冲时长超过 1 s,T37 的常开触点置位,Q0.0 置位。等到第三个脉冲,因为时间很长,定时器一直计时到最大值。

3.1.3.2　断开延时定时器

断开延时定时器(TOF,见图 3 - 12)用来在 IN 输入电路断开后延时一段时间,再使定时器位变为 OFF。它用输入从 ON 到 OFF 的负跳变启动定时。

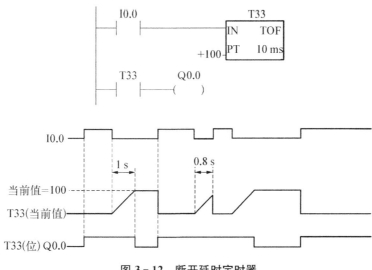

图 3 - 12　断开延时定时器

接在定时器 IN 输入端的输入电路接通时,定时器位变为 ON,当前值被清零。输入电路断开后,开始定时,当前值从 0 开始增大:当前值等于设定值时,定时器位变为 OFF,当前值保持不变,直到输入电路接通。断电延时定时器用于设备停机后的延时,例如大型电动机冷却风扇的延时。

TOF 与 TON 不能共享相同的定时器号,例如不能同时对 T37 使用指令 TON 和 TOF。

可以用复位(R)指令复位定时器。复位指令使定时器位变为 OFF,定时器当前值被清零。

在第一个扫描周期,非保持型定时器 TON 和 TOF 被自动复位,当前值和定时器位均被清零。

图 3 - 12 中,T33 为 10 ms 定时器,在(10 ms×100＝1 s)后到时。当 I0.0 关断使能 T33 时开始计时,当 I0.0 接通时 T33 复位。

3.1.3.3　有记忆的接通延时定时器

有记忆的接通延时定时器(Retentive On-Delay Timer,TONR)的输入电路接通时,开始定时。输入电路断开时,当前值保持不变。可以用 TONR 来累计输入电路接通的若干个时间间隔。当前值大于等于 PT 端指定的设定值时,定时器位变为 ON。达到设定值后,当前值仍然继续计数,直到最大值 32 767。

只能用复位指令(R)来复位 TONR,使它的当前值变为 0,同时使定时器位为 OFF。

在第一个扫描周期,所有的定时器位被清零,可以在系统块中设置 TONR 的当前值有断电保持功能。

在图 3-13 中，T1 为分辨率 10 ms 的 TONR 定时器，在 PT＝（10 ms×100＝1 s）后到时。在 I0.0 的第一个脉冲期间，由于脉冲宽度只有 0.6 s，定时时间未到，定时器不动作。当第一个脉冲结束，I0.0 复位时，定时器并不复位，当前值保持在 60。在第二个脉冲到来时，当前值在 60 的基础上继续增加。当当前值达到 100 时，定时器动作，常开触点闭合，Q0.0 置位。同时，定时器当前值继续增加。直到 I0.1 接通时，复位指令执行后，T1 定时器复位，当前值被清零。

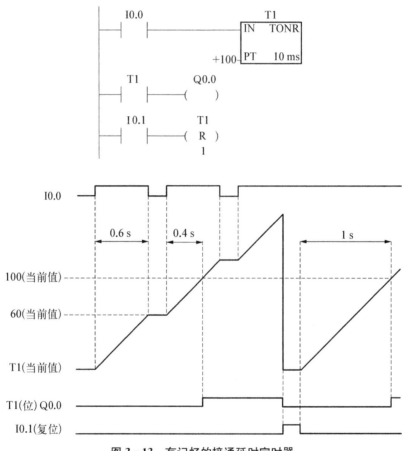

图 3-13　有记忆的接通延时定时器

3.1.3.4　分辨率对定时器的影响

不同分辨率的定时器，刷新方式是不一样的。

1 ms 定时器采用中断方式，由系统每隔 1 ms 刷新一次，与扫描周期及程序处理无关。因此，当扫描周期较长时，1 ms 定时器在一个周期中可能多次被刷新，其当前值在一个扫描周期内不一定保持一致。

10 ms 定时器则由系统在每个扫描周期开始时自动刷新。由于每个扫描周期值刷新一次，因此在每次程序处理期间，其当前值为常数，定时器位状态保持不变。

100 ms 定时器在定时器指令执行时被刷新。如果该定时器指令并不是每个扫描周期都执行，那么该定时器不能及时刷新，就会丢失时基脉冲，造成计时不准。也就是说，要确保每个扫描周期都执行一次定时器指令,并且只能执行一次。

3.1.3.5　时间间隔定时器

时间间隔定时器包括触发时间间隔指令和计算时间间隔指令。触发时间间隔(BITIM)指令读取 PLC 内置的 1 ms 定时器的当前值,并储存在 OUT 中;计算时间间隔(CITIM)指令计算当前时间和 IN 提供的值之间的时间差,时间差被存储在 OUT 中,双字毫秒值的最大定时间隔是 2^{32} ms(49.7 天)。依据 BITIM 指令执行的时间,CITIM 自动处理在最大间隔内发生的 1 ms 定时器的翻转计时。

在图 3 - 14 中,Q0.0 的上升沿执行触发时间间隔定时器指令 BITIM,读取 PLC 内置的 1 ms 双字定时器的当前值,并将该值存储在 VD0 中。计算时间间隔指令 CITIM 计算当前时间与 IN 输入端的 VD0 中的时间之差,并将该时间存储在 OUT 端指定的 VD4 中。

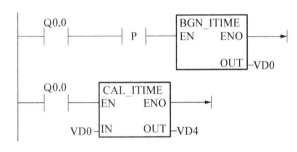

图 3 - 14　时间间隔定时器

3.1.4　计数器指令

S7 - 200 PLC 有加计数器(CTU)、减计数器(CTD)及加减计数器(CTUD)三类计数器指令。计数器的编号范围为 C0~C255。不同类型的计数器不能共用同一计数器号。

当复位输入(R)电路断开时(见图 3 - 15),加计数器指令 CTU 在每一个 CU 输入状态由断开变为接通(即在 CU 信号的上升沿),计数器的当前值加 1,直至计数最大值 32 767。当前值大于等于设定值(PV)时,计数器位被置 1。当复位输入为 ON 或执行复位指令时,计数器被复位,计数器位变为 OFF,当前值被清零。在语句表中,栈顶值是复位输入(R),加计数输入值(CU)放在栈顶下面一层。

减计数器指令 CTD 在减计数(Count Down, CD)脉冲输入信号的上升沿(从 OFF 到 ON),从设定值开始,计数器的当前值减 1,减至 0 时,停止计数,计数器位被置 1(见图 3 - 16)。装载输入(LD)为 ON 时,计数器位被复位,并把设定值装入当前值。在语句表中,栈顶值是装载输入 LD,减计数输入放在栈顶下面一层。

加减计数器指令 CTUD 在加计数脉冲输入(CU)的上升沿,计数器的当前值加 1;在减计数脉冲输入(CD)的上升沿,计数器的当前值减 1。当前值大于等于设定值(PV)时,计数器位被置位(见图 3 - 17),否则,计数器位复位。若复位输入(R)为 ON,或对计数器执行复位(R)指令时,计数器被复位。计数器被复位时,其当前值变为 0,常开触点断开。

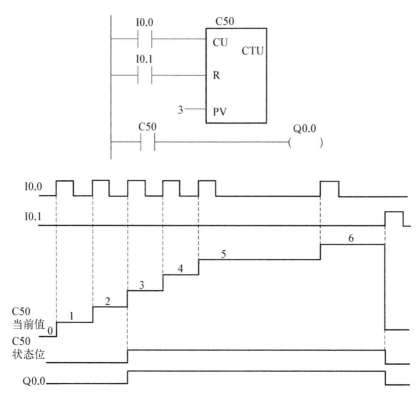

图 3－15　加计数器

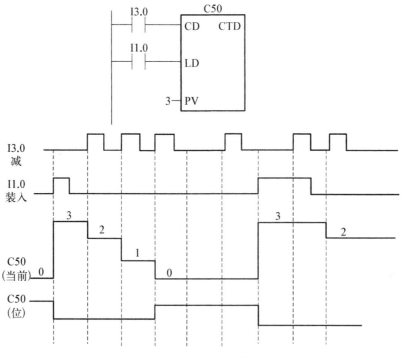

图 3－16　减计数器

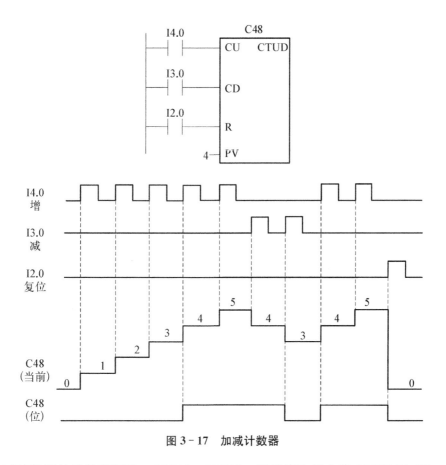

图 3 - 17　加减计数器

　　加减计数器的计数范围为 $-32\,768 \sim 32\,767$。当前值为最大值 $32\,767$ 时,下一个 CU 输入的上升沿使当前值变为最小值 $-32\,768$。当前值为 $-32\,768$ 时,下一个 CD 输入的上升沿使当前值变为最大值 $32\,767$。

3.2　基本功能指令

3.2.1　S7 - 200 的指令规约

　　1) 使能输入和使能输出

　　在梯形图中用方框表示功能指令,在 SIMATIC 指令系统中将这些方框称为"盒子"(Box),在 IECll31 - 3 指令系统中将它们称为"功能块"。功能块的输入端均在左边,输出端均在右边(见图 3 - 18)。梯形图中有一条提供"能流"的左侧垂直母线,图中 I2.4 的常

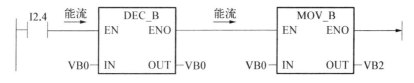

图 3 - 18　EN 和 ENO

开触点接通时,能流流到功能块 DEC_B 的数字量输入端 EN(Enable IN,使能输入),该输入端有能流时,功能指令 DEC_B 才能被执行。

如果功能块在 EN 处有能流而且执行时无错误,则 ENO(Enable OUT,使能输出)可以将能流传递给下一元件。如果执行过程中有错误,则能流在出现错误的功能块终止。

ENO 可作为下一功能块的 EN 输入,即几个功能块可以串联在一行中,只有前一功能块被正确执行,后一功能块才能被执行。EN 和 ENO 的操作数均为能流,数据类型为布尔型。

图中的功能块 DEC_B 表示将字节变量 VB0 的值减 1,并将结果送回 VB0,该功能块的输入和输出可以是不同的变量。

语句表(STL)中没有 EN 输入,对于要执行的 STL 指令,栈顶的值必须为 1,指令才能执行。与梯形图中的 ENO 相对应,语句表设置了 ENO 位,可用 AENO(And ENO)指令存取 ENO 位,AENO 用来产生与功能块的 ENO 相同的效果。

图 3-18 中的梯形图对应的语句表为

> LD I2. 4
> DEC_B VB0
> AENO
> MOV_B VB0,VB2

S7-200 系统手册的指令部分给出了指令的描述,包括使 ENO＝0 的错误条件、受影响的 SM 位、该指令支持的 CPU 型号和操作数表,在操作数表中给出了每个操作数允许的存储器区、寻址方和数据类型。

2) 梯形图中网络

在梯形图中,程序被划分为称为网络(Network)的独立的段,每个网络由触点、线圈和功能块组成。一个网络中只能有一块独立电路;如果一个网络中有两块或两块以上的独立电路,程序将无法编译。在梯形图编辑器中自动给出了网络的编号,如网络 2。能流只能从左往右流动,网络中不能有断路、开路和反方向的能流。可以以网络为单位给梯形图程序加注释。

STL 程序可以不使用网络,但如果用 Network 这个关键词对程序分段,则可以将 STL 程序转换为梯形图程序。如果没有正确地对 STL 程序划分网络,则可能无法转换为梯形图程序。

在输入语句表指令时,必须使用英文的标点符号,如果使用了中文的符号,则会出错。

3) 条件输入/无条件输入

在梯形图中,依赖于能流的框或线圈,肯定有其他元素在它的左侧。而独立于能流的框或线圈,其左侧则直接连接到母线。

必须有能流输入才能执行的功能块或线圈指令称为条件输入指令,它们不能直接连接到左侧母线上,如果需要无条件执行这些指令,可以用接在左侧母线上的 SM0.0(该位始终为 1)的常开触点来驱动它们。

有的线圈或功能块的执行与能流无关,如标号指令 LBL 和顺序控制指令 SCR 等,称为无条件输入指令,应将它们直接接在左侧母线上。

不能级连的指令块 ENO 没有输出端和能流流出。JMP、CRET、LBL、NEXT、SCR 和 SCRE 等属于这类指令。

触点比较指令没有能流输入时,输出为 0,有能流输入时,输出与比较结果有关。

4) 其他规约

STEP7 - Micro/WIN 在所有程序编辑器中使用以下惯例:

在符号名前加♯(♯Var1)表示该符号为局部变量;

在 IEC 指令中%表示直接地址;

操作数符号"?. ?"或"????"表示需要一个操作数组态。

SIMATIC 程序编辑器中的直接地址由存储区和地址组成,如 I0.0。IEC 程序编辑器用%表示直接地址,如%I0.0。

为了便于记忆,可以使用数字和字母组成的符号来代替存储器的地址,使程序更容易理解。程序编译后下载到 PLC 时,所有的符号地址都被转换为绝对地址。

全局符号名被编程软件自动地加上双引号,如"INPUT1"为全局符号名。

梯形图中的规约:

"—≫"是一个开路符号,或需要能流连接;

"→|"表示输出是一个可选的能流,用于指令的级连;

符号"《"或"》"表示有一个值或能流可以使用。

3.2.2　传送类指令

数据传送指令主要用于在各个编程元件之间进行数据传送,包括单个数据传送、数据块传送、交换、循环填充指令。

1) 单个数据传送指令

SIMATIC 功能指令助记符中最后的 B、W、DW(或 D)和 R 分别表示操作数为字节(Byte)、字(Word)、双字(Double Word)和实数(Real)。

单个数据传送指令每次传送一个数据,将输入的数据(IN,或称为源操作数)传送到输出(OUT,或称目标操作数),传送过程中不改变源地址中数据的值。单个数据传送指令传送数据的类型分为字节(B)传送、字(W)传送、双字(D)传送和实数(R)传送,对于不同的数据类型采用不同的传送指令。字节传送指令以字节作为数据传送单元;字/双字传送指令以字/双字作为数据传送单元;实数传送指令以 32 位实数双字作为数据传送单元。

图 3 - 19 所示为单个数据传送指令。以字传送指令为例说明指令的功能如下。

MOVW:语句表指令操作码助记符;

EN:使能控制输入端(I、Q、M、T、C、SM、V、S、L 中的位);

IN:传送数据输入端;

OUT:数据输出端;

ENO:指令和能流输出端(即传送状态位)。

指令功能:在使能输入端 EN 有效时,将由 IN 指定的一个 8 位字节数据传送到由 OUT 指定的字节单元中。

字、双字和实数指令的 EN、IN、OUT、ENO 功能同上,只是 IN 和 OUT 的数据类型不同。

图 3-19 显示了字、双字和实数传送指令的应用,图中,在 I0.1 控制开关导通时,字传送指令 MOVW 将 VW100 中的字数据传送到 VW200 中;双字传送指令 MOVD 将 VD100 中的双字数据传送到 VD200 中;实数传送指令 MOVR 将常数 3.14 传送到双字单元 VD200 中。

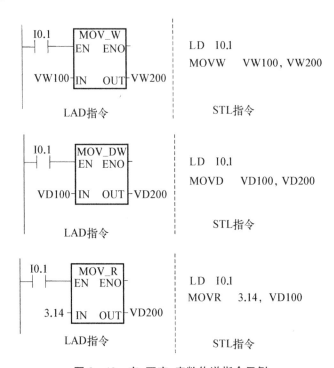

图 3-19　字、双字、实数传送指令示例

2) 字节立即读写指令

立即读字节传送指令 MOV_BIR(Move Byte Immediate Read)格式如图 3-20(a) 所示。

MOV_BIR:立即读字节传送梯形图指令盒标识符;

BIR:语句表指令操作码助记符。

指令功能:当使能输入端 EN 有效时,BIR 指令立即(不考虑扫描周期)读取当前输入继电器中由 IN 指定的字节(IB),并送入 OUT 字节单元(并未立即输出到负载)。

注意:IN 只能为 IB。

立即写字节传送指令 MOV_BIW(Move Byte Immediate Write)格式如图 3-20(b) 所示。

MOV_BIW:立即写字节传送梯形图指令盒标识符;

BIW:语句表指令操作码助记符。

指令功能:当使能输入端 EN 有效时,BIW 指令立即(不考虑扫描周期)将由 IN 指定的字节数据写入到输出继电器中由 OUT 指定的 QB,即立即输出到负载。

注意:OUT 只能是 QB。

图 3-20　字节立即读写指令

(a) 立即读指令　(b) 立即写指令

3）块传送指令

块传送指令可用来一次传送多个同一类型的数据，最多可将 255 个数据组成一个数据块，数据块的类型可以是字节块、字块和双字块。下面仅介绍字节块传送指令 BMB。

字节块传送指令格式如图 3-21 所示。

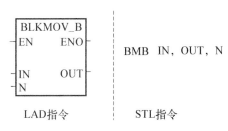

图 3-21　块传送指令

BLKMOV_B：字节块传送梯形图指令标识符；

BMB：语句表指令操作码助记符；

N：块的长度，字节型数据（下同）。

指令功能：当使能输入端 EN 有效时，以 IN 为字节起始地址的 N 个字节型数据传送到以 OUT 为起始地址的 N 个字节存储单元。

下面举例说明。如图 3-22 所示，I2.1 控制开关导通时，将 VB20 开始的 4 个字节单

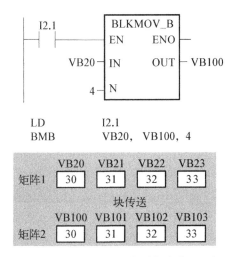

图 3-22　字节块数据传送指令应用示例

元数据传送到 VB100 开始的数据块中。

与字节块传送指令比较,字块传送指令为 BMW(梯形图标识符为 BLKMOV_W),双字块传送指令为 BMD(梯形图标识符为 BLKMOV_D)。

4) 字节交换指令 SWAP

字节交换指令(SWAP)专用于对 1 个字长的字数据进行处理。指令功能是当 EN 有效时,将输入字 IN 中的字型数据的高位字节和低位字节进行交换。

图 3-23　SWAP 指令

该指令的操作数可以是 VW、IW、QW、MW、SW、SMW、LW、T、C、AC、*AC、*VD、*LD。

如图 3-23 所示,执行 SWAP 指令前 AC0 中的数据为 D6C3,执行指令后 AC0 中高位字节和低位字节交换,数据变为 C3D6。

3.2.3　数学运算类指令

数学运算指令包括算术运算指令、增减指令及一些常用的数学函数指令。

3.2.3.1　算术运算指令

算术运算指加、减、乘、除等四则运算。

1) 加法指令

加法操作是对两个有符号数进行相加操作,包括整数加法指令、双整数加法指令和实数加法指令。

整数加法指令(+I)格式如图 3-24 所示:

ADD_I:整数加法梯形图指令标识符。

+I:整数加法语句表指令操作码助记符;

IN1:输入操作数 1;

IN2:输入操作数 2;

OUT:输出运算结果。

操作数和运算结果均为单字长。

图 3-24　整数加法指令格式

整数加法指令功能是当 EN 有效时,将两个 16 位的有符号整数 IN1 与 IN2(或 OUT)相加,产生一个 16 位的整数,结果送到单字存储单元 OUT 中。

在使用整数加法指令时要特别注意:对于梯形图指令实现功能为 OUT←IN1+IN2,若 IN2 和 OUT 为同一存储单元,在转为 STL 指令时实现的功能为 OUT←OUT+IN1;若 IN2 和 OUT 不为同一存储单元,在转为 STL 指令时实现的功能为先把 IN1 传送给

OUT,然后执行 OUT← IN2＋OUT。

双字长整数加法指令(＋D)的操作数和运算结果均为双字(32 位)长。指令格式类似整数加法指令,双字长整数加法梯形图指令盒标识符为 ADD_DI。

图 3－25 为一个双字长整数加法指令示例,在 I0.1 控制开关导通时,将 VD100 的双字数据与 VD110 的双字数据相加,结果送入 VD110 中。

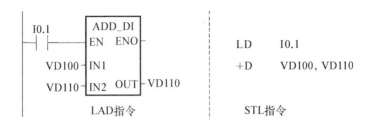

图 3－25　双字长加法指令应用示例

实数加法指令(＋R)实现两个双字长的实数相加,产生一个 32 位的实数。指令格式类似整数加法指令,实数加法梯形图指令盒标识符为 ADD_R。

上述加法指令运算结果影响特殊继电器 SM1.0(结果为零)、SM1.1(结果溢出)、SM1.2(结果为负)。

2) 减法指令

减法指令是对两个有符号数进行减操作,与加法指令一样,可分为整数减法指令(－I)、双字长整数减法指令(－D)和实数减法指令(－R)。其指令格式类似加法指令。

减法指令执行过程为:对于梯形图指令实现功能为 OUT←(IN1－IN2);对于 STL 指令为 OUT←(OUT－IN1)。

图 3－26 为整数减法指令的应用,在 I0.1 控制开关导通时,将 VW100(IN1)整数(16 位)与 VW110(IN2)整数(16 位)相减,其差送入 VW110(OUT)中。

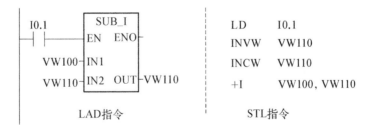

图 3－26　整数减法指令应用示例

梯形图指令中若 IN2 和 OUT 不为同一存储单元,在转为 STL 指令时为

MOVW　　　　　　IN1，OUT　　　　　　//先把 IN1 传送给 OUT

－I　　　　　　　　IN2，OUT　　　　　　//然后顺序 OUT←OUT－IN2

减法指令对特殊继电器位的影响同加法指令。

3) 乘法指令

乘法指令是对两个有符号数进行乘法操作。乘法指令可分为整数乘法指令(＊I)、完全整数乘法指令(MUL)、双整数乘法指令(∗D)和实数乘法指令(∗R)。其指令格式类似加减法指令。

对于梯形图,指令的执行过程为 OUT←IN1∗IN2;对于 STL 指令为 OUT←IN1∗OUT。

在梯形图指令中,IN2 和 OUT 可以为同一存储单元。

整数乘法指令(∗I)格式如图 3-27 所示。指令功能是当 EN 有效时,将两个 16 位单字长有符号整数 IN1 与 IN2 相乘,运算结果若仍为单字长整数则送到 OUT 所在的存储单元中,运算结果若超出 16 位二进制数表示的有符号数的范围,则产生溢出,影响标志位。

图 3-27　整数乘法指令

完全整数乘法指令(MUL)将两个 16 位单字长的有符号整数 IN1 和 IN2 相乘,运算结果为 32 位的整数,送 OUT 中。

双整数乘法指令(∗D)将两个 32 位双字长的有符号整数 IN1 和 IN2 相乘,运算结果为 32 位的整数,送 OUT 中。梯形图指令功能符号为 MUL_DI;语句表指令功能符号为 DI。

实数乘法指令(∗R)将两个 32 位实数 IN1 和 IN2 相乘,产生一个 32 位实数,送 OUT 中。梯形图指令功能符号为 MUL_R。

上述乘法指令运算结果置位特殊继电器 SM1.0(结果为零)、SM1.1(结果溢出)、SM1.2(结果为负)。

完全整数乘法指令举例如图 3-28 所示,在 I0.1 控制开关导通时,将 VW100(IN1)整数(16 位)与 VW110(IN2)整数(16 位)相乘,结果为 32 位数据,送入 VD200(OUT)中。

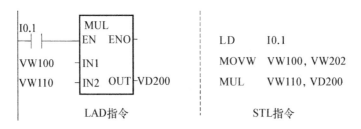

图 3-28　完全整数乘法指令应用示例

4) 除法指令

除法指令是对两个有符号数进行除法操作,与乘法指令类似。

整数除法指令:两个 16 位整数相除,结果只保留 16 位商,不保留余数。梯形图指令盒标识符为 DIV_I;语句表指令助计符为/I。

完全整数除法指令:两个 16 位整数相除,产生一个 32 位的结果,其中低 16 位存商,高 16 位存余数。梯形图指令盒标识符与语句表指令助计符均为 DIV。

双整数除法指令:两个 32 位整数相除,结果只保留 32 位整数商,不保留余数。梯形图指令盒标识符为 DIV_DI;语句表指令助计符为/D。

实数除法指令:两个实数相除,产生一个实数商。梯形图指令盒标识符为:DIV_R;语句表指令助计符为:/R。

如果在除法指令操作中 SM1.3 被置 1(除数为 0),其他算术状态位不变,原始输入操作数也不变。否则,运算完成后其他特殊继电器状态位有效,且影响同乘法指令。

图 3 - 29 中,在 I0.1 控制开关导通时,将 VW100(IN1)整数除以 10(IN2)整数,结果为 16 位数据送入 VW200(OUT)中。

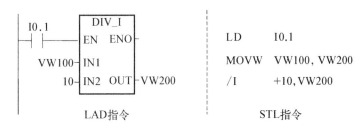

图 3 - 29　整数除法指令应用示例

3.2.3.2　增减指令

增减指令又称为自动加 1 和自动减 1 指令。

增减指令可分为字节增/减指令(INCB/DECB)、字增/减指令(INCW/DECW)和双字增减指令(INCD/DECD)。常用的字节增减指令格式如图 3 - 30 所示,图 3 - 30(a)为字节增 1 指令,图 3 - 30(b)为字节减 1 指令。

图 3 - 30　字节增减指令

(a) 字节增 1 指令　(b) 字节减 1 指令

指令功能是当 EN 有效时,将一个 1 字节长的无符号数 IN 自动加(减)1,得到的 8 位结果送 OUT 中。

在梯形图中,若 IN 和 OUT 为同一存储单元,则执行该指令后,IN 单元字节数据自动加(减)1。

3.2.3.3　数学函数指令

S7 - 200 PLC 中数学函数指令的输入变量 IN 和输出变量 OUT 均为实数。这类指令影响零标志位 SM1.0、溢出标志 SM1.1 和负数标志 SM1.2。溢出标志 SM1.1 表示溢出错误和非法数值。如果 SM1.1 被置 1,则 SM1.0、SM1.2 的状态无效,原始输入操作数不变,输出 OUT 中没有计算结果。如果 SM1.1 未被置 1,则说明数学运算成功,结果有效,而且 SM1.0、SM1.2 的状态有效。

数学函数指令包括自然指数运算指令、自然对数运算指令、平方根指令以及求三角函数的正弦、余弦及正切值等的指令,如表 3-7 所示。指令的具体说明请参见系统手册。

表 3-7 数学函数指令

梯形图	语句表	描述	梯形图	语句表	描述
SIN COS TAN	SIN IN,OUT COS IN,OUT TAN IN,OUT	正弦 余弦 正切	SQRT LN EXP	SQRT IN,OUT LN IN,OUT EXP IN,OUT	平方根 自然对数 自然指数

3.2.4 逻辑操作指令

逻辑操作指令是对要操作的数据按二进制位进行逻辑运算,主要包括逻辑与、逻辑或、逻辑非、逻辑异或等操作。逻辑运算指令可实现字节、字、双字运算。

字节逻辑指令包括下面 4 条:

ANDB:字节逻辑与指令;

ORB:字节逻辑或指令;

XORB:字节逻辑异或指令;

INVB:字节逻辑非指令。

指令格式如图 3-31 所示,其功能是:当 EN 有效时,逻辑与、逻辑或、逻辑异或指令中的 8 位字节数 IN1 和 8 位字节数 IN2 按位相与(或、异或),结果为 1 个字节无符号数送OUT 中;在语句表指令中,IN1 和 OUT 按位与,其结果送入 OUT 中。

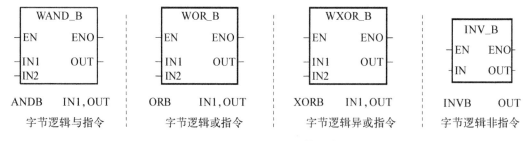

图 3-31 字节逻辑运算指令

对于逻辑非指令,把 1 字节长的无符号数 IN 按位取反后送 OUT 中。

对于字逻辑、双字逻辑指令的格式,只是把字节逻辑指令中表示数据类型的"B"替换为"W"或"DW"即可,逻辑运算功能不变。

图 3-32 显示了一个字逻辑非指令。在 I4.0 断开时,AC0 中的数据为 1101 0111 1001 0101。当 I4.0 接通后,逻辑非指令执行,AC0 中的数据为 0010 1000 0110 1010。

图 3 - 32 逻辑非指令示例

逻辑运算指令结果对特殊继电器的影响：结果为零时置位 SM1.0,运行时刻出现不正常状态时置位 SM4.3。

逻辑非指令为单操作数指令；逻辑与、或和异或都是双操作数指令,用于将两个操作数按位进行逻辑运算。图 3 - 33 给出了字逻辑与、或和异或指令的应用示例。

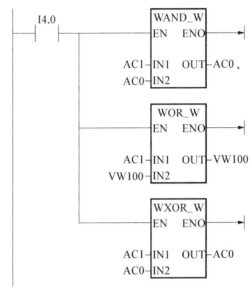

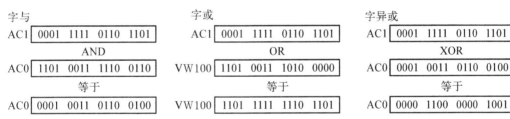

图 3 - 33 字与、或、异或指令的应用

3.2.5 移位与循环移位指令

移位指令的作用是对操作数按二进制位进行移位操作。移位指令包括左移位、右移位、循环左移位、循环右移位以及移位寄存器指令。

1）左移和右移指令

左移和右移指令的功能是将输入数据 IN 左移或右移 N 位,其结果送到 OUT 中。

移位指令分字节、字、双字移位指令,其指令格式类同。这里仅介绍字节移位指令。

字节移位指令包括字节左移指令 SLB 和字节右移指令 SRB,其指令格式如图 3 - 34 所示。

图 3-34　字节左移和右移指令

指令功能是：当 EN 有效时，将字节型数据 IN 左移或右移 N 位后，送到 OUT 中。在语句表中，OUT 和 IN 为同一存储单元。其中 $N \leqslant 8$，所有的循环和移位指令中的 N 均为字节变量。

使用移位指令时应注意：

（1）被移位的数据，对于字节操作是无符号的；对于字和双字操作，当使用有符号数据类型时，符号位也将被移动。

（2）在移位时，存放被移位数据的编程元件的移出端与特殊继电器 SM1.1 相连，移出位送 SM1.1，另一端补 0。

（3）移位次数 N 为字型数据，它与移位数据的长度有关，如 N 小于实际的数据长度，则执行 N 次移位，如 N 大于数据长度，则执行移位的次数等于实际数据长度的位数。

（4）左、右移位指令对特殊继电器的影响：结果为零置位 SM1.0，结果溢出置位 SM1.1。

（5）运行时刻出现不正常状态置位 SM4.3，ENO＝0。

对于字移位指令和双字移位指令，只是把字节移位指令中表示数据类型的"B"改为"W"或"DW(D)"，N 值取相应数据类型的长度即可。

2）循环左移和循环右移指令

循环左移和循环右移是指将输入数据 IN 进行循环左移或循环右移 N 位后，把结果送到 OUT 中。

循环移位指令也分字节、字、双字移位指令，其指令格式类同。这里仅介绍字循环移位指令。字循环移位指令有字循环左移指令 RLW 和字循环右移指令 RRW，其指令格式如图 3-35 所示。

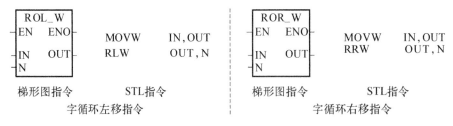

图 3-35　字循环移位指令

指令功能为：当 EN 有效时，把字型数据 IN 循环左移/右移 N 位后，送到 OUT 指定的字单元中。

循环指令的特点如下：

（1）被移位的数据,对于字节操作是无符号的;对于字和双字操作,当使用有符号数据类型时,符号位也将被移动。

（2）在移位时,存放被移位数据的编程元件的最高位与最低位相连,又与特殊继电器 SM1.1 相连。循环左移时,低位依次移至高位,最高位移至最低位,同时进入 SM1.1;循环右移时,高位依次移至低位,最低位移至最高位,同时进入 SM1.1。

（3）移位次数 N 为字节型数据,它与移位数据的长度有关,如 N 小于实际的数据长度,则执行 N 次移位;如 N 大于数据长度,则执行移位的次数为 N 除以实际数据长度的余数。

（4）循环移位指令对特殊继电器影响为：结果为零置位 SM1.0,结果溢出置位 SM1.1。

（5）运行时刻出现不正常状态置位 SM4.3,ENO=0。

图 3-36 给出了一个移位指令和循环移位指令应用的示例,并给出了移位和循环移位指令的工作过程。特别需要注意的是在循环移位指令中 SM1.1 参与移位过程。

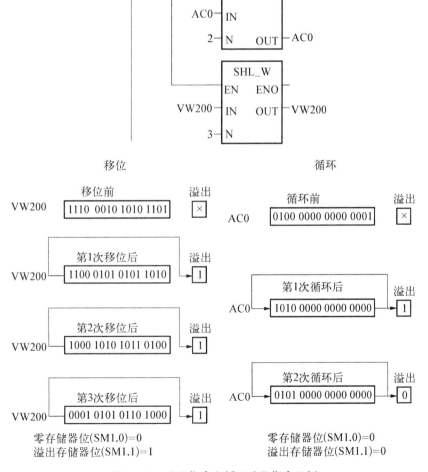

图 3-36　移位指令和循环移位指令示例

3）移位寄存器指令

移位寄存器指令又称自定义位移位指令。移位寄存器指令格式如图 3-37 所示，其中 DATA 为移位寄存器数据输入端，即要移入的位；S_BIT 为移位寄存器的最低位；N 为移位寄存器的长度和移位方向。

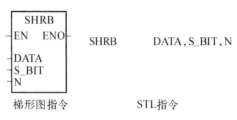

梯形图指令　　　　　　　　　STL指令

图 3-37　移位寄存器指令

移位寄存器指令把输入的 DATA 数值移入移位寄存器中。其中，移位寄存器是 PLC 存储器中由 S_BIT 和 N 共同决定的一块区域，S_BIT 指定移位寄存器的最低位，N 指定移位寄存器的长度和移位的方向（N 的绝对值决定了长度，N 的正负决定方向）。

注意：

（1）移位寄存器的操作数据由移位寄存器的长度 N（N 的绝对值小于等于 64）任意指定。

（2）移位寄存器最低位的地址为 S_BIT，最大长度 64 位。移位寄存器的最高位（MSB.b）可通过下面的公式求得

MSB.b＝[S_BIT 的字节号＋（| N |－1）＋（S_BIT 的位号）/8（商）].[除 8 的余数]

例如：设 S_BIT＝V20.5（字节地址为 V20，位序号为 5），N＝16。则

MSB.b＝[20＋(16－1＋5)/8 的商].[(16－1＋5)/8 的余数]＝[20＋2].[4]＝22.4

此时移位寄存器的最高位为 22.4，自定义移位寄存器为 20.5～22.4，共 16 位，如图 3-38 所示。

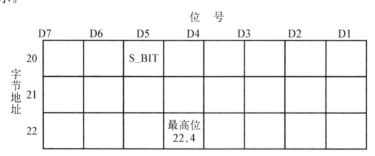

图 3-38　自定义位移位寄存器

（3）N＞0 时，为正向移位，即从最低位依次向最高位移位，最高位移出。

（4）N＜0 时，为反向移位，既从最高位依次向最低位移位，最低位移出。

（5）移位寄存器的移出端与 SM1.1 连接，即移出的每一位都相继放入溢出位。

指令功能：当 EN 有效时，如果 N＞0，则在每个 EN 的上升沿，将数据输入 DATA 的状态移入移位寄存器的最低位 S_BIT；如果 N＜0，则在每个 EN 的上升沿，将数据输

入 DATA 的状态移入移位寄存器的最高位,移位寄存器的其他位按照 N 指定的方向,依次串行移位。

图 3 - 39 给出了一个移位寄存器的示例。移位寄存器的位范围为 V100.0～V100.3,长度 $N = 4$。在 I0.2 的上升沿,移位寄存器由低位向高位移位,最高位移至 SM1.1,最低位由 I0.3 移入。

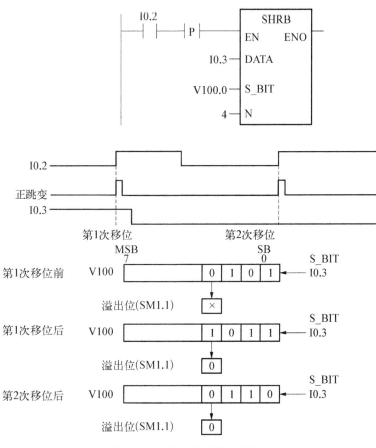

图 3 - 39 移位寄存器应用示例

3.2.6 表指令

所谓表是指一块连续存放数据的存储区。通过专设的表功能指令可以方便地对表中数据实现统计、排序、比较等各种操作,在数据记录和监控等方面有明显的意义。S7 - 200 PLC 表功能指令包括填表指令、查表指令、表中取数指令等。

1）填表指令

填表指令 ATT(Add To Table)用于向表中增加一个数据。其指令格式如图 3 - 40 所示,其中 DATA 为字型数据输入端;TBL 为字型表格首地址。填表指令的功能是：当 EN 有效时,将输入的字型数据填写到指定的表格中最后一个数据的后面。

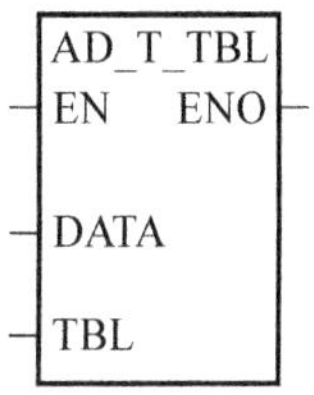

在使用填表指令时,必须注意表的结构。在表存储区中,第一个字存

图 3 - 40
填表指令

放表的最大长度(TL);第二个字存放表内实际的数据数(EC),如图 3-41 所示。表最多可以装入 100 个有效数据(不包括 TL 和 EC)。

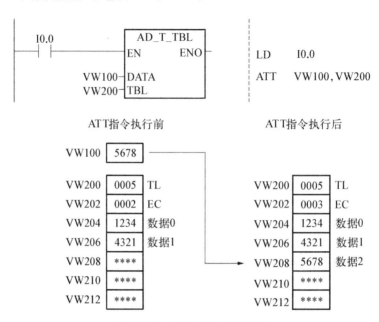

图 3-41　填表指令应用示例

执行填表指令是,每添加一个新数据 EC 自动加 1,如图 3-41 所示,将 VW100 中数据填入表中(首地址为 VW200)。

填表指令对特殊继电器影响为:表溢出置位 SM1.4,运行时刻出现不正常状态置位 SM4.3,同时 ENO=0(以下同类指令略)。

图 3-41 示例的工作过程如下:

(1) 设首地址为 VW200 的表存储区(表中数据在执行本指令前已经建立,表中第一字单元存放表的长度为 5,第二字单元存放实际数据项 2 个,表中两个数据项为 1 234 和 4 321)。

(2) 将 VW100 单元的字数据 5 678 追加到表的下一个单元(VW208)中,且 EC 自动加 1。

2) 查表指令

查表指令 FND(Table Find)用于查找表中符合条件的字型数据所在的位置编号。指令格式如图 3-42 所示,其中 TBL 为表的首地址;PTN 为需要查找的数据;INDX 为用于

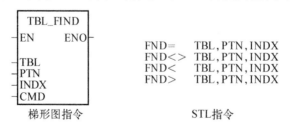

图 3-42　查表指令

存放表中符合查表条件的数据的地址；CMD 为比较运算符代码"1"、"2"、"3"、"4"，分别代表查找条件"＝"、"＜＞"、"＜"和"＞"。

指令功能是在执行查表指令前，首先对 INDX 清零，当 EN 有效时，从 INDX 开始搜索 TBL，查找符合 PTN 且 CMD 所决定的数据，每搜索一个数据项，INDX 自动加 1；如果发现了一个符合条件的数据，那么 INDX 指向表中该数的位置。为了查找下一个符合条件的数据，在激活查表指令前，必须先对 INDX 加 1。如果没有发现符合条件的数据，那么 INDX 等于 EC。再次查表前，INDX 的值必须复位到 0。

注意：查表指令不需要 ATT 指令中的最大填表数 TL。因此，查表指令的 TBL 操作数比 ATT 指令的 TBL 操作数高两个字节。例如，ATT 指令创建的表的 TBL＝VW200，对该表进行查找指令时的 TBL 应为 VW202。

图 3-43 示例是用查表指令找出数据 3 130 在表中的位置并存入 AC1 中（设表中数据均为十进制数表示）。

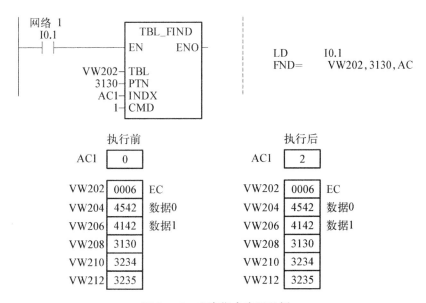

图 3-43　查表指令应用示例

该例的执行过程如下：

（1）表首地址 VW202 单元，内容 0006 表示表的长度，表中数据从 VW204 单元开始。

（2）若 AC1＝0，在 I0.1 有效时，从 VW204 单元开始查找。

（3）在搜索到 PTN 数据 3 130 时，AC1＝2，其存储单元为 VW208。

3）表中取数指令

在 S7-200 中，可以将表中的字型数据按照"先进先出"或"后进先出"的方式取出，送到指定的存储单元。每取一个数，EC 自动减 1。

先进先出指令（FIFO）和后进先出（LIFO）指令格式如图 3-44 所示，其中 TBL 为要取数的表地址，DATA 为取出的数据。

这两条指令的功能是当 EN 有效时，从 TBL 指定的表中，取出一个数据并送到 DATA 指定的字型存储单元，剩余数据依次上移。两条指令的区别在于先进先出指令从

图 3 - 44 表中取数指令

（a）先进先出指令 （b）后进先出指令

表中取出第一个数据，也就是最先进入表中的数据；而后进先出指令从表中取出最后一个数据，也就是最后进入表中的数据。

FIFO 和 LIFO 指令对特殊继电器影响为：表空时置位 SM1.5。

图 3 - 45 和图 3 - 46 分别给出了先进先出指令和后进先出指令的应用示例。

图 3 - 45 中，先进先出指令的执行过程是在 I0.0 有效时，将表中的第一个数据 3 256 送入

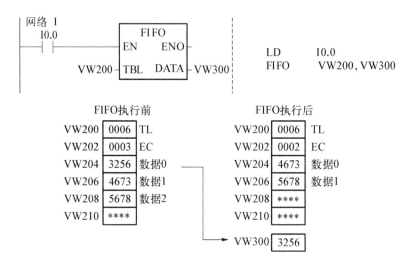

图 3 - 45 FIFO 指令应用示例

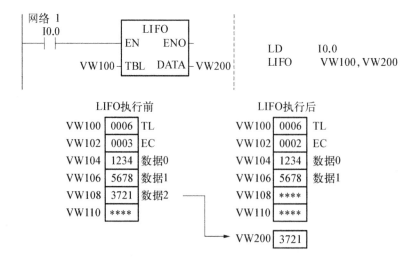

图 3 - 46 LIFO 指令应用示例

VW300 单元,下面的数据依次上移,EC 减 1。图 3 - 46 中,后进先出指令执行过程是在 I0.0 有效时,将最后进入表中的数据 3 721 送入 VW200 单元,EC 减 1。

3.2.7　转换指令

转换指令对操作数的不同类型及编码进行相互转换的操作,以满足程序设计的需要。

1) 数据类型转换指令

在 PLC 中,使用的数据类型主要包括字节数据、整数、双整数和实数,对数据的编码主要有 ASCII 码和 BCD 码。数据类型转换指令是将数据之间、码制之间或数据与码制之间进行转换,以满足程序设计的需要。具体指令如图 3 - 47 所示。

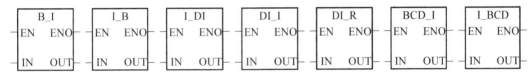

图 3 - 47　数据类型转换指令

字节与整数之间的转换、整数与双整数之间的转换、双整数和实数之间的转换以及 BCD 码与整数之间的转换都涉及数据的有效范围问题,如整数为 16 位,字节为 8 位,它们所能表示的数字范围是不一致的。在从整数转换为字节数据时,必须确保转换得到的结果不超过字节数据的表示范围。双整数到整数以及整数到 BCD 码之间的变换都存在同样的问题。

在图 3 - 48 中,BCD 到整数转换指令将存放在 AC0 中的 BCD 码数 0001 0110 1000 1000(图中使用 16 进制数表示为 1688)转换为整数,用 16 进制表示为 16♯0698。

图 3 - 48　BCD 到整数转换指令的应用

实数到双整数转换还需要进一步考虑到实数的小数部分如何转换到整数的问题。S7 - 200 PLC 中有两种实数到双整数的转换指令,分别是 ROUND 和 TRUNC,指令格式如图 3 - 49 所示。

图 3 - 49　实数到双整数的转换指令

(a) ROUND 指令　(b) TRUNC 指令

指令功能是当 EN 有效时,将实数型输入 IN,转换成双整数型数据,结果送 OUT 中。区别在于 ROUND 值对 IN 中实数的小数部分按照四舍五入的方式转换为整数,而 TRUNC 指令中实数的小数部分直接被舍弃,不参与转换。

图 3-50 所示的程序中将计数器 C10 数值(101 英寸)转换为厘米,转换系数 2.54 存于 VD8 中,转换结果存入 VD12 中。

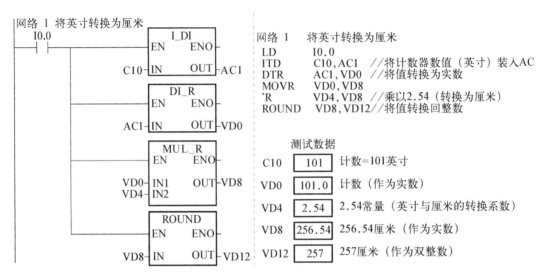

图 3-50　转换指令应用示例

2) 编码和译码指令

编码和译码指令相当于硬币的两面,编码是指用数字代码表示相应二进制数的有效信息位,如 VW20 中的二进制数据为 0000000 00010000(有效信息位为 4),编码后得到的数字代码就是 4;译码的功能正好相反,是指将数字代码用相应的二进制信息位表示。

编码指令 ENCO 和译码指令的格式如图 3-51 所示。

图 3-51　编码和译码指令
(a) 编码指令　(b) 译码指令

编码指令中 IN 为字型数据,OUT 为字节型数据。译码指令中 IN 为字节型数据,OUT 为字型数据。

编码指令的功能是当 EN 有效时,将 16 位字型输入数据 IN 的有效信息位(值为 1 的位)的位号进行编码,编码结果送到由 OUT 指定的字节型数据的低 4 位。译码指令的功能是当 EN 有效时,将字节型输入数据 IN 的低 4 位的内容译成位号(00~15),由该位号指定 OUT 字型数据中对应位置 1,其余位置 0。

例如：设 VB1＝00000100＝4；

执行指令：DECO　VB1,AC0

结果：VB1 的数据不变,AC0＝00000000 00010000(第 4 位置 1)。

3) 七段显示码指令

在一般控制系统中,用 LED 作状态指示器具有电路简单、功耗低、寿命长、响应速度快等特点。LED 显示器是由若干个发光二极管组成显示字段的显示器件,应用系统中通常使用七段 LED 显示器,如图 3 - 52 所示。

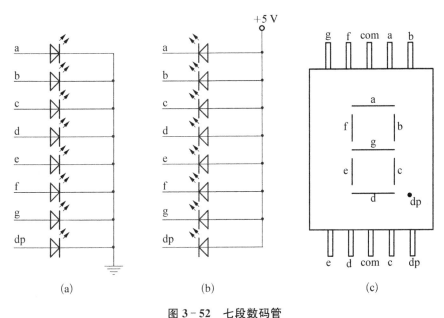

图 3 - 52　七段数码管
(a) 共阴型　(b) 共阳型　(c) 管脚分布

控制显示各数码加在数码管上的二进制数据称为段码,显示各数码共阴极七段 LED 数码管所对应的段码如图 3 - 53 所示。

(IN) LSD	段显示	(OUT) -g f e dcba		(IN) LSD	段显示	(OUT) -g fe dcba
0	0	0011 1111		8	8	0111 1111
1	1	0000 0110		9	9	0110 0111
2	2	0101 1011		A	A	0111 0111
3	3	0100 1111		B	b	0111 1100
4	4	0110 0110		C	C	0011 1001
5	5	0110 1101		D	d	0101 1110
6	6	0111 1101		E	E	0111 1001
7	7	0000 0111		F	F	0111 0001

图 3 - 53　七段 LED 数码管的段码

七段显示码指令 SEG 专用于 PLC 输出端外接七段数码管的显示控制,其指令格式见图 3 - 54。七段显示码指令 SEG 根据输入字节(IN)低 4 位产生点亮七段显示器各段的

图 3-54　7 段显示码指令

代码,并送到输出字节 OUT,用于 PLC 输出端外接七段数码管的显示控制。

指令功能是:当 EN 有效时,将字节型输入数据 IN 的低 4 位对应的七段共阴极显示码,输出到 OUT 指定的字节单元(如果该字节单元是输出继电器字节 QB,则 QB 可直接驱动数码管)。

例如:设 QB0.0~QB0.7 分别连接数码管的 a、b、c、d、e、f、g 及 dp(数码管共阴极连接),显示 VB1 中的数值(设 VB1 的数值在 0~F 内)。

若 VB1=00000100=4;

执行指令:SEG　VB1,QB0

结果:VB1 的数据不变,QB0=01100110("4"的共阴极七段码),该信号使数码管显示"4"。

4) 字符串转换指令

字符串是指由 ASCII 码所表示的字符的序列,如"ABC",其 ASCII 码分别为"65、66、67"。字符串转换指令实现由 ASCII 码表示的字符串数据与其他数据类型之间的转换。

十六进制数与 ASCII 码可以实现互相转换,而且由于 ASCII 码与十六进制数有对应关系,转换的实现也比较简单。其指令格式如图 3-55 所示,ATH 为 ASCII 码转换为十六进制数,HTA 为十六进制数转换为 ASCII 码。

图 3-55　ASCII 码与十六进制数的转换

(a) ATH 指令　(b) HTA 指令

指令中:IN 为开始字符的字节首地址;LEN 为字符串长度,字节型,最大长度 255;OUT 为输出字节首地址。

ATH 指令的功能是:当 EN 有效时,把从 IN 开始的 LEN(长度)个字节单元的 ASCII 码,相应转换成十六进制数,依次送到 OUT 开始的 LEN 个字节存储单元中。HTA 指令的功能是:当 EN 有效时,把从 IN 开始的 LEN 个十六进制数的每一数位转换为相应的 ASCII 码,并将结果送到以 OUT 为首地址的字节存储单元。

整数、双整数和实数也可以转换为 ASCII 码,其特殊之处在于转换格式的设置。整数转换为 ASCII 码指令 ITA 的格式和实数转换为 ASCII 码指令 RTA 的格式如图 3-56 所示。

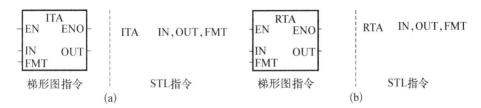

图 3－56　整数和实数转换为 ASCII 码指令

(a) ITA 指令　(b) RTA 指令

在两个指令中：IN 为整数数据或实数数据输入；FMT 为转换精度或转换格式（小数位或格式整数的表示方式）；在 ITA 指令中 OUT 为连续 8 个输出字节的首地址，在 RTA 指令中，OUT 为连续 3～15 个输出字节的首地址。

ITA 指令的功能是：当 EN 有效时，把整数或实数输入数据 IN，根据 FMT 指定的转换精度和格式，转换成 8 个字符的 ASCII 码，并将结果送到以 OUT 为首地址的 8 个连续字节存储单元。RTA 指令的功能是：当 EN 有效时，把实数输入 IN，根据 FMT 指定的转换精度，转换成始终是 8 个字符的 ASCII，并将结果送到首地址 OUT 的 3～15 个连续字节存储单元。

ITA 指令中，操作数 FMT 的定义如图 3－57 所示。

图 3－57　ITA 指令中操作数 FMT 的定义

在整数转换为 ASCII 码的 FMT 中，高 4 位必须是 0。c 为小数点的表示方式，c＝0时，用小数点来分隔整数和小数；c＝1 时，用逗号来分隔整数和小数。nnn 表示在首地址为 OUT 的 8 个连续字节中小数的位数，nnn＝000～101，分别对应 0～5 个小数位，小数部分的对齐方式为右对齐。

例如：在 c＝0，nnn＝011 时，其数据格式在 OUT 中的表示方式如表 3－8 所示。

表 3－8　ITA 中经 FMT 格式化后的数据格式

IN	OUT	OUT+1	OUT+2	OUT+3	OUT+4	OUT+5	OUT+6	OUT+7
12				0	.	0	1	2
－123			－	0	.	1	2	3
1 234				1	.	2	3	4
－12 345		－	1	2	.	3	4	5

在图 3－58 中给出的 ITA 指令应用示例中，FMT 操作数 16♯0B 的二进制数为00001011，c＝1，用逗号来分隔整数和小数，nnn＝011，说明小数为 3 位；VB10～VB17 单元存放的是十六进制表示的 ASCII 码。

双整数转换为 ASCII 码指令 DTA 类同 ITA，读者可查阅 S7－200 编程手册。

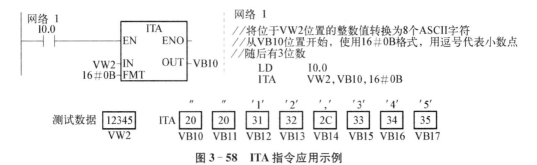

图 3 - 58　ITA 指令应用示例

在实数转换为 ASCII 码的 FMT 中,FMT 的定义如图 3 - 59 所示。

图 3 - 59　RTA 指令中操作数 FMT 的定义

在 FMT 中,高 4 位 ssss 表示 OUT 为首地址的连续存储单元的字节数,ssss＝3～15。c 及 nnn 同 ITA 指令中的 FMT。

例如:在 ssss＝0110,c＝0,nnn＝001 时,用小数点进行格式化处理的数据格式,在 OUT 中的表示格式如表 3 - 9 所示。

表 3 - 9　RTA 中经 FMT 格式化后的数据格式

IN	OUT	OUT+1	OUT+2	OUT+3	OUT+4	OUT+5
1 234.5	1	2	3	4	.	5
0.000 4				0	.	0
1.96				2	.	0
−3.657 1			—	3	.	7

RTA 指令应用示例如图 3 - 60 所示,其中 16＃A3 的二进制数为 10100011,高 4 位 1010 表示以 OUT 为首地址连续 10 个字节存储单元存放转换结果。

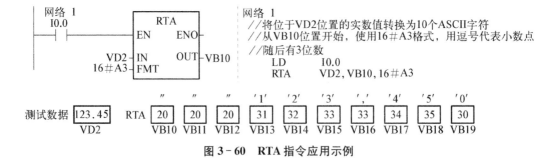

图 3 - 60　RTA 指令应用示例

3.2.8　时钟指令

利用时钟指令可以方便地设置和读取时钟时间,以实现对控制系统的实时监视等操作。

读实时时钟(TODR)指令从硬件时钟中读当前时间和日期,并把它装载到一个 8 字节,起始地址为 T 的时间缓冲区中。写实时时钟(TODW)指令将当前时间和日期写入硬件时钟,当前时钟存储在以地址 T 开始的 8 字节时间缓冲区中,指令格式如图 3－61 所示。

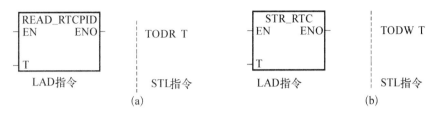

图 3－61　时钟指令

(a) 读实时时钟指令　(b) 写实时时钟指令

读写时钟指令中操作数 T 用于指定 8 个字节缓冲区的首地址,T 存放"年"、T＋1 存放"月"、T＋2 存放"日"、T＋3 存放"小时"、T＋4 存放"分钟"、T＋5 存放"秒"、T＋6 存放 0、T＋7 存放"星期",如图 3－62 所示。

T	T＋1	T＋2	T＋3	T＋4	T＋5	T＋6	T＋7
年: 00—99	月: 01—12	日: 01—31	小时: 00—23	分钟: 00—59	秒: 00—59	0	星期几: 0—7*

* T＋7　1＝星期日,7＝星期六
0 禁止星期表示法

图 3－62　时间缓冲区格式

指令功能:EN 有效时,读取当前时间和日期存放在以 T 开始的 8 个字节的缓冲区。

使用时钟指令时需注意以下几点:

(1) S7－200 CPU 不检查和核实日期与星期是否合理,例如对于无效日期 February 30(2 月 30 日)可能被接受,因此必须确保输入的数据是正确的。

(2) 不要同时在主程序和中断程序中使用时钟指令,否则,中断程序中的时钟指令不会被执行。

(3) S7－200 PLC 只使用年信息的后两位。

(4) 日期和时间数据表示均为 BCD 码,例如用 16♯09 表示 2009 年。

(5) 星期的取值范围是 0～7,1 表示星期日,2～7 表示星期一到星期六,如值为 0 将禁用星期(保持为 0)。

CPU221 和 CPU222 没有内置的实时时钟,需要外插带电池的实时时钟卡才能获得实时时钟功能。

3.3　程序控制指令

3.3.1　条件结束、停止

条件结束指令(END,见表 3－10):根据本指令前面的逻辑关系终止当前扫描周期。

可以在主程序中使用条件结束指令,但不能在子程序或中断程序中使用该命令。

表 3-10 程序控制指令

指　　　　令	功　能　描　述
END	程序的条件结束
STOP	切换到 STOP 模式
WDR	看门狗复位(300 ms)
JMP　n LBL　n	跳到定义的标号 定义一个跳转的标号
CALL　n(N1,..) CRET	调用子程序,最多 16 个 从子程序条件返回
FOR INDX,INIT,FINAL NEXT	循环开始 循环结束

停止指令(STOP)使可编程序控制器从运行模式进入停止模式,立即终止程序的执行。如果在中断程序中执行停止指令,中断程序立即终止,并忽略全部等待执行的中断,继续执行主程序的剩余部分,并在主程序的结束处,完成从运行方式至停止方式的转换。

3.3.2　定时器复位指令

监控定时器(Watchdog)又称看门狗,它的定时时间为 300 ms。每次扫描开始时它都被自动复位一次,正常工作时如果扫描周期小于 300 ms,监控定时器不起作用。如果强烈的外部干扰使可编程序控制器偏离正常的程序执行路线,监控定时器不再被周期性地复位,定时时间到时,可编程序控制器将停止运行。

在以下情况下扫描周期可能大于 300 ms,监控定时器会停止执行用户程序:

(1) 用户程序很长;

(2) 出现中断事件时,执行中断程序的时间较长;

(3) 循环指令使扫描时间延长。

如果 PLC 的特殊 I/O 模块和通信模块的个数较多,当进入 RUN 模式时对这些模块的缓冲存储器的初始化时间较长,也可能导致监控定时器动作。

为了防止在正常情况下监控定时器动作,可将监控定时器复位(WDR)指令插入到程序中适当的地方,使监控定时器复位。如果 FOR/NEXT 循环程序的执行时间可能超过监控定时器的定时时间,可将 WDR 指令插入到循环程序中。若条件跳转指令 JMP 在它对应的标号之后(即程序往回跳),可能因连续反复跳步使它们之间的程序被反复执行,总的执行时间超过监控定时器的定时时间。为了避免出现这样的情况,可在 JMP 指令和对应的标号之间插入 WDR 指令。

使用 WDR 指令后,在终止本次扫描之前,下列操作将被禁止:

(1) 通信(自由口模式除外);

(2) I/O 更新(立即 I/O 除外);

(3) 强制更新;

(4) SM 位更新(不能更新 SM0 和 SM5~SM29);

(5) 运行时间诊断;

(6) 在中断程序中的 STOP 指令;

(7) 如果扫描时间超过 25 s,10 ms 定时器和 100 ms 定时器不能正确累计时间。

带数字量输出的扩展模块也存一个监控定时器,每次使用看门狗复位指令,应该对每个扩展模块的某一个输出字节使用一个立即写指令(BIW)来复位每个模块的看门狗,否则此监控定时器将关断输出。

3.3.3　循环指令

在控制系统中经常遇到需要重复执行若干次相同任务的情况,这时可以使用循环指令。

FOR 指令表示循环的开始,NEXT 指令表示循环的结束,并将堆栈的栈顶值设为 1。驱动 FOR 指令的逻辑条件满足时,反复执行 FOR 与 NEXT 之间的指令。在 FOR 指令中,需要设置指针或当前循环次数计数器(INDX)、起始值(INIT)和结束值(FINAL)。

假设 INIT 等于 1,FINAL 等于 10,每次执行 FOR 与 NEXT 之间的指令后,INDX 的值加 1,并将结果与结束值比较。如果 INDX 大于结束值,则循环终止;FOR 与 NEXT 之间的指令将被执行 10 次。如果起始值大于结束值,则不执行循环。

FOR 指令使 ENO=0 的出错条件:SM4.3(运行时间),0006(间接地址)。

下面是使用 FOR/NEXT 循环的注意事项:

(1) 如果启动了 FOR/NEXT 循环,除非在循环内部修改了结束值,否则循环就一直进行,直到循环结束。在循环的执行过程中,可以改变循环的参数。

(2) 再次启动循环时,它将初始值 INIT 传送到指针 INDX 中。

FOR 指令必须与 NEXT 指令配套使用。允许循环嵌套,即 FOR/NEXT 循环在另一个 FOR/NEXT 循环之中,最多可嵌套 8 层。

图 3-63 中的 I2.1 接通时,执行 100 次标有 1 的外层循环,I2.1 和 I2.2 同时接通时,

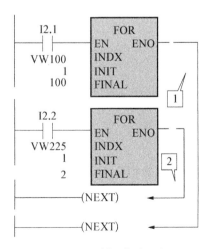

图 3 - 63　循环指令示例

执行 2 次标有 2 的内层循环。

图 3-64 给出了一个利用循环指令求多个数据的异或值的实例。在 I0.5 的上升沿，将 VB10 的地址送入 AC1 中，并启动循环。在循环内部，通过间接寻址的方式依次计算 VB10～VB29 中 20 个字节的异或值，结果存在 AC0 中。最后将计算结果保存到 VB40 中。

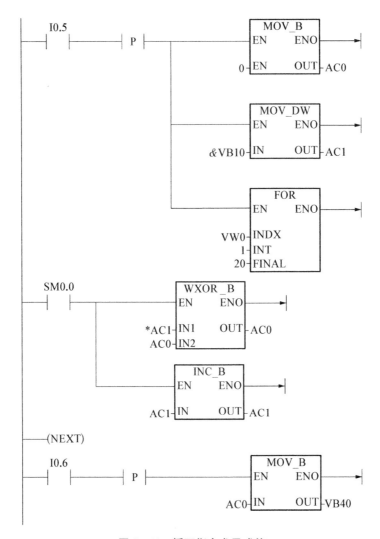

图 3-64　循环指令求异或值

3.3.4　跳转指令

条件满足(栈顶的值为 1)时，跳转指令 JMP(Jump)使程序流程转到对应的标号 LBL(Label)处，标号指令用来指示跳转指令的目的位置。JMP 与 LBL 指令中的操作数 n 为常数 0～255，JMP 和对应的 LBL 指令必须在同一程序块中。图 3-65 中 I2.1 的常开触点闭合时，程序流程将跳到标号 LBL 4 处。

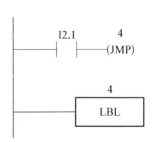

图 3-65　跳转指令

3.3.5　子程序调用

子程序调用指令 CALL 将程序控制权交给子程序 SBR_N。调用子程序时可以带参数,也可以不带参数。子程序执行完成后,控制权返回到调用子程序的指令的下一条指令。

子程序条件返回指令 CRET 根据它前面的逻辑决定是否终止子程序,并返回到调用它的程序。

在主程序中,可以嵌套调用子程序(在子程序中调用子程序),最多嵌套 8 层。在中断程序中不能嵌套调用子程序,即中断程序可以调用子程序,但被调用的子程序不能再调用其他子程序。S7 - 200 PLC 不禁止递归调用(子程序调用自己),但是当使用带子程序的递归调用时应慎重,避免出现不能返回的现象。

当有一个子程序被调用时,系统会保存当前的逻辑堆栈,置栈顶值为 1,堆栈的其他值为 0,把控制权交给被调用的子程序。当子程序完成之后,恢复逻辑堆栈,把控制权交还给调用程序。

因为累加器可在主程序和子程序之间自由传递,所以在子程序调用时,累加器的值既不保存也不恢复。

当子程序在同一个周期内被多次调用时,不能使用上升沿、下降沿、定时器和计数器指令。

1)局部变量表

程序中的每个程序组织单元(Program Organizational Unit,POU)均有自己的由 64 字节 L 存储器组成的局部变量表。它们用来定义有范围限制的变量,局部变量只在它被创建的 POU 中有效。与之相反,全局符号在各 POU 中均有效,只能在符号表(SIMATIC)/全局变量表(IEC)中定义。

全局符号与局部变量名称相同时,在定义局部变量的 POU 中,该局部变量的定义优先,全局定义则在其他 POU 中使用。

局部变量适用于以下两种情况:

(1) 在子程序中只用局部变量,不用绝对地址或全局符号,子程序可移植到别的项目。

(2) 如果使用临时变量(TEMP),同一片物理存储器可在不同的程序中重复使用。

如果不是上述两种情况,不需要使用局部变量。通过在符号表或全局变量表中进行定义,可使符号成为全局变量。

TEMP(临时变量):暂时保存在局部数据区中的变量。只有在执行该 POU 时,定义的临时变量才被使用,POU 执行完后,不再使用临时变量的数值。

在主程序或中断程序中,局部变量表只包含 TEMP 变量。子程序中的局部变量表还有下面的 3 种变量:

IN(输入变量):由调用它的 POU 提供的输入参数。

OUT(输出变量):返回给调用它的 POU 的输出参数。

IN_OUT(输入/输出变量):其初始值由调用它的 POU 提供,被子程序修改后返回给调用它的 POU。

在局部变量表中赋值时,只需指定局部变量的类型(TEMP,IN,IN_OUT 或 OUT)和数据类型,但不指定存储器地址,程序编辑器自动在 L 存储区中为所有局部变量指定存储器位置。数据单元的大小和类型用参数的代码表示。在子程序中局部存储器的参数值的分配如下所示:按照子程序指令的调用顺序,参数值分别给局部存储器,起始地址是 L0。8 个连续位参数值分配一个字节,从 Lx.0 到 Lx.7。字节、字和双字值按照所需字节分配在局部存储器中(LBx、LWx 或 LDx)。

局部变量作为参数向子程序传递时,在该子程序的局部变量表中指定的数据类型必须与调用 POU 中的数据类型值匹配。

2) 调用子程序

子程序可以包含要传递的参数。参数在子程序的局部变量表中定义。参数必须有变量名(最多 23 个字符)、变量类型和数据类型。一个子程序最多可以传递 16 个参数。局部变量表中的变量类型区定义变量是传入子程序(IN)、传入和传出子程序(IN_OUT)或者传出子程序(OUT)。表 3-11 描述了一个子程序中的参数类型。

表 3-11 子程序的参数类型

参 数	描 述
IN	参数传入子程序。如果参数是直接寻址(如 VB10),指定位置的值被传递到子程序;如果参数是间接寻址(如 * AC1),指针指定位置的值被传入子程序;如果参数是常数(如 16♯1234)或者一个地址(如 &VB100),常数或地址的值被传入子程序
IN_OUT	指定参数位置的值被传到子程序,从子程序来的结果值被返回到同样地址。常数(如 16♯1234)和地址(如 &VB100)不允许作为输入/输出参数
OUT	从子程序来的结果值被返回到指定参数位置。常数(如 16♯1234)和地址(如 &VB100)不允许作为输出参数。由于输出参数并不保留子程序最后一次执行时分配给它的数值,所以必须在每次调用子程序时将数值分配给输出参数。注意:在电源上电时,SET 和 RESET 指令只影响布尔量操作数的值
TEMP	任何不用于传递数据的局部存储器都可以在子程序中作为临时存储器使用

要加入一个参数,把光标放到要加入的变量类型区(IN、IN_OUT、OUT)。点击鼠标右键可以得到一个菜单选择。选择插入选项,然后选择下一行选项。这样就出现了另一个所选类型的参数项。

如图 3-66 中所示,局部变量表中的数据类型区定义了参数的大小和格式。参数类型如下所示。

BOOL:此数据类型用于单个位输入和输出。图 3-67 所给出的例子中的 IN3 是布尔输入。

BYTE、WORD、DWORD:这些数据类型分别识别 1 个、2 个或 4 个字节的无符号输入或输出参数。

INT、DINT:这些数据类型分别识别 2 个或 4 个字节的有符号输入或输出参数。

	符号	变量类型	数据类型	注释
	EN	IN	BOOL	
L0.0	FirstPass	IN	BOOL	First pass flag
LB1	Addr	IN	BYTE	Address of slave device
LW2	Data	IN	INT	Data to write to slave
LB4	Status	IN_OUT	BYTE	Status of write
L5.0	Done	OUT	BOOL	Done flag
LW6	Error	OUT	WORD	Error number [if any]

MAIN 　SBR_0 　INT_0

图 3-66　局部变量表

REAL：此数据类型识别单精度型(4 字节)IEEE 浮点数值。

STRING：此数据类型用作一个指向字符串的四字节指针。

能流：布尔型能流只允许位(布尔型)输入。该变量告诉 STEP 7-Micro/WIN32 此输入参数是位逻辑指令组合的能流结果。在局部变量表中布尔能流输入必须出现在其他类型的前面。只有输入参数可以这样使用。图 3-67 所给出的例子中的使能输入(EN)和 IN1 输入使用布尔逻辑。

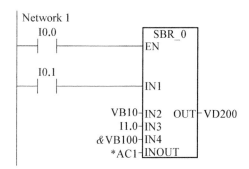

图 3-67　子程序调用

图 3-67 所给出的例子所对应的语句表程序如下：

```
LD    I0.0
=     L60.0
LD    I0.1
=     L63.7
LD    L60.0
CALL  SBR_0,L63.7,VB10,I1.0,&VB100,*AC1,VD200
```

地址参数(如 IN4 处的 &VB100)以一个双字(无符号)的值传送到子程序。在带常数调用程序时必须指明常数类型。例如，为了将一个数值为 12 345 的无符号双字常量作为参数传递，常量参数必须指定为 DW♯12345。如果参数遗漏常量描述符，则该常量被视为一种不同的类型。

输入或输出参数上没有自动数据类型转换功能。例如，如果局部变量表明一个参数具有实型,而在调用时使用一个双字,子程序中的值就是双字。

当给子程序传递值时,它们放在子程序的局部存储器中。局部变量表的最左列是每个被传递参数的局部存储器地址。当子程序调用时,输入参数值被复制到子程序的局部存储器。当子程序完成时,从局部存储器区复制输出参数值到指定的输出参数地址。

在带参数调用子程序指令中,参数必须按照一定顺序排列,输入参数在最前面,其次是输入/输出参数,最后是输出参数。

用语句表编程,CALL 指令的格式是:

CALL 子程序号,参数 1,参数 2,…,参数。

3.3.6　中断指令

所谓中断,是指当 PLC 在执行正常程序时,由于系统中出现了某些急需处理的特殊情况或请求,使 PLC 暂时停止现行程序的执行,转去对这种特殊情况或请求进行处理(即执行中断服务程序),当处理完毕后,自动返回到原来被中断的程序处继续执行。S7 - 200 PLC 中断系统包括中断源、中断事件号、中断优先级及中断控制指令。

S7 - 200 对申请中断的事件、请求及其中断优先级在硬件上都做了明确的规定和分配,通过软中断指令可以方便地对中断进行控制和调用。

3.3.6.1　中断源及中断事件号

中断源是请求中断的来源。在 S7 - 200 中,中断源分为三大类:通信中断、输入输出中断和时基中断,共 34 个中断源。每个中断源都分配一个编号,称为中断事件号,如表 3 - 12 所示。中断指令是通过中断事件号来识别中断源的。

表 3 - 12　中断事件号及优先级顺序

中断事件号	中　断　源　描　述	优先级	组内优先级
8	端口 0:接收字符	通信中断 (最高)	0
9	端口 0:发送完成		0
23	端口 0:接收信息完成		0
24	端口 1:接收信息完成		1
25	端口 1:接收字符		1
26	端口 1:发送完成		1
19	PTO0 完成中断	I/O 中断 (中等)	0
20	PTO1 完成中断		1
0	上升沿　I0.0		2
2	上升沿　I0.1		3
4	上升沿　I0.2		4
6	上升沿　I0.3		5

（续表）

中断事件号	中 断 源 描 述	优先级	组内优先级
1	下降沿　I0.0		6
3	下降沿　I0.1		7
5	下降沿　I0.2		8
7	下降沿　I0.3		9
12	HSC0　CV＝PV(当前值＝预置值)		10
27	HSC0 输入方向改变		11
28	HSC0　外部复位		12
13	HSC1　CV＝PV(当前值＝预置值)		13
14	HSC1 输入方向改变		14
15	HSC1　外部复位	I/O中断	15
16	HSC2　CV＝PV(当前值＝预置值)	(中等)	16
17	HSC2 输入方向改变		17
18	HSC2　外部复位		18
32	HSC3　CV＝PV(当前值＝预置值)		19
29	HSC4　CV＝PV(当前值＝预置值)		20
30	HSC4 输入方向改变		21
31	HSC4　外部复位		22
33	HSC5　CV＝PV(当前值＝预置值)		23
10	定时中断 0　SMB34		0
11	定时中断 1　SMB35	定时中断	1
21	定时器 T32　CT＝PT　中断	(最低)	2
22	定时器 T96　CT＝PT　中断		3

　　1）通信中断

　　PLC 与外部设备或上位机进行信息交换时可以采用通信中断，它包括 6 个中断源(中断事件号为：8、9、23、24、25、26)。通信中断源在 PLC 的自由通信模式下，通信口的状态可由程序来控制。用户可以通过编程来设置协议、波特率和奇偶校验等参数。

　　2）I/O 中断

　　I/O 中断是指由外部输入信号控制引起的中断，具体如下。

　　(1)外部输入中断。利用 I0.0～I0.3 的上升沿可以产生 4 个外部中断请求；利用 I0.0～I0.3 的下降沿可以产生 4 个外部中断请求。

　　(2)脉冲输入中断。利用高速脉冲输出 PTO0、PTO1 的串输出完成(见 5.7 节)可以产生 2 个中断请求。

（3）高速计数器中断。利用高速计数器 HSCn（$n = 0 \sim 5$）的计数当前值等于设定值、输入计数方向的改变、计数器外部复位等事件，可以产生 14 个中断请求（见5.7 节）。

3）时基中断

通过定时和定时器的时间到达设定值引起的中断为时基中断，具体如下。

（1）定时中断。设定定时时间以 ms 为单位（范围为 1~255 ms），当时间到达设定值时，对应的定时器溢出产生中断，在执行中断处理程序的同时，继续下一个定时操作，周而复始，因此，该定时时间称为周期时间。定时中断有定时中断 0 和定时中断 1 两个中断源。设置定时中断 0 需要把周期时间值写入 SMB34；设置定时中断 1 需要把周期时间值写入 SMB35。

（2）定时器中断。利用定时器定时时间到达设定值时产生中断。定时器只能使用分辨率为 1 ms 的 TON/TOF 定时器 T32 和 T96。当定时器的当前值等于设定值时，在主机正常的定时刷新中，执行中断程序。

3.3.6.2　中断优先级

在 PLC 应用系统中通常有多个中断源，给各个中断源指定处理的优先次序称为中断优先级。这样，当多个中断源同时向 CPU 申请中断时，CPU 将优先响应处理优先级高的中断源的中断请求。西门子公司 CPU 规定的中断优先级由高到低依次是：通信中断、输入/输出中断、定时中断。每类中断的中断源又有不同的优先权，如表 3 - 12 所示。

经过中断判优后，将优先级最高的中断请求送给 CPU，CPU 响应中断后首先自动保护现场数据（如逻辑堆栈、累加器和某些特殊标志寄存器位），然后暂停正在执行的程序（断点），转去执行中断处理程序。中断处理完成后，又自动恢复现场数据，最后返回断点继续执行原来的程序。在相同的优先级内，CPU 按照先来先服务的原则以串行方式处理中断，因此，任何时间内，只能执行一个中断程序。对于 S7 - 200 系统，一旦中断程序开始执行，它不会被其他中断程序及更高优先级的中断程序所打断，而是一直执行到中断程序的结束。当另一个中断正在处理中时，新出现的中断需要排队，等待处理。

3.3.6.3　中断指令

中断功能及操作通过中断指令来实现。S7 - 200 提供的中断指令有 5 条：中断允许指令、中断禁止指令、中断连接指令、中断分离指令及中断返回指令。指令格式及功能如表 3 - 13 所示。

表 3 - 13　中断指令的指令格式

LAD	STL	功　能　描　述
—(ENI)	ENI	中断允许指令：开中断指令，输入控制有效时，全局地允许所有中断事件中断
—(DISI)	DISI	中断禁止指令：关中断指令，输入控制有效时，全局地关闭所有被连接的中断事件

(续表)

LAD	STL	功　能　描　述
ATCH —EN　ENO— —INT —EVNT	ATCH　　INT, EVENT	中断连接指令：又称中断调用指令，使能输入有效时，把一个中断源的中断事件号 EVENT 和相应的中断处理程序 INT 联系起来，并允许这一中断事件
DTCH —EN　ENO— —EVNT	DTCH　　　EVENT	中断分离指令：使能输入有效时，切断一个中断事件号 EVENT 和所有中断程序的联系，并禁止该中断事件
—(RETI)	RETI	有条件中断返回指令：输入控制信号（条件）有效时，中断程序返回

中断指令使用说明：

（1）操作数 INT：输入中断服务程序号 INT n ($n = 0 \sim 127$)，该程序为中断要实现的功能操作，其建立过程同子程序。

（2）操作数 EVENT：输入中断源对应的中断事件号（字节型常数 0～33）。

（3）当 PLC 进入正常运行 RUN 模式时，系统初始状态为禁止所有中断，在执行中断允许指令 ENI 后，允许所有中断，即开中断。

（4）中断分离指令 DTCH 禁止该中断事件 EVENT 和中断程序之间的联系，即用于关闭该事件中断；全局中断禁止指令 DISI 禁止所有中断。

（5）RETI 为有条件中断返回指令，需要用户编程实现；STEP7 - Micro/WIN 自动为每个中断处理程序的结尾设置无条件返回指令，不需要用户书写。

（6）多个中断事件可以调用同一个中断程序，但一个中断事件不能同时连续调用多个中断程序。

3.3.6.4　中断设计步骤

为实现中断功能操作，执行相应的中断程序（也称中断服务程序或中断处理程序），在 S7 - 200 中，中断设计步骤如下：

（1）确定中断源（中断事件号）申请中断所需要执行的中断处理程序，并建立中断处理程序 INT n，其建立方法类同子程序，唯一不同的是在子程序建立窗口中的 Program Block 中选择 INT n 即可。

（2）在上面所建立的编辑环境中编辑中断处理程序。中断服务程序由中断程序号 INT n 开始，以无条件返回指令结束。在中断程序中，用户亦可根据前面的逻辑条件使用条件返回指令，返回主程序。注意，PLC 系统中的中断指令与一般微机中的中断有所不同，它不允许嵌套。

中断服务程序中禁止使用以下指令：DISI、ENI、CALL、HDEF、FOR/NEXT、LSCR、SCRE、SCRT、END。

（3）在主程序或控制程序中，编写中断连接（调用）指令（ATCH），操作数 INT 和

EVENT 由步骤(1)确定。

（4）设中断允许指令（开中断 ENI）。

（5）在需要的情况下,可以设置中断分离指令（DTCH）。

例 1：编写实现中断事件 0 的控制程序。

中断事件 0 是中断源 I0.0 上升沿产生的中断事件。当 I0.0 有效且开中断时,系统可以对中断 0 进行响应,执行中断服务程序 INT0。中断服务程序的功能为:若使 I1.0 接通,则 Q1.0 为 ON;若 I0.0 发生错误（自动 SM5.0 接通有效）,则立即禁止其中断。

主程序及中断子程序如图 3-68 所示。

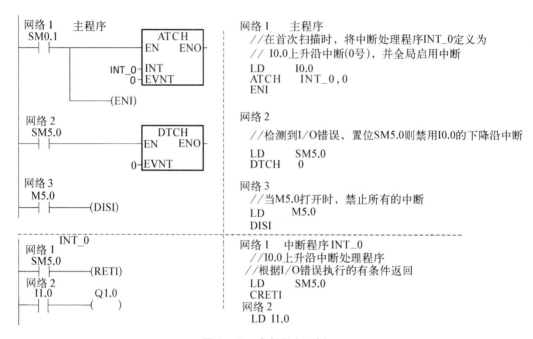

图 3-68　中断程序示例

例 2：编写定时中断周期性（每隔 100 ms）采样模拟输入信号的控制程序。

（1）由主程序调用子程序 SBR_0;

（2）子程序中:

设定定时中断 0（中断事件 10 号）,时间间隔 100 ms（即将 100 送入 SMB34）;

通过 ATCH 指令把 10 号中断事件和中断处理程序 INT_0 连接起来;

允许全局中断。

从而实现子程序每隔 100 ms 调用一次中断程序 INT_0。

（3）中断程序中,读取模拟通道输入寄存器的值送入 VW4 字单元。

控制程序如图 3-69 所示。

3.3.7　顺序控制指令

西门子 S7-200 系列 PLC 提供了顺序流程的相关指令,即顺序控制继电器指令 LSCR、SCRT、SCRE。

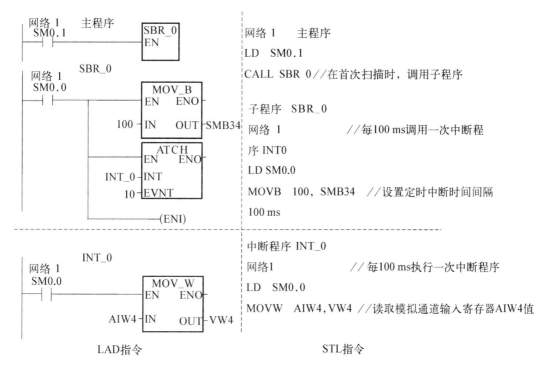

图 3 - 69　定时中断周期性读取模拟输入信号示例

LSCR S - bit 是标记一个顺序控制器段(SCR)的开始,S - bit 为顺序控制器 S(布尔型)的地址,当 S - bit 状态为 1 时,该顺序控制段开始工作。

SCRE 是标记该顺序控制段的结束。每一控制段必须以它为结束。

SCRT S - bit 是执行 SCR 段的转移,当 S - bit 位的值为 1 时,一方面使下一个 SCR 段的顺序控制继电器置位,以便下一个 SCR 段开始工作,同时对本 SCR 段复位,使得本 SCR 段停止工作。所以控制 SCRT 的转换条件就可以实现相关的转移。

在使用顺序控制指令时应注意:

(1)步进控制指令 SCR 只对状态元件 S 有效。为了保证程序的可靠运行,驱动状态元件 S 的信号应采用短脉冲。

(2)当输出需要保持时,可使用 S/R 指令。

(3)不能把同一编号的状态元件用在不同的程序中,例如,如果在主程序中使用 S0.1,则不能在子程序中再使用。

(4)在 SCR 段中不能使用 JMP 和 LBL 指令。即既不允许跳入或跳出 SCR 段,也不允许在 SCR 段内跳转。

(5)不能在 SCR 段中使用 FOR、NEXT 和 END 指令。

3.4　高速计数及脉冲指令

高速计数指令和高速脉冲输出指令都属于高速处理指令,用于高频计数或输出。

3.4.1　高速计数器的工作模式

3.4.1.1　高速计数器

高速计数器 HSC(High Speed Counter)用来累计比 PLC 扫描频率高得多的脉冲输入(30 kHz),适用于自动控制系统的精确定位等领域。高速计数器通过在一定的条件下产生的中断事件完成预定的操作。

不同型号的 PLC 主机,高速计数器的数量不同,使用时每个高速计数器都有地址编号 HCn,其中 HC(或 HSC)表示该编程元件是高速计数器,n 为地址编号。S7 - 200 系列中 CPU221 和 CPU222 支持 4 个高速计数器,它们是 HC0、HC3、HC4 和 HC5;CPU224 和 CPU226 支持 6 个高速计数器,它们是 HC0～HC5。每个高速计数器包含两方面的信息:计数器位和计数器当前值。高速计数器的当前值为双字长的有符号整数,且为只读值。

高速计数器的计数和动作可采用中断方式进行控制。不同型号的 PLC 采用高速计数器的中断事件有 14 个,大致可分为三种类型:

(1) 计数器当前值等于预设值中断。

(2) 计数输入方向改变中断。

(3) 外部复位中断。

所有高速计数器都支持当前值等于预设值中断,但并不是所有的高速计数器都支持三种类型。高速计数器产生的中断源、中断事件号及中断源优先级如表 3 - 12 所示。

3.4.1.2　工作模式

每种高速计数器有多种功能不同的工作模式,高速计数器的工作模式与中断事件密切相关。使用任一个高速计数器,首先要定义高速计数器的工作模式(可用 HDEF 指令来进行设置)。

在指令中,高速计数器使用 0～11 表示 12 种工作模式。不同的高速计数器有不同的模式,如表 3 - 14 和表 3 - 15 所示。

表 3 - 14　HSC0、HSC3、HSC4、HSC5 工作模式

计 数 器 名 称	HSC0			HSC3	HSC4			HSC5
计数器工作模式	I0.0	I0.1	I0.2	I0.1	I0.3	I0.4	I0.5	I0.4
0:带内部方向控制的单向计数器	计数			计数	计数			计数
1:带内部方向控制的单向计数器	计数		复位		计数		复位	
2:带内部方向控制的单向计数器								
3:带外部方向控制的单向计数器	计数	方向			计数	方向		
4:带外部方向控制的单向计数器	计数	方向	复位		计数	方向	复位	
5:带外部方向控制的单向计数器								
6:增、减计数输入的双向计数器	增计数	减计数			增计数	减计数		

(续表)

计 数 器 名 称	HSC0			HSC3	HSC4			HSC5
计数器工作模式	I0.0	I0.1	I0.2	I0.1	I0.3	I0.4	I0.5	I0.4
7：增、减计数输入的双向计数器	增计数	减计数	复位		增计数	减计数	复位	
8：增、减计数输入的双向计数器								
9：A/B 相正交计数器(双计数输入)	A 相	B 相			A 相	B 相		
10：A/B 相正交计数器(双计数输入)	A 相	B 相	复位		A 相	B 相	复位	
11：A/B 相正交计数器(双计数输入)								

表 3 - 15　HSC1、HSC2 工作模式

计 数 器 名 称	HSC1				HSC2			
计数器工作模式	I0.6	I0.7	I1.0	I1.1	I1.2	I1.3	I1.4	I1.5
0：带内部方向控制的单向计数器	计数				计数			
1：带内部方向控制的单向计数器	计数		复位		计数		复位	
2：带内部方向控制的单向计数器	计数		复位	启动	计数		复位	启动
3：带外部方向控制的单向计数器	计数	方向			计数	方向		
4：带外部方向控制的单向计数器	计数	方向	复位		计数	方向	复位	
5：带外部方向控制的单向计数器	计数	方向	复位	启动	计数	方向	复位	启动
6：增、减计数输入的双向计数器	增计数	减计数			增计数	减计数		
7：增、减计数输入的双向计数器	增计数	减计数	复位		增计数	减计数	复位	
8：增、减计数输入的双向计数器	增计数	减计数	复位	启动	增计数	减计数	复位	启动
9：A/B 相正交计数器(双计数输入)	A 相	B 相			A 相	B 相		
10：A/B 相正交计数器(双计数输入)	A 相	B 相	复位		A 相	B 相	复位	
11：A/B 相正交计数器(双计数输入)	A 相	B 相	复位	启动	A 相	B 相	复位	启动

12 种工作模式可以分为 4 类,分述如下。

1) 无外部方向输入信号的单向加/减计数器(模式 0～2)

用高速计数器的控制字节的第 3 位来控制加计数或减计数。该位为 1 时做加计数,为 0 时做减计数。

这类计数器只有一个计数输入端,计数器 HSC0、HSC1、HSC2、HSC3、HSC4、HSC5 可以工作在该模式,具体工作示例如图 3 - 70 所示。

2) 有外部方向输入信号的单向加/减计数器(模式 3～5)

方向输入信号为 1 时做加计数,为 0 时做减计数,具体工作过程如图 3 - 71 所示。

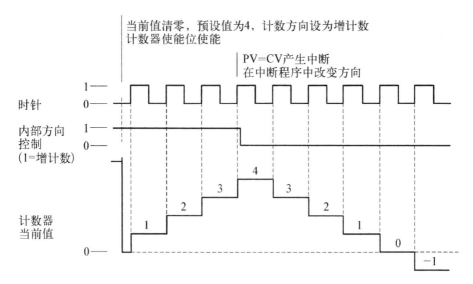

图 3－70　无外部方向输入信号的单向加/减计数器示例

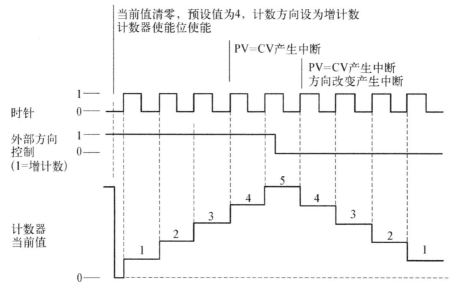

图 3－71　有外部方向输入信号的单向加/减计数器示例

3）有加计数时钟脉冲和减计数时钟脉冲输入的双向计数器（模式 6～8）

若加计数脉冲和减计数脉冲的上升沿出现的时间间隔不到 0.3 ms，则高速计数器认为这两个事件是同时发生的，当前值不变，也不会有计数方向变化的指示。反之，高速计数器能捕捉到每一个独立事件。具体工作过程如图 3－72 所示。

4）A/B 相正交计数器（模式 9～11）

它的两路计数脉冲的相位互差 90°（见图 3－73），正转时 A 相时钟脉冲比 B 相时钟脉冲超前 90°，反转时 A 相时钟脉冲比 B 相时钟脉冲滞后 90°。利用这一特点可以实现在正转时加计数，反转时减计数。

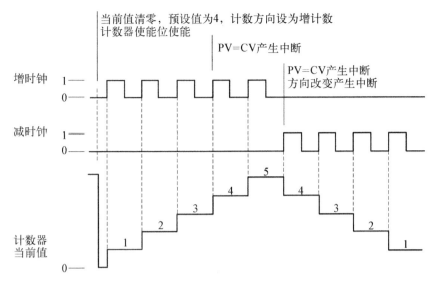

图 3－72 有加/减计数时钟脉冲输入的双向计数器示例

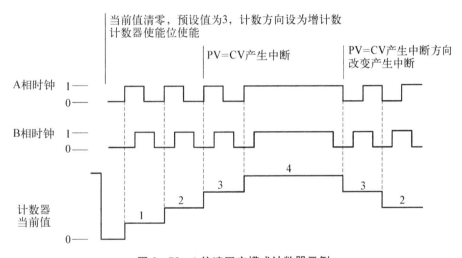

图 3－73 1 倍速正交模式计数器示例

A/B 相正交计数器可以选择 1 倍速模式（见图 3－73)和 4 倍速模式（见图 3－74)。1 倍速模式在时钟脉冲的每个周期计 1 次数，4 倍速模式在时钟脉冲的每个周期计 4 次数。

两相计数器的两个时钟脉冲可以同时工作在最大速率，全部计数器可以同时以最大速率运行，互不干扰。

根据有无复位输入和启动输入，上述的 4 类工作模式又可以各分为 3 种，因此 HSC1 和 HSC2 有 12 种工作模式；HSC0 和 HSC4 因为没有启动输入，所以只有 8 种工作方式；HSC3 和 HSC5 只有时钟脉冲输入，故只有一种工作方式。

在使用一个高速计数器时，除了要定义它的工作模式外，还必须注意系统定义的固定输入点的连接。如 HSC0 的输入连接点有 I0.0(计数)、I0.1(方向)、I0.2(复位)；HSC1 的输入连接点有 I0.6(计数)、I0.7(方向)、I1.0(复位)、I1.1(启动)。

使用时必须注意，高速计数器输入点、输入输出中断的输入点都在一般逻辑量输入点

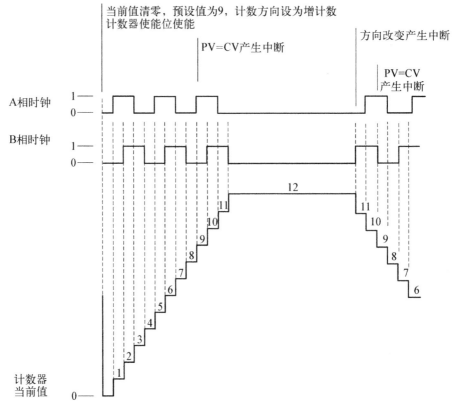

图 3-74 4 倍速正交模式计数器示例

的编号范围内。一个输入点只能用于一种功能,即一个输入点可以作为逻辑量输入或高速计数输入或外部中断输入来使用,但不能重叠使用。

3.4.1.3 高速计数器控制字、状态字、当前值及设定值

1)控制字

在设置高速计数器的工作模式后,可通过编程控制计数器的操作要求,如启动和复位计数器、计数器计数方向等参数。

S7-200 为每一个计数器提供一个控制字节存储单元,并对单元的相应位进行参数控制定义,这一定义称为控制字。编程时,只需要将控制字写入相应计数器的存储单元即可。控制字定义格式及各计数器使用的控制字存储单元如表 3-16 所示。

表 3-16 高速计数器控制字格式

位地址	控制字各位功能	HSC0	HSC1	HSC2	HSC3	HSC4	HSC5
		SM37	SM47	SM57	SM137	SM147	SM157
0	复位电平控制。0:高电平;1:低电平	SM37.0	SM47.0	SM57.0		SM147.0	
1	启动控制。1:高电平启动;0:低电平启动	SM37.1	SM47.1	SM57.1		SM147.1	

位地址	控制字各位功能	HSC0	HSC1	HSC2	HSC3	HSC4	HSC5
		SM37	SM47	SM57	SM137	SM147	SM157
2	正交速率。1：1 倍速率；0：4 倍速率	SM37.2	SM47.2	SM57.2		SM147.2	
3	计数方向。0：减计数；1：增计数	SM37.3	SM47.3	SM57.3	SM137.3	SM147.3	SM157.3
4	计数方向改变。0：不能改变；1：改变	SM37.4	SM47.4	SM57.4	SM137.4	SM147.4	SM157.4
5	写入预设值允许。0：不允许；1：允许	SM37.5	SM47.5	SM57.5	SM137.5	SM147.5	SM157.5
6	写入当前值允许。0：不允许；1：允许	SM37.6	SM47.6	SM57.6	SM137.6	SM147.6	SM157.6
7	HSC 指令允许。0：禁止 HSC；1：允许 HSC	SM37.7	SM47.7	SM57.7	SM137.7	SM147.7	SM157.7

例如，选用计数器 HSC0 工作在模式 3，要求复位和启动信号为高电平有效、1 倍计数速率、减方向不变、允许写入新值、允许 HSC 指令，则其控制字节为 SM37 = 2#11100100。

2）状态字

每个高速计数器都配置一个 8 位字节单元，每一位用来表示这个计数器的某种状态，在程序运行时自动使某些位置位或清零，这个 8 位字节称为状态字。HSC0～HSC5 配备的状态字节单元分别为特殊存储器 SM36、SM46、SM56、SM136、SM146、SM156。

各字节的 0～4 位未使用；第 5 位表示当前计数方向（1 为增计数）；第 6 位表示当前值是否等于预设值（0 为不等于，1 为等于）；第 7 位表示当前值是否大于预设值（0 为小于等于，1 为大于）。在设计条件判断程序结构时，可以读取状态字判断相关位的状态，来决定程序应该执行的操作（参看 S7 - 200 用户手册-特殊存储器）。

3）当前值

各高速计数器均设 32 位特殊存储器字单元为计数器当前值（有符号数）。计数器 HSC0～ HSC5 当前值对应的存储器分别为 SMD38、SMD48、SMD58、SMD138、SMD148、SMD158。

4）预设值

各高速计数器均设 32 位特殊存储器字单元为计数器预设值（有符号数）。计数器 HSC0～ HSC5 预设值对应的存储器分别为 SMD42、SMD52、SMD62、SMD142、SMD152、SMD162。

3.4.2　高速计数指令

高速计数指令有两条：HDEF 和 HSC。其指令格式和功能如表 3 - 17 所示。

表 3-17 高速计数指令的格式和功能

LAD	STL	功 能 及 参 数
HDEF EN ENO HSC MODE	HDEF HSC, MODE	高速计数器定义指令: 使能输入有效时,为指定的高速计数器分配一种工作模式。 HSC:输入高速计数器编号(0~5); MODE:输入工作模式(0~11)
HSC EN ENO N	HSC N	高速计数器指令: 使能输入有效时,根据高速计数器特殊存储器的状态,并按照 HDEF 指令指定的模式,设置高速计数器并控制其工作。 N:高速计数器编号(0~5)

注意:

(1) 每个高速计数器都有固定的特殊功能存储器与之配合,完成高速计数功能。这些特殊功能寄存器包括 8 位状态字节、8 位控制字节、32 位当前值、32 位预设值。

(2) 对于不同的计数器,其有效的工作模式是不同的。

(3) HSC 的 EN 是使能控制,不是计数脉冲,外部计数输入端如表 3-14 和表 3-15 所示。

(4) 每个高速计数器只能用一条 HDEF 指令。

3.4.3 高速计数器的应用

3.4.3.1 高速计数器初始化程序

使用高速计数器必须编写初始化程序,其编写步骤如下。

(1) 人工选择高速计数器、确定工作模式。根据计数的功能要求,选择 PLC 主机型号,如 S7-200 中,CPU222 有 4 个高速计数器(HC0、HC3、HC4 和 HC5);CPU224 有 6 个高速计数器(HC0~HC5)。由于不同的计数器其工作模式是不同的,故主机型号和工作模式应统筹考虑。

(2) 编程写入设置的控制字。根据控制字(8 位)的格式,设置控制计数器操作的要求,并根据选用的计数器号将其通过编程指令写入相应的 SMBxx 中(见表 3-16)。

(3) 执行高速计数器定义指令 HDEF。在该指令中,输入参数为所选计数器的号值(0~5)及工作模式(0~11)。

(4) 编程写入计数器当前值和预设值。将 32 位的计数器当前值和 32 位的计数器预设值写入与计数器相应的 SMDxx 中,初始化设置当前值是指计数器开始计数的初值。

(5) 执行中断连接指令 ATCH。在该指令中,输入参数为中断事件号 EVENT 和中断处理程序 INTn,建立 EVENT 与 INTn 的联系(一般情况下,可根据计数器的当前值与预设值的比较条件是否满足产生中断)。

(6) 执行全局开中断指令 ENI。

（7）执行 HSC 指令,在该指令中,输入计数器编号,在 EN 信号的控制下,开始对对应的计数输入端脉冲计数。

例：设置带外部方向控制的单向计数器,增计数,外部低电平复位,外部低电平启动,允许更新当前值,允许更新预设值,初始计数值=0,预设值=50,1 倍计数速率,当计数器当前值(CV)等于预设值(PV)时响应中断事件(中断事件号为 13),连接(执行)中断处理程序 INT_0。

编程步骤如下：

（1）根据题中要求,选用高速计数器 HSC1;定义为工作模式 5。

（2）控制字(节)为 16#FC,写入 SMB47。

（3）HDEF 指令定义计数器,HSC=1,MODE=5。

（4）当前值(初始计数值=0)写入 SMD48;预设值 50 写入 SMD52。

（5）执行中断连接指令 ATCH：INT=INT_0,EVENT=13。

（6）执行 ENI 指令。

（7）执行 HSC 指令,N=1。

中断处理程序 INT_0 的设计略。

初始化程序如图 3-75 所示。

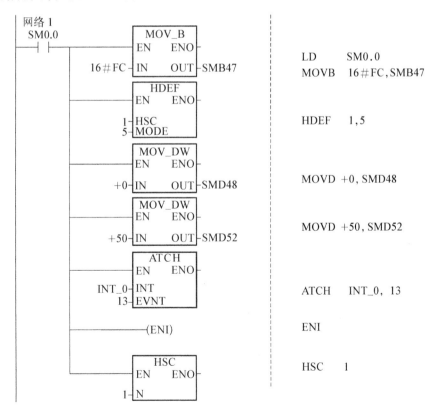

图 3-75　高速计数器初始化程序

3.4.3.2　高速计数器的应用

某产品包装生产线用高速计数器对产品进行累计和包装,每检测到 1 000 个产品时,自动启动包装机进行包装。计数方向可由外部信号控制。

设计步骤：

（1）选择高速计数器，确定工作模式。在本例中，选择的高速计数器为 HC0。由于要求计数方向可由外部信号控制，而其不要复位信号输入，确定工作模式为模式 3。采用当前值等于设定值的中断事件，中断事件号为 12，启动包装机工作子程序。高速计数器的初始化采用子程序。

（2）在主程序中，用 SM0.1 调用高速计数器初始化子程序，子程序号为 SBR_0，如图 3-76 所示。初始化子程序的梯形图如图 3-77 所示，其主要功能包括：① 向 SMB37 写入控制字 SMB37＝16♯F8；② 执行 HDEF 指令，输入参数：HSC 为 0，MODE 为 3；③ 向 SMD38 写入当前值，SMD38＝0；④ 向 SMD42 写入设定值，SMD42＝1 000；⑤ 执行建立中断连接指令 ATCH，输入参数：INT 为 INT_0，EVNT 为 12；⑥ 执行全局开中断指令 ENI；⑦ 执行 HSC 指令，对高速计数器编程并投入运行。

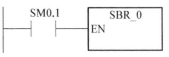

图 3-76　主程序

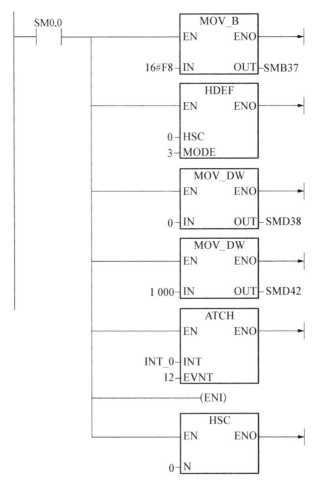

图 3-77　初始化子程序

（3）编写中断服务程序 INT_0。在本例中中断服务程序梯形图如图 3 - 78 所示，主要功能包括：① 调用包装机控制子程序，子程序号为 SBR_1；② 复位当前值，SMD38＝0；③ 写入控制字；④ 重新启动高速计数器指令。

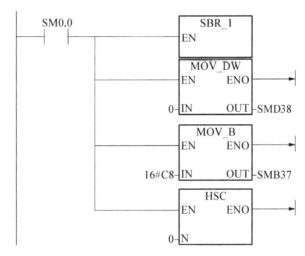

图 3 - 78   中断服务程序

3.4.4   高速脉冲输出

高速脉冲输出功能是在 PLC 的某些输出端产生高速脉冲，用来驱动负载实现高速输出和精确控制。脉冲输出（PLS）指令被用于控制在高速输出（Q0.0 和 Q0.1）中提供的"脉冲串输出"（PTO）和"脉宽调制"（PWM）功能。PTO 提供方波（50％占空比）输出，配备周期和脉冲数用户控制功能。PWM 提供连续性变量占空比输出，配备周期和脉宽用户控制功能。

3.4.4.1   脉冲输出指令

脉冲输出指令可以输出两种类型的方波信号，在精确位置控制中有很重要的应用，其指令格式如表 3 - 18 所示。

表 3 - 18   脉冲输出指令的格式

LAD	STL	功　　　能
PLS —EN　　ENO— —Q0.X	PLS　　Q	当使能端输入有效时，检测用程序设置的特殊功能寄存器位，激活由控制位定义的脉冲操作。从 Q0.0 或 Q0.1 输出高速脉冲

说明：

（1）脉冲串输出 PTO 和宽度可调脉冲输出都由 PLS 指令来激活输出。

（2）输入数据 Q 必须为字型常数 0 或 1，用来指明输出端子。

（3）脉冲串输出 PTO 可采用中断方式进行控制，而宽度可调脉冲输出 PWM 只能由指令 PLS 来激活。

S7-200 有两台 PTO/PWM 发生器,建立高速脉冲串或脉宽调节信号的信号波形。一台发生器指定给数字输出点 Q0.0,另一台发生器指定给数字输出点 Q0.1。一个指定的特殊功能寄存器(SM)为每台发生器存储以下数据:

- 1 个 8 位的控制字节;
- 1 个 8 位的状态字节;
- 1 个 16 位的周期值;
- 1 个 16 位的脉宽值;
- 1 个 32 位的脉冲数量。

对于多段 PTO,还有以下数据:

- 1 个 8 位的段字节;
- 1 个 16 位包络表起始地址。

PTO/PWM 发生器和过程映像寄存器共用 Q0.0 和 Q0.1。PTO 或 PWM 功能在 Q0.0 或 Q0.1 位置现用时,PTO/PWM 发生器控制输出,并禁止输出点的正常使用。输出信号波形不受过程映像寄存器状态、点强迫数值、执行立即输出指令的影响。PTO/PWM 发生器非现用时,输出控制转交给过程映像寄存器。过程映像寄存器决定输出信号波形的初始和最终状态,使信号波形在高位或低位开始和结束。

注意:

(1) 在启用 PTO 或 PWM 操作之前,将用于 Q0.0 和 Q0.1 的过程映像寄存器设为 0。

(2) 所有的控制位、周期、脉宽和脉冲计数值的默认值均为 0。

(3) PTO/PWM 输出必须至少有 10% 的额定负载,才能提供陡直的上升沿和下降沿。

通过修改 SM 特殊功能寄存器的值,可以更改 PTO 或 PWM 的信号波形特征,然后执行 PLS 指令。可以在任意时间向控制字节(SM67.7 或 SM77.7)的 PTO/PWM 启用位写入 0,禁用 PTO 或 PWM 信号波形的生成,然后执行 PLS 指令。

3.4.4.2 高速脉冲串输出

高速脉冲输出可分为高速脉冲串输出 PTO 和宽度可调脉冲输出 PWM 两种方式。本小节介绍高速脉冲串输出。

图 3-79 脉冲串输出

PTO 按照给定的脉冲个数和周期输出一串方波(占空比 50%),如图 3-79 所示。PTO 可以产生单段脉冲串或者多段串(使用脉冲包络)。可以指定脉冲数和周期(以微秒或毫秒为增加量):

脉冲个数   1～4 294 967 295;

周期   10～65 535 μs 或者 2～65 535 ms。

如果为周期指定一个奇数微秒数或毫秒数(如 75 ms)将会引起占空比失真,即占空比不满足指定值。表 3-19 给出了对计数和周期的限定。

表 3-19 PTO 功能的脉冲个数及周期

脉冲个数/周期	结　　果
周期<2 个时间单位	将周期缺省地设定为 2 个时间单位
脉冲个数=0	将脉冲个数缺省地设定为 1 个脉冲

PTO 功能允许脉冲串"链接"或者"排队"。当当前脉冲串输出完成时,会立即开始输出一个新的脉冲串。这保证了多个输出脉冲串之间的连续性。

1) PTO 脉冲串的单段管线

在单段管线模式,需要为下一个脉冲串更新特殊寄存器。一旦启动了起始 PTO 段,就必须按照第二个波形的要求改变特殊寄存器,并再次执行 PLS 指令。第二个脉冲串的属性在管线中一直保持到第一个脉冲串发送完成。在管线(实际上是特殊功能寄存器)中一次只能存储一段脉冲串的属性。当第一个脉冲串发送完成时,接着输出第二个波形,此时管线可以用于下一个新的脉冲串。重复这个过程可以再次设定下一个脉冲串的特性。

除以下两种情况之外,脉冲串之间可以做到平滑转换:① 时间基准发生了变化;② 在利用 PLS 指令捕捉到新脉冲之前,启动的脉冲串已经完成。

如果在管线已满时尝试载入,状态寄存器(SM66.6 或 SM76.6)中的 PTO 溢出位将被设置。进入 RUN(运行)模式时,该位被初始化为 0。如果希望探测随后出现的溢出,则必须在探测到溢出之后以手动方式清除该位。

2) PTO 脉冲串的多段管线

在多段管线模式,CPU 自动从 V 存储器区的包络表中读出每个脉冲串的特性。在该模式下,仅使用特殊寄存器的控制字和状态字节。选择多段操作,必须装入包络表在 V 存储器中的起始地址偏移量(SMW168 或 SMW178)。时间基准可以选择微秒或者毫秒,但是,在包络表中的所有周期值必须使用同一个时间基准,而且在包络正在运行时不能改变。执行 PLS 指令启动多段操作。

每段记录的长度为 8 个字节,由 16 位周期值、16 位周期增量值和 32 位脉冲个数值组成。表 3-20 给出了包络表的格式。使用包络表,可以通过编程的方式使脉冲的周期自动增减:在每段包络记录中的周期增量处输入一个正值将增加周期;输入一个负值将减少周期;输入 0 将不改变周期。

表 3-20 多段 PTO 操作的包络表格式

字节偏移量	包络段数	描　　　述
0		段数 1~255
1		初始周期(2~65 535 时间基准单位)
3	#1	每个脉冲的周期增量(有符号值)(−32 768~32 767 时间基准单位)
5		脉冲数(1~4 294 967 295)

（续表）

字节偏移量	包络段数	描　　　述
9		初始周期（2～65 535 时间基准单位）
11	♯2	每个脉冲的周期增量（有符号值）（−32 768～32 767 时间基准单位）
13		脉冲数（1～4 294 967 295）
（连续）	♯3	（连续）

如果指定的周期增量在一定数量的脉冲后导致非法周期则会出现数学溢出。PTO功能被终止，输出转换成映像寄存器控制。此外，状态字节（SM66.4 或 SM76.4）中的增量计算错误位被设为 1。如果以手动方式异常中止正在运行的 PTO 包络，则状态字节（SM66.5 或 SM76.5）中的用户异常中止位被设为 1。

当 PTO 包络执行时，当前启动的段的编号保存在 SMB166（或 SMB176）。如果输入0 作为脉冲串的段数会产生一个非致命错误，将不产生 PTO 输出。

3）计算包络表的值

PTO/PWM 发生器的多段管线功能在许多应用中非常有用，尤其在步进电机控制中。

例如：可以用带有脉冲包络的 PTO 控制一台步进电机，来实现一个简单的加速、匀速和减速过程或者一个由最多 255 段脉冲包络组成的复杂过程，而其中每一段包络都是加速、匀速或者减速操作。

图 3-80 示例给出的包络表值要求产生的输出波形包括三段：步进电机加速（第一段），步进电机匀速（第二段）和步进电机减速（第三段）。

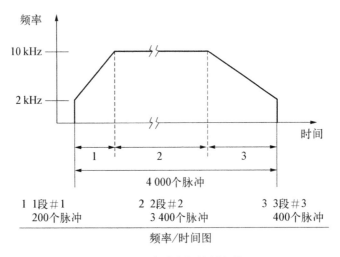

图 3-80　步进电机控制包络

对该例，假定需要 4 000 个脉冲达到要求的电机转动数，启动和结束频率是 2 kHz，最大脉冲频率是 10 kHz。包络表中的值是用周期表示的，而不是用频率，需要把给定的频率值转换成周期值。所以，启动和结束的脉冲周期为 500 μs，最高频率的对应周期为

100 μs。在输出包络的加速部分,要求在 200 个脉冲左右达到最大脉冲频率。同时假定包络的减速部分在 400 个脉冲完成。

在该例中,使用一个简单公式计算 PTO/PWM 发生器用来调整每个脉冲周期所使用的周期增量值:

$$给定段的周期增量 DEL = | ECT - ICT | /Q$$

其中:ECT 为该段结束周期时间;ICT 为该段初始化周期时间;Q 为该段的脉冲数量。

利用这个公式,加速部分(第 1 段)的周期增量是 -2。由于第 2 段是恒速控制,因此,该段的周期增量是 0。相似地,减速部分(第 3 段)的周期增量是 1。

假定包络表存放在从 VB500 开始的 V 存储器区,表 3 - 21 给出了产生所要求波形的值。该表的值可以在用户程序中用指令放在 V 存储器中。还有一种方法是在数据块中定义包络表的值。

表 3 - 21　包络表值

V 存储器地址	值	中 断 描 述	
VB500	3	总段数	
VW501	500	初始周期	段 1♯
VW503	-2	周期增量	
VD505	200	脉冲数	
VW509	100	初始周期	段 2♯
VW511	0	周期增量	
VD513	3 400	脉冲数	
VW517	100	初始周期	段 3♯
VW519	1	周期增量	
VD521	400	脉冲数	

段的最后一个脉冲的周期在包络中不直接指定,但必须计算出来(除非周期增量是0)。如果在段之间需要平滑转换,知道段的最后一个脉冲的周期是有用的。计算段的最后一个脉冲周期的公式是:

$$段的最后一个脉冲的周期时间 = ICT + (DEL * (Q - 1))$$

其中:DEL 为该段的增量周期时间。

作为介绍,上面的简例是有用的,实际应用可能需要更复杂的波形包络。需要注意的是:周期增量只能以微秒数或毫秒数指定,周期的修改在每个脉冲上进行。这两项的影响使得对于一个段的周期增量的计算可能需要迭代方法。对于结束周期值或给定段的脉冲个数,可能需要作调整。

在确定校正包络表值的过程中,包络段的持续时间很有用。按照下面的公式可以计算完成一个包络段的时间长短:

$$包络段的持续时间 = Q * (ICT + ((DEL/2) * (Q-1)))$$

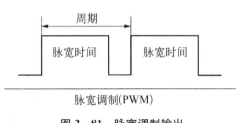

图 3 - 81　脉宽调制输出

3.4.4.3　脉宽调制

PWM 产生一个占空比变化周期固定的脉冲输出,如图 3 - 81 所示。可以以微秒或者毫秒为单位指定其周期和脉冲宽度:

周期　10～65 535 μs 或者 2～65 535 ms;

脉宽　0～65 535 μs 或者 0～65 535 ms。

如表 3 - 22 所示,设定脉宽等于周期(使占空比为 100%),输出连续接通。设定脉宽等于 0(使占空比为 0),输出断开。

表 3 - 22　脉宽、周期和 PWM 功能的执行结果

脉宽/周期	结　　果
脉宽≥周期值	占空比为 100%:输出连续接通
脉宽＝0	占空比为 0:输出断开
周期＜2 个时间单位	将周期缺省地设定为 2 个时间单位

有两个方法可以改变 PWM 波形的特性。

同步更新:如果不需要改变时间基准,就可以进行同步更新。利用同步更新,波形特性的变化发生在周期边沿,提供平滑转换。

异步更新:PWM 的典型操作是当周期时间保持常数时变化脉冲宽度。所以,不需要改变时间基准。但是,如果需要改变 PTO/PWM 发生器的时间基准,就要使用异步更新。异步更新会造成 PTO/PWM 功能被瞬时禁止,和 PWM 波形不同步,从而引起被控设备的振动。由于这个原因,建议采用 PWM 同步更新。选择一个适合于所有周期时间的时间基准。

3.4.4.4　使用 SM 来配置和控制 PTO/PWM 操作

PLS 指令会从特殊寄存器 SM 中读取数据,使程序按照其存储值控制 PTO/PWM 发生器。SMB67 控制 PTO0 或者 PWM0,SMB77 控制 PTO1 或者 PWM1。表 3 - 23 对用于控制 PTO/PWM 操作的存储器给出了描述。表 3 - 24 给出了一个 PTO/PWM 控制字节的快速参考,用其中的数值作为 PTO/PWM 控制寄存器的值来实现需要的操作。

表 3 - 23　PTO/PWM 控制寄存器的 SM 标志

Q0.0	Q0.1	操　　　　　作	
SM66.4	SM76.4	PTO 包络由于增量计算错误而终止。　0＝无错误;1＝终止	状态字节
SM66.5	SM76.5	PTO 包络由于用户命令而终止。　　　0＝无错误;1＝终止	
SM66.6	SM76.6	PTO 管线上溢/下溢。　　　　　　　0＝无溢出;1＝上溢/下溢	
SM66.7	SM76.7	PTO 空闲。　　　　　　　　　　　0＝执行中;1＝PTO 空闲	
SM67.0	SM77.0	PTO/PWM 更新周期值。　　　　　　0＝不更新;1＝更新周期值	控制字节
SM67.1	SM77.1	PWM 更新脉冲宽度值。　　　　　　0＝不更新;1＝脉冲宽度值	

(续表)

Q0.0	Q0.1	操 作	
SM67.2	SM77.2	PTO 更新脉冲数。　　　　　　　　0＝不更新；1＝更新脉冲数	控制字节
SM67.3	SM77.3	PTO/PWM 时间基准选择。　　　　　0＝1 μs/格,1＝1 ms/格	
SM67.4	SM77.4	PWM 更新方法。　　　　　　　　　0＝异步更新；1＝同步更新	
SM67.5	SM77.5	PTO 操作。　　　　　　　　　　　0＝单段操作；1＝多段操作	
SM67.6	SM77.6	PTO/PWM 模式选择。　　　　　　0＝选择 PTO；1＝选择 PWM	
SM67.7	SM77.7	PTO/PWM 允许。　　　　　　　　0＝禁止；　 1＝允许	
SMW68	SMW78	PTO/PWM 周期值（范围：2～65 535）	其他 PTO/ PWM 寄存器
SMW70	SMW80	PWM 脉冲宽度值（范围：0～65 535）	
SMD72	SMD82	PTO 脉冲计数值（范围：1～4 294 967 295）	
SMB166	SMB176	进行中的段数（仅用在多段 PTO 操作中）	
SMW168	SMW178	包络表的起始位置,用从 V0 开始的字节偏移表示（仅用在多段 PTO 操作中）	
SMB170	SMB180	线性包络状态字节	
SMB171	SMB181	线性包络结果寄存器	
SMD172	SMD182	手动模式频率寄存器	

表 3 – 24　PTO/PWM 控制字节参考

控制寄存器（16 进制）	执行 PLS 指令的结果							
	允许	模式选择	PTO 段操作	PWM 更新方法	时间基准	脉冲数	脉冲宽度	周期
16♯81	YES	PTO	单段		1 μs/周期			装入
16♯84	YES	PTO	单段		1 μs/周期	装入		
16♯85	YES	PTO	单段		1 μs/周期	装入		装入
16♯89	YES	PTO	单段		1 ms/周期			装入
16♯8C	YES	PTO	单段		1 ms/周期	装入		
16♯8D	YES	PTO	单段		1 ms/周期	装入		装入
16♯A0	YES	PTO	多段		1 μs/周期			
16♯A8	YES	PTO	多段		1 ms/周期			
16♯D1	YES	PWM		同步	1 μs/周期			装入
16♯D2	YES	PWM		同步	1 μs/周期		装入	
16♯D3	YES	PWM		同步	1 μs/周期		装入	装入
16♯D9	YES	PWM		同步	1 ms/周期			装入
16♯DA	YES	PWM		同步	1 ms/周期		装入	
16♯DB	YES	PWM		同步	1 ms/周期		装入	装入

修改 SM 特殊功能寄存器的值后(包括控制字节),需执行 PLS 指令来改变 PTO 或 PWM 波形的特性。可以在任意时刻禁止 PTO 或者 PWM 波形,方法为：首先将控制字节中的使能位(SM67.7 或者 SM77.7)清零,然后执行 PLS 指令。

PTO 状态字节中的空闲位(SM66.7 或者 SM76.7)标志着脉冲串输出完成。另外,在脉冲串输出完成时,可以执行一段中断服务程序。如果使用多段操作,可以在整个包络表完成之后执行中断服务程序。

下列条件使 SM66.4(或 SM76.4)或 SM66.5(或 SM76.5)置位：

(1) 如果周期增量使 PTO 在许多脉冲后产生非法周期值,会产生一个算术溢出错误,这会终止 PTO 功能并在状态字节中将增量计算错误位(SM66.4 或者 SM76.4)置 1,PLC 的输出变为由映像寄存器控制。

(2) 如果要手动终止一个正在进行中的 PTO 包络,要把状态字节中的用户终止位(SM66.5 或 SM76.5)置 1。

(3) 当管线满时,如果试图装载管线,状态存储器中的 PTO 溢出位(SM66.6 或者 SM76.6)置 1。如果想用该位检测序列的溢出,必须在检测到溢出后手动清除该位。当 CPU 切换至 RUN 模式时,该位被初始化为 0。

3.4.4.5　PTO/PWM 初始化和操作顺序

以下是初始化和操作顺序说明,能够帮助读者更好地理解 PTO 和 PWM 功能操作。在整个顺序说明过程中一直使用脉冲输出 Q0.0。初始化说明假定 S7－200 刚刚进入 RUN(运行)模式,因此首次扫描 SM0.1 为真。如果不是如此或者如果必须对 PTO/PWM 功能重新初始化,则可以利用除首次扫描内存位之外的一个条件调用初始化程序。

1) PWM

通常,用一个子程序为脉冲输出初始化 PWM,使用时从主程序调用初始化子程序。使用首次扫描内存位(SM0.1)将脉冲输出初始化为 0,并调用子程序,执行初始化操作。但也可以使用另一个条件调用初始化程序。

从主程序建立初始化子程序调用后,用以下步骤建立控制逻辑,用于在初始化子程序中配置脉冲输出 Q0.0：

(1) 将以下一个值载入 SMB67：16♯D3(选择微秒递增)或 16♯DB(选择毫秒递增)。用此方法配置控制字节。两个数值均可启用 PTO/PWM 功能、选择 PWM 操作、设置更新脉宽和周期值以及选择(微秒或毫秒)。

(2) 在 SMW68 中载入一个周期的字尺寸值。

(3) 在 SMW70 中载入脉宽的字尺寸值。

(4) 执行 PLS 指令(以便 S7－200 为 PTO/PWM 发生器编程)。

(5) 若需为随后的脉宽变化预载一个新控制字节数值(选项),则在 SMB67 中载入 16♯D2(微秒)或 16♯DA(毫秒)。

如果使用 16♯D2 或 16♯DA 预载 SMB67(请参阅以上第 5 步),可以使用一个将脉宽改变为新值的子程序。建立对该子程序的调用后,可以使用以下步骤建立改变脉宽的控制逻辑：

(1) 在 SMW70 中载入新脉宽的字尺寸值。

（2）执行 PLS 指令，使 S7 - 200 为 PTO/PWM 发生器编程。

2）PTO 单段操作

从主程序建立初始化子程序调用后，用以下步骤建立控制逻辑，用于在初始化子程序中配置脉冲输出 Q0.0：

（1）将以下一个值载入 SMB67：16♯85（选择微秒增加）或 16♯8D（选择毫秒增加）。用此方法配置控制字节。两个值均可启用 PTO/PWM 功能、选择 PWM 操作、设置更新脉宽和周期值以及选择（微秒或毫秒）。

（2）在 SMW68 中载入一个周期的字尺寸值。

（3）在 SMD72 中载入脉冲计数的双字尺寸值。

（4）（选项）如果希望在脉冲串输出完成后立即执行相关功能，可以将脉冲串完成事件（中断类别 19）附加于中断子程序，为中断编程，使用 ATCH 指令并执行全局中断启用指令 ENI。

（5）执行 PLS 指令，使 S7 - 200 为 PTO/PWM 发生器编程。

对于单段 PTO 操作，可以使用中断服务程序或子程序改变周期。若需使用单段 PTO 操作更改中断服务程序或子程序中的 PTO 周期，请遵循下列步骤：

（1）设置控制字节（启用 PTO/PWM 功能、选择 PTO 操作、选择、设置更新周期值），方法是在 SMB67 中载入 16♯81（用于微秒）或 16♯89（用于毫秒）。

（2）在 SMW68 中，载入新周期的一个字尺寸值。

（3）执行 PLS 指令，使 S7 - 200 为 PTO/PWM 发生器编程。更新脉冲计数信号波形输出开始之前，CPU 必须完成所有进行中的 PTO。

对于单段 PTO 操作，可以使用中断服务程序或子程序改变脉冲计数。若需使用单段 PTO 操作在中断服务程序或子程序中改变 PTO 脉冲计数，请遵循下列步骤：

（1）设置控制字节（启用 PTO/PWM 功能、选择 PTO 操作、选择、设置更新周期值），方法是在 SMB67 中载入 16♯84（用于微秒）或 16♯8C（用于毫秒）。

（2）在 SMD72 中，载入新脉冲计数的一个双字尺寸值。

（3）执行 PLS 指令（以便 S7 - 200 为 PTO/PWM 发生器编程）。开始用更新脉冲计数生成信号波形之前，S7 - 200 完成所有进行中的 PTO。

对于单段 PTO 操作，可以使用中断服务程序或子程序改变周期和脉冲计数。若需使用单段 PTO 操作更改中断服务程序或子程序中的 PTO 周期和脉冲计数，请遵循下列步骤：

（1）设置控制字节（启用 PTO/PWM 功能、选择 PTO 操作、选择、设置更新周期和脉冲计数值），方法是在 SMB67 中载入 16♯85（用于微秒）或 16♯8D（用于毫秒）。

（2）在 SMW68 中，载入新周期的一个字尺寸值。

（3）在 SMC72 中，载入新脉冲计数的一个双字尺寸值。

（4）执行 PLS 指令，使 S7 - 200 为 PTO/PWM 发生器编程。用更新脉冲计数和脉冲时间信号波形输出开始之前，CPU 必须完成所有进行中的 PTO。

3）PTO 多段操作

用于在初始化子程序中配置脉冲输出 Q0.0：使用首次扫描内存位（SM0.1）将输出

初始化为 0,并调用所需的子程序,执行初始化操作。这样会降低扫描时间执行,并提供结构更严谨的程序。步骤如下。

(1) 将以下一个值载入 SMB67:16♯A0(选择微秒增加)或 16♯A8(选择毫秒增加)。用此方法配置控制字节。两个数值均可启用 PTO/PWM 功能、选择 PTO 操作、选择多段操作以及选择(微秒或毫秒)。

(2) 在 SMW168 中载入一个字尺寸值,用作包络表起始 V 内存偏移量。

(3) 使用 V 内存在包络表中设置段值。确保"段数"域(表的第一个字节)正确无误。

(4) (选项)如果希望在 PTO 包络完成后立即执行相关功能,可以将脉冲串完成事件(中断类别 19)附加在中断子程序中,为中断编程。使用 ATCH 执行全局中断启用指令 ENI。

(5) 执行 PLS 指令,使 S7 - 200 为 PTO/PWM 发生器编程。

4) PWM 应用示例

例:编写实现脉冲宽度调制 PWM 的程序,要求 PWM0 的脉冲周期是 $T = 10\,000$ ms,开始时输出占空比为 10% 的脉冲,当 I0.0 = 1 时,输出占空比为 50% 的脉冲,当 I0.2 = 1 时,停止输出脉冲,如图 3 - 82 所示。

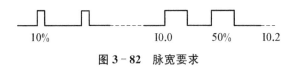

图 3 - 82 脉宽要求

设计程序如图 3 - 83 所示,分为主程序、初始化子程序(SBR - 0)和更改脉宽子程序(SBR - 1)。每条指令的说明可参见程序图。结合前文所述的编程步骤,即可举一反三地编制成符合要求的程序。

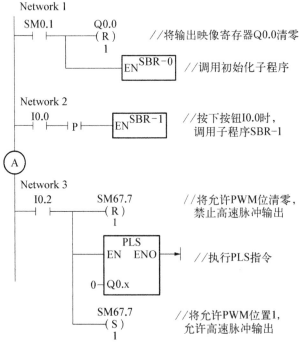

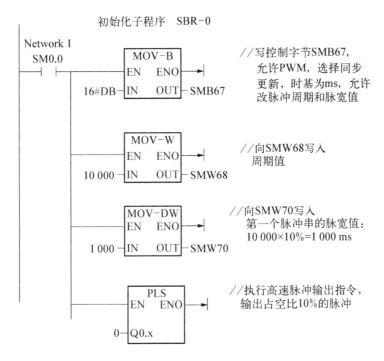

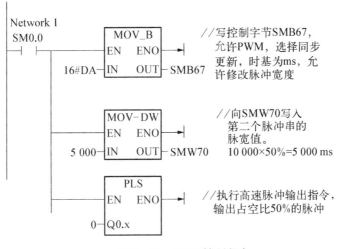

图 3 - 83   PWM 控制程序

3.5   基本指令的应用实例

3.5.1   自锁和互锁控制程序

1) 具有自锁功能的电路

利用自身的常开触点使线圈持续保持通电即保持"ON"状态的功能称为自锁或自保持。自锁(自保持)控制电路常用于无机械锁定开关的起停控制。如图 3 - 84 所示的起动、保持和停止程序(简称起—保—停程序)就是典型的具有自锁功能的梯形图,图中 I0.0 为起动信号,I0.1 为停止信号。

图 3-84(a)为停止优先程序,即当 I0.0 和 I0.1 同时接通,则 Q0.0 断开。图 3-84 (b)为起动优先程序,即当 I0.0 和 I0.1 同时接通时,Q0.0 接通。起—保—停程序也可以用置位(SET)和复位(RST)指令来实现。在实际应用中,起动信号和停止信号可能由多个触点组成的串、并联电路提供。

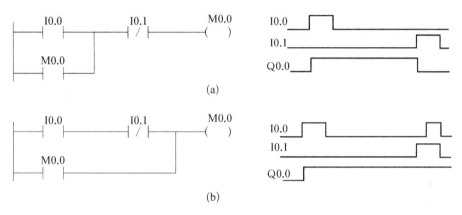

(a)

(b)

图 3-84 自锁功能梯形图

(a) 停止优先程序 (b) 起动优先程序

2) 具有互锁功能的电路

利用两个或多个常闭触点来保证线圈不会同时通电的功能称为"互锁"。三相异步电动机的正反转控制电路即为典型的互锁电路,如图 3-85 所示,其中 KM1 和 KM2 分别是控制正转运行和反转运行的交流接触器。

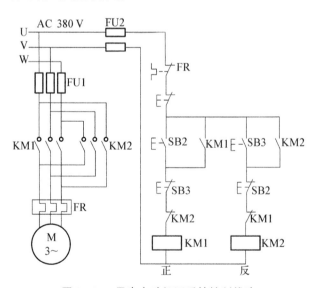

图 3-85 异步电动机正反转控制线路

图 3-86 为采用 PLC 控制三相异步电动机正反转的外部 I/O 接线图和梯形图。实现正反转控制功能的梯形图是由两个起—保—停的梯形图再加上两者之间的互锁触点构成的。

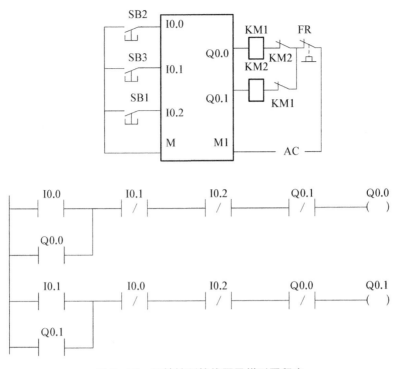

图 3 - 86　互锁控制接线图及梯形图程序

应该注意的是虽然在梯形图中已经有了软继电器的互锁触点(I0.1 与 I0.0、Q0.1 与 Q0.0),但在 I/O 接线图的输出电路中还必须使用 KM1、KM2 的常闭触点进行硬件互锁。这是因为 PLC 软继电器互锁只相差一个扫描周期,而外部硬件接触器的线圈反应时间往往大于一个扫描周期,来不及响应,且触点的动作时间也较长。例如,在没有硬件互锁的情况下,虽然 Q0.0 没有输出,但 KM1 的触点可能还未断开,KM2 的触点可能接通,从而引起主电路短路,因此必须采用软硬件双重互锁。采用双重互锁,还可避免因接触器 KM1 或 KM2 的主触点熔焊而引起的电动机主电路短路。

3.5.2　顺序控制程序

根据电路图设计梯形图时,往往使用经验设计法,没有一套固定的方法和步骤可以遵循,具有很大的试探性和随意性,对于不同的控制系统,也没有一种通用的容易掌握的设计方法。在设计复杂系统的梯形图时,需要用大量的中间单元来完成记忆、联锁和互锁等功能。由于需要考虑的因素很多,它们往往交织在一起,分析起来非常困难,并且很容易遗漏一些应该考虑的问题。修改某一局部电路时,很可能会"牵一发而动全身",对系统的其他部分产生意想不到的影响,因此梯形图的修改也很麻烦,往往花了很长的时间还得不到一个满意的结果。用经验法设计出的梯形图往往很难阅读,给系统的维修和改进带来了很大的困难。

所谓顺序控制,就是按照生产工艺预先规定的顺序,在各个输入信号的作用下,根据内部状态和时间的顺序,在生产过程中各个执行机构自动地有秩序地进行操作。使用顺序控制设计法时,首先根据系统的工艺过程画出顺序功能图(Sequential Function

Chart),然后根据顺序功能图编制梯形图程序。有的 PLC 为用户提供了顺序功能图语言,在编程软件中完成顺序功能图后便完成了编程工作。这是一种先进的设计方法,很容易被初学者接受,对于有经验的工程师,也会提高设计的效率,程序的调试、修改和阅读也很方便。某厂有经验的电气工程师用经验设计法设计某控制系统的梯形图,花了两周的时间,而对于同一系统,改用顺序控制设计法,只用了不到半天的时间就完成了梯形图的设计和模拟调试,现场试车一次成功。

3.5.2.1　顺序功能图

顺序功能图是描述控制系统的控制过程、功能和特性的一种图形,是设计 PLC 的顺序控制程序的有力工具。

顺序功能图并不涉及所描述的控制功能的具体技术,它是一种通用的技术语言,用以供进一步设计和不同专业的人员之间进行技术交流之用。

在法国 TE(Tekznecanique)公司研制的 Grafcet 的基础上,1978 年法国公布了用于工业过程文件编制的法国标准 AFCET。次年法国公布了功能图(Function Chart)的国家标准 GRAFCET,它提供了所谓的步(Step)和转换(Transition)这两种简单的结构,这样可以将系统划分为简单的单元,并定义出这些单元之间的顺序关系。1994 年 5 月公布的 1EC 的 PLL：标准(IEC 61131)中,顺序功能图被确定为 PLC 位居首位的编程语言。我国也在 1986 年颁布了顺序功能图的国家标准 GB 6988.6—86。

顺序功能图主要由步、有向连线、转换、转换条件和动作(或命令)组成。

1) 步的基本概念

顺序控制设计法最基本的思想是将系统的一个工作周期划分为若干个顺序相连的阶段,这些阶段称为步,并用编程元件(例如位存储器 M 和顺序控制继电器 S)来代表各步。

步是根据输出量的状态变化来划分的。在任何一步之内,各输出量的 ON/OFF 状态不变,但是相邻两步输出量总的状态是不同的。步的这种划分方法使代表各步的编程元件的状态与各输出量的状态之间有着极为简单的逻辑关系。

顺序控制设计法用转换条件控制代表各步的编程元件,让它们的状态按一定的顺序变化,然后用代表各步的编程元件去控制 PLC 的各输出位。

图 3-87 中的波形图给出了控制锅炉的鼓风机和引风机的要求。按下起动按钮 I0.0

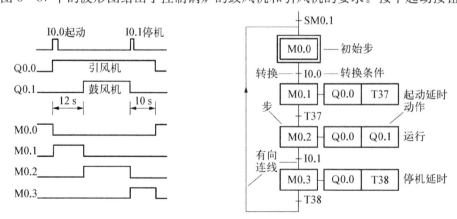

图 3-87　锅炉鼓风机和引风机控制的时序图和顺序功能图

后,应先开引风机,延时 12 s 后再开鼓风机。按下停止按钮 I0.1 后,应先停鼓风机,10 s 后再停引风机。根据 Q0.0 和 Q0.1 ON/OFF 状态的变化,显然一个工作期间可以分为 3 步,分别用 M0.1~M0.3 来代表。另外还应设置一个等待起动的初始步,使系统在上电运行时等待用户的输入。图 3 – 87 中描述该系统的顺序功能图中用矩形方框表示步,方框中可以用数字表示该步的编号,也可以用代表该步的编程元件的地址作为步的编号,如 M0.0 等,这样在根据顺序功能图设计梯形图时较为方便。

与系统的初始状态相对应的步称为初始步,初始状态一般是系统等待起动命令的相对静止的状态。初始步用双线方框表示,每一个顺序功能图至少应该有一个初始步。

2) 与步对应的动作或命令

可以将一个控制系统划分为被控系统和施控系统,例如在数控车床系统中,数控装置是施控系统,而车床是被控系统。对于被控系统,在某一步中要完成某些"动作"(Action);对于施控系统,在某一步中则要向被控系统发出某些"命令"(Command)。为了叙述方便,下面将命令或动作统称为动作,并用矩形框中的文字或符号表示,该矩形框应与相应的步的符号相连。

如果某一步有几个动作,可以用图 3 – 87 中的画法来表示,但是并不隐含这些动作之间的任何顺序。说明动作的语句应清楚地表明该动作是存储型的还是非存储型的。例如某步的存储型动作"打开 1 号阀并保持",是指该步活动时 1 号阀打开,该步不活动时继续打开;非存储型动作"打开 1 号阀",是指该步活动时打开,不活动时关闭。

图 3 – 87 中在连续的 3 步内输出位 Q0.0 均为 1 状态,为了简化顺序功能图和梯形图,可以在第 2 步将 Q0.0 置位,返回初始步后将 Q0.0 复位。

除了以上的基本结构之外,使用动作的修饰词可以在一步中完成不同的动作。修饰词允许在不增加逻辑的情况下控制动作。例如,可以使用修饰词 L 来限制配料阀打开的时间。

当系统正处于某一步所在的阶段时,该步处于活动状态,称该步为"活动步"。当步处于活动状态时,相应的动作被执行;处于不活动状态时,相应的非存储型动作被停止执行。

3) 有向连线与转换条件

在顺序功能图中,随着时间的推移和转换条件的实现,将会发生步的活动状态的进展,这种进展按有向连线规定的路线和方向进行。在画顺序功能图时,将代表各步的方框按它们成为活动步的先后次序顺序排列,并用有向连线将它们连接起来。步的活动状态习惯的进展方向是从上到下或从左至右,在这两个方向的有向连线上的箭头可以省略;如果不是上述的方向,应在有向连线上用箭头注明进展方向;在可以省略箭头的有向连线上,为了更易于理解也可以加箭头。

如果在画图时有向连线必须中断(例如在复杂的图中,或用几个图来表示一个顺序功能图时),应在有向连线中断之处标明下一步的标号和所在的页数,如步 83、12 页。

转换用有向连线上与有向连线垂直的短划线来表示。转换将相邻两步分隔开。步的活动状态的进展是由转换的实现来完成的,并与控制过程的发展相对应。

使系统由当前步进入下一步的信号称为转换条件。转换条件可以是外部的输入信号,例如按钮、限位开关的接通或断开等;也可以是 PLC 内部产生的信号,例如定时器、计数器常开触点的接通等;转换条件还可能是若干个信号的与、或、非逻辑组合。

图 3-87 中的起动按钮 I0.0 和停止按钮 I0.1 的常开触点、定时器延时接通的常开触点是各步之间的转换条件。图中有两个 T37,它们的意义完全不同。与 M0.1 对应的方框相连的动作框中的 T37 表示 T37 的线圈应在步 M0.1 所在的阶段"通电",在梯形图中,T37 的指令框与 M0.1 的线圈并联。转换旁边的 T37 对应于 T37 延时接通的常开触点,它被用来作为步 M0.1 和 M0.2 之间的转换条件。

在顺序功能图中,只有当某一步的前级步是活动步时,该步才有可能变成活动步。如果用没有断电保持功能的编程元件代表各步,进入 RUN 工作方式时,它们均处于 OFF 状态,必须用初始化脉冲 SM0.1 的常开触点作为转换条件,将初始步预置为活动步,否则因为顺序功能图中没有活动步,系统将无法工作。如果系统有自动、手动两种工作方式,顺序功能图是用来描述自动工作过程的,还应在系统由手动工作方式进入自动工作方式时,用一个适当的信号将初始步置为活动步。

转换条件是与转换相关的逻辑命题,转换条件可以用文字语言、布尔代数表达式或图形符号标注在表示转换的短线的旁边。使用得最多的是布尔代数表达式。转换条件 I0.0 和 $\overline{I0.0}$ 分别表示当输入信号 I0.0 为 ON 和 OFF 时转换实现。

4) 顺序功能图的基本结构

顺序功能图的基本结构分为单序列、选择序列和并行序列,这三种基本结构的组合构成了复杂的顺序功能图。

单序列由一系列相继激活的步组成,每一步的后面仅有一个转换,每一个转换的后面只有一个步[见图 3-88(a)]。

选择序列的开始称为分支[见图 3-88(b)],转换符号只能标在水平连线之下。如果步 5 是活动步,并且转换条件 h=1,则发生步 5→步 8 的进展。如果步 5 是活动步,并且 k=1,则发生步 5→步 10 的进展。如果将选择条件 k 改为 k·h,则当 k 和 h 同时为 ON 时,将优先选择 h 对应的序列,一般只允许同时选择一个序列。

选择序列的结束称为合并[见图 3-88(b)]。几个选择序列合并到一个公共序列时,用需要重新组合的序列相同数量的转换符号和水平连线来表示,转换符号只允许标在水平连线之上。如果步 9 是活动步,并且转换条件 j=1,则发生步 9→步 12 的进展。如果步 11 是活动步,并且 n=1,则发生步 11→步 12 的进展。

并行序列的开始称为分支[见图 3-88(c)],当转换的实现导致几个序列同时激活时,这些序列称为并行序列。当步 3 是活动的,并且转换条件 e=1 时,4 和 6 这两步同时变为活动步,步 3 变为不活动步。为了强调转换的同步实现,水平连线用双线表示。步 4 和 6 被同时激活后,每个序列中活动步的进展将是独立的。在表示同步的水平双线之上,只允许有一个转换符号。并行序列用来表示系统几个同时工作的独立部分的工作情况。

并行序列的结束称为合并[见图 3-88(c)]。在表示同步的水平双线之下,只允许有一个转换符号。当直接连在双线上的所有前级步(步 5 和步 7)都处于活动状态,并且转换条件 i=1 时,才会发生步 5 和步 7 到步 10 的进展,即步 5 和步 7 同时变为不活动步,而步 10 变为活动步。

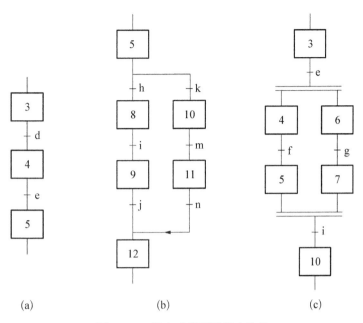

图 3 - 88　顺序功能图的基本结构

3.5.2.2　顺序控制梯形图设计方法

利用绘制好的顺序功能图能较方便地实现 PLC 梯形图程序的编制。根据顺序功能图设计梯形图时,可以用存储器位 M 来代表步:某一步为活动步时,对应的存储器值为 1,某一转换实现时,该转换的后续步变为活动步,前级步变为不活动步。

为了便于将顺序功能图转换为梯形图,用代表各步的编程元件的地址(例如 M0.0)作为步的代号,并用编程元件的地址来标注转换条件和各步的动作或命令。

在 S7 PLC 中,可以使用基本逻辑指令编写顺序控制梯形图程序,也可以使用前文的顺序控制继电器指令编写顺序控制梯形图程序。

1) 使用基本逻辑指令编写顺序控制程序

起保停电路仅仅使用与触点和线圈有关的指令。任何一种 PLC 的指令系统都有这一类指令,因此这是一种通用的编程方法,可以用于任意型号的 PLC。设计起保停电路的关键是找出它的起动条件和停止条件。根据转换实现的基本规则,转换实现的条件是它的前级步为活动步,并且满足相应的转换条件。

在图 3 - 87 中,步 M0.1 变为活动步的条件是它的前级步 M0.0 为活动步,且二者之间的转换条件 I0.0 为 1。在起保停电路中,则应将代表前级步的 M0.0 的常开触点和代表转换条件的 I0.0 的常开触点串联,作为控制 M0.1 的起动电路。当 M0.1 和 T37 的常开触点均闭合时,步 M0.2 变为活动步,这时步 M0.1 应变为不活动步,因此可将 M0.2 为 1 作为使存储器位 M0.1 变为 OFF 的条件,即将 M0.2 的常闭触点与 M0.1 的线圈串联,作为步 M0.1 的停止条件。上述的逻辑关系可以用逻辑代数式表示为

$$M0.1 = (M0.0 \cdot I0.1 + M0.1) \cdot \overline{M0.2}$$

基于这种方法不难设计出梯形图程序。

在以转换为中心的编程方法中,将该转换所有前级步对应的存储器位的常开触点与

转换对应的触点或电路串联,该串联电路即起保停电路中的起动电路,用它作为使所有后续步对应的存储器位置位(使用置位指令)和使所有前级步对应的存储器位复位(使用复位指令)的条件。在任何情况下,代表步的存储器位的控制电路都可以用这一原则来设计,每一个转换对应一个这样的控制置位和复位的电路块,有多少个转换就有多少个这样的电路块。这种设计方法特别有规律,梯形图与转换实现的基本规则之间有着严格的对应关系,在设计复杂的顺序功能图的梯形图时既容易掌握,又不容易出错。

2) 使用顺序控制继电器指令编写顺序控制程序

S7 - 200 中的顺序控制继电器(S)专门用于编制顺序控制程序。顺序控制程序被顺序控制继电器指令划分为 LSCR 与 SCRE 指令之间的若干个 SCR 段,一个 SCR 段对应顺序功能图中的一步。

图 3 - 89 是某小车运动的示意图和顺序功能图。设小车在初始位置时停在左边,限位开关 I0.2 为 1 状态。按下起动按钮 I0.0 后,小车向右运动(简称右行),碰到限位开关 I0.1 后,停在该处,3 s 后开始左行,碰到 I0.2 后返回初始步,停止运动。根据 Q0.0 和 Q0.1 状态的变化,小车的一个工作周期显然可以分为右行、暂停和左行三步。另外还应设置等待起动的初始步,并分别用 S0.0~S0.3 来代表这四步:起动按钮 I0.0 和限位开关的常开触点、T37 延时接通的常开触点是各步之间的转换条件。

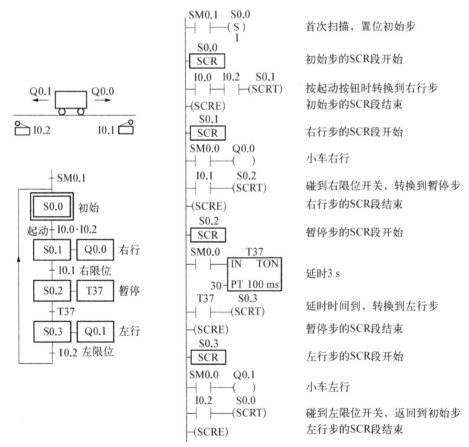

图 3 - 89　小车控制的顺序功能图与梯形图

　　在设计梯形图时,用 LSCR 和 SCRE 指令表示 SCR 段的开始和结束。在 SCR 段中用 SM0.0 的常开触点来驱动在该步中应为 1 状态的输出点(Q)的线圈,并用转换条件对应的触点或电路来驱动转换到后续步的 SCRT 指令。

　　如果用编程软件的"程序状态"功能来监视处于运行模式的梯形图,就可以看到因为直接接在左侧电源线,每一个 SCR 方框都是蓝色,但是只有活动步对应的 SCRE 线圈通电,并且只有活动步对应的 SCR 区内的 SM0.0 常开触点闭合,不活动步的 SCR 区内的 SM0.0 常开触点处于断开状态。因此,SCR 区内的线圈受到对应的顺序控制继电器的控制,SCR 区内的线圈还可以受与它串联的触点的控制。

　　首次扫描时 SM0.1 的常开触点接通一个扫描周期,使顺序控制继电器 S0.0 置位,初始步变为活动步,只执行 S0.0 对应的 SCR 段。如果小车在最左边,I0.2 为 1 状态,此时按下起动按钮 I0.0,指令"SCRT S0.1"对应的线圈得电,使 S0.1 变为 1 状态,操作系统使 S0.0 变为 0 状态,系统从初始步转换到右行步,只执行 S0.1 对应的 SCR 段。在该段中,SM0.0 的常开触点闭合,Q0.0 的线圈得电,小车右行。在操作系统没有执行 S0.1 对应的 SCR 段时,Q0.0 的线圈不会通电。

　　小车右行碰到右限位开关时,I0.1 的常开触点闭合,将实现右行步 S0.1 到暂停步 S0.2 的转换。定时器 T37 用来使暂停步持续 3 s。延时时间到时,T37 的常开触点接通,使系统由暂停步转换到左行步 S0.3,直到返回初始步。

　　图 3-90 中,步 S0.0 之后有一个选择序列的分支,当它是活动步,并且转换条件 I0.0 得到满足时,后续步 S0.1 将变为活动步,S0.0 变为不活动步。如果步 S0.0 为活动步,并且转换条件 I0.2 得到满足,那么后续步 S0.2 将变为活动步,S0.0 变为不活动步。

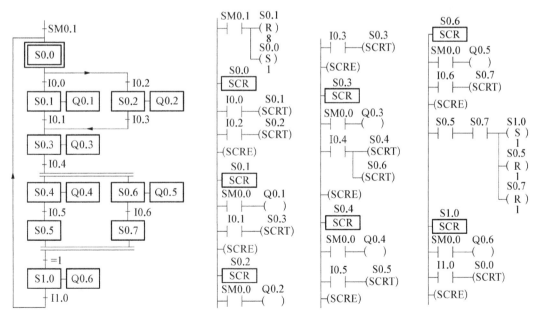

图 3-90　选择序列与并行序列的顺序功能图与梯形图

　　当 S0.0 为 1 时,它对应的 SCR 段被执行,此时若转换条件 I0.0 为 1,则该程序段中的指令"SCRT S0.1"被执行,将转换到步 S0.1。若 I0.2 的常开触点闭合,则将执行指令

"SCRT S0.2",转换到步 S0.2。

图 3 - 90 中,步 S0.3 之前有一个选择序列的合并,当步 S0.1 为活动步(S0.1 为 1 状态),并且转换条件 S0.1 满足,或步 S0.2 为活动步,并且转换条件 I0.3 满足时,步 S0.3 都应变为活动步。在步 S0.1 和步 S0.2 对应的 SCR 段中,分别用 I0.1 和 I0.3 的常开触点驱动指令"SCRT S0.3",就能实现选择系列的合并。

图 3 - 90 中,步 S0.3 之后有一个并行序列的分支,当步 S0.3 是活动步,并且转换条件 I0.4 满足时,步 S0.4 与步 S0.6 应同时变为活动步,这是用 S0.3 对应的 SCR 段中 I0.4 的常开触点同时驱动指令"SCRT S0.4"和"SCRT S0.6"来实现的。与此同时,S0.3 被自动复位,步 S0.3 变为不活动步。步 S0.0 之前有一个并行序列的合并,因为转换条件为 1(总是满足),转换实现的条件是所有的前级步(即步 S0.5 和 S0.7)都是活动步。图 3 - 90 中将 S0.5 和 S0.7 的常开触点串联,来控制 S1.0 的置位和 S0.5、S0.7 的复位,从而使步 S1.0 变为活动步,步 S0.5 和步 S0.7 变为不活动步。

3.5.3 特殊定时控制程序

3.5.3.1 长时定时器

每一种 PLC 的定时器都有它自己的最大计时时间,如 S7 - 200 系列 PLC 接通或断开延时定时器的最大计时时间为 3 276.7 s。如果需要计时的时间超过了定时器的最大计时时间,就可以考虑将多个定时器、计数器联合使用,以扩大其延时时间。

1) 长时定时器方案一

方案一的基本思想十分简单,就是利用多个定时器串级使用,来实现长时间延时。定时器串级使用时,其总的定时时间为各定时器定时时间之和。其梯形图如图 3 - 91 所示。

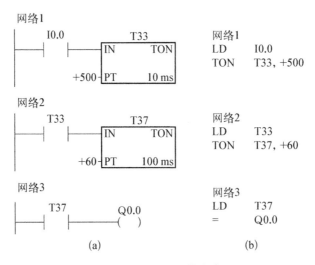

图 3 - 91 长时定时器方案一

在图 3 - 91 中,输入 I0.0 接通后,输出 Q0.0 在经过 11 s 延时之后也接通,延时时间是两个定时器设定值之和,其时序图如图 3 - 92 所示。

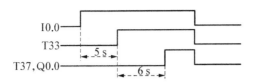

图 3-92　长时定时器方案一的时序图

2) 长时定时器方案二

方案二的基本思想是将一个定时器和一个计数器连接,形成一个等效倍乘的定时器,如图 3-93 所示。

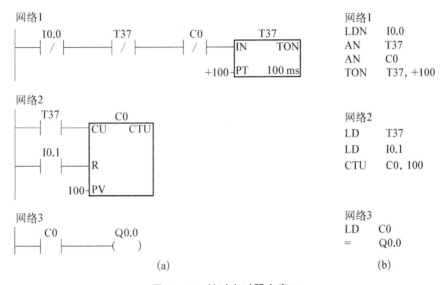

图 3-93　长时定时器方案二

图 3-93 中,梯形图的网络 1 形成了一个设定值为 10 s 的自复位定时器,定时器的触点每 10 s 接通一次,每次接通为一个扫描周期。计数器 C0 对脉冲计数,当计数值达到设定值 100 次后,计数器的常开触点 C0 变为常闭,Q0.0 动作。经过的延时时间为

$$（定时器设定时间 \ t_1 + 扫描周期 \ \Delta t）\times 计数器次数 \ n$$

由于 Δt 很短,可以近似认为输出 Q0.0 的延时时间为 $t_1 \times n$,即一个定时器和一个计数器连接,等效定时器的延时时间为定时器设定值和计数器设定值之积。

3.5.3.2　闪光电路

闪光电路是应用广泛的一种实用控制电路,它既可以控制灯光的闪烁频率,又可以控制灯光的通断时间比。同样的电路也可以控制其他负载,如电铃、蜂鸣器等。实现闪光控制的方法很多,这里采用常见的两个定时器或两个计数器的方法来实现。其 PLC 控制程序如图 3-94 所示。

图 3-94 中,I0.0 为闪光电路起动输入按钮,I0.1 为闪光停止输入按钮。当 I0.0 为 ON 时,辅助继电器 M0.0 线圈接通并自保持,M0.0 的常开触点接通使输出 Q0.0 接通(灯亮)。1 s 之后,定时器 T37 线圈接通,其常闭触点断开,从而使 Q0.0 断开(灯灭),其常开触点闭合,接通 T38 的线圈。又经过 1 s 后,T38 的常闭触点断开 T37 的线圈,使

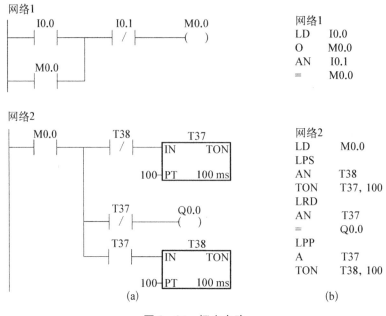

图 3-94　闪光电路

T37 复位,T37 的常闭触点接通 Q0.0,T37 的常开触点断开 T38 的线圈,T38 的常闭触点又接通 T37 的线圈。这样,输出 Q0.0 上所接的负载灯以接通 1 s,断开 1 s 的频率不停地闪烁,直到按下闪光停止输入按钮 I0.1。若想改变闪光电路的频率,只需改变两个定时器的时间常数即可。

3.5.3.3　脉冲发生电路

无论是用两个定时器还是用两个计数器组成的闪光电路,实际上都可以看作是脉冲发生电路,改变闪光的频率和通断的时间比,实际上就是改变脉冲发生电路的频率和脉冲宽度。

在实际应用中,为满足不同的需要,往往需要有多种脉冲发生电路,下面分别作简单介绍。

1) 周期可调的脉冲发生电路

图 3-95 所示为采用定时器 T37 产生一个周期可调节的连续脉冲的信号发生电路。当 I0.0 常开触点闭合后,第一次扫描到 T37 常闭触点时,它是闭合的,于是 T37 线圈得电,经过 1 s 的延时,T37 常闭触点断开。T37 常闭触点断开后的下一个扫描周期中,当扫描到 T37 常闭触点时,因它已断开,使 T37 线圈失电,T37 常闭触点又随之恢复闭合。这样,在下一个扫描周期扫描到 T37 常闭触点时,又使 T37 线圈得电。重复以上动作,T37 的常开触点连续闭合、断开,就产生了脉宽为一个扫描周期,脉冲周期为 1 s 的连续脉冲。改变 T37 的设定值,就可改变脉冲周期。

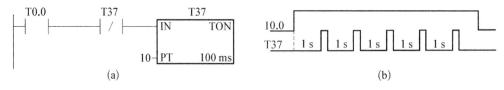

图 3-95　周期可调的脉冲信号发生电路

(a) 梯形图　(b) 时序图

2）顺序脉冲发生电路

图 3-96(a) 所示为用三个定时器产生一组顺序脉冲的梯形图程序,顺序脉冲波形如图 3-96(b) 所示。当 I0.0 接通,T37 开始延时,同时 Q0.0 通电,定时 10 s 时间到,T37 常闭触点断开,Q0.0 断电。T37 常开触点闭合,T38 开始延时,同时 Q0.1 通电,T38 定时 15 s 时间到,Q0.1 断电。T38 常开触点闭合,T39 开始延时,同时 Q0.2 通电,T39 定时 20 s 时间到,Q0.2 断电。如果 I0.0 仍接通,则重新开始产生顺序脉冲,直至 I0.0 断开。当 I0.0 断开时,所有的定时器全部断电,定时器触点复位,输出 Q0.0、Q0.1 及 Q0.2 全部断电。

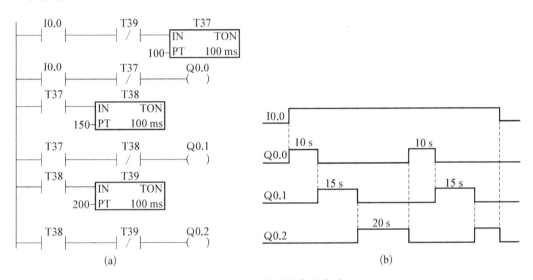

图 3-96　顺序脉冲发生电路

(a) 梯形图　(b) 时序图

3）占空比可调的脉冲信号发生电路

多谐振荡电路可以产生特定通断时间间隔的时序脉冲,常用它来作为脉冲信号源,也可以用它来代替传统的闪光报警继电器。

图 3-97 所示为采用两个定时器构成的多谐振荡电路产生连续脉冲信号,脉冲周期为 5 s,占空比为 3∶2(接通时间∶断开时间)。接通时间 3 s,由定时器 T38 设定,断开时

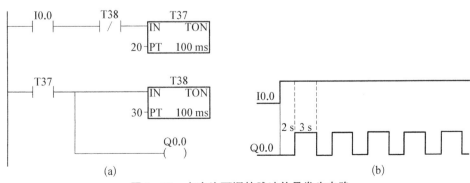

图 3-97　占空比可调的脉冲信号发生电路

(a) 梯形图　(b) 时序图

间为 2 s,由定时器 T37 设定,用 Q0.0 作为连续脉冲输出端。

4) 不用定时器实现的单脉冲发生电路

在实际应用中,常用单个脉冲,即单脉冲发生电路来控制系统的启动、复位,计数器的清零、计数等。单脉冲往往是在信号变化时产生的,其宽度就是 PLC 扫描一遍用户程序所需的时间,即一个扫描周期。

图 3 - 98 是用 S7 - 200 指令编写的单脉冲发生器。如果 I0.0 变为 ON,则 M0.0、M0.1、Q0.0 变为 ON,然而一个扫描周期后由于 SM0.1 的常闭触点断开,M0.0 变为 OFF,从而使 Q0.0 断电,只产生一个脉冲,即单脉冲。用同样的思路,将图 3 - 97 中的 I0.0 改为常闭触点,可在 I0.0 由 ON 变成 OFF 时,使输出产生一个周期的单脉冲。

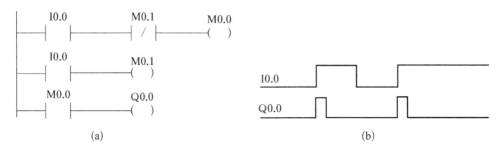

图 3 - 98　单脉冲发生电路

(a) 梯形图　(b) 时序图

3.5.3.4　应用计数器的延时电路

只要提供一个时钟脉冲信号作为计数器的计数输入信号,计数器就可以实现定时功能,时钟脉冲信号的周期与计数器的设定值相乘就是定时时间。时钟脉冲信号可以由 PLC 内部特殊存储器标志位产生(如 S7 - 200 系列 PLC 的 SM0.4、SM0.5 等),也可以由连续脉冲发生程序产生,还可以由 PLC 外部时钟电路产生。

图 3 - 99 所示为采用计数器实现延时的程序,由 SM 产生周期为 1 s 的时钟脉冲信号。当启动信号 I0.0 闭合时,M0.0 得电并自锁,SM0.5 时钟脉冲加到 C0 的计数输入端。当 C0 累计到 18 000 个脉冲时,计数器 C0 动作,C0 常开触点闭合,Q0.0 线圈接通,

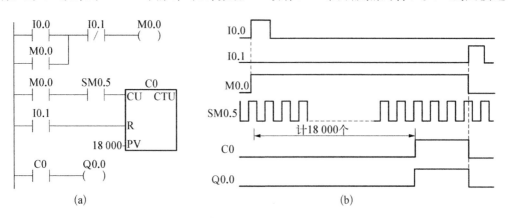

图 3 - 99　应用一个计数器的延时电路

(a) 梯形图　(b) 时序图

Q0.0 的触点动作。从 I0.0 闭合到 Q0.0 动作的延时时间为 18 000×1＝18 000 s。延时误差和精度主要由时钟脉冲信号的周期决定,要提高定时精度,就必须用周期更短的时钟脉冲作为计数信号。

延时程序最大延时时间受计数器的最大计数值和时钟脉冲的周期限制,计数器 C0 的最大计数值为 32 767,所以最大延时时间为 32 767×1＝32 767 s。要增大延时时间,可以增大时钟脉冲的周期,但这又使定时精度下降。为获得更长时间的延时,同时又能保证定时精度,可采用两级或多级计数器串联计数。图 3－100 所示为采用两级计数器串级计数延时的一个例子。图中由 C0 构成一个 1 800 s(30 min)的定时器,其常开触点每隔 30 min闭合一个扫描周期。这是因为 C0 的复位输入端并联了一个 C0 常开触点,当 C0 累计到1 800个脉冲时,计数器 C0 动作,C0 常开触点闭合,C0 复位,C0 计数器动作一个扫描周期后又开始计数,使 C0 输出一个周期为 30 min、脉宽为一个扫描周期的时钟脉冲。C0 的另一个常开触点作为 C1 的计数输入,当 C0 常开触点接通一次,C1 输入一个计数脉冲,当C1 计数脉冲累计到 10 个时,计数器 C1 动作,C1 常开触点闭合,使 Q0.0 线圈接通,Q0.0触点动作。从 I0.0 闭合到 Q0.0 动作,其延时时间为 1 800×1×10＝18 000 s(5 h)。计数器 C0 和 C1 串级后,最大的延时时间可达 32 767×1×32 767＝1 073 676 289 s(298 243.4 h,12 426.8 天)。

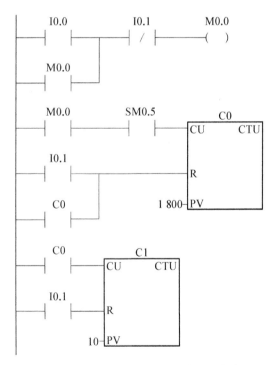

图 3－100　应用两个计数器的延时电路

3.5.4　报警控制程序

任何控制系统在最大限度地满足生产控制要求的同时,还要做到安全、可靠、经济和使用维修方便。现代的 PLC 为工业自动控制提供了十分完善的控制手段。但随着工业生产过程的复杂化和功能要求的不断提高,对 PLC 控制系统的要求也越来越高。总线技术的开发应用,更使 PLC 控制系统不断扩大,因而对远程控制、群控、数控、数据的修改与交换、故障的自动检测、自动报警、各控制点的状态显示以及历史事件记录的查询等智能化控制技术提出了新的更高的要求。生产厂家已使 PLC 具有自我诊断功能来检测其自身的故障,但 PLC 外部设备的故障检测需要用户自己设计处理。检测外部设备故障的途径有二:一是设计专门的故障检测装置对外部设备故障进行检测。此举必须增加硬件设备,PLC 的输入接点也要相应增加,即需以高昂的费用为代价。其二是利用 PLC 丰富的内部资源及强大的功能指令,编制故障检测程序,即以软件方法实现外部故障的自动检测与自动报警。此举虽然使用户程序复杂化,但却能节省成本,使 PLC 控制系统的性能价格比提高。

如何开发利用 PLC 丰富的内部资源,充分有效地发挥其先进的控制功能,设计出简单实用的故障自动检测和报警程序,以提高自动控制系统的安全性和可靠性,是控制系统设计的一个重要环节。

在 PLC 控制系统发生事故、故障时都应发出报警信号,一般是声光报警信号。下面介绍如何用 PLC 基本逻辑指令实现报警功能,其梯形图如图 3-101 所示。假设两个事故信号接在 PLC 的 I0.0 和 I0.1 输入端,两个故障信号接在 I0.2 和 I0.3 端,"停止报警"按钮接在 I0.4 输入端,声光报警器接在 Q0.0 输出端。在一个事故、故障刚发生时(即图 3-101 中 I0.0~I0.3 的上升沿),PLC 指令使 M10.0~M10.3 的常开触点接通一个扫描周期,事故信号、故障信号将分别锁存在 M10.7 和 M11.0 中,M10.7 或 M11.0 的常开触点闭合后开始报警,同时定时器 T37 定时 1 min,定时时间到时,T37 的常闭触点断开,使 M10.7 或 M11.0 的线圈"断电",停止报警。如果在 1 min 内操作人员按了"停止报警"按钮,I0.4 的常闭触点断开,也将使 M10.7 或 M11.0 复位,报警器停止报警。T38 和 T39 用来产生接通 0.4 s,断开 0.8 s 的断续信号,如果仅出现故障,M11.0 的常开触点和 M10.7 的常闭触点接通,Q0.0 发出连续的报警信号。假如在 I0.2 故障出现期间又发生了 I0.0 事故,在 I0.0 的上升沿 M10.0 的常开触点接通一个扫描周期,M10.5 的常闭触点断开一个扫描周期,使 T37 复位,T37 将重新开始定时 1 min。与此同时,M10.7 的常开触点接通,常闭触点断开,Q0.0 的线圈将由一直"通电"变为周期性地间断"通电",由故障报警变为事故报警,从而可实现"事故报警优先"的要求。

图 3-101 所示的用基本逻辑指令实现报警功能的梯形图,报警硬件电路简单,只用一只 24 VDC 的声光报警器,占用 PLC 的一个输出点,经过设定的时间后自动停止报警。在该时间内,如果操作人员按了"停止报警"按钮,将立即停止报警。

在多故障检测系统中,有时可能当一个故障产生后,会引起其他多个故障,这时如果能准确地判断哪一个故障是最先出现的,则对于分析和处理故障是极为有利的。

图 3-102 是 4 个输入信号实现输入优先的简单控制电路。为节省篇幅,图中省略了相应的输出端口。

在 4 个输入信号 I0.0~I0.3 中任何一个信号首先出现,例如输入 I0.1 首先出现,则 M0.1 接通,其常闭触点 M0.1 全部打开,这时,后到的输入信号 I0.0、I0.2、I0.3 都无法使 M0.0、M0.2 和 M0.3 接通,从而可以迅速判断出 I0.0~I0.3 中哪一个输入信号是首发信号。

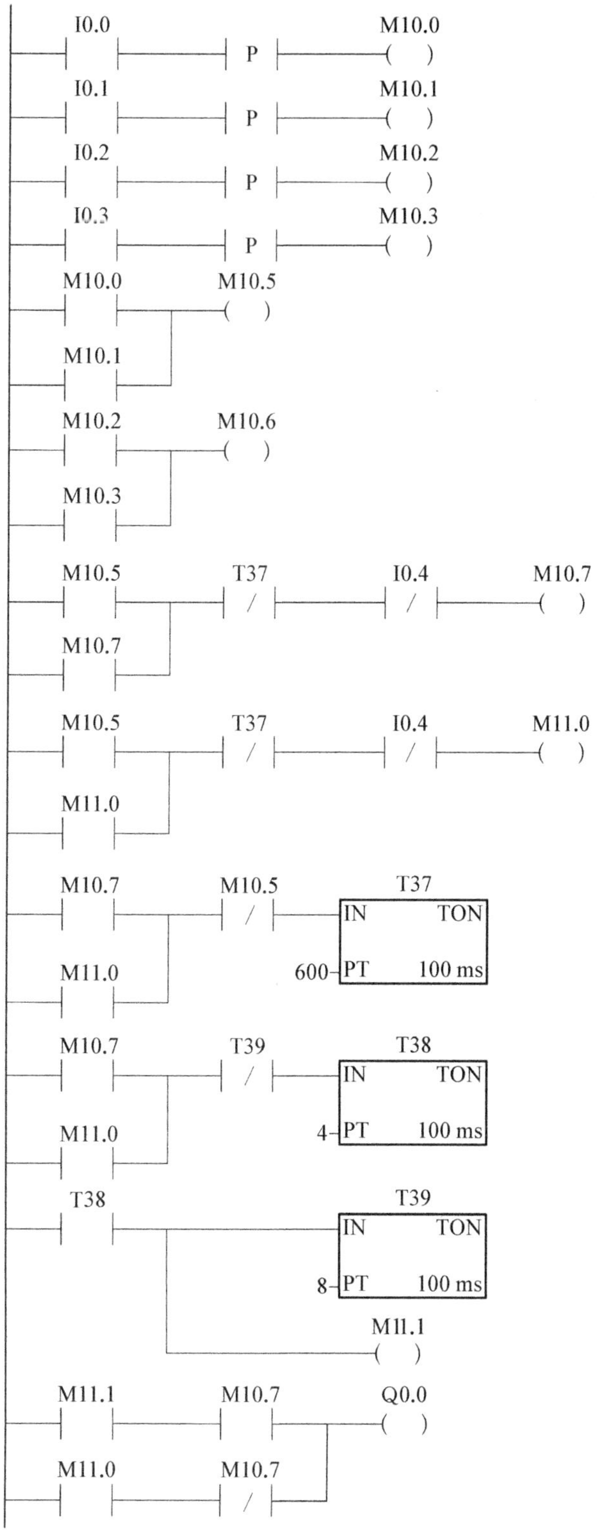

图 3－101　报警功能梯形图

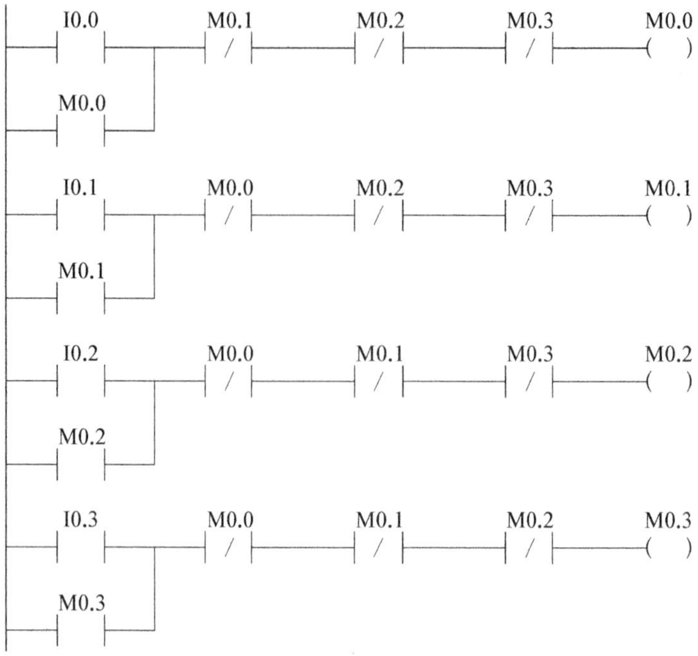

图 3 - 102　多输入信号的优先电路

3.6　编程软件 STEP7 - Micro/WIN V4.0 的使用

3.6.1　STEP7 - Micro/WIN V4.0 功能简介

S7 - 200 可编程控制器使用 STEP7 - Micro/WIN 编程软件进行编程。STEP7 - Micro/WIN 编程软件是基于 Windows 的应用软件,功能强大,主要用于开发程序,也可用于实时监控用户程序的执行状态。

S7 - 200 CN CPU 必须配合 STEP7 - Micro/WIN V4.0 SP3 或以上版本使用。STEP7 - Micro/WIN V4.0 SP3 配合 S7 - 200 CN 使用时,必须设置语言环境为中文才能正常工作。

STEP7 - Micro/WIN 编程软件为用户开发、编辑和监控自己的应用程序提供了良好的编程环境。它简单易学,而且能够解决复杂的自动化任务。

它的优点很明显:适用于所有 S7 - 200 PLC 机型软件编程;同时支持 STL、LAD、FBD 三种编程语言,用户可以根据自己的喜好随时在三者之间切换;软件包提供无微不至的帮助功能,即使初学者也能容易地入门;包含多国语言包,可以方便地在各语言版本间切换;具有密码保护功能,能保护代码不受他人操作和破坏。

3.6.1.1　STEP7 - Micro/WIN 的安装

STEP7 - Micro/WIN V4.0 既可以在 PC 机上运行,也可以在西门子公司的编程器上运行。PC 机或编程器的最小配置如下:

操作系统为 Windows 2000 SP3 以上,或 Windows XP(Home/Professional);

编程电脑或编程器与 PLC 的通信电缆可以使用一条 PC/PPI 电缆。

编程软件的安装与一般 Windows 系统下的应用程序安装过程基本相同,特别之处在于安装过程中会弹出设置 PG/PC 通信方式的界面,如图 3－103 所示。在使用 PC/PPI 电缆通信时应选用 PC/PPI cable (PPI)方式,单击 OK 即可设置通信协议。当然,也可以在编程软件安装完成之后,在软件中进行设置或重新设置。

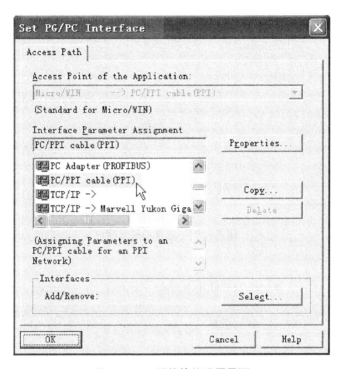

图 3－103   通信协议设置界面

安装完成后,双击桌面上"V4.0 STEP 7 MicroWIN"图标,运行程序。这时程序仍然是英文界面。按照下述步骤操作,即可将程序设置为中文界面:

在程序的菜单栏选择 Tools＞Options 命令;

在弹出的 Options 选项卡的左边点击 General 选项,如图 3－104 所示,然后在右边的 Language 选项中选择 Chinese,再单击选项卡右下角的"OK"按钮。

程序会要求关闭整个程序以设置语言。待程序关闭后重新启动程序可看到程序已设置为中文版本。

3.6.1.2   STEP7－Micro/WIN 窗口组件

STEP7－Micro/WIN 的主界面如图 3－105 所示。

主界面一般可以分为以下几个部分:菜单条、工具条、浏览条、指令树、用户窗口、输出窗口和状态条。除菜单条外,用户可以根据需要通过查看菜单和窗口菜单决定其他窗口的取舍和样式的设置。

1) 主菜单

主菜单包括文件、编辑、查看、PLC、调试、工具、窗口、帮助 8 个主菜单项。各主菜单项的功能如下。

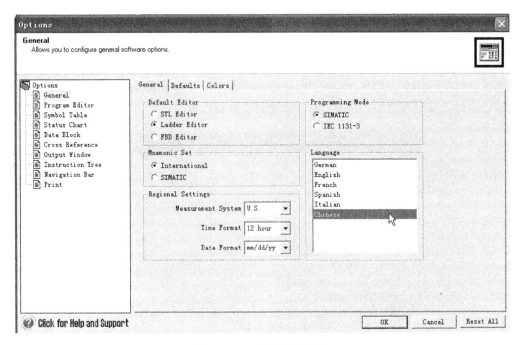

图 3 - 104   语言设置界面

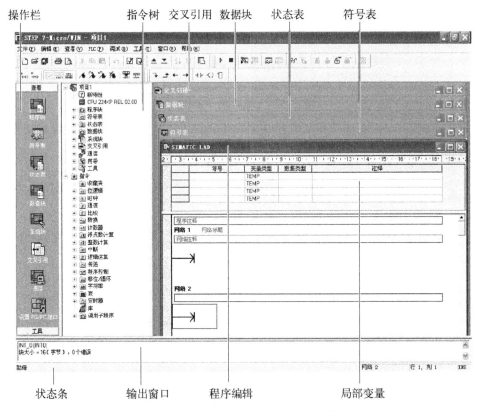

图 3 - 105   STEP7 - Micro/WIN 主界面

（1）文件（File）菜单。文件的操作有：新建（New）、打开（Open）、关闭（Close）、保存（Save）、另存（Save As）、导入（Import）、导出（Export）、上载（Upload）、下载（Download）、页面设置（Page Setup）、打印（Print）、预览、最近使用文件、退出。

导入：若从 STEP7 - Micro/WIN 32 编辑器之外导入程序，可使用"导入"命令导入 ASCII 文本文件。

导出：使用"导出"命令创建程序的 ASCII 文本文件，并导出至 STEP7 - Micro/WIN 外部的编辑器。

上载：在运行 STEP7 - Micro/WIN32 的个人计算机和 PLC 之间建立通信后，从 PLC 将程序上载至运行 STEP7 - Micro/WIN 32 的个人计算机。

下载：在运行 STEP7 - Micro/WIN32 的个人计算机和 PLC 之间建立通信后，将程序下载至该 PLC。下载之前，PLC 应位于"停止"模式。

（2）编辑（Edit）菜单。编辑菜单提供程序的编辑工具有：撤销（Undo）、剪切（Cut）、复制（Copy）、粘贴（Paste）、全选（Select All）、插入（Insert）、删除（Delete）、查找（Find）、替换（Replace）、转至（Go To）等项目。

剪切/复制/粘贴：可以在 STEP7 - Micro/WIN32 项目中剪切下列条目——文本或数据栏，指令，单个网络，多个相邻的网络，POU 中的所有网络，状态表行、列或整个状态表，符号表行、列或整个符号表，数据块。不能同时选择多个不相邻的网络。不能从一个局部变量表成块剪切数据并粘贴至另一局部变量表中，因为每个表的只读 L 内存赋值必须唯一。

插入：在 LAD 编辑器中，可在光标上方插入行（在程序或局部变量表中），在光标下方插入行（在局部变量表中），在光标左侧插入列（在程序中），插入垂直接头（在程序中），在光标上方插入网络，并为所有网络重新编号，在程序中插入新的中断程序，在程序中插入新的子程序。

查找/替换/转至：可以在程序编辑器窗口、局部变量表、符号表、状态表、交叉引用标签和数据块中使用"查找"、"替换"和"转至"。

"查找"工具的功能：查找指定的字符串，例如操作数、网络标题或指令助记符。（"查找"不搜索网络注释，只能搜索网络标题。"查找"不搜索 LAD 和 FBD 中的网络符号信息表。）

"替换"工具的功能：替换指定的字符串。（"替换"对语句表指令不起作用。）

"转至"工具的功能：通过指定网络数目的方式将光标快速移至另一个位置。

（3）查看（View）菜单。通过查看菜单可以选择不同的程序编辑器：LAD，STL，FBD。

通过查看菜单可以进行数据块（Data Block）、符号表（Symbol Table）、状态表表（Status Chart）、系统块（System Block）、交叉引用（Cross Reference）、通信（Communication）参数的设置。

通过查看菜单可以选择注解和网络注解（POU Comments）显示与否等。

通过查看菜单的工具栏区可以选择浏览栏（Navigation Bar）、指令树（Instruction Tree）及输出视窗（Output Window）的显示与否。

通过查看菜单可以对程序块的属性进行设置。

(4) PLC 菜单。PLC 菜单用于与 PLC 联机时的操作。如用软件改变 PLC 的运行方式(运行、停止),对用户程序进行编译,清除 PLC 程序,电源起动重置,查看 PLC 的信息,时钟和存储卡的操作,程序比较,PLC 类型选择等操作。其中对用户程序进行编译可以离线进行。

联机方式(在线方式):有编程软件的计算机与 PLC 连接,两者之间可以直接通信。

离线方式:有编程软件的计算机与 PLC 断开连接。此时可进行编程、编译。

联机方式和离线方式的主要区别是:联机方式可直接针对连机 PLC 进行操作,如上载、下载用户程序等。离线方式不直接与 PLC 联系,所有的程序和参数都暂时存放在磁盘上,等联机后再下载到 PLC 中。

PLC 有两种操作模式:STOP(停止)和 RUN(运行)模式。在 STOP(停止)模式中可以建立/编辑程序,在 RUN(运行)模式中可建立、编辑程序或监控程序操作和数据,进行动态调试。

若使用 STEP7 - Micro/WIN32 软件控制 RUN/STOP(运行/停止)模式,在 STEP7 - Micro/WIN32 和 PLC 之间必须建立通信。另外,PLC 硬件模式开关必须设为 TERM(终端)或 RUN(运行)。

编译(Compile):用来检查用户程序语法错误。用户程序编辑完成后通过编译在显示器下方的输出窗口显示编译结果,明确指出错误的网络段,可以根据错误提示对程序进行修改,然后再编译,直至无错误。

全部编译(Compile All):编译全部项目元件(程序块、数据块和系统块)。

信息(Information):可以查看 PLC 信息,例如 PLC 型号和版本号码、操作模式、扫描速率、I/O 模块配置以及 CPU 和 I/O 模块错误等。

电源起动重置(Power - Up Reset):从 PLC 清除严重错误并返回 RUN(运行)模式。如果操作 PLC 存在严重错误,SF(系统错误)指示灯亮,程序停止执行。必须将 PLC 模式重设为 STOP(停止),然后再设置为 RUN(运行),才能清除错误,或使用"PLC"→"电源起动重置"。

(5) 调试(Debug)菜单。调试菜单用于联机时的动态调试,有单次扫描(First Scan)、多次扫描(Multiple Scans)、程序状态(Program Status)、触发暂停(Triggred Pause)、用程序状态模拟运行条件(读取、强制、取消强制和全部取消强制)等功能。

调试时可以指定 PLC 对程序执行有限次数扫描(从 1 次扫描到 65 535 次扫描)。通过选择 PLC 运行的扫描次数,可以在程序改变过程变量时对其进行监控。第一次扫描时,SM0.1 数值为 1(打开)。

单次扫描:可编程控制器从 STOP 方式进入 RUN 方式,执行一次扫描后,回到 STOP 方式,可以观察到首次扫描后的状态。PLC 必须位于 STOP(停止)模式,通过"调试"菜单执行"单次扫描"操作。

多次扫描:调试时可以指定 PLC 对程序执行有限次数扫描(从 1 次扫描到 65 535 次扫描)。通过选择 PLC 运行的扫描次数,可以在程序过程变量改变时对其进行监控。PLC 必须位于 STOP(停止)模式时通过"调试"菜单执行"多次扫描",设置扫描次数。

（6）工具菜单。工具菜单提供复杂指令向导（PID、HSC、NETR/NETW 指令），使复杂指令编程时的工作简化。

工具菜单提供文本显示器 TD200 设置向导。

工具菜单的定制子菜单可以更改 STEP7－Micro/WIN32 工具条的外观或内容，以及在"工具"菜单中增加常用工具。

工具菜单的选项子菜单可以设置 3 种编辑器的风格，如字体、指令盒的大小等样式。

（7）窗口菜单。窗口菜单可以设置窗口的排放形式，如层叠、水平、垂直。

（8）帮助菜单。帮助菜单可以提供 S7－200 的指令系统及编程软件的所有信息，并提供在线帮助、网上查询、访问等功能。

2）工具条

（1）标准工具条，如图 3－106 所示。各快捷按钮从左到右分别为：新建项目、打开现有项目、保存当前项目、打印、打印预览、剪切选项并复制至剪贴板、将选项复制至剪贴板、在光标位置粘贴剪贴板内容、撤销最后一个条目、编译程序块或数据块（任意一个现用窗口）、全部编译（程序块、数据块和系统块）、将项目从 PLC 上载至 STEP7－Micro/WIN32、从 STEP7－Micro/WIN32 下载至 PLC、符号表名称列按照 A→Z 从小至大排序、符号表名称列按照 Z→A 从大至小排序、选项（配置程序编辑器窗口）。

图 3－106 标准工具条

（2）调试工具条，如图 3－107 所示。各快捷按钮从左到右分别为：将 PLC 设为运行模式、将 PLC 设为停止模式、在程序状态打开/关闭之间切换、在触发暂停打开/停止之间切换（只用于语句表）、在图状态打开/关闭之间切换、状态表表单次读取、状态表表全部写入、强制 PLC 数据、取消强制 PLC 数据、状态表表全部取消强制、状态表表全部读取强制数值。

图 3－107 调试工具条   图 3－108 公用工具条

（3）公用工具条，如图 3－108 所示。公用工具条各快捷按钮从左到右分别为：插入网络、删除网络、POU 注解、网络注解、查看/隐藏每个网络的符号信息表、切换书签、下一个书签、前一个书签、清除全部书签、在项目中应用所有的符号、建立表格未定义符号、常量说明符。

插入网络：单击该按钮，在 LAD 或 FBD 程序中插入一个空网络。

删除网络：单击该按钮，删除 LAD 或 FBD 程序中的整个网络。

POU 注解：单击该按钮在 POU 注解打开（可视）或关闭（隐藏）之间切换。每个 POU 注解可允许使用的最大字符数为 4 096。可视时，始终位于 POU 顶端，在第一个网络之前显示，如图 3－109 所示。

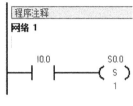

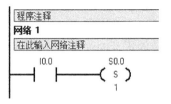

图3-109　POU注解　　　　　　　　图3-110　网络注解

　　网络注解：单击该按钮，在光标所在的网络标号下方出现的灰色方框中输入网络注解。再单击该按钮，网络注解关闭，如图3-110所示。

　　查看/隐藏每个网络的符号信息表：单击该按钮，用所有的新、旧和修改的符号名更新项目，而且在符号信息表打开和关闭之间切换，如图3-111所示。

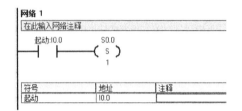

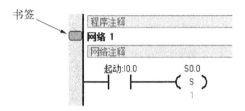

图3-111　网络的符号信息表　　　　　图3-112　网络设置书签

　　切换书签：设置或移除书签，单击该按钮，在当前光标指定的程序网络设置或移除书签。在程序中设置书签，便于在较长程序中指定的网络之间来回移动，如图3-112所示。

　　下一个书签：将程序滚动至下一个书签。单击该按钮，向下移至程序中下一个带书签的网络。

　　前一个书签：将程序滚动至前一个书签。单击该按钮，向上移至程序中前一个带书签的网络。

　　清除全部书签：单击该按钮，移除程序中的所有当前书签。

　　在项目中应用所有的符号：单击该按钮，用修改的符号名更新项目，并打开符号信息表。

　　建立表格未定义符号：单击该按钮，从程序编辑器将不带指定地址的符号名传输至指定地址的新符号表标记。

　　常量说明符：在SIMATIC类型说明符打开/关闭之间切换，单击"常量描述符"按钮，使常量描述符可视或隐藏。对许多指令参数可直接输入常量。仅被指定为100的常量具有不确定的大小，因为常量100可以表示为字节、字或双字大小。当输入常量参数时，程序编辑器根据每条指令的要求指定或更改常量描述符。

图3-113　LAD指令工具条

　　（4）LAD指令工具条，如图3-113所示。从左到右分别为：插入向下直线、插入向上直线、插入左行、插入右行、插入接点、插入线圈、插入指令盒。

　　3）浏览条

　　浏览条（Navigation Bar）为编程提供按钮控制，可以实现窗口的快速切换，即对编程工具执行直接按钮存取,包括程序块(Program Block)、符号表(Symbol Table)、状态表表(Status Chart)、数据块(Data Block)、系统块(System Block)、交叉引用(Cross Reference)和通信(Communication)。单击上述任意按钮,则主窗口切换成此按钮对应的窗口。

用菜单命令"查看"→"帧"→"浏览条",浏览条可在打开(可见)和关闭(隐藏)之间切换。

用菜单命令"工具"→"选项",选择"浏览条"标签,可在浏览条中编辑字体。

浏览条中的所有操作都可用"指令树(Instruction Tree)"视窗完成,或通过"查看(View)"→"元件"菜单来完成。

4) 指令树

指令树(Instruction Tree)以树型结构提供编程时用到的所有快捷操作命令和 PLC 指令。可分为项目分支和指令分支。

项目分支用于组织程序项目:

用鼠标右键单击"程序块"文件夹,插入新子程序和中断程序。

打开"程序块"文件夹,并用鼠标右键单击 POU 图标,可以打开 POU、编辑 POU 属性、用密码保护 POU 或为子程序和中断程序重新命名。

用鼠标右键单击"状态表"或"符号表"文件夹,插入新图或新表。

打开"状态表"或"符号表"文件夹,在指令树中用鼠标右键单击图或表图标,或双击适当的 POU 标记,执行打开、重新命名或删除操作。

指令分支用于输入程序,打开指令文件夹并选择指令:

拖放或双击指令,可在程序中插入指令。

用鼠标右键单击指令,并从弹出菜单中选择"帮助",获得有关该指令的信息。

可将常用指令拖放至"偏好项目"文件夹。

若项目指定了 PLC 类型,指令树中红色×标记表示对该 PLC 无效的指令。

5) 用户窗口

可同时或分别打开图 3 - 105 中的 6 个用户窗口,分别为:交叉引用、数据块、状态表表、符号表、程序编辑器、局部变量表。

(1) 交叉引用(Cross Reference)。在程序编译成功后,可用下面的方法之一打开"交叉引用"窗口:

用菜单"查看"→"交叉引用"(Cross Reference);

单击浏览条中的"交叉引用" ⊞ 按钮。

如图 3 - 114 所示,"交叉引用"表列出在程序中使用的各操作数所在的 POU、网络或行位置,以及每次使用各操作数的语句表指令。通过交叉引用表还可以查看哪些内存区域已经被使用,作为位还是作为字节使用。在运行方式下编辑程序时,可以查看程序当前正在使用的跳变信号的地址。交叉引用表不下载到可编程控制器,在程序编译成功后,才能打开交叉引用表。在交叉引用表中双击某操作数,可以显示出包含该操作数的那一部分程序。

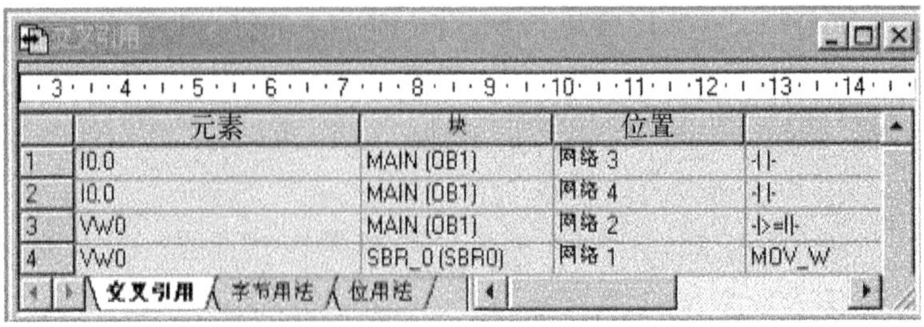

图3-114 交叉引用表

（2）数据块。"数据块"窗口可以设置和修改变量存储器的初始值和常数值，并加注必要的注释说明。可用下面的方法之一打开"数据块"窗口：

单击浏览条上的"数据块" █ 按钮；

"查看"菜单→"元件"→"数据块"；

单击指令树中的"数据块" █ 图标。

（3）状态表表。将程序下载至PLC之后，可以建立一个或多个状态表表，在联机调试时，打开状态表表，监视各变量的值和状态。状态表表并不下载到可编程控制器，只是监视用户程序运行的一种工具。

用下面的方法之一可打开状态表表：

单击浏览条上的"状态表表" █ 按钮；

"查看"菜单→"元件"→"状态表"；

打开指令树中的"状态表"文件夹，然后双击 █ 图标。

若在项目中有一个以上状态表，使用位于"状态表"窗口底部的标签在状态表之间移动。

可在状态表表的地址列输入需监视的程序变量地址，在PLC运行时，打开状态表表窗口，在程序扫描执行时，连续、自动地更新状态表表的数值。

（4）符号表。符号表是程序员用符号编址的一种工具表。在编程时不采用元件的直接地址作为操作数，而用有实际含义的自定义符号名作为编程元件的操作数，这样可使程序更容易理解。符号表建立了自定义符号名与直接地址编号之间的关系。程序被编译后下载到可编程控制器时，所有的符号地址被转换成绝对地址，符号表中的信息不下载到可编程控制器。

用下面的方法之一可打开符号表：

单击浏览条中的"符号表" █ 按钮；

"查看"菜单→"符号表"；

打开指令树中的符号表或全局变量文件夹，然后双击一个表格 █ 图标。

（5）程序编辑器。用菜单命令"文件"→"新建"，"文件"→"打开"或"文件"→"导入"，打开一个项目。然后用下面的方法之一打开"程序编辑器"窗口，建立或修改程序：

单击浏览条中的"程序块" █ 按钮，打开主程序（OB1），可以单击子程序或中断程序标签，打开另一个POU；

指令树→程序块→双击主程序（OB1）图标、子程序图标或中断程序图标。

用下面的方法之一可改变程序编辑器选项：

菜单命令"查看"→LAD、FBD、STL,更改编辑器类型;

菜单命令"工具"→"选项"→"一般" 标签,可更改编辑器(LAD、FBD 或 STL)和编程模式(SIMATIC 或 IEC 61131 - 3);

菜单命令"工具"→"选项"→"程序编辑器"标签,设置编辑器选项;

使用选项 快捷按钮→设置"程序编辑器"选项。

(6) 局部变量表。程序中的每个 POU 都有自己的局部变量表,局部变量存储器(L)有 64 个字节。局部变量表用来定义局部变量,局部变量只在建立该局部变量的 POU 中才有效。在带参数的子程序调用中,参数的传递就是通过局部变量表传递的。

在用户窗口将水平分裂条下拉即可显示局部变量表;将水平分裂条拉至程序编辑器窗口的顶部,局部变量表不再显示,但仍旧存在。

6) 输出窗口

输出窗口用来显示 STEP7 - Micro/WIN32 程序编译的结果,如编译结果有无错误、错误编码和位置等。

用菜单命令"查看"→"帧"→"输出窗口"可打开或关闭输出窗口。

7) 状态条

状态条提供有关在 STEP7 - Micro/WIN32 中操作的信息。

3.6.2　用户程序文件的编辑与操作

3.6.2.1　指令集和编辑器的选择

在写程序之前,用户必须选择指令集和编辑器。

S7 - 200 系列 PLC 支持的指令集有 SIMATIC 和 IEC 61131 - 3 两种。SIMATIC 是专为 S7 - 200 PLC 设计的,专用性强,采用 SIMATIC 指令编写的程序执行时间短,可以使用 LAD、STL 和 FBD 三种编辑器。IEC 61131 - 3 指令集是按国际电工委员会(IEC) PLC 编程标准提供的指令系统,作为不同 PLC 厂商的指令标准,包含的指令较少。有些 SIMATIC 所包含的指令,在 IEC 61131 - 3 中不是标准指令。IEC61131 - 3 标准指令集适用于不同厂家 PLC,可以使用 LAD 和 FBD 两种编辑器。本书主要采用 SIMATIC 编程模式。打开图 3 - 104 所示的界面即可选择所需的指令集和编辑器。

3.6.2.2　编程元素及项目组件

S7 - 200 的三种程序组织单位(POU)指主程序、子程序和中断程序。一个项目(Project)包括的基本组件有程序块、数据块、系统块、符号表、状态表表、交叉引用表。程序块、数据块和系统块必须下载到 PLC,而符号表、状态表表和交叉引用表则不下载到 PLC。

程序块由可执行代码和注释组成,可执行代码由一个主程序和可选子程序或中断程序组成。程序代码被编译并下载到 PLC,程序注释被忽略。

数据块由数据(包括初始内存值和常数值)和注释两部分组成。数据被编译后,下载到可编程控制器,注释被忽略。

系统块用来设置系统的参数,包括通信口配置信息、保存范围、模拟和数字输入过滤器、背景时间、密码表、脉冲截取位和输出表等选项。系统块如图 3 - 115 所示。

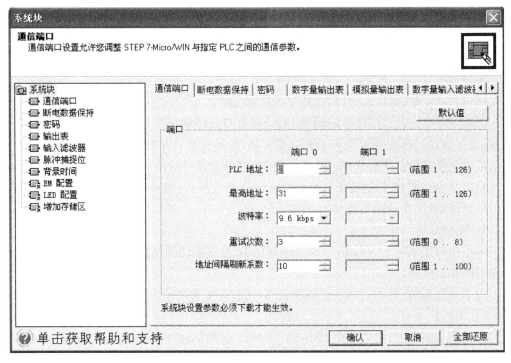

图 3 - 115　系统块

系统块的信息实际上包含了对 PLC 硬件设备的配置信息。正确、合理地配置系统块非常重要,需根据控制系统的具体功能认真考虑。系统块的信息必须下载到可编程控制器,为 PLC 提供新的系统配置。

符号表、状态表表和交叉引用表在前面已经介绍过,这里不再介绍。

3.6.2.3　梯形图程序的输入

1) 建立项目

在 STEP7 - Micro/WIN 编程软件中,可以新建项目也可以打开已有的项目。

创建新项目的途径包括:

单击"新建"快捷按钮;

菜单命令"文件"→"新建";

点击浏览条中的程序块图标,新建一个项目。

打开已有的项目文件的方法包括:

用菜单命令"文件"→"打开",在"打开文件"对话框中,选择项目的路径及名称,单击"确定",打开现有项目;

在"文件"菜单底部列出最近工作过的项目名称,选择文件名,直接选择打开;

利用 Windows 资源管理器,选择扩展名为. mwp 的文件打开。

2) 输入程序

打开项目后就可以进行编程。本书主要介绍梯形图的相关操作。

(1) 输入指令。梯形图的元素主要有接点、线圈和指令盒。梯形图的每个网络必须从接点开始,以线圈或没有 ENO 输出的指令盒结束。线圈不允许串联使用。

要输入梯形图指令首先要进入梯形图编辑器："查看"→单击"梯形图"选项。接着在梯形图编辑器中输入指令。输入指令可以通过指令树、工具条按钮、快捷键等方法：

在指令树中选择需要的指令,拖放到需要位置；

将光标放在需要的位置,在指令树中双击需要的指令；

将光标放到需要的位置,单击工具栏指令按钮,打开一个通用指令窗口,选择需要的指令；

使用功能键 F4＝接点,F6＝线圈,F9＝指令盒,打开一个通用指令窗口,选择需要的指令。

当编程元件图形出现在指定位置后,再点击编程元件符号的"???",输入操作数。红色字样显示语法出错,当把不合法的地址或符号改变为合法值时,红色消失。若数值下面出现红色的波浪线,则表示输入的操作数超出范围或与指令的类型不匹配。

(2) 上下线的操作。将光标移到要合并的触点处,单击上行线或下行线按钮。

(3) 输入程序注释。LAD 编辑器中共有 4 个注释级别：项目组件(POU)注释、网络标题、网络注释和项目组件属性。

项目组件(POU)注释：在"网络 1"上方的灰色方框中单击,输入 POU 注释。

单击"切换 POU 注释" 按钮或者用菜单命令"查看"→"POU 注释"选项,可在POU 注释"打开"(可视)或"关闭"(隐藏)之间切换。

每条 POU 注释所允许使用的最大字符数为 4 096。可视时,始终位于 POU 顶端,并在第一个网络之前显示。

网络标题：将光标放在网络标题行,输入一个便于识别该逻辑网络的标题。网络标题中可允许使用的最大字符数为 127。

网络注释：将光标移到网络标号下方的灰色方框中,可以输入网络注释。网络注释可对网络的内容进行简单的说明,以便于程序的理解和阅读。网络注释中可允许使用的最大字符数为 4 096。

单击"切换网络注释" 按钮或者用菜单命令"查看"→网络注释,可在网络注释"打开"(可视)和"关闭"(隐藏)之间切换。

3) 编辑程序

(1) 剪切、复制、粘贴或删除多个网络。通过用 Shift 键＋鼠标单击,可以选择多个相邻的网络,进行剪切、复制、粘贴或删除等操作。注意：不能选择部分网络,只能选择整个网络。

(2) 编辑单元格、指令、地址和网络。用光标选中需要进行编辑的单元,单击鼠标右键,弹出快捷菜单,可以进行插入或删除行、列、垂直线或水平线的操作。删除垂直线时把方框放在垂直线左边单元上,删除时选"行",或按"Del"键。进行插入编辑时,先将方框移至欲插入的位置,然后选"列"。

3.6.2.4　数据块编辑

数据块用来对变量存储器 V 赋初值,可用字节、字或双字赋值。注解(前面带双斜线)是可选项目,如图 3 - 116 所示。编写的数据块,被编译后下载到可编程控制器,注释被忽略。

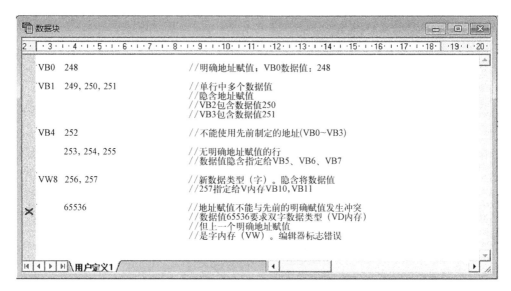

图 3－116　数据块

数据块的第一行必须包含一个明确地址,以后的行可包含明确或隐含地址。在单地址后键入多个数据值或键入仅包含数据值的行时,由编辑器指定隐含地址。编辑器根据先前的地址分配及数据长度(字节、字或双字)指定适当的 V 内存数量。

数据块编辑器是一种自由格式文本编辑器,键入一行后,按 Enter 键,数据块编辑器格式化行(对齐地址列、数据、注解;捕获 V 内存地址)并重新显示。数据块编辑器接受大小写字母并允许使用逗号、制表符或空格,作为地址和数据值之间的分隔符。

数据块需要下载至 PLC 后才起作用。

3.6.2.5　符号表操作

1) 在符号表中符号赋值的方法

(1) 建立符号表。单击浏览条中的"符号表" 按钮。符号表如图 3－117 所示。

			符号	地址	注释
1			起动	I0.0	启动按钮SB2
2			停止	I0.1	停止按钮SB1
3			M1	Q0.0	电动机
4					

图 3－117　符号表

(2) 在"符号"列键入符号名(如:起动),最大符号长度为 23 个字符。注意:在给符号指定地址之前,该符号下有绿色波浪下划线;在给符号指定地址后,绿色波浪下划线自动消失。如果选择同时显示项目操作数的符号和地址,则较长的符号名在 LAD、FBD 和 STL 程序编辑器窗口中会被一个波浪号(～)截断。可将鼠标放在被截断的名称上,在工具提示中查看全名。

(3) 在"地址"列中键入地址(如:I0.0)。

(4) 键入注解(此为可选项:最多允许 79 个字符)。

(5) 符号表建立后,使用菜单命令"查看"→选中"符号编址",直接地址将转换成符号表中对应的符号名。并且可通过菜单命令"工具"→"选项"→"程序编辑器"标签→"符号编址"选项,来选择操作数显示的形式。如选择"显示符号和地址",则对应的梯形图如图 3 - 118 所示。

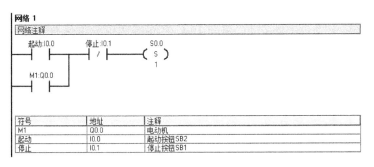

图 3 - 118　带符号表的梯形图

(6) 使用菜单命令"查看"→"符号信息表",可选择符号表的显示与否。"查看"→"符号编址",可选择是否将直接地址转换成对应的符号名。

在 STEP7 - Micro/WIN32 中,可以建立多个符号表(SIMATIC 编程模式)或多个全局变量表(IEC 61131 - 3 编程模式)。但不允许将相同的字符串多次用作全局符号赋值,在单个符号表中和几个表内均不得如此。

2) 在符号表中插入行

使用下列方法之一可在符号表中插入行:

菜单命令"编辑"→"插入"→"行",将在符号表光标的当前位置上方插入新行;

用鼠标右键单击符号表中的一个单元格,选择弹出菜单中的命令"插入"→"行",将在光标的当前位置上方插入新行;

若要在符号表底部插入新行,则可将光标放在最后一行的任意一个单元格中,按"下箭头"键。

3) 建立多个符号表

默认情况下,符号表窗口显示一个符号名称(USR1)的标签。可用下列方法建立多个符号表:

从"指令树"用鼠标右键单击"符号表"文件夹,在弹出菜单命令中选择"插入符号表";

打开符号表窗口,使用"编辑"菜单,或用鼠标右键单击,在弹出菜单中选择"插入"→"表格"。

插入新符号表后,新的符号表标签会出现在符号表窗口的底部。在打开符号表时,要选择正确的标签。用鼠标双击或右键单击标签,可为标签重新命名。

3.6.2.6　程序的编译

程序经过编译后,方可下载到 PLC。编译的方法如下:

单击"编译"按钮 █ 或选择菜单命令"PLC"→"编译"(Compile),编译当前被激活的窗口中的程序块或数据块;

单击"全部编译" █ 按钮或选择菜单命令"PLC"→"全部编译"(Compile All),编译全部项目元件(程序块、数据块和系统块)。

使用"全部编译",与哪一个窗口是活动窗口无关。编译结束后,输出窗口显示编译结果。

3.6.3　编程软件与 PLC 的通信

3.6.3.1　建立 S7 - 200 CPU 的通信

可以采用 PC/PPI 电缆建立 PC 机与 PLC 之间的通信。这是典型的单主机与 PC 机的连接,不需要其他的硬件设备,可参见第 2 章。PC/PPI 电缆的两端分别为 RS - 232 和 RS - 485 接口,RS - 232 端连接到个人计算机 RS - 232 通信口 COM1 或 COM2 接口上,RS - 485 端接到 S7 - 200 CPU 通信口上。PC/PPI 电缆中间有通信模块,模块外部设有波特率设置开关,有 5 种支持 PPI 协议的波特率可以选择,分别为:1.2,2.4,9.6,19.2,38.4 kbaud。系统的默认值为 9.6 kb/s。

PC/PPI 电缆波特率设置开关(DIP 开关)的位置应与软件系统设置的通信波特率相一致。DIP 开关上有 5 个扳键,1、2、3 号键用于设置波特率,4 号和 5 号键用于设置通信方式。通信速率的默认值为 9.6 kb/s,如图 3 - 119 所示,1、2、3 号键设置为 010,未使用调制解调器时,4、5 号键均应设置为 0。

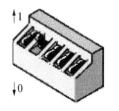

DIP 开关设置(下=0,上=1)

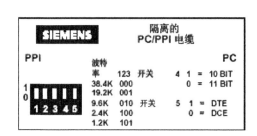

图 3 - 119　DIP 开关的设置

用 PC/PPI 电缆将 PC 机和 PLC 连接好后,可按下面的步骤设置通信参数:

(1) 在 STEP7 - Micro/WIN 运行时单击通信图标,或从"查看(View)"菜单中选择"通信(Communication)",则会出现一个通信对话框。

(2) 对话框中双击 PC/PPI 电缆图标,将出现 PC/PG 接口的对话框。

(3) 单击"属性(Properties)"按钮,将出现接口属性对话框,检查各参数的属性是否正确。初学者可以使用默认的通信参数,在 PC/PPI 性能设置的窗口中按"默认(Default)"按钮,可获得默认的参数。默认站地址为 2,波特率为 9.6 kb/s。

如果要修改 PLC 的通信参数,可以通过系统块对话框中的"通信口"选项卡进行修改。

通信参数设置完成后,可以建立与 S7 - 200 CPU 的在线联系,步骤如下:

(1) 在 STEP7 - Micro/WIN 运行时单击通信图标,或从"查看(View)"菜单中选择"通信(Communication)",出现一个通信建立结果对话框,显示是否连接了 CPU 主机。

(2) 双击对话框中的刷新图标,STEP7 - Micro/WIN 编程软件将检查所连接的所有 S7 - 200 CPU 站。在对话框中显示已建立起连接的每个站的 CPU 图标、CPU 型号和站地址。

(3) 双击要进行通信的站,在通信建立对话框中,可以显示所选的通信参数。

3.6.3.2　程序和数据的上载、下载

1）下载

如果已经成功地在运行 STEP7 - Micro/WIN32 的个人计算机和 PLC 之间建立了通信，就可以将编译好的程序下载至该 PLC。如果 PLC 中已经有内容，已有的内容将被覆盖。下载步骤如下：

⑴ 下载之前，PLC 必须位于"停止"的工作方式。检查 PLC 上的工作方式指示灯，如果 PLC 没有在"停止"，单击工具条中的"停止"按钮，将 PLC 置于停止方式。

⑵ 单击工具条中的"下载"按钮，或用菜单命令"文件"→"下载"。出现"下载"对话框。

⑶ 根据默认值，在初次发出下载命令时，"程序代码块"、"数据块"和"CPU 配置"（系统块）复选框都被选中。如果不需要下载某个块，可以清除该复选框。

⑷ 单击"确定"，开始下载程序。如果下载成功，将出现一个确认框，显示"下载成功"。

⑸ 如果 STEP7 - Micro/WIN32 中的 CPU 类型与实际的 PLC 不匹配，会显示以下警告信息："为项目所选的 PLC 类型与远程 PLC 类型不匹配。继续下载吗？"

⑹ 此时应纠正 PLC 类型选项，选择"否"，终止下载程序。

⑺ 用菜单命令"PLC"→"类型"，调出"PLC 类型"对话框。单击"读取 PLC"按钮，由 STEP7 - Micro/WIN32 自动读取正确的数值。单击"确定"按钮，确认 PLC 类型。

⑻ 单击工具条中的"下载"按钮，重新开始下载程序，或用菜单命令"文件"→"下载"。

下载成功后，单击工具条中的"运行"按钮，或"PLC"→"运行"，PLC 进入 RUN（运行）工作方式。

2）上载

可用下面的方法之一从 PLC 将项目元件上载到 STEP7 - Micro/WIN32 程序编辑器：

单击"上载"按钮；

选择菜单命令"文件"→"上载"；

按快捷键组合 Ctrl+U。

执行的步骤与下载基本相同，选择需上载的块（程序块、数据块或系统块），单击"上载"按钮，上载的程序将从 PLC 复制到当前打开的项目中，随后即可保存上载的程序。

3.6.4　程序的状态监控与调试

在运行 STEP7 - Micro/WIN32 的编程设备和 PLC 之间建立通信并向 PLC 下载程序后，便可运行程序，收集状态进行监控和调试程序。

3.6.4.1　选择工作方式

PLC 有运行和停止两种工作方式。在不同的工作方式下，PLC 进行调试的操作方法不同。

单击工具栏中的"运行"按钮 ▶ 或"停止"按钮 ■ 可以进入相应的工作方式。

1) STOP 工作方式

在 STOP(停止)工作方式中,可以创建和编辑程序,PLC 处于半空闲状态:停止用户程序执行;执行输入更新;用户中断条件被禁用。PLC 操作系统继续监控 PLC,将状态数据传递给 STEP7 - Micro/WIN32,并执行所有的"强制"或"取消强制"命令。当 PLC 位于 STOP(停止)工作方式时可以进行下列操作:

(1) 使用图状态或程序状态查看操作数的当前值(因为程序未执行,这一步骤等同于执行"单次读取")。

(2) 可以使用图状态或程序状态强制数值。使用图状态写入数值。

(3) 写入或强制输出。

(4) 执行有限次扫描,并通过状态表或程序状态观察结果。

2) RUN 工作方式

当 PLC 位于 RUN(运行)工作方式时,不能使用"首次扫描"或"多次扫描"功能。可以在状态表表中写入和强制数值,或使用 LAD 或 FBD 程序编辑器强制数值,方法与在 STOP(停止)工作方式中强制数值相同。还可以执行下列操作(不能在 STOP 工作方式使用):

(1) 使用图状态收集 PLC 数据值的连续更新。如果希望使用单次更新,图状态必须关闭,才能使用"单次读取"命令。

(2) 使用程序状态收集 PLC 数据值的连续更新。

(3) 使用 RUN 工作方式中的"程序编辑"编辑程序,并将改动下载至 PLC。

3.6.4.2 程序状态显示

当程序下载至 PLC 后,可以用"程序状态"功能操作和测试程序网络。

1) 启动程序状态监控

PLC 置于 RUN 工作方式,启动程序状态监控 PLC 数据值改动。方法如下:

单击"程序状态打开/关闭"按钮 或用菜单命令"调试"→"程序状态",在梯形图中显示出各元件的状态。在进入"程序状态"的梯形图中,用彩色块表示位操作数的线圈得电或触点闭合状态。例如:十■├表示触点闭合状态,┥(■)表示位操作数的线圈得电。

在用菜单命令"工具"→"选项"打开的窗口中,可选择设置梯形图中功能块的大小、显示的方式和彩色块的颜色等。

运行中的梯形图内,各元件的状态将随程序执行过程连续更新变换。

2) 用程序状态模拟进程条件

通过在程序状态监控中从程序编辑器向操作数写入或强制新数值的方法,可以模拟进程条件。

(1) 写入操作数。直接单击操作数(不要单击指令),然后用鼠标右键直接单击操作数,并从弹出菜单选择"写入"。

(2) 强制单个操作数。直接单击操作数(不是指令),然后从"调试"工具条单击"强制"图标 。

直接用鼠标右键单击操作数(不是指令),并从弹出菜单选择"强制"。

（3）单个操作数取消强制。直接单击操作数（不是指令），然后从"调试"工具条单击"取消强制"图标 🔓 。

直接用鼠标右键单击操作数（不是指令），并从弹出菜单选择"取消强制"。

（4）全部强制数值取消强制。从"调试"工具条单击"全部取消强制"图标 🔓 。

强制数据用于立即读取或立即写入指令指定的 I/O 点。CPU 进入 STOP 状态时，输出将是强制数值，而不是系统块中设置的数值。

注意：若在程序中强制数值，则在程序每次扫描时会将操作数重设为该数值，与输入/输出条件或其他正常情况下对操作数有影响的程序逻辑无关。强制可能导致程序操作无法预料，可能导致人员死亡或严重伤害或设备损坏。强制功能是调试程序的辅助工具，切勿为了弥补处理装置的故障而执行强制。仅限合格人员使用强制功能。强制程序数值后，务必通知所有授权维修或调试程序的人员。在不带负载的情况下调试程序时，可以使用强制功能。

3）识别强制图标

被强制的数据处将显示一个图标。

（1）黄色锁定图标 🔒 表示显示强制，即该数值已经被"明确"或直接强制为当前正在显示的数值。

（2）灰色隐去锁定图标 🔒 表示隐式，即该数值已经被"隐含"强制，即不对地址进行直接强制，但内存区落入另一个被明确强制的较大区域中。例如，如果 VW0 被显示强制，则 VB0 和 VB1 被隐含强制，因为它们包含在 VW0 中。

（3）半块图标 🔒 表示部分强制。例如，VB1 被明确强制，则 VW0 被部分强制，因为其中的一个字节 VB1 被强制。

3.6.4.3　状态表显示

可以建立一个或多个状态表，用来监管和调试程序操作，如图 3 - 120 所示。打开状态表可以观察或编辑表的内容，启动状态表可以收集状态信息。

	地址	格式	当前值	新值
1	I0.0	位		
2	VW0	有符号		
3	M0.0	位		
4	SMW70	有符号		

图 3 - 120　状态表示例

1）打开状态表

用以下方法之一可以打开状态表：

单击浏览条上的"状态表"按钮 📋 ；

用菜单命令"查看"→"元件"→"状态表"；

打开指令树中的"状态表"文件夹，然后双击图标 📋 。

如果在项目中有多个状态表，使用"状态表"窗口底部的标签，可在状态表之间移动。

2）状态表的创建和编辑

打开一个空状态表，可以输入地址或定义符号名，从程序监管或修改数值。按以下步骤定义状态表：

（1）在"地址"列输入存储器的地址（或符号名）。

（2）在"格式"列选择数值的显示方式。如果操作数是位（如：I、Q 或 M），格式中被设为位。如果操作数是字节、字或双字，选中"格式"列中的单元格，并双击或按空格键或 Enter 键，浏览有效格式并选择适当的格式。定时器或计数器数值可以显示为位或字。如果将定时器或计数器地址格式设置为位，则会显示输出状态（输出打开或关闭）。如果将定时器或计数器地址格式设置为字，则使用当前值。

还可以按下面的方法更快地建立状态表：

选中程序代码的一部分，单击鼠标右键→弹出菜单→"建立状态表"。新状态表包含选中程序中每个操作数的一个条目。条目按照其在程序中出现的顺序排列，状态表有一个默认名称。新状态表被增加在状态表编辑器中的最后一个标记之后。

每次选择建立状态表时，只能增加前 150 个地址。一个项目最多可存储 32 个状态表。

在状态表修改过程中，可采用下列方法：

（1）插入新行。使用"编辑"菜单或用鼠标右键单击状态表中的一个单元格，从弹出菜单中选择"插入"→"行"。新行被插入在状态表中光标当前位置的上方。还可以将光标放在最后一行的任何一个单元格中，并按"下箭头"键，在状态表底部插入一行。

（2）删除一个单元格或行。选中单元格或行，用鼠标右键单击，从弹出菜单命令中选择"删除"→"选项"。如果删除一行，则其后的行（如果有）向上移动一行。

（3）选择一整行（用于剪切或复制）。单击行号。

（4）选择整个状态表。在行号的左上角单击一次。

3）状态表的启动与监视

开启状态表连续收集状态表信息，采用下面的方法：

菜单命令"调试"→"图状态"或使用工具条按钮"图状态" ▦ 。

再操作一次可关闭状态图。

状态表启动后，便不能再编辑状态表。

状态表被关闭时（未启动），可以使用"单次读取"功能，方法如下：

菜单命令"调试"→"单次读取"或使用工具条按钮"单次读取" ▦ 。

单次读取可以从可编程控制器收集当前的数据，并在表中当前值列显示出来，且在执行用户程序时并不对其更新。

状态表被启动后，使用"图状态"功能，将连续收集状态表信息，方法如下：

菜单命令"调试"→"图状态"或使用"图状态"工具条按钮 ▦ 。

4）写入与强制数值

全部写入：对状态表内的新数值改动完成后，可利用"全部写入"将所有改动传送至可编程控制器。物理输入点不能用此功能改动。

强制：在状态表的地址列中选中一个操作数，在新数值列写入模拟实际条件的数值，然后单击工具条中的"强制"按钮。一旦使用"强制"，每次扫描都会将强制数值应用于该地址，直至对该地址"取消强制"。

取消强制：和"程序状态"的操作方法相同。

3.6.4.4　执行有限次扫描

可以指定 PLC 对程序执行有限次数扫描（从 1 次扫描到 65 535 次扫描）。通过指定 PLC 运行的扫描次数，可以监控程序过程变量的改变。第一次扫描时，SM0.1 数值为 1。

1）执行单次扫描

"单次扫描"使 PLC 从 STOP 转变成 RUN，执行单次扫描，然后再转回 STOP，因此与第一次相关的状态信息不会消失，方便程序设计人员的调试工作。操作步骤如下：

（1）PLC 必须位于 STOP 模式。如果不在 STOP 模式，则需将 PLC 转换成 STOP 模式。

（2）"调试"菜单→"首次扫描"。

2）执行多次扫描

步骤如下：

（1）PLC 必须位于 STOP 模式。如果在 STOP 模式，则需将 PLC 转换成 STOP 模式。

（2）"调试"菜单→" 多次扫描"→出现"执行扫描"对话框，如图 3－121 所示。

图 3－121　"执行扫描"对话框

（3）输入所需的扫描次数数值，单击"确定"。

程序执行完指定的扫描次数后，自动返回 STOP 模式。

第4章 SIMATIC S7-300 系列 PLC 硬件特性和软件设计

4.1 S7-300 系列 PLC 简介

4.1.1 S7-300 概述

S7-300 是模块化的中小型 PLC,如图 4-1 所示,适用于中等性能的控制要求。品种繁多的 CPU 模块、信号模块和功能模块能满足各种领域的自动控制任务,用户可以根据系统的具体情况选择合适的模块,维修时更换模块也很方便。

S7-300 的每个 CPU 都有一个使用多点接口(MPI)通信协议的 RS-485 接口。有的 CPU 还带有集成的现场总线 PROFIBUS-DP 接口、PROFINET 接口

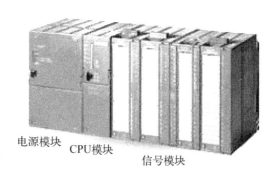

电源模块　CPU模块　信号模块

图 4-1　S7-300 PLC

或点对点(PtP)串行通信接口。S7-300/400 不需要附加任何硬件、软件和编程,就可以建立一个 MPI 网络。使用 CPU 集成的 PROFIBUS-DP 接口或通信处理器,S7-300 可以用作 DP 网络上的主站或从站。

功能最强的 CPU 319-3PN/DP 的 RAM 存储容量为 1 400 kB,可以插入 8 MB 的微存储卡(MMC),有 8 kB 存储器位,2 048 个 S7 定时器和 2 048 个 S7 计数器,数字量输入和输出最多均为 65 536 点,模拟量输入和输出最多均为 4 096 个,位操作指令的执行时间为 0.01 μs。S7 计数器的计数范围为 1～999,定时器的定时范围为 10 ms～9 990 s。还可以使用 IEC 标准的定时器和计数器。

由于使用 FlashEPROM,CPU 断电后无须后备电池也可以长时间保持动态数据,使 S7-300 成为完全无须维护的控制设备。

S7-300/400 有很好的电磁兼容性和抗振动、抗冲击能力,可以用于恶劣环境条件的 SL-Plus S7-300 的温度范围为－25～＋70 ℃,有更强的耐振动和耐污染性能。

通过调用系统功能和系统功能块,用户可以使用集成在 PLC 操作系统内的子程序,从而显著地减少所需的用户存储器容量,它们可以用于中断处理、出错处理、复制和处理数据等。

S7 - 300/400 有 350 多条指令,其编程软件 STEP7 功能强大,使用方便。STEP7 的功能块图和梯形图编程语言符合 IEC 61131 标准,语句表编程语言与 IEC 标准稍有不同,以保证与 STEP5 的兼容,3 种编程语言可以相互转换。通过转换程序可以将用西门子的 STEP5 或 TISFT 编写的程序转换到 STEP7。STEP7 还有 SCL、Graph、CFC 和 HiGrahp 等编程语言供用户选购。

STEP7 通过带标准用户接口的软件工具来为所有的模块设置参数,可以节省用户入门的时间和培训的费用。

CPU 用智能化的诊断系统连续监控系统的功能是否正常,记录错误和特殊系统事件(如超时、模块更换等)。S7 - 300 有过程报警、日期时间中断和定时中断等功能。

S7 - 300/400 将人机接口(HMI)服务集成到操作系统内,大大减少了人机对话的编程要求。S7 - 300/400 按指定的刷新速度自动地将数据传送给 SIMATIC 人机界面。

4.1.2　S7 - 300 的组成部件

S7 - 300 PLC 是模块式的 PLC,它由以下几部分组成:

(1) 中央处理单元(CPU)模块。CPU 模块用于存储和处理用户程序,控制集中式 I/O 和分布式 I/O。各种 CPU 模块有不同的性能,有的 CPU 模块集成有数字量和模拟量输入/输出点,有的 CPU 模块集成有 PROFIBUS - DP 等通信接口。CPU 模块前面板上有状态故障指示灯、模式选择开关、24 V 电源端子和微存储卡插槽。

(2) 电源模块(PS)。电源模块用于将 220 VAC 的电源转换为 24 VDC 电源,供 CPU 模块和 I/O 模块使用。电源模块的额定输出电流有 2 A、5 A 和 10 A 3 种,过载时模块上的 LED 闪烁。

(3) 信号模块(SM)。信号模块是数字量输入/输出模块(简称为 DI/DO)和模拟量输入/输出模块(简称为 AI/AO)的总称,它们使不同的过程信号电压或电流与 PLC 内部的信号电平匹配。模拟量输入模块可以输入热电阻、热电偶、4~20 mA 直流电流和 0~10 V 直流电压等多种不同类型和不同量程的模拟量信号。每个模块上有一个背板总线连接器,现场的过程信号连接到前连接器的端子上。

(4) 功能模块(FM)。功能模块是智能的信号处理模块,它们不占用 CPU 的资源,对来自现场设备的信号进行控制和处理,并将信息传送给 CPU。它们负责处理那些 CPU 通常无法以规定的速度完成的任务,以及对实时性和存储容量要求很高的控制任务,例如高速计数、定位和闭环控制等。功能模块包括计数器模块、电子凸轮控制器模块、用于快速进给/慢速驱动的双通道定位模块、高速布尔处理器模块、闭环控制模块、温度控制器模块、称重模块、超声波位置编码器模块等。

(5) 通信处理器(CP)。通信处理器用于 PLC 之间、PLC 与计算机和其他智能设备之间的通信,可以将 PLC 接入 PROFIBUS - DP、AS - i 和工业以太网,或用于实现点对点通信。通信处理器可以减轻 CPU 处理通信的负担,并减少用户对通信的编程工作。

(6) 接口模块(IM)。接口模块用于多机架配置时连接主机架和扩展机架。

(7) 导轨。铝质导轨用来固定和安装 S7 - 300 PLC 所使用的上述各种模块。

4.1.3　S7‐300 的系统结构

S7‐300 PLC 采用紧凑的、无槽位限制的模块结构,电源模块、CPU 模块、信号模块、功能模块、接口模块和通信处理器都安装在导轨上。导轨是一种专用的金属机架,只需将模块钩在 DIN 标准的安装导轨上,然后用螺栓锁紧就可以了。有多种不同长度规格的导轨供用户选择。

电源模块总是安装在机架的最左边,CPU 模块紧靠电源模块。如果有接口模块,它放在 CPU 模块的右侧。

S7‐300 用背板总线将除电源模块之外的各个模块连接起来。背板总线集成在模块上,模块通过 U 形总线连接器相连,每个模块都有一个总线连接器,后者插在各模块的背后(见图 4‐2)。安装时先将总线连接器插在 CPU 模块上,并固定在导轨上,然后依次安装各个模块。

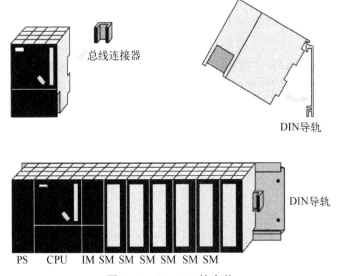

总线连接器

DIN导轨

DIN导轨

PS　CPU　IM SM SM SM SM SM SM

图 4‐2　S7‐300 的安装

外部设备接线接在信号模块和功能模块的前端连接器的端子上,前端连接器用插接的方式安装在模块前门后面的凹槽中。前端连接器与模块是分开订货的。更换模块时只需松开安装螺钉,拔下已经接线的前连接器即可,从而避免了重新接线。

S7‐300 的电源模块通过电源连接器或导线与 CPU 模块相连,为 CPU 模块和其他模块提供 24 VDC 电源。

每个机架最多只能安装 8 个信号模块、功能模块或通信处理器模块,组态时系统自动分配模块的地址。如果这些模块超过 8 块,可以增加扩展机架,但低端 CPU 没有扩展功能。除了带 CPU 的中央机架(CR)外,最多可以增加 3 个扩展机架(ER),每个机架可以插接 8 个模块(不包括电源模块、CPU 模块和接口模块),4 个机架最多可以安装 32 个模块。

机架最左边是 1 号槽(见图 4‐3),最右边是 11 号槽,电源模块总是在 1 号槽的位置。中央机架(0 号机架)的 2 号槽上是 CPU 模块,3 号槽是接口模块。这 3 个槽号被固定占

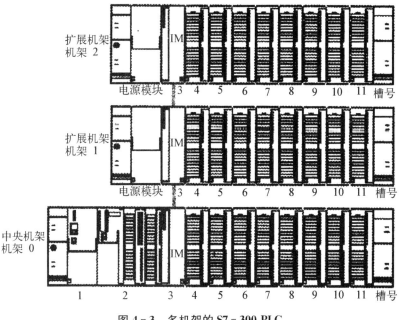

图 4 - 3 多机架的 S7 - 300 PLC

用,信号模块、功能模块和通信处理器使用 4～11 号槽。

因为模块是用总线连接器连接的,而不是像其他模块式 PLC 那样,用焊在背板上的总线插座来安装模块,所以槽号是相对的,机架导轨上并不存在物理槽位。例如在不需要扩展机架时,中央机架上没有接口模块,CPU 模块和 4 号槽的模块是挨在一起的。此时3 号槽位仍然被实际上并不存在的接口模块占用。

如果有扩展机架,接口模块占用 3 号槽位,负责中央机架与扩展机架之间的数据通信。每个机架上安装的信号模块、功能模块和通信处理器除了不能超过 8 块外,还受到背板总线 5 VDC 供电电源的限制。0 号机架的 5 VDC 电源由 CPU 模块产生,其额定电流值与 CPU 的型号有关。扩展机架的背板总线的 5 VDC 电源由接口模块 IM 361 产生。各类模块消耗的电流可以查阅 S7 - 300 模块手册。

4.2 S7 - 300 的 CPU 模块与电源模块

4.2.1 CPU 模块的元件

CPU 模块内的元件封装在一个牢固而紧凑的塑料机壳内,面板上有状态和错误指示LED、模式选择开关和通信接口(见图 4 - 4)。微存储卡插槽可以插入多达数兆字节的FEPROM 微存储卡(MMC),用于掉电后程序和数据的保存。有的 CPU 只有一个 MPI接口。

1) 状态与故障显示 LED

CPU 模块面板上的 LED(发光二极管)的意义如下。

(1) SP(系统错误/故障显示,红色):CPU 硬件故障或软件错误时亮。

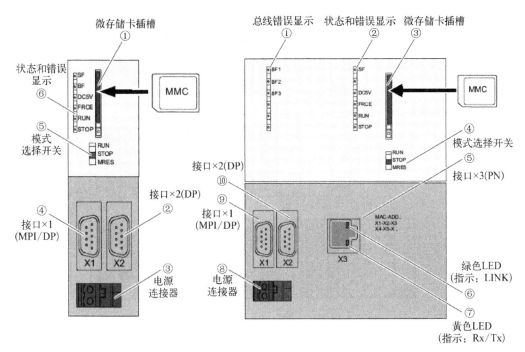

图 4 - 4　CPU 315 - 2DP 和 CPU 319 - 3PN/DP

(2) BF(总线错误,红色):通信接口有硬件故障或软件故障时亮。集成有多个通信接口的 CPU 有多个总线错误 LED(BF1、BF2 和 BF3,见图 4 - 4)。

(3) DC 5V(+5 V 电源指示,绿色):CPU 和 S7 - 300 总线的 5 V 电源正常时亮。

(4) FRCE(强制,黄色):至少有一个 I/O 被强制时亮。

(5) RUN(运行模式,绿色):CPU 处于 RUN 模式时亮;启动期间以 2 Hz 的频率闪亮;HOLD 状态时以 0.5 Hz 的频率闪亮。

(6) STOP(停止模式,黄色):CPU 处于 STOP、HOLD 状态或重新启动时长亮;请求存储器复位时以 0.5 Hz 的频率闪亮,正在执行存储器复位时以 2 Hz 的频率闪亮。

(7) CPU 31x - 2PN/DP 和 CPU 319 - 3PN/DP 的 LINKLED(见图 4 - 4)亮表示 PROFINET 接口的连接处于激活状态,RX/TXLED 亮表示 PROFINET 接口正在接收/发送数据。

2) CPU 的操作模式

(1) STOP(停机)模式。模式选择开关在 STOP 位置时,CPU 模块上电后自动进入 STOP 模式。在该模式不执行用户程序,可以接收全局数据和检查系统。

(2) RUN(运行)模式。执行用户程序,刷新输入和输出,处理中断和故障信息服务。

(3) HOLD 模式。在启动和 RUN 模式执行程序时遇到调试用的断点,用户程序的执行被挂起(暂停),定时器被冻结。

(4) STARTUP(启动)模式。可以用模式选择开关或 STEP7 启动 CPU。如果模式选择开关在 RUN 或 RUN - P 位置,通电时自动进入启动模式。

(5) 老式的 CPU 使用钥匙开关来选择操作模式,它还有一种 RUN - P 模式,允许在运行时读出和修改程序。仿真软件 PLCSIM 的仿真 CPU 也有 RUN - P 模式,某些监控功能只能在 RUN - P 模式进行。

3）模式选择开关

CPU 的模式选择开关各位置的意义如下：

（1）RUN（运行）位置：CPU 执行用户程序。

（2）STOP（停止）位置：CPU 不执行用户程序。

（3）MRES（复位存储器）：MRES 位置不能保持，在这个位置松手时开关将自动返回 STOP 位置。

将模式选择开关从 STOP 位置扳到 MRES 位置，可以复位存储器，使 CPU 回到初始状态。工作存储器和 S7 - 400 的 RAM 装载存储器中的用户程序和地址区被清除，全部存储器位、定时器、计数器和数据块均被复位为 0，包括有保持功能的数据。CPU 检测硬件，初始化硬件和系统程序的参数，系统参数、CPU 和模块的参数被恢复为默认设置，MPI 的参数被保留。CPU 在复位后将 MMC 里面的用户程序和系统参数复制到工作存储区。

复位存储器时按下述顺序操作：PLC 通电后将模式选择开关从 STOP 位置扳到 MRES 位置，STOP LED 熄灭 1 s，亮 1 s，再熄灭 1 s 后保持长亮。松开开关，使它回到 STOP 位置。3 s 内又扳到 MRES 位置，STOP LED 以 2 Hz 的频率至少闪动 3 s，表示正在执行复位，最后 STOP LED 一直亮，复位结束，可以松开模式选择开关。

4）通信接口

所有的 CPU 模块都有一个 MPI 通信接口，有的 CPU 模块还有 DP 接口或点对点接口，型号中带 PN 的 CPU 模块有一个 PROFINET 工业以太网接口（见图 4 - 4）。

MPI 接口用于与其他西门子 PLC、PG/PC（编程器或个人计算机）、OP（操作员面板）通过 MPI 网络的通信。

PROFIBUS - DP 可用于与别的西门子 PLC、PG/PC、OP 和其他 DP 主站和从站的通信。

5）电源接线端子

电源模块上的 L＋和 M 端子分别是 24 VDC 输出电压的正极和负极。用专用的电源连接器或导线分别连接电源模块和 CPU 模块的 L＋和 M 端子。

6）CPU 模块的集成 I/O

CPU 31xC 模块上有集成的 I/O。集成 I/O 的点数如表 4 - 1 所示。

表 4 - 1　S7 - 31xC 的集成功能

型　　号	定位通道数	计数通道数	最高可测频率/kHz	点对点通信协议	闭环控制功能
CPU 312C	—	2	10	—	—
CPU 313C	—	3	30		有
CPU 313C - 2 DP	—	3	30		有
CPU 313C - 2 PtP	—	3	30	ASCII,3964R	有
CPU 314C - 2 DP	1	4	60		有
CPU 314C - 2 PtP	1	4	60	ASCII,3964R,RKS12	有

4.2.2　CPU 的存储器

PLC 的操作系统使 PLC 具有基本的智能,能够完成 PLC 设计者规定的各种工作。用户程序由用户设计,它使 PLC 能完成用户要求的特定功能。用户程序存储器的容量以字节(Byte,简称 B)为单位。

4.2.2.1　PLC 使用的物理存储器

(1) 随机存取存储器(RAM)。CPU 可以读出 RAM 中的数据,也可以将数据写入RAM,因此 RAM 又叫读/写存储器。它是易失性的存储器,电源中断后,储存的信息将会丢失。

RAM 的工作速度高,价格便宜,改写方便。在关断 PLC 的外部电源后,可用锂电池保存 RAM 中的用户程序和某些数据。需要更换锂电池时,由 PLC 发出信号,通知用户。可以用带锂电池的 RAM 来储存用户程序和数据。

(2) 只读存储器(ROM)。ROM 的内容只能读出,不能写入。它是非易失的,电源消失后,仍能保存储存的内容。ROM 一般用来存放 PLC 的操作系统。

(3) 快闪存储器和 EEPROM。快闪存储器(Flash EPROM)简称为 FEPROM,可电擦除、可编程的只读存储器简称为 EEPROM。它们是非易失性的,可以用编程装置对它们编程,兼有 ROM 的非易失性和 RAM 随机存取的优点,但是将信息写入它们所需的时间比使用 RAM 长得多。它们用来存放用户程序和断电时需要保存的重要数据。

4.2.2.2　微存储卡

基于 FEPROM 的微存储卡简称为 MMC,用于在断电时保存用户程序和某些数据。MMC 用来做装载存储器(Load Memory)或便携式媒体。

如果对 MMC 中的项目加了密,但是忘记了设定的密码,只能使用西门子编程器上的读卡槽或使用西门子带 USB 接口的读卡器来删除 MMC 上原有的内容,之后 MMC 就可以作为一个未加密的空卡来使用。只有在断电状态或 CPU 处于 STOP 状态时,才能取下存储卡。

4.2.2.3　CPU 的存储区

CPU 的存储区由装载存储器、系统存储器和工作存储器组成。工作存储器类似于计算机的内存条,装载存储器类似于计算机的硬盘或优盘。

1) 装载存储器

CPU 的装载存储器用于保存不包含符号地址和注释的程序块、数据块和系统数据(组态、连接和模块参数等)。下载程序时,用户程序(逻辑块和数据块)被下载到装载存储器。在 PLC 上电时,CPU 把装载存储器中的可执行部分复制到工作存储器,符号表和注释保存在编程设备中。在断电时,需要保存的数据被自动保存在装载存储器中。

S7-300 用 MMC 作装载存储器。现在生产的 S7-300 CPU 必须插 MMC 才能下载和运行用户程序。CPU 与 MMC 是分开订货的。

S7-400 的 CPU 有集成的装载存储器(带后备电池的 RAM),也可以用 FEPROM 存储卡或 RAM 存储卡来扩展装载存储器。

2）工作存储器

工作存储器是集成在 CPU 中的高速存取 RAM 存储器，用于存储 CPU 运行时的用户程序和数据，如组织块、功能块、功能和数据块。为了保证程序执行的快速性和不过多地占用工作存储器，只有与程序执行有关的块被装入工作存储器。

STL 程序中的数据块可以被标识为"与执行无关"（UNLINKED），它们只是存储在装载存储器中。可以用系统功能 SFC 20"BLKMOV"将它们复制到工作存储器。

用模式选择开关复位 CPU 的存储器时，RAM 中的程序被清除，FEPROM 中的程序不会被清除。

3）系统存储器

系统存储器是 CPU 为用户程序提供的存储器组件，被划分为若干个地址区域。系统存储器为不能扩展的 RAM，用于存放用户程序的操作数据，例如过程映像输入、过程映像输出、位存储临时变量（TEMP）。在执行程序块时它的临时变量才有效，执行完后可能被覆盖。可以在硬件组态工具的 CPU 属性对话框的"保持存储器"选项卡中，设置断电时需要保存哪些系统存储。

4.2.3　CPU 模块的技术规范

1）S7 - 300 CPU 的分类

S7 - 300 的 CPU 模块可以分为以下几类：

（1）紧凑型 CPU：CPU 312C、CPU 313C、CPU 313C - PtP、CPU 313C - 2DP、CPU 314C - PtP 和 CPU 314C - 2DP。

（2）标准型 CPU：CPU 312、CPU 314、CPU 315 - 2DP、CPU 315 - 2PN/DP、CPU 317 - 2DP、CPU 317 - 2PN/DP 和 CPU 319 - 3PN/DP。

（3）技术功能型 CPU：CPU 315T - 2DP 和 CPU 317T - 2DP。

（4）故障安全型 CPU：CPU 315F - 2DP、CPU 315F - 2PN/DP、CPU 317F - 2DP 和 CPU 317F - 2PN/DP。

（5）SIPLUS 户外型 CPU：可以在环境温度 −25～＋70 ℃和有害的气体环境运行。

2）紧凑型 CPU

S7 - 31xC 有 6 种紧凑型 CPU，它们均有集成的数字量输入/输出（DI/DO），有的有集成的模拟量输入/输出（AI/AO）。它们还有集成的高速计数、频率测量、脉冲输出和闭环控制功能（见表 4 - 2），脉宽调制频率最高为 2.5 kHz。CPU 314C - 2DP 和 CPU 314C - 2PtP 有定位控制功能。

CPU 312C 有集成的数字量 I/O，适用于有较高要求的小型系统。

CPU 313C 有集成的数字量 I/O 和模拟量 I/O，适用于有较高要求的系统。

CPU 313C - 2PtP 和 CPU 314C - 2PtP 有集成的数字 I/O 和第二个串口，该串口有点对点（PtP）通信功能，可以使用的通信协议如表 2 - 1 所示。CPU 314C - 2PtP 还有集成的模拟量 I/O，适用于有较高要求的系统。

CPU 313C - 2DP 和 CPU 314C - 2DP 有集成的数字量 I/O，一个 MPI 接口和一个 DP 主站/从站接口。CPU 314C - 2DP 还有集成的模拟量 I/O，适用于有较高要求的系统。

表 4-2　紧凑型 CPU 技术参数

CPU	312C	313C	313C-2PtP	313C-2DP	314C-2PtP	314C-2DP
集成工作存储器 RAM/kB	32	64	64	64	96	96
装载存储器(MMC)	最大 4 MB	最大 8 MB	最大 8 MB	最大 8 MB	最大 8 MB	最大 8 MB
位操作时间/μs 浮点数运算时间/μs	0.2 6	0.1 3	0.1 3	0.1 3	0.1 3	0.1 3
集成 DI/DO 集成 AI/AO	10/6	24/16 4+1/2	16/16	16/16	24/16 4+1/2	24/16 4+1/2
位存储器(M)	128 B	256 B	256 B	256 B	256 B	256 B
S7 定时器 S7 计数器	128/128	256/256	256/256	256/256	256/256	256/256
FB 最大块数/大小/kB FC 最大块数/大小/kB DB 最大块数/大小/kB OB 最大容量/kB	1 024/16 1 024/16 511/16 16	1 024/16 1 024/16 511/16 16	1 024/16 1 024/16 511/16 16	1 024/16 1 024/16 511/16 16	1 024/16 1 024/16 511/16 16	1 024/16 1 024/16 511/16 16
全部 I/O 地址区 I/O 过程映像 最大数字量 I/O 点数 最大模拟量 I/O 点数	1 024 B/1 024 B 128 B/128 B 266/262 64/64	1 024 B/1 024 B 128 B/128 B 1 016/1 008 253/250	1 024 B/1 024 B 128 B/128 B 1 008/1 008 248/248	1 024 B/1 024 B 128 B/128 B 8 192/8 192 512/512	1 024 B/1 024 B 128 B/128 B 1 016/1 008 253/250	1 024 B/1 024 B 128 B/128 B 8 192/8 192 512/512
最大机架数/模块总数 通信接口与功能	1/8 MPI	4/31 MPI	4/31 MPI/PtP	4/31 MPI/DP	4/31 MPI/PtP	4/31 MPI/DP

现在生产的 S7 - 300 的 CPU 没有集成的装载存储器，运行时需要插入 MMC，用 MMC 保存用户程序和数据。CPU 312C 有软件实时钟，其余的均有硬件实时钟；它们有 8 个时钟存储器位，有一个运行小时计数器，有实时钟同步功能。

CPU 模块的第一个通信接口是内置的 RS485 接口，没有隔离，默认的传输速率为 187.5 kb/s。该接口有 MPI 的 PG/OP 通信和全局数据（GD）通信功能。最多 4 个全局数据环，每个发送站和接收站最多 4 个 GD 包，每个 GD 包最多 22 B。

CPU 313C、CPU 314 - 2DP 和 CPU 314 - 2PtP 的 4 路集成模拟量输入信号的量程为直流 ±10 V、0～10 V、±20 mA、0～20 mA 和 4～20 mA，积分时间可选 2.5 ms、16.6 ms 和 20 ms，每个通道的转换时间为 1 ms，转换值为 12 位，25 ℃时电流、电压输入的基本误差为 0.7%。第 5 路集成的模拟量输入通道用于测量电阻或用 Pt100 热电阻测量温度。

两路集成的模拟量输出的输出范围为直流 10 V、0～10 V、±20 mA、4～20 mA 和 0。精度为 11 位带符号位，25 ℃时的基本误差为 0.7%。

3）标准型 CPU

CPU 314 适用于对程序量有中等要求的小规模应用，对二进制和浮点数有较高的处理性能。CPU 315 - 2DP 和 CPU 315 - 2PN/DP 具有大中规模的程序容量和数据结构，对二进制和浮点数有较高的处理性能，有 DP 主站/从站接口或 PROFINET 接口，可以用于建立大规模的分布式 I/O 结构。

CPU 317 - 2DP 和 CPU 317 - 2PN/DP 具有大容量程序存储器，对二进制和浮点数运算具有较高的处理能力，可用于要求很高的应用场合，建立大规模的分布式 I/O 结构。

型号中带有 PN 的 CPU 有集成的工业以太网接口，可以在 PROFINET 网络上实现基于组件的自动化（CBA），组成分布式智能系统。它们可以用作 PROFINET 代理，或者作为 PROFINET I/O 控制器用于在 PROFINET 上运行分布式 I/O。

CPU 315 - 2DP 和 CPU 315 - 2PN/DP 的参数基本相同，CPU 317 - 2DP 和 CPU 317 - 2PN/DP的参数基本相同，其区别在于第二个通信接口是 DP 接口还是 PROFINET 通信接口。CPU 319 - 3PN/DP 具有智能技术/运动控制功能，是 S7 - 300 系列中性能最高的 CPU，它集成了一个 MPI/DP 接口、一个 DP 接口和一个 PROFINET 接口，提供 PROFIBUS 接口的时钟同步功能，可以连接 256 个 I/O 设备。

CPU 312 有软件实时钟，其余的均有硬件实时钟。有 8 个时钟存储器位，有一个运行小时计数器，有实时钟同步功能。

4）技术功能型 CPU

CPU 315T - 2DP 和 CPU 317T - 2DP 分别具有标准型 CPU 315 - 2DP 和 CPU 317 - 2DP 的全部功能。CPU 317T - 2DP 执行每条二进制指令的时间约为 100 ns，每条浮点数指令的执行时间约为 2 ms。对于双字指令和 32 位定点数运算具有极高的处理速度。

技术功能型 CPU 用于对 PLC 性能以及运动控制功能要求较高的设备。除了准确的单轴定位功能以外，还适用于复杂的同步运动控制，例如与虚拟或实际的主轴耦合、减速器同步、电子凸轮控制和印刷标记点修正等。它们可以用于 3 轴到 8 轴控制，采用 S7 Technology V2.0 和 HW Release02 时最多可控制 32 轴。

技术功能型 CPU 有两个集成的 PROFIBUS 接口，一个是 DP/MPI 接口，可组态为

MPI 或 DP 接口(主站或从站);一个是 DP(DRIVE)接口,用于连接驱动组件,具有同步特性。

DP/MPI 接口可以同时连接 32 个其他 SIMATIC 组件,例如编程器 PG、操作员面板 OP、S7 - 300/400 以及分布式 I/O。

DP(DRIVE)接口用于连接带 PROFIBUS 接口的驱动系统,支持所有主要的西门子驱动系统。该接口通过 PROFIdrive 行规 V3 认证,其等时特性可以实现高速生产过程的高质量控制,因此特别适合管理快速以及对时间要求苛刻的过程控制。此接口作为 DP 主站接口,用于连接其他驱动部件。除了驱动系统外,在特定的条件下,DP 从站可以在 DP(DRIVE)上运行。

技术功能型 CPU 还有本机集成的 4 点数字量输入和 8 点数字量输出,以用于工艺功能,例如输入 BERO 接近开关的信号或进行凸轮控制。

技术功能型 CPU 使用标准的编程语言编程,无须专用的运动控制系统语言。可选软件包 S7 - Technology 提供符合 PLC 开放标准的功能块(FB),对运动控制进行组态和编程。这些标准功能块直接集成在固件中,占用的 CPU 工作存储器很少,可以方便地调用 STEP7 的运动控制库中的这些功能块。

除了通常的 SIMATIC 诊断功能以外,S7 - Technology 还提供一个控制面板和实时跟踪功能,可以显著减少调试和优化的时间。

5) SIPLUS 户外型 CPU

SIPLUS CPU 包括 SIPLUS 紧凑型 CPU、SIPLUS 标准型 CPU 和 SIPLUS 故障安全型 CPU。这些模块可以在温度为 $-25 \sim +70$ ℃ 的环境运行,允许短时暴露在危险环境,如空气中含有氯和硫的场合。SIPLUS CPU 有下列型号,它们适用于特殊的环境:

(1) SIPLUS 紧凑型 CPU,包括 SIPLUS CPU 312C、SIPLUS CPU 313C、SIPLUS CPU 313C - 2DP 和 SIPLUS CPU 314C - 2DP。

(2) SIPLUS 标准型 CPU,包括 SIPLUS CPU 314、SIPLUS CPU 315 - 2DP、SIPLUS CPU 315 - 2PN/DP 和 SIPLUS CPU 317 - 2PN/DP。

(3) SIPLUS 故障安全型 CPU,包括 SIPLUS CPU 315F - 2DP 和 SIPLUS CPU 317F - 2DP。

除了 SIPLUS CPU 模块外,SIPLUS 还有配套的 SIPLUS 数字量 I/O 模块和 SIPLUS 模拟量 I/O 模块。

6) 故障安全型 CPU

故障安全型 CPU 包括 CPU 315F - 2DP、CPU 315F - 2PN/DP、CPU 317F - 2DP 和 CPU 317F - 2PN/DP。CPU 315F - 2DP 和 CPU 317F - 2DP 有一个 MPI/DP 接口和一个 DP 接口。CPU 315F - 2PN/DP 和 CPU 317F - 2PN/DP 有一个 PROFINET 接口和一个 DP 接口。

故障安全型 CPU 用于组成故障安全型自动化系统,以满足安全运行的需要。安全性符合 SIL 3(IEC 61508)、AK6(DIN VI9250)和 Cat. 4(EN 954. 1)等标准。

故障安全型 CPU 使用内置的 DP 接口和 PROFIsafe 协议,可以在标准数据报文中传输带有安全功能的用户数据。不需要对故障安全 I/O 进行额外的布线,就可以实现与故障安全有关的通信。

故障安全型 CPU 可以连接分布式故障安全 I/O 模块,ET 200M 和 ET 200S 可以使用故障安全的数字量模块,实现集中式连接,也可以使用标准模块,来满足与安全无关的应用。

故障安全所需的软件既可以作为一个操作系统的扩展功能集成在硬件组件中,也可以作为一个软件插件装载到 CPU 中。

故障安全 CPU 的安全功能包含在 CPU 的故障安全程序或故障安全信号模块中。信号模块通过差异分析监视输入和输出信号。CPU 通过自检、指令测试和顺序程序流控制来监视 PLC 的正确运行。此外,通过请求信号检查 I/O。如果系统诊断出一个错误,将转入安全状态。运行故障安全 CPU 需要一个 F 运行授权。

S7 - 300F 的编程与其他 S7 系统的编程几乎一样,用 STEP7 编程工具创建与安全无关的用户程序。STEP7 选件包"S7 FDistributedSafety"(S7 F 分布式安全)用来编写安全相关的程序,选件包中包括用来创建 F 程序的所有功能和功能块,提供 FFBD 或 FLAD 语言。用这两种语言编写与安全有关的 F 程序,可以简化工厂的规划和编程,程序员可以将精力集中到安全应用的组态中。

4.2.4　电源模块

PS 307 电源模块将交流 120/230 V 电压转换为直流 24 V 电压,为 S7 - 300 PLC、传感器和执行器供电。额定输出电流有 2 A、5 A 或 10 A 等多种。

电源模块安装在 DIN 导轨上的插槽 1,紧靠在 CPU 或扩展机架的 IM 361 的左侧,用电源连接器连接到 CPU 或 IM 361 上。

PS 307 10 A 电源模块的框图如图 4 - 5 所示,模块的输入和输出之间有可靠的隔离。输出直流 24 V 正常电压时,绿色 LED 亮;输出过载时 LED 闪烁;输出电流大于 13 A 时,电压跌落,跌落后自动恢复。输出短路时输出电压消失,短路消失后电压自动恢复。

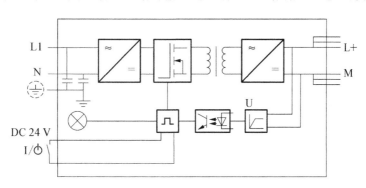

图 4 - 5　PS 307 电源模块框图

电源模块除了给 CPU 模块提供电源外,还可以给输入/输出模块提供 24 V 直流电源。

电源模块的 L1、N 端子接交流 220 V 电源,接地端子和 M 端子一般用短接片短接后接地,机架的导轨也应接地。

某些大型工厂(例如化工厂和发电厂)为了监视对地的短路电流,可能采用浮动参考电位,这时应将 M 点与接地点之间的短接片去掉,可能存在的干扰电流通过集成在 CPU 中 M 点与接地点之间的 RC 电路(见图 4-6)对接地母线放电。

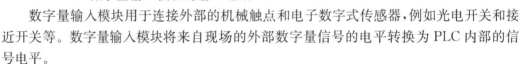

图 4-6 浮动参考点位

4.3 数字量输入模块

4.3.1 数字输入模块

4.3.1.1 数字量输入模块的输入电路

数字量输入模块用于连接外部的机械触点和电子数字式传感器,例如光电开关和接近开关等。数字量输入模块将来自现场的外部数字量信号的电平转换为 PLC 内部的信号电平。

输入模块有数字滤波功能,以防止由于输入触点抖动或外部干扰脉冲引起的错误的输入信号,输入电流一般为数毫安。

图 4-7 是直流输入模块的内部电路和外部接线图。图中只画出了一路输入电路,M 或 N 是同一输入组内各内部输入电路的公共点。

当图 4-7 中的外接触点接通时,光耦合器中的发光二极管点亮,光敏三极管饱和导通;外接触点断开时,光耦合器中的发光二极管熄灭,光敏三极管截止,信号经背板总线接口传送给 CPU 模块。

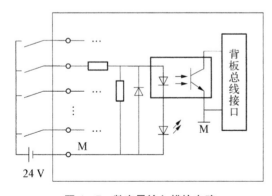

图 4-7 数字量输入模块电路

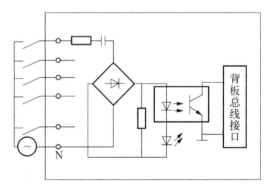

图 4-8 数字量输入模块电路

交流输入模块的额定输入电压为交流 120 V 或 230 V。图 4-8 的电路用电容隔离输入信号中的直流成分,用电阻限流,交流成分经桥式整流电路转换为直流电流。外接触点接通时,光耦合器中的发光二极管和显示用的发光二极管点亮,光敏三极管饱和导通;外接触点断开时,光耦合器中的发光二极管熄灭,光敏三极管截止,信号经背板总线接口传送给 CPU 模块。

直流输入电路的延迟时间较短,可以直接与接近开关、光电开关等电子输入装置连接,直流 24 V 是一种安全电压。如果信号线不是很长,PLC 所处的物理环境较好,应考虑优先选用直流 24 V 的输入模块。交流输入方式适于在有油雾、粉尘的恶劣环境下使用，数字量输入模块可以直接连接两线式 BERO 接近开关，两线式 BERO 的输出信号为 0 状态时，其输出电流(空载电流)不为 0。在选型时应保证两线式 BERO 的空载电流小于输入模块允许的静态电流，否则将会产生错误的输入信号。

根据输入电流的流向，可以将输入电路分为源输入电路和漏输入电路。漏输入电路的输入回路电流从模块的信号输入端流进来，从模块内部输入电路的公共点 M 流出去。PNP 集电极开路输出的传感器应接到漏输入的数字量输入模块。

在源输入电路的输入回路中，电流从模块的信号输入端流出去，从模块内部输入电路的公共点 M 流进来。NPN 集电极开路输出的传感器应接到源输入的数字量输入模块。

数字量模块输入/输出电缆的最大长度为 1 000 m(屏蔽电缆)或 600 m(非屏蔽电缆)。

4.3.1.2   数字量输入模块的参数设置

输入/输出模块的参数在 STEP7 的硬件组态界面中设置，参数设置必须在 CPU 处于 STOP 模式下进行。设置完所有的参数后，应将参数下载到 CPU 中。从 STOP 模式转换为 RUN 模式时，CPU 将参数传送到每个模块。

参数分为静态参数和动态参数。可以在 STOP 模式下设置动态参数和静态参数；通过系统功能 SFC，可以修改当前用户程序中的动态参数。但是在 CPU 由 RUN 模式进入 STOP 模式，然后又返回 RUN 模式后，将重新使用 STEP7 设定的参数。

在 SIMATIC 管理器中，选中某个 S7 - 400 站，双击右边窗口中的"硬件"图标，进入 HWCONng 界面。双击机架中的数字量输入模块"Dn6xDC 24 V Interrupt"(订货号为 6ES7 421 - 7BH00 - 0AB0)，出现模块属性对话框。

在"地址"选项卡，可以修改模块的起始字节地址。如果要将地址范围分配给某个过程映像分区，可用"过程映像"下拉式列表选择过程映像分区。

1) 中断的设置

在"输入"选项卡，用鼠标点击多选框，可以设置是否产生诊断中断和硬件中断。多选框内出现"√"表示允许产生中断。

选择了允许硬件中断后，可以用多选框在"硬件中断触发"区，设置上升沿中断、下降沿中断，或上升沿和下降沿均产生中断。出现硬件中断时，CPU 的操作系统将调用硬件中断组织块(如 OB40)。

2) 诊断功能的设置

在"诊断"区，可以逐点设置是否有断线诊断功能和是否诊断丢失负载电压 L+。模块通过检测输入端的电流，可以监视输入点与传感器之间的连接是否断线。如果模块识别到激活的诊断事件，会将此事件保存到诊断数据区。用户程序可以用系统功能 SFC 51 读取系统状态表中的诊断信息。如果激活了诊断中断，则上述故障事件将触发诊断中断，可以用 OB82 编写处理诊断事件的中断程序。

3) 延迟时间

点击输入框"输入延迟"，在弹出的菜单中选择以 ms 为单位的整个模块的输入延迟时间。有的模块可以分组设置延迟时间。

4) 对错误的响应

(1) 如果选择"对错误的响应"为 SV(替代值),可在"替换'1'"所在的行,为每个输入点设置替代值。多选框内出现"√"表示替代值为 1,反之为 0。

(2) 如果选择 KLV,则模块各点保持出现故障之前最后读入的有效值。

4.3.2 数字量输出模块

1) SM 322 数字量输出模块

SM 322 数字量输出模块用于驱动电磁阀、接触器、小功率电动机、灯和电动机起动器等负载。其技术参数如表 4-3 和表 4-4 所示。数字量输出模块将内部信号电平转化为控制过程所需的外部信号电平,同时又有隔离和功率放大的作用。

输出模块的功率放大元件有驱动直流负载的大功率晶体管和场效应管,以及既可以驱动交流负载又可以驱动直流负载的双向晶闸管或固态继电器,输出电流的额定值为 0.5～8 A,负载电源由外部现场提供。

表 4-3 SM 322 数字量输出模块技术参数(一)

6ES7 322 -	1BH01 - 0AA0/ 1BH10 - 0AA0	1BL00 - 0AA0	8BF0 - 0AB0	5CH00 - 0AB0	1CF00 - 0AA0
输出点数	16	32	8,有中断功能	16	8
额定负载电压(直流)/V	24	24	24	24/48	48～125
每组点数	8	8	8	1	4
最大输出电流/A 1 信号最小负载电流/mA 最大灯负载/W	0.5 5 5	0.5 5 5	0.5 10 10	0.5 — 2.5	1.5 10 15/48
阻性负载最大输出频率/Hz 感性负载最大输出频率/Hz 灯负载最大输出频率/Hz	100/1 000 0.5 10	100 0.5 10	100 2 10	10 0.5 10	25 0.5 10
诊断中断	—	—	可组态	可组态	—
诊断功能	—	—	有	有	有
短路保护	电子式	电子式	电子式	外部提供	电子式

表 4-4 SM 322 数字量输出模块技术参数(二)

6ES7 322 -	1BF1 - 0AA0	1F101 - 0AA0	5FF00 - 0AB0	1FH00 - 0AA0	1FL00 - 0AA0
输出点数	8	8	8	16	32
额定负载电压/V	DC 24	AC 120/230	AC 120/230	AC 120/230	AC 120/230
每组点数	4	4	1	8	8
最大输出电流/A 1 信号最小负载电流/mA 最大灯负载/W	2 5 10	2 10 50	2 10 50	1 10 50	1 10 50

（续表）

6ES7 322 -	1BF1 - 0AA0	1F101 - 0AA0	5FF00 - 0AB0	1FH00 - 0AA0	1FL00 - 0AA0
阻性负载最大输出频率/Hz	100	10	10	10	10
感性负载最大输出频率/Hz	0.5	0.5	0.5	0.5	0.5
灯负载最大输出频率/Hz	10	1	1	1	1
诊断中断	—	—	可组态	—	—
诊断功能	—	有	有	有	有
短路保护	电子式	熔断器	外部提供	熔断器	—

图 4-9 是继电器输出电路，某一输出点 Q 为 1 状态时，梯形图中的线圈"通电"，通过背板总线接口和光耦合器，使模块中对应的微型继电器线圈通电，其常开触点闭合，使外部负载工作。输出点为 0 状态时，梯形图中的线圈"断电"，输出模块对应的微型继电器的线圈也断电，其常开触点断开。

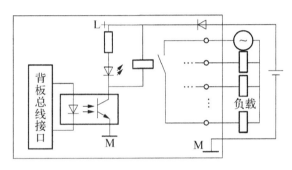

图 4-9   继电器输出模块电路

图 4-10 是固态继电器(SSR)输出电路，小框内的光敏双向晶闸管和小框外的双向晶闸管等组成固态继电器。SSR 的输入功耗低，输入信号电平与 CPU 内部的电平相同，同时又实现了隔离，并且有一定的带负载能力。梯形图中某一输出点 Q 为 1 状态时，其线圈"通电"，使光敏晶闸管中的发光二极管点亮，光敏双向晶闸管导通，使另一个容量较大的双向晶闸管导通，模块外部的负载得电工作。RC 电路用来抑制晶闸管的关断过电压和外部的浪涌电压。这类模块只能用于交流负载，其响应速度较快，工作寿命长。

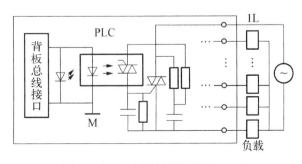

图 4-10   固态继电器输出模块电路

表 4-5 给出了继电器型数字量输出模块 SM 322 的技术参数。

表 4-5 SM 322 继电器型数字量输出模块技术参数

6ES7 322 -	1HF1-0AA0	1HF10-0AA0	5HF00-0AB0	1HH01-0AA0
输出点数	8	8	8	16
每组点数,隔离	2,光耦	1,光耦	1,光耦	8,光耦
每组总输出电流(60 ℃)/A 阻性负载最大输出电流 感性负载最大输出电流	4 AC 2 A/230 V, DC 2 A/24 V AC 2 A/230 V, DC 2 A/24 V	5 AC 8 A/230 V, DC 5 A/24 V AC 3 A/230 V, DC 2 A/24 V	5 AC 5 A/230 V, DC 5 A/24 V AC 5 A/230 V, DC 5 A/24 V	8 AC 2 A/230 V, DC 2 A/24 V AC 2 A/230 V, DC 2 A/24 V
阻性负载最大输出频率/Hz 感性负载最大输出频率/Hz 灯负载最大输出频率/Hz 机械负载最大输出频率/Hz	2 0.5 2 10	2 0.5 2 10	2 0.5 2 10	1 0.5 1 10
诊断功能	—	—	可组态	—
诊断中断	—	—	可组态	—
触点动作次数	2 A,3×105/ AC 230 V	3 A,105/ AC 230 V	5 A,105/ AC 230 V	2 A,105/ AC 230 V
短路保护	外部提供			

双向晶闸管由关断变为导通的延迟时间小于 1 ms,由导通变为关断的最大延迟时间为 10 ms(工频半周期)。如果因负载电流过小使晶闸管不能导通,可以在负载两端并联电阻。

图 4-11 是晶体管或场效应晶体管输出电路,只能驱动直流负载。输出信号经光耦合器送给输出元件,图中用一个带三角形符号的小方框表示输出元件。输出元件的饱和导通状态和截止状态相当于触点的接通和断开。

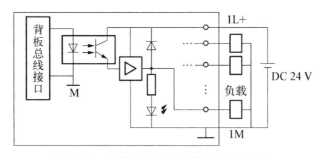

图 4-11 晶体管或场效应管输出模块电路

继电器输出模块的负载电压范围宽,导通电压降小,承受瞬时过电压和瞬时过电流的能力较强,但是动作速度较慢,寿命(动作次数)有一定的限制。如果系统输出量的变化不是很频繁,建议优先选用继电器型的输出模块。

固态继电器型输出模块只能用于交流负载,晶体管型、场效应晶体管型输出模块只能用于直流负载,它们的可靠性高,响应速度快,寿命长,但是过载能力稍差。

在选择数字量输出模块时,应注意负载电压的种类和大小、工作频率和负载的类型(电阻性负载、电感性负载、机械负载或白炽灯)。除了每一点的输出电流外,还应注意每一组的最大输出电流。

2）数字量输入/输出模块

SM 323 是 S7-300 的数字量输入/输出模块,它有两种型号可供选择。一种有 8 点输入和 8 点输出,输入点和输出点均只有一个公共端。另外一种有 16 点输入(8 点 1 组)和 16 点输出 (8 点 1 组)。输入、输出的额定电压均为直流 24 V,输入电流为 7 mA,最大输出电流为 0.5 A,每组总输出电流为 4 A。输入电路和输出电路通过光耦合器与背板总线相连,输出电路为晶体管型,有电子保护功能。

3）数字量输出模块的参数设置

在 SIMATIC 管理器中,选中某个 S7-300 站,双击右边窗口中的"硬件"图标,进入 HW Config 界面。双击机架中的数字量输出模块"D08×DC 24 V/0.5 A"(订货号为 6ES7 322-8BF00-0AB0),出现图 4-12 所示的属性窗口。点击"输出"选项卡的"诊断中断"多选框,可以设置是否产生诊断中断。

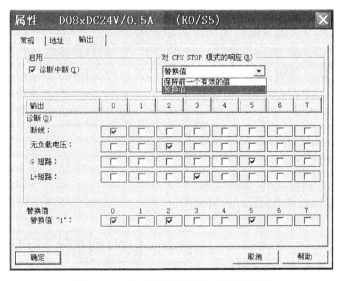

图 4-12　数字量输出模块的参数设置

在"诊断"区,可以逐点设置是否有下列的诊断功能:断线、丢失负载电压 L+、对 M 点短路和对 L+ 点短路。

"对 CPU STOP 模式的响应"下拉式列表框用来选择 CPU 进入 STOP 模式时,模块各输出点的处理方式。如果选择"保持前一个有效的值",则在 CPU 进入 STOP 模式后,模块将保持最后的输出值。如果选择"替换值",则在 CPU 进 STOP 模式后,可以使各输出点分别输出"0"或"1"。可在对话框下面的"替代值"区的"替代'1'"所在的行为每个输出点设置替换值。多选框内出现"√"表示替代值为 1,反之为 0。

4.3.3　模拟量输入/输出模块

S7-300 的模拟量 I/O 模块包括模拟量输入模块 SM 331、模拟量输出模块 SM 332

和模拟量输入/输出模块 SM 334、SM 335。

1) 模拟量变送器

生产过程中有大量连续变化的模拟量需要用 PLC 来测量或控制。有的是非电量,如温度、压力、流量、液位、物体的成分和频率等;有的是强电电量,如发电机组的电流、电压、有功功率和无功功率、功率因数等。变送器用于将传感器提供的电量或非电量转换为标准量程的直流电流或直流电压信号,例如 DC 0~10 V 和 DC 4~20 mA。

2) SM 331 模拟量输入模块的基本结构

模拟量输入模块用于将模拟量信号转换为 CPU 内部处理用的数字信号,其主要组成部分是 A/D(Analog/Digital)转换器。模拟量输入模块的输入信号一般是模拟量变送器输出的标准量程的直流电压或直流电流信号。SM 331 也可以直接连接不带附加放大器的温度传感器(热电偶或热电阻),这样可以省去温度变送器,不但节约了硬件成本,而且控制系统的结构也更加紧凑。

一块 SM 331 模块中的各个通道可以分别使用电流输入或电压输入,并选用不同的量程。大多数模块的分辨率(转换后的二进制数字的位数)可以在组态时设置,转换时间与分辨率有关。

如图 4-13 所示,模拟量输入模块由多路开关、A/D 转换器(ADC)、光隔离元件、内部电源和逻辑电路组成。各模拟量输入通道共用一个 A/D 转换器,用多路开关切换被转换的通道,模拟量输入模块各输入通道的 A/D 转换过程和转换结果的存储与传送是顺序进行的。

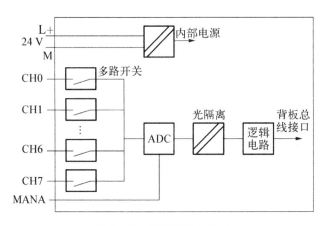

图 4-13　模拟量输入模块

各个通道的转换结果被保存到各自的存储器,直到被下一次的转换值覆盖。可以用装入指令 LPIW 来访问转换的结果。

3) 传感器与模拟量输入模块的接线

为了减少电磁干扰,传送模拟量信号时应使用双绞线屏蔽电缆,模拟信号电缆的屏蔽层应两端接地。如果电缆两端存在电位差,将会在屏蔽层中产生等电位线连接电流,造成对模拟信号的干扰。在这种情况下,应将电缆的屏蔽层一点接地。

(1) 带隔离的模拟量输入模块。一般情况下 CPU 的接地端子与 M 端子用短接片相连。带隔离的模拟量输入模块的测量电流参考点 MANA 与 CPU 模块的 M 端子之间没有电气连接。

如果测量电流参考点 MANA 和 CPU 的 M 端存在电位差 U_{CM}，则必须选用带隔离的模拟量输入模块。在 MANA 端子和 CPU 的 M 端子之间设置一根等电位连接导线，可以确保 U_{CM} 不会超过允许值。

（2）不带隔离的模拟量输入模块。在 CPU 的 M 端子和不带隔离的模拟量输入模块的测量电流参考点 MANA 之间，必须建立电气连接。应连接输入模块的 MANA 端子和 CPU 模块、IM 153 接口模块的 M 端子，否则这些端子之间的电位差会影响模拟量信号的测量。

在输入通道的测量线负端 M— 和模拟量测量电路的参考点 MANA 之间只会产生有限的电位差 U_{CM}（共模电压）。为了防止超过允许值，应根据传感器的接线情况，采取不同的措施。

（3）连接带隔离的传感器。带隔离的传感器没有与本地接地电位连接，M 为本地接地端子。在不同的带隔离的传感器之间会引起电位差。这些电位差可能是由干扰或传感器的布局造成的。为了防止在有强烈电磁干扰的环境中运行时超过 U_{CM} 的允许值，建议将测量线的负端 M— 与 MANA 连接。

在连接用于电流测量的两线式变送器、阻性传感器和没有使用的输入通道时，禁止将 M— 连接至 MANA。

（4）连接不带隔离的传感器。不带隔离的传感器与本地接地电位连接（本地接地）。如果使用不带隔离的传感器，必须将 MANA 连接至本地接地。

由于本地条件或干扰信号，在本地分布的各个测量点之间会造成静态或动态电位差 U_{CM}。如果 U_{CM} 超过允许值，必须用等电位连接导线将各测量点的负端 M— 连接起来。

如果将不带隔离的传感器连接到有光隔离的模块，CPU 既可以在接地模式下运行（M，N，与 M 点相连），也可以在不接地模式下运行。

如果将不带隔离的传感器连接到不带隔离的输入模块，CPU 只能在接地模式下运行。必须用等电位连接导线将各测量点的负端 M— 连接后，再与接地母线相连。不带隔离的双线变送器和不带隔离的阻性传感器不能与不带隔离的模拟量输入模块一起使用。

传感器与模拟量输入模块接线的详细信息请查阅 S7 - 300 模块的数据手册。

4）S7 - 300 模拟量输入模块的技术参数

除了 1KF01 - 0AB0，其余模块均用红色 LED 指示组故障。模块与背板总线之间有隔离，热电偶、热电阻输入时进行了线性化处理。使用屏蔽电缆时最大距离为 200 m，输入信号为 50 mV 或 80 mV 时，最大距离为 50 m。S7 - 300 模拟量输入模块的技术参数如表 4 - 6～表 4 - 8 所示。

表 4 - 6　SM 331 模拟量输入模块技术参数（一）

6ES7 331 -	7KF02 - 0AB0	7HF01 - 0AB0	1KF01 - 0AB0	7KB02 - 0AB0
输入点数	8	8	8	2
可测电阻的点数	4	——	8	1

（续表）

6ES7 331 -	7KF02 - 0AB0	7HF01 - 0AB0	1KF01 - 0AB0	7KB02 - 0AB0
输入信号	电压、电流、电阻、热电偶、热电阻	电压、电流	电压、电流、电阻、热电阻	电压、电流、电阻、热电偶、热电阻
单极性分辨率 双极性分辨率	9/12/12/14 位 9/12/12/14 位＋符号位	14 位 13 位＋符号位	13 位 12 位＋符号位	9/12/12/14 位 9/12/12/14 位＋符号位
积分时间/通道	2.5/16.7/20/100 ms	2.5/16.7/20 ms	16.7/20 ms	2.5/16.7/20/100 ms
干扰抑制频率/Hz	400/60/50/10	400/60/50	60/50	400/60/50/10
诊断中断 极限值中断	可组态 部分通道可组态	可组态 部分通道可组态	—	可组态 通道 0 可组态

表 4 - 7　SM 331 模拟量输入模块技术参数（二）

6ES7 331 -	7PF00 - 0AB0	7PF10 - 0AB0	7NF00 - 0AB0	7NF10 - 0AB0
输入点数	8(可测量电阻)	8	8	8
输入信号	电阻、热电阻	热电偶	电压、电流	电压、电流
单极性分辨率 双极性分辨率	16 位(包括符号位)		15/15/15/15 位 15/15/15/15 位＋符号位	
积分时间/通道	5 通道时每个模块 190 ms		2.5/16.7/20/100 ms	
干扰抑制频率/Hz	400/60/50		400/60/50/10	
诊断中断 极限值中断	可组态 每个通道	可组态 每个通道	可组态 通道 0、2 可组态	可组态 所有通道

表 4 - 8　SM 431 模拟量输入模块技术参数

6ES7 431 -	1KF00 - 0AB0	1KF10 - 0AB0	1KF20 - 0AB0	0HH00 - 0AB0	7QH00 - 0AB0	7KF10 - 0AB0	7KF00 - 0AB0
输入点数 可测电阻的点数	8 4	8 4	8 4	16 —	16 8	8 8	8 —
输入类型	电压、电流、电阻	电压、电流、电阻、热电偶、热电阻	电压、电流、电阻	电压、电流	电压、电流、电阻、热电偶、热电阻	热电阻	电压、电流、热电偶
基本转换时间	23/25 ms	20.1/23.5 ms	52 μs	55/65 ms	6/20.1/23.5 ms	8/23/25 ms	10/16.7/20/100 ms
分辨率	13 位	14 位	14 位	13 位	16 位	16 位	16 位
干扰抑制频率/Hz	60/50	60/50	400/60/50	60/50	400/60/50	60/50	400/60/50/10

（续表）

6ES7 431-	1KF00-0AB0	1KF10-0AB0	1KF20-0AB0	0HH00-0AB0	7QH00-0AB0	7KF10-0AB0	7KF00-0AB0
内部/外部隔离 通过通道隔离	有 无	有 无	有 无	无 无	有 无	有 无	有 有
可编程诊断功能	—	—	—	—	有	有	有
极限值中断 诊断中断	—	—	—	—	可组态 可组态	可组态 可组态	可组态 可组态

5）模拟量输入模块的扫描时间

通道的转换时间由基本转换时间和模块的电阻测试及断线监控时间组成。基本转换时间取决于模拟量输入模块的转换方法（例如积分法和瞬时值转换法）。对于积分转换法，积分时间直接影响转换时间，可以在 STEP7 中设置积分时间。

扫描时间是指模拟量输入模块对所有被激活的模拟量输入通道进行转换和处理的时间的总和。如果模拟量输入通道进行了通道分组，还需要考虑通道组之间的转换时间。

6）模拟量输入模块的量程卡

模拟量输入模块的输入信号类型用量程卡（或称为量程模块）来设置。量程卡安装在模拟量输入模块的侧面，每两个通道为一组，共用一个量程卡。图 4-14 中的模块有 8 个通道，因此有 4 个量程卡。量程卡插入输入模块后，如果量程卡上的标记 C 与输入模块上的标记相对，则量程卡被设置在 C 位置。

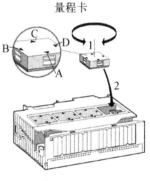

图 4-14 量程卡

以模拟量输入模块 6ES7-331-7KF02-0AB0 为例，量程卡的 B 位置对应于电压输入；C 位置对应于 4 线制变送器电流输入（4 DMU）；D 位置对应于 2 线制变送器电流输入（2 DMU），测量范围只有 4～20 mA。温度测量和电阻测量对应于 A 位置。通过对模块的组态，选择测量类型和测量范围。

供货时模块的量程卡被放置在默认的位置。如果需要的话，必须重新设置量程卡，以更改测量方法和测量范围。各位置对应的测量方法和测量范围都印在模拟量模块上。设置量程卡时先用螺钉旋具将量程卡从模拟量输入模块中撬出来，根据组态时设置的量程，确定量程卡的位置，再按新的设置将量程卡插入模拟量输入模块中。

如果没有正确地设置量程卡，将会损坏模拟量输入模块。将传感器连接至模块之前，应确保量程卡在正确的位置。

4.3.4 模拟量输入模块的参数设置

双击 HW Config 的机架中订货号为 6ES7-331-7KF02-0AB0 的 8 通道 12 位模拟量输入模块，模块的参数主要在"输入"选项卡（见图 4-15）中设置。

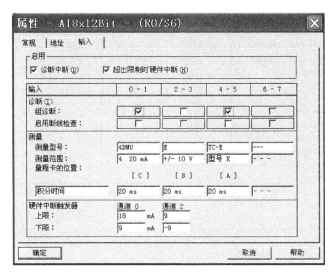

图 4-15 模拟量输入模块的参数设置

1）测量范围的选择

可以分别对模块的每一通道组选择允许的任意量程，每两个通道为一组。例如在"输入"选项卡中点击 0 号和 1 号通道的测量种类输入框"0-1"，在弹出的菜单中选择测量的种类，测量种类符号的意义如表 4-9 所示。图 4-15 中选择的"4DMU"是 4 线式传感器电流测量。

表 4-9　模拟量输入模块测量种类的符号

符　号	意　　义	符　号	意　　义
E	电压	TC-L	热电偶（线性）
4DMU	电流（4 线制变送器）	TC-I	热电偶（内部比较）
2DMU	电流（2 线制变送器）	TC-E	热电偶（外部比较）
R-4L	电阻（4 线连接）	TC-IL	热电偶（线性，内部比较）
R-3L	电阻（3 线连接）	TC-EL	热电偶（线性，外部比较）
RTD-4L	热电阻（线性，4 线连接）	TC-L00C	热电偶（线性，参考温度 0 ℃）
RTD-3L	热电阻（线性，3 线连接）	TC-LS0C	热电偶（线性，参考温度 50 ℃）

如果未使用某一组的通道，应选择测量种类中的"取消激活"，禁止使用该通道组，以减小模块的扫描时间。

点击测量范围输入框，在弹出的菜单中选择量程。图 4-15 中第一组的测量范围为 4~20 mA。测量范围输入框下面的"［C］"表示 0 号和 1 号通道对应的量程卡的位置应设置为"C"，即量程卡上的"C"旁边的三角形箭头应对准输入模块上的标记。组态好测量范围后，应保证量程卡的位置与组态时要求的位置一致。

2）模块测量精度与转换时间的设置

SM 331 采用积分式 A/D 转换器，积分时间与干扰抑制频率互为倒数。模拟量输入模块 6ES7 - 331 - 7KF02 - 0AB0 的积分时间、干扰抑制频率、转换精度和基本转换时间的关系如表 4 - 10 所示。积分时间越长,精度越高,快速性越差。积分时间为 20 ms 时,对 50 Hz 的干扰噪声有很强的抑制作用。为了抑制工频信号对模拟量信号的干扰,一般选择积分时间为 20 ms。

表 4 - 10　6ES7 - 331 - 7KF02 模拟量输入模块的参数

参　　数	数　　据			
积分时 Ih - V/ms	2.5	16.6	20	100
干扰抑制频率/Hz	400	60	50	10
精度(包括符号位)	9	12	12	14
基本转换时间(包括积分时间)/ms	3	17	99	102

点击图 4 - 15 最左边的"积分时间"所在的方框,在弹出的菜单内选择按积分时间或按干扰抑制频率来设置参数。

SM 331 的转换时间由积分时间、电阻测量的附加时间(1 ms)和断线监视的附加时间(10 ms)组成。如果一块模块使用了多个通道,则总的转换时间(称为循环时间)为各个通道的转换时间之和。点击某一组的积分时间设置框,在弹出的菜单内选择需要的参数。

3) 设置模拟值的滤波等级

某些模拟量输入模块可以设置 A/D 转换得到的模拟值的滤波等级。模拟值的滤波处理可以保证得到稳定的模拟值。这对缓慢变化的模拟量信号(如温度测量信号)是很有意义的。

滤波处理用平均值数字滤波来实现,即根据系统规定的转换次数来计算转换后的模拟值的平均值。用户可以在滤波的 4 个等级(无、低、平均、高)中进行选择。这 4 个等级决定了用于计算平均值的模拟量采样值的数量。所选的滤波等级越高,滤波后的模拟值越稳定,但是测量的快速性越差。

4) 诊断功能的设置

模拟量模块的诊断消息分为可编程诊断消息和不可编程的诊断消息。需要在 STEP7 的硬件组态工具中激活模拟量模块的诊断功能,才能获得可编程的诊断消息。不管是否激活诊断功能,通过模拟量模块都可以获得不可编程的诊断消息。

在"输入"选项卡的"诊断"区,可以用多选框设置各组是否有组诊断功能和断线检查功能。只有 2 线制变送器 4~20 mA 电流输入(2DMU)的通道组能检测断线故障。

模拟量输入模块在出现下列故障时发出诊断消息:外部辅助电源故障、组态/参数设置出错、共模错误、断线、下溢出和上溢出。

在出现故障时,有诊断功能的模块的响应如下:

(1) 模拟量模块中的 SP(组错误)LED 亮;故障被全部排除后,SP 指示灯熄灭。

(2) 将诊断消息写入模拟量模块的诊断缓冲区,然后送入 CPU。可以在用户程序的 OB82 中调用 SFC 51 或 SFC 59,读出详细的诊断消息。使用 STEP7 的模块诊断功能,可以查看故障原因。

（3）检测到错误时，不管参数如何设置，模拟量输入模块都将输出测量值 7FFFH。此测量值指示上溢出、出错或禁用的通道。

（4）如果设置了"启用诊断中断"，系统将触发一个诊断中断，并调用 OB82。

5）中断功能的设置

某些模拟量模块可以产生诊断中断和过程中断。模拟量模块是否产生中断可以用模块属性对话框的"输入"选项卡来设置，如果没有激活中断，中断将被禁止。

（1）诊断中断。如果已经允许产生诊断中断，被激活的错误事件（故障产生的消息）和错误事件的消除（故障排除后的消息）都可以通过中断来报告。出现诊断中断时，CPU 暂时停止用户程序的执行，去处理诊断报警组织块 OB82。可以在 OB82 中调用 SFC 51 或 SFC 59，获得更为详细的诊断信息。

（2）"超出上限或下限"触发的硬件中断。可以用图 4-13 最上面的多选框设置是否允许模拟值超过限制值时产生硬件中断。如果选择了超限中断，则窗口下部的"上限"和"下限"输入框的背景由灰色变为白色。可以设置通道 0 和通道 2 产生超限中断的上限值和下限值，来定义一个范围。

如果过程信号（如温度）超出或低于该范围，模块将触发一个被允许的过程中断，暂停正在执行的用户程序的执行，去处理硬件中断组织块（OB40）。应对 OB40 中的用户程序编程，对超出上限或下限的异常情况进行处理。

（3）"扫描循环结束"时触发的硬件中断。一个扫描循环包括转换模拟量输入模块所有被使用通道的测量值。模块将一个一个地处理被激活的通道，在所有的被测值都转换完后，将产生报告"所有通道中都有新的测量值可以使用"的硬件中断，可以在中断程序中处理当前转换的模拟值。

订货号为 6ES7-335-7HG00-0AB0 的 A14/A04x14/12 位模拟量输入/输出模块可以设置 A/D 转换的扫描循环时间（0.5～16.0 ms）。

4.4　功能模块

4.4.1　计数器模块

1）计数器模块的共同性能

模块的计数器均为 32 位计数器或 31 位加减计数器，可以判断脉冲的方向。有比较功能，达到比较值时，通过集成的数字量输出响应信号，或通过背板总线向 CPU 发出中断。可以 2 倍频和 4 倍频计数，4 倍频是指在两个互差 90°的 A、B 相信号的上升沿、下降沿都计数。通过集成的数字量输入直接接收启动、停止计数器等数字量信号。模块可以给编码器供电。

2）FM 350-1 计数器模块

FM 350-1 是智能化的单通道计数器模块，可以检测最高达 500 kHz 的脉冲，有连续计数、单向计数、循环计数 3 种工作模式。有 3 种特殊功能：设定计数器、门计数器和用门功能控制计数器的启/停。达到基准值、过零点和超限时可以产生中断。有 3 个数字量输入,2 个数字量输出。

3) FM 350 - 2 计数器模块

FM 350 - 2 是 8 通道智能型计数器模块,有 7 种不同的工作方式:连续计数、单次计数、周期计数、频率测量、速度测量、周期测量和比例运算。

对于 24 V 增量式编码器,计数的最高频率为 10 kHz;对于 24 V 方向传感器、24 V 起动器和 NAMUR 编码器,计数的最高频率为 20 kHz。

4) GM 35 计数器模块

GM 35 是 8 通道智能计数器模块,可以执行通用的计数和测量任务,也可以用于最多 4 轴的简单定位控制。GM 35 有 4 种工作方式:加计数或减计数、8 通道定时器、8 通道周期测量和 4 轴简易定位。8 个数字量输出点用于对模块的高速响应输出,也可以由用户程序指定输出功能,计数频率每通道最高 10 kHz。

4.4.2　位置控制与位置检测模块

1) 位置控制模块概述

定位模块可以用编码器来测量位置,并向编码器供电,使用步进电动机的位置控制系统一般不需要位置测量。在定位控制系统中,定位模块控制步进电动机或伺服电动机的功率驱动器,CPU 模块用于顺序控制和起动、停止定位操作,计算机用集成在 STEP7 中的参数设置屏幕,对定位模块进行参数设置,并建立运动程序,设置的数据存储在定位模块中。操作面板在运行时用来实现人机接口和故障诊断功能。CPU 或组态软件选择目标位置或移动速度,定位模块完成定位任务,用模块集成的数字量输出点来控制快速进给、慢速进给和运动方向等。根据与目标的距离,确定快速进给或慢速进给,定位完成后给 CPU 发出一个信号。定位模块的定位功能独立于用户程序。

建议时钟脉冲频率高和对动态调节特性要求高的定位系统选用 FM 353 步进电动机定位模块。如果不仅要求很高的动态性能,还要求高精度的定位系统,最好使用 FM 354 伺服电动机定位模块。

FM 357 可以用于最多 4 个插补轴的协同定位,既能用于伺服电动机也能用于步进电动机。

2) 位置控制模块

FM 351 双通道定位模块用于控制对动态调节特性要求较高的两个独立轴的定位,处理快速进给/慢速爬行的机械轴定位。该模块可以通过接触器控制变极调速电动机,或通过变频器对标准电动机进行控制,用来对轴的位置进行设定和调节。

每个轴有 4 点数字量输入以及控制高速、低速、顺时针和逆时针运行的 4 点数字量输出。起动后开始高速运行,在切换点切换为低速爬行(见图 4 - 16),在接近目标位置的停止点时断开电动机的电源,模块继续监视目标的逼近过程。组态时需要设置目标点的位置、切换距离和停止距离。

3) FM 352 电子凸轮控制器

FM 352 高速电子凸轮控制器是机械式凸轮控制器的低成本替代产品。它有 32 个凸轮轨迹,13 个集成的数字量输出端用于动作的直接输出,采用增量式编码器或绝对式编码器。

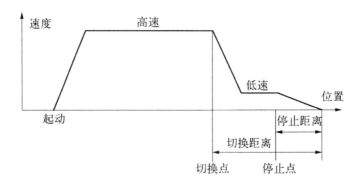

图 4-16　定位控制的转速-位置曲线

FM 352 用编码器检测位置,通过集成的输出点触发控制指令。

S7-300 CPU 用于顺序控制、凸轮处理的起动和停止、凸轮参数的传输和凸轮轨迹分析。

凸轮个数可以设置为 32、64 和 128 个。凸轮可以被定义为位置凸轮或时间凸轮,可以改变凸轮的方向,为每个凸轮提供动态补偿。FM 352 具有下列特殊功能:长度测量、设定基准点和实际值、零点补偿、改变凸轮的轨迹。FM 352 可以进行仿真。

4) FM 352-5 高速布尔处理器

FM 352-5 高速布尔处理器高速地进行布尔控制(即数字量控制)。它集成了 12 点数字量输入和 8 点数字量输出。指令集包括位指令、定时器、计数器、分频器、频率发生器和移位寄存器指令。1 个通道用于连接 24 V 增量式编码器,1 个 RS-422 串口用于连接增量式编码器或绝对式编码器。

5) FM 353 步进电动机定位模块

FM 353 是在高速机械设备中使用的步进电动机定位模块。它将脉冲传送到步进电动机的功率驱动器,通过脉冲数量控制移动距离,用脉冲的频率控制移动速度。

FM 353 有使用按钮的点动模式和增量模式,有手动数据输入功能,自动/单段控制用于运行复杂的定位路径。FM 353 具有下列特殊功能:长度测量、变化率限制、运行中设置实际值、通过高速输入起动或停止定位运动。

6) FM 354 伺服电动机定位模块

FM 354 是在高速机械设备中使用的伺服电动机智能定位模块。它用模拟驱动接口(-10~+10 V)控制驱动器,用编码器检测的轴位置来修正输出电压。FM 354 与 FM 353 的工作模式和定位功能相同。

7) FM 357-2 定位和连续路径控制模块

FM 357-2 模块用于从独立的单轴定位控制到最多 4 轴直线、圆弧插补连续路径控制。可以控制步进电动机或伺服电动机。4 个测量回路用于连接伺服轴、步进驱动器或外部主轴。

可以通过联动运动或曲线图表(电子曲线盘)进行轴同步,也可以通过外部主信号实现。采用编程或软件加速的运动控制和可以转换的坐标系统,有高速再起动的特殊急停程序。有点动、增量进给、参考点、手动数据输入、自动、自动单段等工作方式。

8) FM STEPDRIVE 步进电动机功率驱动器

步进电动机功率驱动器 FM STEPDRIVE 与定位模块 FM 353 和 FM 357 - 2 配套使用，用来控制 5~600 W 的步进电动机。

9) SM 338 超声波位置编码器模块

SM 338 用超声波传感器检测位置，具有无磨损、保护等级高、精度稳定不变、与传感器的长度无关等优点。模块最多接 4 个传感器，每个传感器最多有 4 个测量点，测量点数最多 8 个。测量范围 3~6 m，分辨率 0.05 mm(测量范围最多 3 m)或 0.1 m，可编程的测量时间为 0.5~16 ms。RS - 422 接口抗干扰能力强，电缆最长 50 m。

10) SM 338 位置输入模块

SM 338 可以提供最多 3 个绝对值编码器(SSI)和 CPU 之间的接口，将 SSI 的信号转换为 S7 - 300 的数字值，可以为编码器提供 24 V 直流电源。此外可以提供两个内部数字输入点将 SSI 位置编码器的状态锁住，可以在位置编码区域内处理对时间要求很高的应用。

11) FM 453 定位模块

FM 453 可以控制 3 个独立的伺服电动机或步进电动机，以高频率的时钟脉冲控制机械运动。它从增量式编码器或绝对式编码器输入位置信号，步进电动机作执行器时可以不用编码器。控制伺服电动机时输出-10~+10 V 模拟信号，控制步进电动机时输出脉冲和方向信号。每个通道有 6 点数字量输入，4 点数字量输出。

FM 453 有使用按钮的点动模式和增量模式，有手动数据输入功能，自动/单段控制用于运行复杂的定位路径。FM 453 具有下列特殊功能：长度测量、变化率限制、运行中设置实际值、通过高速输入起动或停止定位运动。

4.4.3　闭环控制模块

1) FM 355 闭环控制模块

FM 355 有 4 个闭环控制通道，用于压力、流量、液位等控制，有自优化温度控制算法和比例积分微分(PID)算法。FM 355C 是有 4 个模拟量输出端的连续控制器，FM 355S 是有 8 个数字输出点的步进或脉冲控制器。CPU 停机或出现故障后 FM 355 仍能继续运行，控制程序存储在模块中。

FM 355 的 4 个模拟量输入端用于采集模拟量数值和前馈控制值，附加的 1 个模拟量输入端用于热电偶的温度补偿。可以使用不同的传感器，例如热电偶、Pt100 热电阻、电压传感器和电流传感器。FM 355 有 4 个单独的闭环控制通道，可以实现定值控制、串级控制、比例控制和 3 分量控制，几个控制器可以集成到一个系统中使用。有自动、手动、安全、跟随、后备这几种操作方式。12 位分辨率时的采样时间为 20~100 ms，14 位分辨率时为 100~500 ms。

自优化温度控制算法存储在模块中，当设定点变化大于 12%时自动启动自优化；可以使用组态软件包对 PID 控制算法进行优化。

CPU 有故障或 CPU 停止运行时控制器可以独立地继续控制。为此在"后备方式"功能中，设置了可调的安全设定点或安全调节变量。

可以读取和修改模糊温度控制器的所有参数,或在线修改其他参数。

2) FM 355 - 2 闭环控制模块

FM 355 - 2 是适用于温度闭环控制的 4 通道闭环控制模块,可以方便地实现在线自优化温度控制,包括加热、冷却控制,以及加热、冷却的组合控制。FM 355 - 2C 是有 4 个模拟量输出端的连续控制器,FM 355 - 2S 是有 8 个数字量输出端的步进或脉冲控制器。CPU 停机或出现故障后 FM 355 - 2 仍能继续运行。

3) FM 455 闭环控制模块

12 位分辨率时的采样时间为 20～180 ms,14 位时为 100～1 700 ms(与实际使用的模拟量输入的数量有关),有 16 点数字量输入。

4) FM 458 - 1DP 应用模块

FM 458 - 1DP 是为自由组态闭环控制设计的,有包含 300 个功能块的库函数和 CFC 连续功能图图形化组态软件,带有 PROFIBUS - DP 接口。

FM 458 - 1DP 的基本模块可以执行计算、开环和闭环控制,通过扩展模块可以对 I/O 和通信进行扩展。

EXM438 - 1 I/O 扩展模块是 FM 458 - 1DP 的可选插入式扩展模块,用于读取和输出有时间要求的信号。有数字量/模拟量输入/输出模块,可连接增量式和绝对式编码器,有 4 个 12 位模拟量输出。

EXM448 通信扩展模块是 FM 458 - 1DP 的可选插入式扩展模块。可以使用 PROFIBUS - DP 或 SIMOLINK 进行高速通信,带有一个备用插槽,可以插接 MASTER DRIVES 可选模块,用于建立 SIMOLINK 光纤通信。

FM 458 - 1DP 还有一些附件接口模块,包括数字量输入、数字量输出和程序存储模块。

4.4.4　称重模块与 S5 智能 U 模块

1) SIWAREXU 称重模块

SIWAREXU 是紧凑型电子秤,用于化学工业和食品工业等行业的料仓和贮斗的料位检测,对起重机载荷进行监控,对传送带载荷进行测量或对工业提升机、轧机超载进行安全防护等。可以作为功能模块集成到 S7/M7 - 300 中,也可以通过 ET200M 连接到 S7 系列 PLC。

SIWAREXU 有下列功能:衡器的校准、重量值的数字滤波、重量测定、衡器置零、极限值监控和模块的功能监视。模块有多种诊断功能。

SIWAREXU 有单通道和双通道两种型号,分别连接一台或两台衡器。SIWAREXU 有两个串行接口,RS - 232C 接口用于连接设置参数用的计算机,TrY 接口用于连接最多 4 台数字式远程显示器。模块的参数可以用组态软件 SIWATOOL 设置,并存入磁盘。

2) SIWAREXM 称重模块

SIWAREXM 是有校验能力的电子称重和配料单元。可以用它组成多料秤称重系统。可以准确无误地关闭配料阀,达到最佳的配料精度。它可以作为功能模块集成到 S7/M7 - 300,也可以通过 ET200M 连接到 S5/S7 系列 PLC。

SIWAREXM 有下列功能：置零和称皮重、自动零点追踪、设置极限值（Min/Max/空值/过满）、操纵配料阀（粗/精配料）、称重静止报告和配料误差监视。

SIWAREXM 可以安装在易爆区域，可选的 Ex - i 接口保证对称重传感器的馈电符合本征安全条件。SIWAREXM 还可以作为独立于 PLC 的现场仪器使用。它有 1 个称重传感器通道，3 个数字量输入端和 4 个数字量输出端用于选择称重功能，1 个模拟量输出端用于连接模拟显示器或在线记录仪等。RS - 232C 串行接口用于连接 PC 机或打印机，TrY 串行接口用于连接有校验能力的数字远程显示器或主机。

3）S5 智能 I/O 模块

S5 智能 I/O 模块可以用于 S7 - 400，通过专门设计的适配器，可以直接插入 S7 - 400。可以使用 IP242B 计数器模块，IP244 温度控制模块，WF 705 位置解码器模块，WF 706 定位、位置测量和计数器模块，WF 707 凸轮控制器模块，WF 721 和 WF 723A/B/C 定位模块。

智能 I/O 模块的优点是它们能完全独立地执行实时任务，减轻了 CPU 的负担，使其能将精力完全集中于更高级的开环或闭环控制任务上。

S7 - 400 与 S7 - 300 有许多功能模块的技术规范基本相同，模块编号的最低两位也相同，例如 FM 351 和 FM 451。这类模块的对应关系如表 4 - 11 所示。

表 4 - 11　S7 - 300/S7 - 400 性能接近的功能模块

功 能 模 块	S7 - 300 系列	S7 - 400 系列
计数器模块	FM 350 - 1	FM 450 - 1
定位模块	FM 351，双通道	FM 451，3 通道
定位模块	FM 353，双通道	FM 453，3 通道
电子凸轮控制器	FM 352，13 个数字量输出	FM 452，16 个数字量输出
闭环控制模块	FM 355，4 通道	FM 455，16 通道

4.5　S7 - 300/400 的编程语言与指令系统

4.5.1　S7 - 300/400 的编程语言

STEP7 是 S7 - 300/400 系列 PLC 的编程软件。梯形图、语句表（即指令表）和功能块图是标准的 STEP7 软件包配备的 3 种基本编程语言，这 3 种语言可以在 STEP7 中相互转换。STEP7 还有多种编程语言可供用户选用，但是在购买软件时对可选的部分需要附加费用。

1）顺序功能图

顺序功能图（SFC）是一种位于其他编程语言之上的图形语言，用来编制顺序控制程序。STEP7 中的 S7 Graph 顺序控制图形编程语言属于可选的软件包。在这种语言中，工艺过程被划分为若干个按顺序出现的步，步中包含控制输出的动作，从一步到另一步的转换由转换条件控制。用 S7 Graph 表达复杂的顺序控制过程非常清晰,用于编程及故障诊断更为有效,使 PLC 程序的结构更加易读,它特别适合于生产制造过程。S7 Graph 具有丰富的图形、窗口和缩放功能。系统化的结构和清晰的组织显示使 S7 Graph 对于顺序过程的控制更加有效。5.6 节将对 S7 Graph 作详细的介绍。

2) 梯形图

梯形图(LAD)是使用得最多的 PLC 图形编程语言。梯形图与继电器电路图很相似,具有直观易懂的优点,很容易被工厂熟悉继电器控制的电气人员掌握,特别适合于数字量逻辑控制。有时把梯形图称为电路或程序。

梯形图由触点、线圈和用方框表示的指令框组成。触点代表逻辑输入条件,例如外部的开关、按钮和内部条件等。线圈通常代表逻辑运算的结果,常用来控制外部的负载和内部的标志位等。指令框用来表示定时器、计数器或者数学运算等附加指令。

使用编程软件可以直接生成和编辑梯形图,并将它下载到 PLC。

触点和线圈等组成的独立电路称为网络(Network),中文版 STEP7 称之为程序段(见图 4-17)。STEP7 自动地为程序段编号。梯形图中的触点和线圈可以使用物理地址,例如 I0.2 和 Q1.3 等。如果用符号表定义了某些地址的符号,例如令 I0.0 的符号为"起动按钮",在程序中可以用符号地址"起动按钮"来代替物理地址 I0.0,使程序易于阅读和理解。

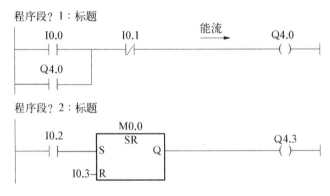

图 4-17 梯形图

用户可以在程序段号的右边加上程序段的标题,在程序段号的下面为程序段加上注释。

在分析梯形图的逻辑关系时,为了借用继电器电路图的分析方法,可以想象在梯形图的左右两侧垂直"电源线"之间有一个左正右负的直流电源电压,当程序段 1 中 I0.0 与 I0.1 的触点同时接通,或 Q4.0 与 I0.1 的触点同时接通时,"能流"流过 Q4.0 的线圈。利用能流这一概念,可以借用继电器电路的术语和分析方法,帮助我们更好地理解和分析梯形图。能流只能从左向右流动。

如果没有跳转指令,程序段内的逻辑运算按从左往右的方向执行,与能流的方向一致。程序段之间按从上到下的顺序执行,执行完所有的程序段后,下一次循环返回最上面的程序段 1,重新开始执行。

3）语句表

S7 系列 PLC 将指令表称为语句表（Statement List，STL），它是一种类似于微机的汇编语言的文本语言，多条语句组成一个程序段。语句表比较适合经验丰富的程序员使用，可以实现某些不能用梯形图或功能块图表示的功能。

4）功能块图

功能块图（FBD）使用类似于布尔代数的图形逻辑符号来表示控制逻辑。一些复杂的功能（例如数学运算功能等）用指令框来表示，有数字电路基础的人很容易掌握。功能块图用类似于与门、或门的方框来表示逻辑运算关系，方框的左侧为逻辑运算的输入变量，右侧为输出变量，输入、输出端的小圆圈表示"非"运算，方框被"导线"连接在一起，信号自左向右流动。国内很少有人使用功能块图语言。

5）结构文本

STEP7 的 S7 结构化控制语言（SCL）是符合 IEC 61131 - 3 标准的高级文本语言。它的语言结构与计算机的编程语言 Pascal 和 C 相似，适合于习惯使用高级编程语言的人。

SCL 适合于复杂的计算任务和最优化算法，也适于管理大量的数据等。

6）S7 HiGraph 编程语言

图形编程语言 S7 HiGraph 属于可选软件包，它用状态图（State Graphs）来描述异步、非顺序的过程。系统被分解为若干个功能单元，每个单元呈现不同的状态，各功能单元的同步信息可以在图形之间交换。需要为不同状态之间的切换定义转换条件，用类似于语句表的语言描述指定给状态的动作和状态之间的转换条件。

7）S7 CFC 编程语言

可选软件包连续功能图（Continuous Function Chart，CFC）用图形方式连接程序库中以块的形式提供的各种功能，包括从简单的逻辑操作到复杂的闭环和开环控制。编程时将这些块复制到图中并用线连接起来即可。

不需要用户掌握详细的编程知识以及 PLC 的专门知识，只要具有行业所必需的工艺技术方面的知识，就可以用 CFC 来编程。

8）编程语言的相互转换与选用

在 STEP7 编程软件中，如果程序块没有错误，并且被正确地划分为程序段、梯形图、功能块图和语句表可以相互转换。用语句表编写的程序不一定能转换为梯形图，不能转换的程序段仍然保留语句表的形式，但是并不一定表示该程序段有错误。

语句表可供习惯于用汇编语言编程的用户使用，在运行时间和要求的存储空间方面最优。语句表的输入方便快捷，还可以在每条语句的后面加上注释，便于复杂程序的阅读和理解。在设计通信、数学运算等高级应用程序时建议使用语句表。语句表程序较难阅读，其中的逻辑关系很难一眼看出，在设计和阅读有复杂的触点电路的程序时最好使用梯形图语言。

梯形图与继电器电路图的表达方式极为相似，适合于熟悉继电器电路的用户使用。功能块图适合于熟悉数字电路的用户使用。S7 SCL 编程语言适合于熟悉高级编程语言（例如 Pascal 或 C 语言）的用户使用。S7 Graph、HiGraph 和 CFC 可供有技术背景，但是没有 PLC 编程经验的用户使用。S7 Graph 对顺序控制过程的编程非常方便，HiGraph 适合于异步非顺序过程的编程,CFC 适合于连续过程控制的编程。

9) S7 – PLCSIM 仿真软件

即使没有 PLC 的硬件,使用仿真软件 S7 – PLCSIM 也可以在计算机上对 SIMATIC S7 用户程序进行功能测试,它对于用户程序的调试和 PLC 编程的学习是非常有用的。

用各种编程语言编写的程序都可以用 PLCSIM 来仿真。

4.5.2　S7 – 300/400 的指令系统

S7 – 300/400 PLC 的指令系统与 S7 – 200 PLC 的指令系统大同小异,在掌握 S7 – 200 PLC 指令系统的基础上,将很容易掌握 S7 – 300/400 的指令系统。本节介绍的 S7 – 300/400 PLC 的指令系统,重点在于与 S7 – 200 PLC 指令系统的差异。如需了解详细的指令,请参考系统手册。

4.5.2.1　系统存储器

S7 – 300/400 PLC 的系统存储区如表 4 – 12 所示。

表 4 – 12　S7 – 300/400 PLC 系统存储区

存　储　区	访问的单位	说　　　明
过程映像输入(I)	输入位 I、输入字节 IB、输入字 IW、输入双字 ID	在每次执行 OB1 扫描循环程序之前,CPU 将输入模块的输入数值复制到过程映像输入表中
过程映像输出(Q)	输出位 Q、输出字节 QB、输出字 QW、输出双字 QD	在程序循环扫描过程中,将程序运算得到的输出值写入过程映像输出表。在下一次 OB1 循环扫描开始时,CPU 将这些数值传送到输出模块
位存储器(M)	存储器位 M、存储器字节 MB、存储器字 MW、存储器双字 MD	该区域用于存储用户程序的中间运算结果或标志位
定时器(T)	定时器 T	该区域提供定时器的存储区
计数器(C)	计数器 C	该区域提供计数器的存储区
外设输出区(PQ)	外设输出字节 PQB、外设输出字 PQW、外设输出双字 PQD	通过该区域用户程序立即直接访问输出模块
外设输入区(PI)	外设输入字节 PIB、外设输入字 PIW、外设输入双字 PID	通过该区域用户程序立即直接访问输入模块
共享数据块(DB)	数据块 DB、数据位 DBX、数据字节 DBB、数据字 DBW、数据双字 DBD	共享数据块可供所有逻辑块使用,可以用"OPN DB"指令打开一个共享数据块
背景数据块(DI)	数据块 DI、数据位 DIX、数据字节 DIB、数据字 DIW、数据双字 DID	背景数据块与某一功能块或系统功能块相关联,可以用"OPN DI"指令打开一个背景数据块
局部数据(L)	局部数据值 L、局部数据字节 LB、局部数据字 LW、局部数据双字 LD	在处理组织块、功能块和系统功能块时,相应块的临时数据保存到该块的局部数据区

S7 - 300 过程映像区的大小是固定的,S7 - 400 过程映像区的大小则可以在组态时设置。除了操作系统对过程映像位的自动刷新外,S7 - 400 CPU 可以将过程映像区划分为最多 15 个区段。这意味着如果需要,区段可以独立于循环,刷新过程映像表的某些区段,用 STEP7 指定的过程映像区段中的每一个 I/O 地址不再属于 OB1 过程映像输入/输出表。需要定义每一块 I/O 模块的地址属于 OB1 过程映像输入/输出表或属于哪一个过程映像区段。

可以在用户程序中用系统功能 SFC 刷新过程映像。SFC 26"UPDAT PI"用来刷新整个或部分过程映像输入表,SFC 27"UPDAT PO"用来刷新整个或部分过程映像输出表。

在分配 S7 - 400 的中断程序(OB)的优先级时,可以为 OB 分配过程映像分区。在 CPU 调用 OB 时,首先从组态给该 OB 的模块的过程映像分区读取输入数据,处理完 OB 中的用户程序后,将组态给该 OB 的过程映像分区的输出数据写入输出模块。

DB 为数据块,DBX 是数据块中的数据位,DBB、DBW 和 DBD 分别是数据块中的数据字节、数据字和数据双字。

DI 为背景数据块,DIX 是背景数据块中的数据位,DIB、DIW 和 DID 分别是背景数据块中的数据字节、数据字和数据双字。

外设输入(PI)和外设输出(PQ)区允许直接访问本地的和分布式的输入模块和输出模块。可以按字节(PIB 或 PQB)、字(PIW 或 PQW)或双字(PID 或 PQD)访问,不能以位为单位访问 PI 和 PQ。低端的 S7 - 300 CPU 的过程映像输入、输出区分别只有 128 B,如果组态的模块地址超出这一范围,必须通过外设输入区来访问。

4.5.2.2 CPU 中的寄存器

1) 累加器

32 位累加器是用于处理字节、字或双字的寄存器,是语句表程序的关键部件。S7 - 300 有两个累加器(ACCU1 和 ACCU2),S7 - 400 有 4 个累加器(ACCU1~ACCU4)。几乎所有语句表的操作都是在累加器中进行的。因此需要把操作数送入累加器,在累加器中进行运算和数据处理后,用指令将 ACCU1 中的运算结果传送到某个存储区。处理 8 位或 16 位数据时,数据存放在累加器的低 8 位或低 16 位(右对齐)。

2) 状态字寄存器

状态字是一个 16 位的寄存器,只使用了其中的 9 位,用于储存 CPU 执行指令后的状态,如图 4 - 18 所示。可以在编程语言参考手册和 STEP7 的指令在线帮助中查找到各条指令的执行对状态字的影响。

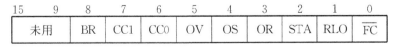

15	9	8	7	6	5	4	3	2	1	0
未用		BR	CC1	CC0	OV	OS	OR	STA	RLO	$\overline{FC}$

图 4 - 18 状态字的结构

用户程序一般并不直接使用状态位,但是状态字中的某些位用于决定某些指令是否执行和以什么样的方式执行。例如后面将要介绍的语句表中的跳转指令和梯形图中的状态位触点指令就与状态位有关。用位逻辑指令和字逻辑指令可以访问和检测状态位。

状态字的第 0 位称为首次检测位(FC)。若该位的状态为 0,则表明一个梯形逻辑程序段的开始,或指令为逻辑串的第一条指令。在逻辑串指令执行过程中该位为 1,输出指令或与逻辑运算有关的转移指令(表示一个逻辑串结束的指令)将该位清零(见图 3-10)。

状态字的第 1 位称为逻辑运算结果(Result of Logic Operation,RLO)。该位用来存储执行位逻辑指令或比较指令的结果。RLO 的状态为 1,表示有能流流到梯形图中的运算点处;为 0 则表示无能流流到该点。可以用 RLO 触发跳转指令。

状态字的第 2 位称为状态位(STA)。执行位逻辑指令时,STA 总是与该位的值一致。可以通过状态位了解位逻辑指令的位状态。

状态字的第 3 位称为或位(OR)。在先逻辑"与"后逻辑"或"的逻辑运算中,OR 位暂存逻辑"与"的操作结果,以便进行后面的逻辑"或"运算。输出指令将 OR 位复位。编程时并不直接使用 OR 位。

状态字的第 5 位称为溢出(OV)位。如果数学运算指令执行时出现错误(例如溢出、非法操作和不规范的格式),溢出位被置 1。如果后面影响该位的指令的执行结果正常,该位被清零。

状态字的第 4 位称为溢出状态保持(OS)位,或称为存储溢出位。OV 位被置 1 时 OS 位也被置 1,OV 位被清零时 OS 位仍然保持不变,所以它保存了 OV 位,用于指明前面的指令执行过程中是否产生过错误。只有 JOS(OS =1 时跳转)指令、块调用指令和块结束指令才能复位 OS 位。

状态字的第 7 位和第 6 位称为条件码 1 和条件码 0。这两位综合起来用于表示在累加器 1 中执行的数学运算或字逻辑运算的结果与 0 的大小关系、比较指令的执行结果或移位指令的移出位状态。用户程序一般不直接使用条件码。

状态字的第 8 位称为二进制结果(BR)位。在梯形图中,用方框表示某些指令、功能(FC)和功能块(FB),输入信号均在方框的左边,输出信号均在右边。状态字中的 BR 位对应于方框指令的 ENO,如果指令被正确执行,BR 位为 1,ENO 端有能流流出;如果执行出现错误,BR 位为 0,ENO 端没有能流流出。在用户用语句表编写的 FB 和 FC 程序中,必须对 BR 位进行管理。当 FB 或 FC 执行无错误时,使 RLO 为 1,并存入 BR;否则在 BR 中存入 0。可以用 SAVE 指令将 RLO 存入 BR。

4.5.2.3　位逻辑指令

位逻辑指令用于二进制数的逻辑运算,包括触点线圈指令、置位复位指令、触发器指令、边沿检测指令等位逻辑运算指令。逻辑运算的结果保存在状态字的 RLO 位。

1) 触点与线圈指令

在语句表中,用 A(AND,与)指令来表示常开触点或电路的串联,用 O(OR,或)指令来表示常开触点或电路的并联。触点指令中变量的数据类型为布尔型。常开触点对应的地址位为 1 状态时,该触点闭合。

在语句表中,用 AN(AND NOT,与非)来表示串联的常闭触点,用 ON(OR NOT,或非)来表示并联的常闭触点,触点符号中间的"/"表示常闭。常闭触点对应的地址位为 0 状态时该触点闭合。

赋值指令"="将逻辑运算结果 RLO 写入地址位,赋值指令与输出线圈相对应。驱动线圈的触点电路接通时,有"能流"流过线圈,RLO＝1,对应的地址位为 1 状态;反之则 RLO＝0,对应的地址位为 0 状态。线圈应放在程序段的最右边。

图 4－19 所示为使用触点和线圈指令的梯形图程序。

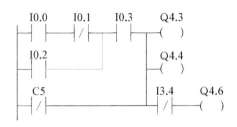

图 4－19　触点与输出指令

图 4－19 所对应的语句表程序如下所示,其中 L20.0 是局域变量:

```
A(
    A    I0.0
    AN   I0.1
    O    I0.2
    )
    A    I0.3
    ON   C5
    =    L20.0
    A    L20.0
    =    Q4.3
    A    L20.0
    =    Q4.4
    A    L20.0
    AN   I3.4
    =    Q4.6
```

上面程序中的 L20.0 是程序所在的组织块 OB1(即主程序)的局部变量(L)表中的位变量,用来暂存运算结果。因为前 20 个字节的局部变量被系统占用,L20.0 是用户程序可以定义的第 1 个局部变量位。将梯形图转换为语句表时,L20.0 的地址是自动分配的。

电路块的串联和并联与 S7－200 PLC 使用逻辑堆栈指令不同,而是括号将"或"运算括起来,并在左括号之前使用 A 指令,就像对单独的触点使用 A 指令一样。括号中的运算是优先处理的。电路块用括号括起来后,在括号之前可以使用 A、AN、O、ON、X 和 XN 指令。

2) 中线输出指令

中线输出是一种中间赋值元件,用该元件指定的地址来保存它左边电路的逻辑运算结果(RLO 位,或能流的状态)。中间标有"≠"号的中线输出线圈与其他触点串联,就像一个插入的触点一样。中线输出只能放在梯形图的中间,不能接在左侧的垂直"电源线"

上,也不能放在电路最右端结束的位置。

图 4-20(a)可以用中线输出指令等效为图 4-20(b)。如果该指令使用局部数据区(L 区)的地址,在逻辑块(FC、FB 和 OB)的变量声明表中,该地址应声明为 TEMP 类型。下面是图 4-20(b)第一行对应的语句表:

```
A    I0.0
AN   I0.1
=    M0.1
A    M0.1
A    I0.3
=    Q4.3
```

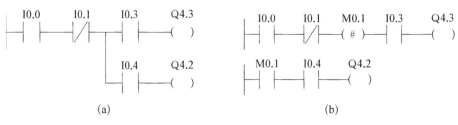

图 4-20　中线输出指令

3) 异或指令与同或指令

异或指令的助记符为 X,图 4-21 是异或指令的等效电路。I0.0 和 I0.2 的状态不同时,Q4.3 为 1,反之为 0。

同或指令的助记符为 XN,图 4-22 是同或指令的等效电路。I0.0 和 I0.2 的状态相同时,Q4.4 为 1,反之为 0。实际上很少使用异或指令和同或指令。

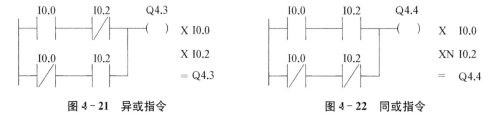

图 4-21　异或指令　　　　　　　图 4-22　同或指令

4) RLO 边沿检测指令

图 4-23 中的 I0.3 和 I0.0 的触点组成的串联电路由断开变为接通时,中间标有"P"的上升沿检测线圈左边的 RLO(逻辑运算结果)由 0 变为 1(即波形的上升沿),检测到一次正跳变,能流只在该扫描周期内流过检测元件,Q4.5 的线圈仅在这一个扫描周期内"通电"。检测元件的地址(例如图 4-23 中的 M0.0 和 M0.1)为边沿存储位,用来储存上一次循环的 RLO。在波形图中,用高电平表示 1 状态。

图 4-23 中的 I0.3 和 I0.0 组成的串联电路由接通变为断开时,中间标有"N"的检测元件左边的 RLO 由 1 变为 0(即波形的下降沿),检测到一次负跳变,能流只在该扫描周期内流过检测元件,Q4.3 的线圈仅在这一个扫描周期内"通电"。

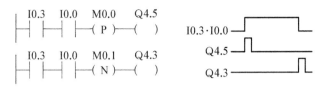

图 4－23　上升沿与下降沿检测

正/负跳变指令的助记符分别为 FP(Positive RLO Edge，RLO 的上升沿)和 FN(Negative RLO Edge，RLO 的下降沿)。下面是图 4－23 对应的语句表程序：

```
A       I0.3
A       I0.0
FP
=       Q4.5
A       I0.3
A       I0.0
FN
=       Q4.3
```

5) SET 与 CLR 指令

SET 与 CLR(Clear)指令将 RLO 置位或复位，紧接在它们后面的赋值语句中的地址将变为 1 状态或 0 状态。

```
SET             //将 RLO 置位
=M0.2           //M0.2 的线圈"通电"
CLR             //将 RLO 复位
=Q4.7           //Q4.7 的线圈"断电"
```

4.5.2.4　定时器指令

S7－300/400 的定时器分为脉冲定时器(SP)、扩展脉冲定时器(SE)、接通延时定时器(SD)、保持型接通延时定时器(SS)和断开延时定时器(SF)，如图 4－24 所示，其中的 t 是定时器的时间设定值。

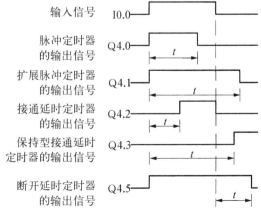

图 4－24　定时器输出信号

S7 CPU 为定时器保留了一片存储区域。每个定时器有一个 16 位的字和一个二进制位,定时器的字用来存放它当前的定时时间值,定时器触点的状态由它的位的状态来决定。用定时器地址(T 和定时器号,例如 T6)来访问它的时间值和定时器位,带位操作数的指令访问定时器位,带字操作数的指令访问定时器的时间值。S7 - 300 的定时器个数(128~2 048 个)与 CPU 的型号有关,S7 - 400 的 CPU 有 2 048 个定时器。

1) 定时器预置值的表示方法

用户使用的定时器字由 3 位 BCD 码时间值(0~999)和时间基准组成(见图 4 - 25),时间值以指定的时间基准为单位。在 CPU 内部,时间值以二进制格式存放,占定时器字的第 0~9 位。

图 4 - 25　定时器字

可以按下列的形式将时间预置值装入累加器的低位字:

(1) 十六进制数 W♯16♯wxyz,其中的 w 是时间基准,xyz 是 BCD 码形式的时间值。

(2) S5T♯aH_bM_cS_dMS(可以不输入下划线),其中 H 表示小时,M 为分钟,S 为秒,MS 为毫秒,a、b、c、d 是用户设置的值。例如 S5T♯1H_12M_18S 为 1 h 12 min 18 s。可以按上述格式输入时间,也可以秒为单位输入时间。输入 S5T♯200S 后按回车键,显示的时间值将变为 S5T♯3M 20S。时间基准是 CPU 自动选择的,选择的原则是在满足定时范围要求的条件下选择最小的时间基准。可输入的最大时间值为 9 990 s,或 2H_46M_30S。

在梯形图中必须使用"S5T♯"格式的时间值;在语句表中,还可以使用 IEC 格式的时间值,即在时间值的前面加 T♯,例如 T♯20S。

2) 时间基准

定时器字的第 12 位和第 13 位用来作时间基准,时间基准代码为二进制数 00、01、10 和 11 时,对应的时间基准分别为 10 ms、100 ms、1 s 和 10 s。实际的定时时间等于时间值乘以时间基准值。例如定时器字为 W♯16♯3999 时,时间基准为 10 s,定时时间为 999×10 s=9 990 s。

时间基准反映了定时器的分辨率,时间基准越小,分辨率越高,可定时的时间越短;时间基准越大,分辨率越低,可定时的时间越长。

3) 脉冲定时器

脉冲定时器类似于上升沿触发的单稳态电路,如图 4 - 26 所示。定时器被启动后,从预置值开始,每经过一个时间基准,它的时间值减 1,直到减为 0,定时时间到,Q4.0 的线圈断电。在定时期间,BI 端输出十六进制的当前剩余时间值,BCD 端输出 S5T♯格式的当前时间剩余值。

图 4 - 26 为脉冲定时器线圈指令和时序,时序图用下降的斜坡表示定时期间当前值

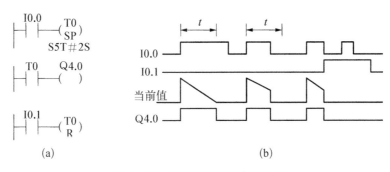

图 4 - 26　脉冲定时器指令和时序

递减,图中的 t 是定时器的预置值。当 I0.0 的常开触点由断开变为接通时,T0 开始定时,其常开触点闭合。定时时间到时,T0 的常开触点断开。在定时期间,如果 I0.0 变为 0 状态,或者复位输入 I0.1 变为 1 状态,T0 的常开触点都将断开,定时器的当前值被清零。

由图 4 - 26 的时序图可知,脉冲定时器从输入信号 I0.0 的上升沿开始,输出一个脉冲信号。如果输入脉冲的宽度大于等于时间预置值,通过 Q4.0 输出的脉冲宽度等于时间预置值。如果输入脉冲的宽度小于时间预置值,输出脉冲的宽度等于输入脉冲的宽度。从波形图可以看出,复位信号是优先的,复位信号 I0.1 使定时器的当前时间值变为 0,输出位也变为 0 状态。在复位信号有效期间,即使有输入信号出现,也不能输出脉冲。

4.5.2.5　计数器指令

S7 - 300/400 为计数器保留了一片计数器存储区。每个计数器有一个 16 位的字和一个二进制位,计数器的字用来存放它的当前计数值,计数器触点的状态由它的位的状态来决定。用计数器地址(C 和计数器号,如 C24)来访问当前计数值和计数器位,带位操作数的指令访问计数器位,带字操作数的指令访问计数器的计数值。

S7 - 300 的计数器个数(128~2 048 个)与 CPU 的型号有关,S7 - 400 CPU 有 2 048 个计数器。

计数器字的 0~11 位是计数值的 BCD 码,计数值的范围为 0~999。二进制格式的计数值只占用计数器字的 0~9 位。计数器字的计数值为 BCD 码 127 时,计数器字的各位如图 4 - 27 所示,用格式 C♯127 表示 BCD 码 127。

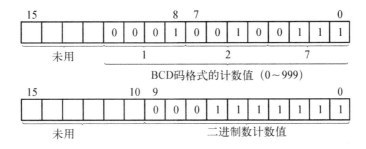

图 4 - 27　计数器字

计数器包括加计数器、减计数器和加减计数器。图 4 - 28 给出了加计数器和减计数器指令及用法,其他指令及用法请参考系统手册。

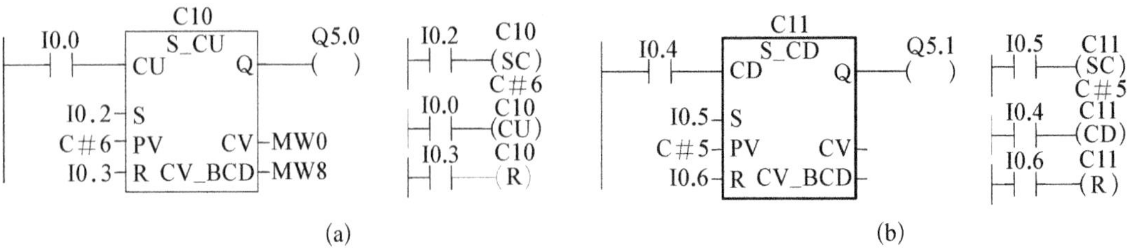

图 4-28　加、减计数器

下面是图 4-28 加计数器左边的电路对应的语句表：

A	I0.0	//在 I0.0 的上升沿
CU	C10	//加计数器 C10 的当前值加 1
BLD	101	
A	I0.2	//在 I0.2 的上升沿
L	C#6	//计数器的预置值 6 被装入累加器的低字
S	C10	//将预置值装入计数器 C10
A	I0.3	//如果 I0.3 为 1
R	C10	//复位 C10
L	C10	//将 C10 的二进制计数当前值装入累加器 1
T	MW0	//将累加器 1 的内容传送到 MW0
LC	C10	//将 C10 的 BCD 计数当前值装入累加器 1
T	MW8	//将累加器 1 的内容传送到 MW8
A	C10	//如果 C10 的当前值非 0
=	Q5.0	//Q5.0 为 1 状态

设置计数值线圈 SC(Set Counter Value)用来设置计数值,在 RLO 的上升沿预置值被送入指定的计数器。CU 的线圈为加计数器线圈。在 I0.0 的上升沿,如果计数值小于 999,计数值加 1。复位输入 I0.3 为 1 时,计数器被复位,计数值被清零。

计数值大于 0 时计数器位(即输出 Q)为 1;计数值为 0 时,计数器位亦为 0。

在减计数输入信号 CD 的上升沿,如果计数值大于 0,计数值减 1。

4.5.2.6　装入指令与传送指令

装入(L,Load)指令将源操作数装入累加器 1,而累加器 1 原有的数据移入累加器 2。装入指令可以对字节(8 位)、字(16 位)、双字(32 位)数据进行操作。

传送(T,Transfer)指令将累加器 1 中的内容写入目的存储区中,累加器 1 的内容不变。

累加器是 CPU 的 32 位专用寄存器。在语句表程序中,数据的传送与变换一般通过累加器进行,而不是直接在存储单元之间进行。S7-300 有两个累加器,即累加器 1 和累加器 2。S7-400 有 4 个累加器,即累加器 1~累加器 4。累加器 1 是主累加器,其余的是辅助累加器。与累加器 1 进行运算的数据存储在累加器 2 中。

装入指令与传送指令有三种寻址方式:立即数寻址、直接寻址和间接寻址。

立即寻址的操作数直接出现在指令中,如 L －35,将 16 位十进制常数－35 装入累加器 1 的低字 ACCU1 - L 中。

直接寻址在指令中直接给出存储器或寄存器的区域、长度和位置,例如用 MW200 指定位存储区中的字,地址为 200。

间接寻址又可以分为存储器间接寻址和寄存器间接寻址,介绍如下。

1) 存储器间接寻址

在存储器间接寻址指令中,给出一个作地址指针的存储器,该存储器的内容是操作数所在存储单元的地址。

在循环程序中经常使用存储器间接寻址。地址指针可以是字或双字。定时器(T)、计数器(C)、数据块(DB)、功能块(FB)和功能(FC)的编号范围小于 65 535,使用字指针就够了;其他地址则要使用双字指针。如果要用双字格式的指针访问一个字、字节或双字存储器,必须保证指针的位编号为 0,例如 P♯Q20.0。双字指针格式如图 4 - 29(a)所示,位 0～2 为被寻址地址中位的编号,位 3～18 为被寻址的字节的编号。只有双字 MD、LD、DBD 和 DID 能作地址指针。下面是存储器间接寻址的例子。

L   QB[DBD 10]   //将输出字节装入累加器 1,输出字节的地址指针在数据双字 DBD10 中,如果 DBD10 的值为 2♯0000 0000 0000 0000 0000 0000 0010 0000,则装入的是 QB4。

A   M[LD 4]   //对存储器位作"与"运算,地址指针在数据双字 LD4 中,如果 LD4 的值为 2♯0000 0000 0000 0000 0000 0000 0010 0011,则是对 M4.3 进行操作。

31	24 23	16 15	8 7	0
0000 0000	0000 0bbb	bbbb bbbb	bbbb bxxx	

(a)

31	24 23	16 15	8 7	0
x000 0rrr	0000 0bbb	bbbb bbbb	bbbb bxxx	

(b)

图 4 - 29 存储器和寄存器间接寻址的双字指针格式

(a) 存储器间接寻址 (b) 寄存器间接寻址

2) 寄存器间接寻址

S7 - 300/400 有两个地址寄存器 AR1 和 AR2,通过它们可以对各存储区的存储器内容作寄存器间接寻址。地址寄存器 AR1 和 AR2 的内容加上偏移量形成地址指针,指向数据所在的存储单元。

地址寄存器存储的双字地址指针如图 4 - 29(b)所示,其中第 0～2 位(xxx)为被寻址地址中位的编号(0～7);第 3～18 位为被寻址地址的字节的编号(0～65 535);第 24～26 位(rrr)为被寻址地址的区域标识号;第 31 位 x＝0 为区域内的间接寻址,x＝1 为区域间的间接寻址。

第一种地址指针格式存储区的类型在指令中给出,例如 L DBB[AR1,P♯6.0],用于在某一存储区内寻址。指针格式中第 24～26 位(rrr)应为 0。

第二种地址指针格式的第 24～26 位还包含存储区域标识符 rrr(见表 4 - 13),用于区域间寄存器间接寻址。

表 4-13   寄存器间接寻址的区域标识位

区域标识符	存储区	位 26～24
P	外设输入输出	000
I	输入过程映像	001
Q	输出过程映像	010
M	位存储区	011
DBX	共享数据块	100
DIX	背景数据块	101
L	块的局域数据	111

如果要用寄存器指针访问一个字节、字或双字，必须保证指针中的位地址编号为 0。

指针常数♯P5.0 对应的二进制数为 2♯0000 0000 0000 0000 0000 0000 0010 1000。下面是区内间接寻址的例子：

L	P♯5.0	//将间接寻址的指针装入累加器 1
LAR1		//将累加器 1 中的内容送到地址寄存器 1
A	M[AR1，P♯2.3]	//AR1 中的 P♯5.0 加偏移量 P♯2.3，实际上是对 M7.3 进行操作
=	Q[AR1，P♯0.2]	//逻辑运算的结果送 Q5.2
L	DBW[AR1，P♯18.0]	//将 DBW23 装入累加器 1

下面是区域间间接寻址的例子：

L	P♯M6.0	//将存储器位 M6.0 的双字指针装入累加器 1
LAR1		//将累加器 1 中的内容送到地址寄存器 1
T	W[AR1，P♯50.0]	//将累加器 1 的内容传送到存储器字 MW56

P♯M6.0 对应的二进制数为 2♯1000 0011 0000 0000 0000 0000 0011 0000。因为地址指针 P♯M6.0 中已经包含有区域信息，在使用间接寻址的指令 T   W[AR1，P♯50] 中没有必要再用地址标识符 M。

4.5.2.7   比较指令

比较指令用于比较累加器 1 与累加器 2 中的数据大小，被比较的两个数的数据类型应该相同。如果比较的条件满足，则 RLO 为 1，否则为 0。状态字中的 CC0 和 CC1 位用来表示两个数的大于、小于和等于关系，如表 4-14 所示。比较指令及其说明如表 4-15 所示。

表 4-14   指令执行后的 CC1 和 CC0

CC1	CC0	比 较 指 令	移位和循环移位指令	字逻辑指令
0	0	累加器 2＝累加器 1	移出位为 0	结果为 0
0	1	累加器 2＜累加器 1	—	—
1	0	累加器 2＞累加器 1	—	结果不为 0
1	1	非法的浮点数	移出位为 1	—

表 4-15　比较指令

语句表指令	梯形图中的符号	说　　　　明
? I	CMP ? I	比较累加器 2 和累加器 1 低字中的整数,如果条件满足,RLO=1
? D	CMP ? D	比较累加器 2 和累加器 1 中的双整数,如果条件满足,RLO=1
? R	CMP ? R	比较累加器 2 和累加器 1 中的浮点数,如果条件满足,RLO=1

? 可以是==,<>,>,<,>=,<-。

下面是比较两个浮点数的例子:

L MD4/　　　　　　　　/MD4 中的浮点数装入累加器 1
L 2.345E+02　　　　　　//浮点数常数装入累加器 1,MD4 装入累加器 2
>R　　　　　　　　　　//比较累加器 1 和累加器 2 的值
= Q4.2　　　　　　　　//如果 MD4 > 2.345E+02,则 Q4.2 为 1

梯形图中的方框比较指令(见图 4-30)可以比较整数(I)、双整数(D)和浮点数(R)。方框比较指令在梯形图中相当于一个常开触点,可以与其他触点串联和并联。

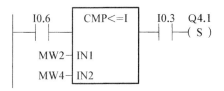

图 4-30　比较指令

4.5.2.8　累加器指令

累加器指令只能在语句表中使用,用于处理单个或多个累加器的内容,如表 4-16 所示。

表 4-16　累加器指令

语　句　表	描　　　　述
TAK	交换累加器 1 和 2 的内容
PUSH	入栈
POP	出栈
ENT	进入 ACCU 堆栈
LEAVE	离开 ACCU 堆栈
INC	累加器 1 最低字节加上 8 位常数
DEC	累加器 1 最低字节减去 8 位常数
+AR1	AR1 的内容加上地址偏移量
+AR2	AR2 的内容加上地址偏移量
BLD	程序显示指令(空指令)
NOP 0	空操作指令
NOP 1	空操作指令

1) 堆栈指令

S7-300/400 CPU 中的累加器组成一个堆栈,用来存放需要快速存取的数据。堆栈中的数据按"先入后出"的原则存取。堆栈指令是否执行与状态字无关,也不会影响状态字。

对于有 4 个累加器的 S7 - 400 CPU 来说,PUSH 指令使堆栈中各层原有的数据依次向下移动一层,栈底(累加器 4)的值被推出丢失,栈顶的值保持不变,如图 4 - 31(a)所示。POP 指令使堆栈中各层原有的数据依次向上移动一层,原来第二层的数据成为栈顶的数据,栈底的值保持不变,原来栈顶的数据从栈内消失,如图 4 - 31(b)所示。

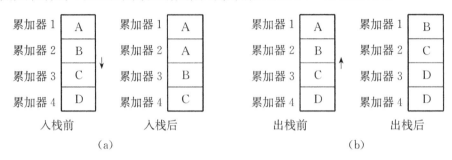

图 4 - 31 入栈和出栈指令执行过程

(a) 入栈指令执行前后   (b) 出栈指令执行前后

进入累加器堆栈指令(Enter Accumulator Stack,ENT)将累加器 3 的内容复制到累加器 4,累加器 2 的内容复制到累加器 3。使用 ENT 指令可以用累加器 3、4 来保存中间结果。

离开累加器堆栈指令(Leave Accumulator Stack,LEAVE)将累加器 3 的内容复制到累加器 2,累加器 4 的内容复制到累加器 3,累加器 1 和 4 的内容保持不变。

2) 地址寄存器指令

+AR1(Add to AR1)指令将地址寄存器 AR1 的内容加上作为地址偏移量的累加器 1 的低字的内容,或加上指令中的 16 位常数(−32 768~+32 767),结果存放在 AR1 中。

+AR2 (Add to AR2)指令将地址寄存器 AR2 的内容加上作为地址偏移量的累加器 1 的低字的内容,或加上指令中的 16 位常数,结果存放在 AR2 中。

16 位有符号整数首先被扩充为 24 位,其符号位不变,然后与 AR1 中的低 24 位有效数字相加。地址寄存器中的存储区域标识符 rrr(第 24~26 位,见图 4 - 29)保持不变。

```
L   P♯20.0          //指针常数 P♯20.0 装入累加器 1 的低字
+AR1               //AR1 与累加器 1 低字的内容相加,运算结果送 AR1
+AR2   P♯100.0     //AR2 的内容加上地址偏移量 P♯100.0,运算结果送 AR2
```

4.5.2.9 逻辑控制指令

指令系统中的逻辑控制指令包括逻辑块内的跳转指令和循环指令,如表 4 - 17 所示。在没有执行跳转和循环指令时,各条语句按从上到下的先后顺序逐条执行,这种执行方式称为线性扫描。逻辑控制指令中止程序的线性扫描,跳转到指令中的地址标号所在的目的地址。跳转时不执行跳转指令与标号之间的程序,跳到目的地址后,程序继续按线性扫描的方式执行。跳转可以从上往下跳,也可以从下往上跳。

表 4 - 17　逻辑控制指令与状态位触点指令

语句表中的 逻辑控制指令	梯形图中的 状态位触点指令	说　　明
JU	—	无条件跳转
JL	—	多分支跳转
JC	—	RLO=1 时跳转
JCN	—	RLO=0 时跳转
JCB	—	RLO=1 且 BR=1 跳转
JNB	—	RLO=0 且 BR=1 跳转
JBI	BR	BR=1 时跳转
JNBI	—	BR=0 时跳转
JO	OV	OV=1 时跳转
JOS	OS	OS=1 跳转
JZ	==0	运算结果为 0 时跳转
JN	<>0	运算结果非 0 时跳转
JP	>0	运算结果为正时跳转
JM	<0	运算结果为负时跳转
JPZ	>=0	运算结果大于等于 0 时跳转
JMZ	<=0	运算结果小于等于 0 时跳转
JUO	UO	指令出错时跳转
LOOP	—	循环指令

　　只能在同一个逻辑块内跳转，即跳转指令与对应的跳转目的地址应在同一逻辑块内。在一个块内，同一个跳转目的地址只能出现一次。

　　跳转或循环指令的操作数为地址标号，标号最多由 4 个字符组成，第一个字符必须是字母，其余的可以是字母或数字。在语句表中，目标标号与目标指令用冒号分隔。在梯形图中，目标标号必须是一个程序段的开始。

　　例 1：IW8 与 MW12 的异或结果如果为 0，将 M4.0 复位，非 0 则将 M4.0 置位。

```
L        IW8      //IW8 的内容装入累加器 1 的低字
L        MW12     //MW12 的内容装入累加器 1
XOW               //累加器 1、2 低字的内容逐位异或
JN       NOZE     //如果累加器 1 的内容非 0，则跳转到标号 NOZE 处
R        M4.0
JU       NEXT
NOZE：   AN       M4.0
         S        M4.0
NEXT：   NOP      0
```

　　如果需要重复执行若干次同样的任务，可以使用循环指令。

　　循环指令 LOOP<jump label>用 ACCU1 - L 作循环计数器，每次执行 LOOP 指令时 ACCU1 - L 的值减 1，若减 1 后 ACCU1 - L 非 0，将跳转到<jump label>指定的标号处。若减 1 后累加器的低字为 0，在跳步目标处恢复线性程序扫描。跳步目标号应是唯一的，跳步只能在同一个逻辑块内进行。

例 2：用循环指令求 5！（5 的阶乘）。

L	L♯1	//32 位整数常数装入累加器 1,置阶乘的初值
T	MD20	//累加器 1 的内容传送到 MD20,保存阶乘的初值
L	5	//循环次数装入累加器的低字
BACK：T	MW10	//累加器 1 低字的内容保存到循环计数器 MW10
L	MD20	//取阶乘值
＊D		//MD20 与 MW10 的内容相乘
T	MD20	//乘积送 MD20
L	MW10	//循环计数器内容装入累加器 1
LOOP	BACK	//累加器 1 低字的内容减 1,减 1 后非 0,跳到标号 BACK
	……	//循环结束后,恢复线性扫描

4.5.2.10　程序控制指令

程序控制指令包括逻辑块结束指令、逻辑块调用指令、主控继电器指令和与数据块有关的指令,如表 4-18 所示。

表 4-18　程序控制指令

语句表指令	梯形图指令	描　　　述
BE	—	块结束
BEU	—	块无条件结束
BEC	—	块条件结束
CALL FCn	—	调用功能
CALL SFCn	—	调用系统功能
CALL FBn1,DBn2	—	调用功能块
CALL SFBn1,DBn2	—	调用系统功能块
CC FCn 或 SFCn	CALL	RLO=1 时条件调用
UC FCn 或 SFCn	CALL	无条件调用
RET	RET	条件返回
MCRA	MCRA	启动主控继电器功能
MCRD	MCRD	取消主控继电器功能
MCR(	MCR<	打开主控继电器区
)MCR	MCR>	关闭主控继电器区

1）逻辑块调用指令

逻辑块包括组织块、功能、功能块、系统功能和系统功能块。

块调用指令（CALL）用来调用功能块（FB）、功能（FC）、系统功能块（SFB）或系统功能（SFC）,或调用西门子预先编好的其他标准块。在 CALL 指令中,FC、SFC、FB 和 SFB 是作为地址输入的,逻辑块的地址可以是绝对地址或符号地址。CALL 指令与 RLO 和其他任何条件无关。在调用 FB 和 SFB 时,应提供与它们配套的背景数据块（Instance DB）。调用 FC 和 SFC 时,不需要背景数据块。处理完被调用的块后,调用它的程序继续其逻辑处理。在调用 SFB 和 SFC 后,寄存器的内容被恢复。

使用 CALL 指令时,应将实参(Actual Parameter)赋给被调用的功能块中的形参(Formal Parameter),并保证实参与形参的数据类型一致。

使用语句表编程时,CALL 指令调用的块应该是已经存在的块,其符号名也应该是已经定义过的。

无条件调用指令(Unconditional Block Call, UC)和条件调用指令(Conditional Block Call, CC)用于调用没有输入/输出参数的 FC 和 SFC。其使用方法与 CALL 指令相同,只是在调用时不能传递参数。下面是使用 CC 指令和 UC 指令的例子:

```
A    I0.1    //刷新 RLO
CC   FC6     //如果 RLO 为 1,调用没有参数的功能 FC6
L    IW4     //从 FC6 返回后执行,I0.1 为 0 时不调用 FC6,直接执行本指令
UC   FC2     //无条件调用没有参数的功能 FC2
```

梯形图中的 CALL 线圈可以调用 FC 或 SFC,调用时不能传递参数。调用可以是无条件的,CALL 线圈直接与左侧垂直线相连,相当于语句表中的 UC 指令;也可以是有条件的,条件由控制 CALL 线圈的触点电路提供,相当于语句表的 CC 指令。

调用逻辑块时如果需要传递参数,可以用方框指令来调用功能块。图 4-32 方框中的 FB10 是被调用的功能块,DB3 是调用 FB10 时的背景数据块。

条件返回指令(Return,RET)以线圈的形式出现,用于有条件地离开逻辑块,条件由控制它的触点电路提供,RET 线圈不能直接连接在左侧垂直"电源线"上。如果是无条件地返回调用它的块,在块结束时并不需要使用 RET 指令。

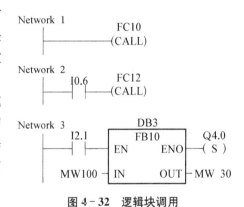

图 4-32　逻辑块调用

2) 逻辑块结束指令

逻辑块结束指令包括块无条件结束指令(Block End Unconditional, BEU)、块结束指令(Block End, BE)以及块条件结束指令(Block End Conditional, BEC)。

执行块结束指令时,将中止当前块的程序扫描,返回调用它的块。BEU 和 BE 是无条件执行的,而 BEC 只是在 RLO=1 时执行。

假设逻辑块 A 调用逻辑块 B,执行逻辑块 B 的无条件结束指令 BEU 或在条件满足时执行 BEC 指令,将会中止逻辑块 B(当前块)的程序扫描,返回逻辑块 A 调用逻辑块 B 的 CALL 指令下面一条指令,继续程序扫描。逻辑块 B 结束后,它的局部数据区被释放出来,调用它的块 A 的局部数据区变为当前局部数据区。块 A 调用块 B 时打开的数据块被重新打开。块 A 的主控继电器(MCR)被恢复,RLO 从块 B 被带到块 A。

BEU 指令的执行不需要任何条件,但是如果 BEU 指令被跳转指令跳过,当前程序扫描不会结束,在块内的跳转目标处,程序将被继续启动。

使用 S7 系列 PLC 的硬件时,块结束指令 BE 与 BEU 的功能相同。

下面是使用 BEC 的程序:

```
A     I0.1    //刷新 RLO
BEC           //如果 RLO=1,结束块
L     IW4     //如果 RLO =0,不执行 BEC,继续程序扫描
```

3) 主控继电器指令

主控继电器(Master Control Relay)简称为 MCR。主控继电器指令用来控制 MCR 区内的指令是否被正常执行,相当于一个用来接通和断开"能流"的指令开关。MCR 指令用得并不多,S7 - 200 没有 MCR 指令。

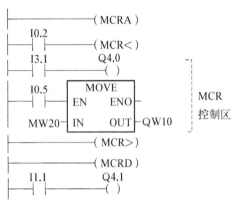

图 4 - 33 主控继电器指令

在图 4 - 33 中,MCRA 为激活主控继电器指令,MCRD 为取消激活主控继电器指令。

打开主控继电器区指令"MCR<"在 MCR 堆栈中保存该指令之前的逻辑运算结果 RLO (即 MCR 位),关闭主控继电器区指令"MCR>"从 MCR 堆栈中取出保存在里面的 RLO。"MCR<"与"MCR>"用来表示受控临时"电源线"的形成与终止。

MCR 指令可以嵌套使用,即 MCR 区可以在另一个 MCR 区之内。MCR 堆栈是一种后进先出的堆栈,允许的最大嵌套深度为 8 级。

图 4 - 33 中的 MCR 位受到 I0.2 的控制,I0.2 与 MCR 堆栈中 MCR 位的状态相同。MCR 位为 1 状态时,才会执行 MCR 控制区内 Q4.0 的线圈和 MOVE 指令。MCR 位为 0 状态时,Q4.0 为 0 状态。

4) 数据块指令

访问数据块指令如表 4 - 19 所示。在访问数据块时,需要指明被访问的是哪一个数据块,以及访问该数据块中的哪一个数据。在指令中同时给出数据块的编号和数据在数据块中的地址,例如 DB2.DBX4.5,可以直接访问数据块中的数据。访问时可以使用绝对地址,也可以使用符号地址。这种访问方法不容易出错,建议尽量使用这种方法。

表 4 - 19　数据块指令

指　　令	描　　述
OPN	打开数据块
CDB	交换共享数据块和背景数据
L DBLG	共享数据块的长度装入累加器 1
L DBNO	共享数据块的编号装入累加器 1
L DILG	背景数据块的长度装入累加器 1
L DINO	背景数据块的编号装入累加器 1

在语句表中,OPN(Open a Data Block)指令用来打开数据块。访问已经打开的数据块内的存储单元时,可以省略其地址中数据块的编号。

同时只能分别打开一个共享数据块和一个背景数据块,打开的共享数据块和背景数

据块的编号分别存放在 DB 寄存器和 DI 寄存器中。

打开新的数据块后,原来打开的数据块自动关闭。调用一个功能块时,它的背景数据块被自动打开。如果该功能块调用了其他的块,调用结束后返回该功能块,原来打开的背景数据块不再有效,必须重新打开它。下面是打开数据块的例子:

OPN	DB10	//打开数据块 DB10 作为共享数据块
L	DBW35	//将打开的 DB10 中的数据字 DBW35 装入累加器 1 的低字
T	MW12	//累加器 1 低字的内容装入 MW12
OPN	DB20	//打开作为背景数据块的数据块 DB20
L	DIB35	// DB20. DIB35 装入累加器 1 的最低字节
T	DBB27	//累加器 1 最低字节传送到 DB10. DBB27

4.5.3　用户程序的基本结构

1) 用户程序结构

S7 - 300 PLC 中的程序也分为操作系统和用户程序。操作系统用来实现与特定的控制任务无关的功能,处理 PLC 的启动、刷新过程映像输入/输出表、调用用户程序、处理中断和错误、管理存储区和处理通信等。用户程序包含处理用户特定的自动化任务所需要的所有功能。

CPU 循环执行操作系统程序,在每一次循环中,操作系统程序调用一次主程序 OB1。因此 OB1 中的程序也是循环执行的。

STEP7 将用户编写的程序和程序所需的数据放置在不同的块中,使单个的程序部件标准化。通过块与块之间类似子程序调用的方式,使用户程序结构化,可以简化程序组织,使程序易于修改、查错和调试。块结构显著地增加了 PLC 程序的组织透明性、可理解性和易维护性。各种块的简要说明如表 4 - 20 所示。OB、FB、FC、SFB 和 SFC 都包含部分程序,统称为逻辑块。程序运行时所需的大量数据和变量存储在数据块中。

表 4 - 20　用户程序中的块

块	简　要　功　能　描　述
组织块(OB)	操作系统与用户程序的接口,决定用户程序的结构
功能块(FB)	用户编写的包含经常使用的功能的子程序,有专用的存储区
功能(FC)	用户编写的包含经常使用的功能的子程序,没有专用的存储区
系统功能块(SFB)	集成在 CPU 模块中,通过 SFB 调用系统功能,有专用的存储区
系统功能(SFC)	集成在 CPU 模块中,通过 SFC 调用系统功能,无专用的存储区
背景数据块(DI)	用于保存 FB 和 SFB 的输入、输出变量和静态变量,其数据在编译时自动生成
共享数据块(DB)	存储用户数据的数据区域,供所有的逻辑块共享

控制任务可以分层划分为工厂级、车间级、生产线、设备等多级任务，分别建立与各级任务对应的逻辑块。每一层的控制程序（逻辑块）作为上一级控制程序的子程序，前者又可以调用下一级的子程序。这种调用称为嵌套调用，即被调用的块又可以调用别的块。CPU 模块的手册给出了允许嵌套调用的层数（嵌套深度）。

在块调用中，调用者可以是各种逻辑块，被调用的块是 OB 之外的逻辑块。调用功能块和系统功能块时需要为它们指定一个背景数据块（IDB），后者随这些块的调用而打开，在调用结束时自动关闭。

在图 4-34 中，OB1 调用 FB1，FB1 调用 FC1，应按下面的顺序创建块：FC1→FB1 及其背景数据块→OB1，即编程时被调用的块应该是已经存在的。

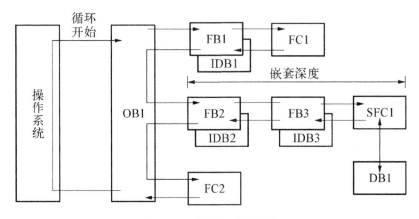

图 4-34　块调用分层结构

如果出现中断事件，CPU 将停止当前正在执行的程序，去执行中断事件对应的组织块 OB（即中断程序）。中断程序执行完后，返回到程序中断处继续执行。

2）组织块

组织块是操作系统与用户程序的接口，由操作系统调用，用于控制扫描循环和中断程序的执行、PLC 的启动和错误处理等，有的 CPU 只能使用部分组织块。

（1）OB1。OB1 用于循环处理，是用户程序中的主程序。操作系统在每一次循环中调用一次 OB1。

（2）事件中断处理。如果出现一个中断事件，例如时间日期中断、硬件中断和错误处理中断等，当前正在执行的块在当前语句执行完后被停止执行（被中断），操作系统将会调用一个分配给该事件的组织块。该组织块执行完后，被中断的块将从断点处继续执行。

这意味着部分用户程序可以不必在每次循环中处理，而是在需要时才被及时地处理。处理中断事件的程序放在该事件驱动的 OB 中。

（3）中断的优先级。OB 按触发事件分成几个级别，这些级别有不同的优先级，高优先级的 OB 可以中断低优先级的 OB。当 OB 启动时，用它的临时局部变量提供触发它的初始化启动事件的详细信息，这些信息可以在用户程序中使用。

3）临时局部数据

生成功能和功能块时可以声明临时局部数据。这些数据是临时的，退出逻辑块时不保留临时局部数据。它们又是局部(Local)数据,只能在生成它们的逻辑块内使用。CPU按优先级划分局部数据区,同一优先级的块共用一片局部数据区。可以用 STEP7 改变 S7 – 400 每个优先级的局部数据区的大小。

除了临时局部数据外,所有的逻辑块都可以使用共享数据块中的共享数据。

4）功能

功能是用户编写的没有固定存储区的块,其临时变量存储在局部数据堆栈中,功能执行结束后,这些数据就丢失了。可以用共享数据区来存储那些在功能执行结束后需要保存的数据,不能为功能的局部数据分配初始值。

5）功能块

功能块是用户编写的有自己的存储区(背景数据块)的块。功能块的输入、输出变量和静态变量(STAT)存放在指定的背景数据块(DI)中,临时变量存储在局部数据堆栈中。功能块执行完后,背景数据块中的数据不会丢失,但是不会保存局部数据堆栈中的数据。

6）数据块

数据块(DB)是用于存放执行用户程序时所需的变量数据的数据区。与逻辑块不同,数据块没有 STEP7 的指令,STEP7 按数据生成的顺序自动地为数据块中的变量分配地址。数据块分为共享数据块(Share Block)和背景数据块(Instance Data Block)。

CPU 可以同时打开一个共享数据块和一个背景数据块。访问被打开的数据块中的数据时不用指定数据块的编号。

7）系统功能块与系统功能

系统功能块(SFB)和系统功能(SFC)是集成在 S7 CPU 的操作系统中,预先编好程序的逻辑块,可以在用户程序中调用这些块,但是用户不能修改它们。它们作为操作系统的一部分,不占用程序空间。SFB 有存储功能,其变量保存在指定给它的背景数据块中;SFC 则没有存储功能。

4.6　S7 – 300/400 的通信功能

4.6.1　SIMATIC 网络结构与通信服务简介

工厂自动化网络系统一般采用三级网络结构,即现场设备层、车间监控层和工厂管理层。

1）现场设备层——控制器

现场设备层的主要功能是连接现场设备,例如分布式 I/O、传感器、驱动器、执行机构和开关设备等,完成现场设备控制及设备间的连锁控制。主站(PLC、PC 或其他控制器)负责总线通信管理以及与从站的通信。总线上所有的设备生产工艺控制程序存储在主站中,并由主站执行。

西门子的 SIMATIC NET 网络系统(见图 4 – 35)的现场层主要使用 PROFIBUS,并

图 4-35　SIMATIC NET 网络系统结构

将执行器和传感器单独分为一层,主要使用 AS-i(执行器-传感器接口)网络。

AS-i 请参考国家标准 GB/T 18858.2—2002《低压开关设备和控制设备控制器——设备接口(CDI)》的第 2 部分:执行器与传感器接口(AS-i)。

2) 车间监控层

车间监控层又称为单元层,用来完成车间主生产设备之间的连接,实现车间级设备的监控。车间级监控包括生产设备状态的在线监控、设备故障报警及维护等。通常还具有诸如生产统计、生产调度等车间级生产管理功能。车间级监控通常要设立车间监控室,有操作员工作站及打印设备。车间级监控网络可采用 PROFIBUS-FMS 或工业以太网,前者已基本上被工业以太网取代。这一级对数据传输速度要求不高,但是应能传送大量的信息。

3) 工厂管理层

车间操作员工作站可以通过交换机与车间办公管理网连接,将车间生产数据传送到车间管理层。车间管理网作为工厂主网的一个子网,通过交换机、网桥或路由器等连接到厂区骨干网,将车间数据集成到工厂管理层。

工厂管理层通常采用符合 IEC 802.3 标准的以太网,即 TCP/IP。

S7-300/400 有很强的通信功能,CPU 模块都集成有 MPI 通信接口,有的 CPU 模块还集成有 PROFIBUS-DP、PROFINET 和点对点通信接口,此外还可以使用 PROFIBUS-DP、工业以太网、AS-i 和点对点通信处理器(CP)模块。通过 PROFINET、PROFIBUS-DP 或 AS-i 现场总线,CPU 与分布式 I/O 模块之间可以周期性地自动交换数据(过程映像数据交换)。在自动化系统之间,PLC 与计算机和人机接口(HMI)站之间,均可以交换数据。数据通信可以周期性地自动进行,或者基于事件驱动。

图 4-36 是西门子的工业自动化通信网络的示意图。PROFINET 是基于工业以太网的现场总线,可高速传送大量的数据。PROFIBUS 用于少量和中等数量数据的高速传送。MPI 是 SIMATIC 产品使用的内部通信协议,用于 PLC 之间、PLC 与 HMI 和编程器/计算机(PG/PC)之间的通信,可建立传送少量数据的低成本网络。点对点通信用于特殊协议的串行通信。AS-i 是底层的低成本网络。

点对点接口(PPI)是主要用于 S7-200 的通信协议。通用总线系统 KONNEX(KNX)目前在欧洲常用于楼宇自动控制。

图 4-37 中的 IWLAN 是工业无线局域网的缩写,西门子对应的产品为 SCALANCE W。各个网络之间用链接器或有路由器功能的 PLC 连接。

4) 通信服务简介

不同的通信网络提供了种类丰富的通信服务。工业以太网、PROFIBUS 和 MPI 都可以提供编程器/操作面板(PG/OP)和 S7 通信服务,S7 基本通信和全局数据通信只能用于 MPI。

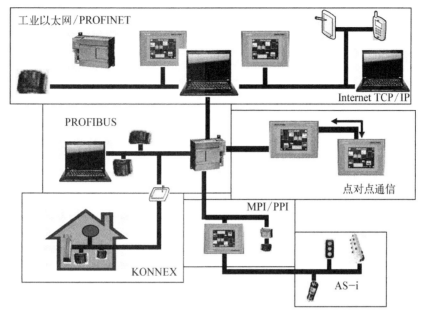

图 4-36　西门子的工业自动化通信网络原理示意

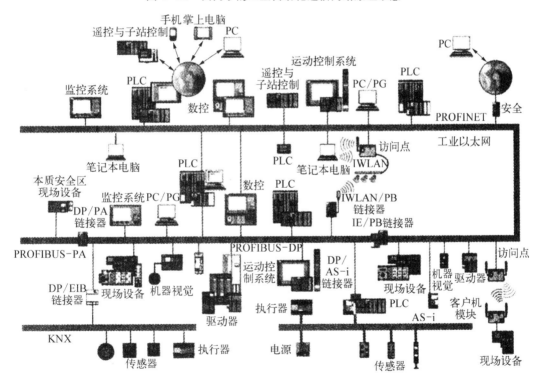

图 4-37　西门子的工业自动化通信网络

（1）工业以太网的通信服务：

PROFINETIO、PROFINETCBA（基于组件的自动化）通信服务；

S5 兼容的通信服务，包括 ISOTransport、ISO-on-TCP、UDP、TCP/IP 服务；

IT 服务，包括 FTP、E-Mail 和 SNMP 服务；

OPC、PG/OP、S7、PROFIdrive、PROFIsafe 通信服务。

（2）PROFIBUS 网络的通信服务：

PROFIBUSDP、PA、FMS、FDL、PROFIdrive、PROFIsafe 通信服务；

PG/OP 和 S7 通信服务。

（3）其他网络的通信服务：

AS-i 网络的通信服务包括接口服务和 ASIsave 服务；

MPI 网络的通信服务包括 PG/OP 通信服务、S7 通信服务、全局数据通信和 S7 基本通信服务。

4.6.2　PG/OP 通信服务与 S7 通信服务

1）PG/OP 通信服务

PG/OP 通信服务是集成的通信功能，用于 SIMATIC PLC 与 SIMOTION（西门子运动控制系统）、编程软件（例如 STEP7）、HMI 设备之间的通信（见图 4-38），下载程序和组态数据，执行测试和诊断功能，并通过 OP 实现操作员监控。工业以太网、PROFIBUS 和 MPI 均支持 PG/OP 通信服务。

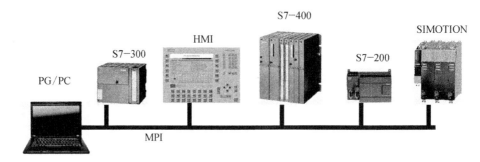

图 4-38　PG/OP 通信服务

由于 S7 通信功能内置在 SIMATIC PLC 的操作系统中，可以用 HMI 设备和 PG/PC 访问 PLC 内的数据，也可以用 SFB 和 SFC 来产生用于 HMI 设备的报警信息。

PG/OP 通信服务支持 S7 PLC 与各种 HMI 设备或编程设备（包括编程用的 PC）的通信。HMI 设备包括操作员面板（OP）、触摸面板（TP）、多功能面板（MP）和文本显示器。

PG/OP 通信服务提供以下功能：

（1）PG/PC 功能。下载、上载硬件组态和用户程序，在线监视 S7 站，以进行测试和诊断。

（2）OP 功能。HMI 设备和 PG/PC 使用这些功能自动读取和写入变量，不用在通信伙伴（S7 站）的用户程序中编程。

2）S7 通信服务

所有 S7 和 C7 PLC 都集成了 S7 通信服务。通过这些服务，用户程序可以读取或写入通信伙伴的数据。S7 通信服务为 S7 系列 PLC 之间、S7 系列 PLC 与 HMI 和 PG/PC 之间提供通信服务。

S7 通信是专为 SIMATIC S7/C7 优化设计的，提供简明、强有力的通信服务。

S7 - 400 使用 SFB,而 S7 - 300 或 C7 则使用功能块(FB)实现 S7 通信。

S7 通信可以用于 PROFINET、工业以太网、PROFIBUS 和 MPI。

S7 系统的所有设备都能处理下列 S7 功能:

(1) 编程、测试、调试和诊断 S7 - 300/400 PLC 的全部 STEP7 在线功能。

(2) 存取变量、自动传输数据到 HMI 系统。

(3) S7 站之间的数据传输。

(4) 读写别的 S7 站的数据,通信伙伴不需编写通信用户程序。

(5) 控制功能,例如通信伙伴 CPU 的停止、预热和热再启动。

(6) 监视功能,例如监视通信伙伴 CPU 的运行状态。

为了在 PLC 之间传输数据,应在通信的单方或双方用连接表来组态一个 S7 连接,被组态的连接在站启动时建立并一直保持。可以建立与同一个通信伙伴的多个连接。可以随时访问的通信伙伴的个数受到 CPU 或通信处理器(CP)可用连接资源数的限制。需要在用户程序中调用下列 SFB/FB 来实现集成的 S7 通信功能:

BSEND(SFB 12/FB 12)与 BRCV(SFB 13/FB 13);

USEND(SFB 8/FB 8)与 URCV(SFB 9/FB 9);

GET(SFB 14/FB 14)与 PUT(SFB 15/FB 15);

报警用的 SFB 和 SFC,即 ALARM_R 和 ALARM_S。

第5章 基于 PLC 的 PROFIBUS - DP 工业控制网络

5.1 PROFIBUS 基础

采用工业现场总线技术在很大程度上降低了成本,在工厂设备的机械安装、配置和布线过程中更为明显,因为它减少了为分布式输入输出设备所进行的电缆布线。采用这种技术的另一明显优势则是这一技术所衍生出的大量各类现场设备提供了许多选择。为了充分发挥这些优势,现场总线必须进行标准化设计且具有开放的结构。为此,1987 年德国工业界发起了 PROFIBUS Cooperative Project,他们所开发制定的规范和标准成为德国国家级 PROFIBUS 标准 DIN E 19245。1996 年,该现场总线标准成为欧洲标准 EN 50170。

5.1.1 ISO/OSI 模型

PROFIBUS 协议利用了现有的国家标准和国际标准,基于符合国际标准化组织(ISO)标准的开放式系统互连(Open System Interconnection, OSI)参考模型。

图 5-1 描述了 ISO/OSI 通信标准模型。

第7层	应用层	
第6层	表示层	面向用户
第5层	会话层	
第4层	传输层	
第3层	网络层	面向网络
第2层	数据链路层	
第1层	物理层	

图 5-1 ISO/OSI 通信标准模型

ISO/OSI 通信标准模型由 7 层组成,可以分为两类。一类包含面向用户的第 5～7 层,另一类包含面向网络的第 1～4 层。第 1～4 层描述了两地间的数据传输,而第 5～7 层使用户能够以恰当的形式来访问网络系统。

5.1.2　协议的结构与版本

从图 5‐2 可以看出,在 PROFIBUS 协议中实现了 ISO/OSI 参考模型中的第 1 层和第 2 层,必要时还实现了第 7 层。

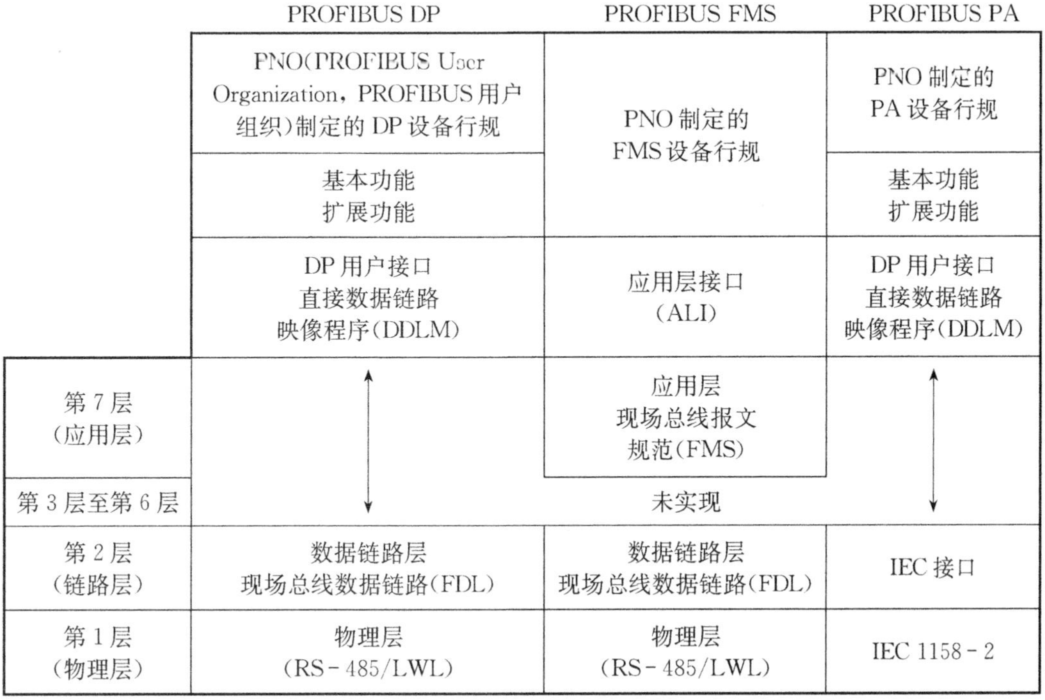

	PROFIBUS DP	PROFIBUS FMS	PROFIBUS PA
	PNO(PROFIBUS User Organization,PROFIBUS 用户组织)制定的 DP 设备行规	PNO 制定的 FMS 设备行规	PNO 制定的 PA 设备行规
	基本功能 扩展功能		基本功能 扩展功能
	DP 用户接口 直接数据链路 映像程序(DDLM)	应用层接口 (ALI)	DP 用户接口 直接数据链路 映像程序(DDLM)
第 7 层 (应用层)	↑	应用层 现场总线报文 规范(FMS)	↑
第 3 层至第 6 层		未实现	
第 2 层 (链路层)	数据链路层 现场总线数据链路(FDL)	数据链路层 现场总线数据链路(FDL)	IEC 接口
第 1 层 (物理层)	物理层 (RS‐485/LWL)	物理层 (RS‐485/LWL)	IEC 1158‐2

图 5‐2　PROFIBUS 协议结构

第 1 层和第 2 层的线路与传输协议符合美国标准 EIA(Electronic Industries Association)RS 485、国际标准 IEC 870‐5‐1(Telecontrol Equipment and Systems)和欧洲标准 EN 60870‐5‐1。总线访问规程和数据传输与管理服务则基于 DIN 19241 标准中的第 1~3 部分和 IEC 955 标准(Process Data Highway/Type C)。管理功能(FMA7)使用了 ISO.DIS 7498‐4(Management Framework)的概念。

从用户的角度看,PROFIBUS 提供了 3 种不同版本的通信协议:DP、现场总线报文规范(Fieldbus Message Specification,FMS)和过程自动化(Process Automation,PA)。

1) PROFIBUS DP

PROFIBUS DP 使用了第 1 层、第 2 层和用户接口,第 3~7 层未实现。这种精简的结构能够保证高速的数据传输。通过直接数据链路映像程序(Direct DataLink Mapper,DDLM)可以对第 2 层进行访问。在用户接口中详细规定了各种 PROFIBUS DP 设备的可用功能及系统与设备特性。

PROFIBUS 协议在设计上为用户数据的高速传输做了优化,专门用于可编程控制器与现场级分布式 I/O 设备之间的数据通信。

2) PROFIBUS FMS

在 PROFIBUS FMS 中,第 1 层、第 2 层和第 7 层得以实现。其中应用层包括 FMS

和低层接口(Lower Layer Interface,LLI)。FMS 包含应用协议并提供通信服务,LLI 用于建立各种不同的通信关系并向 FMS 提供对于第 2 层的、设备无关的访问。

FMS 负责管理单元级(PLC 和 PC)的数据通信。强大的 FMS 服务适用于广泛的应用场合并在解决复杂的通信任务时拥有极大的灵活性。PROFIBUS DP 和 PROFIBUS FMS 采用相同的传输技术和总线访问协议,因而可以在同一根电缆中同时运行。

3) PROFIBUS PA

PROFIBUS PA 使用扩展的 PROFIBUS DP 协议进行数据传输。另外,它采用了描述现场设备特性的 PA 行规(Profile)。这种传输技术遵循 IEC 1158 - 2 标准,能够确保系统本征安全性并且可以通过总线为现场设备供电。使用段耦合器可以将 PROFIBUS PA 设备方便地集成到 PROFIBUS DP 网络中。

PROFIBUS PA 是为自动化过程工程所需的高速、可靠数据通信而专门设计的。使用 PROFIBUS PA,可以将传感器和执行器连入一个公共的现场总线线路中,即便在存在易燃易爆品的环境依然适用。

5.1.3 PROFIBUS 层

5.1.3.1 DP/FMS(RS - 485)的物理层(第 1 层)

采用屏蔽双绞线作为传输介质时,PROFIBUS 第 1 层的基本版本是按照 EIA RS - 485 标准(也称作 H2)来实现对称数据传输。一个总线段内的总线线路是一根两端各有一个总线终端器的屏蔽双绞线,如图 5 - 3 所示。总线传输速率在 9.6 kbit/s～12 Mbit/s 范围内可选,所选波特率适用于连在总线(段)上的所有设备。

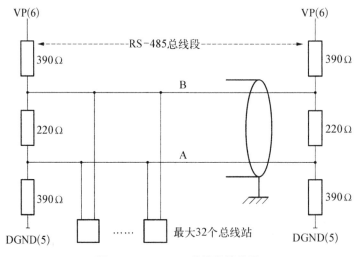

图 5 - 3 RS - 485 总线段的设置

1) 传输规程

在 PROFIBUS 中使用的 RS - 485 传输规程基于半双工、异步、无间隙同步的传输方式。数据以不归零码(Non Return to Zero Code,NRZ)方式编码并按照 11 位字符帧(见图 5 - 4)的格式传输。采用 NRZ 编码时,在位传输过程中,从二进制"0"变为"1"时信号波形不变。

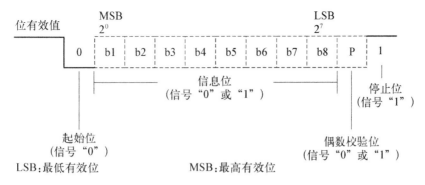

图 5-4 PROFIBUS UART 字符帧

数据传输时,二进制"1"信号对应信号线 R×D/T×D-P(Receive/Transmit-Data-P)上的正电压,在信号线 R×D/T×D-N(Receive/Transmit-Data-N)上则为负电压。各个报文间的空闲状态对应于二进制"1"信号(见图 5-5)。在专业文献中,PROFIBUS 的这两根数据线也常称作 A 线和 B 线,其中 A 线对应 R×D/T×D-N 信号,B 线对应 R×D/T×D-P 信号。

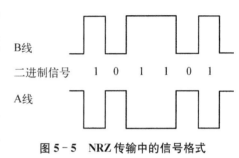

图 5-5 NRZ 传输中的信号格式

2) 总线导线

在 PROFIBUS 系统中,最大允许总线长度,也即段长,由传输速率决定(见表 5-1)。在同一总线段中最多可以包括 32 个总线站。

表 5-1 特定波特率下的最大段长

波特率/(kbit·s⁻¹)	9.6~187.5	500	1 500	12 000
段长/m	1 000	400	200	100

表 5-1 列出的最大总线段长度数据是基于 PROFIBUS 标准所规定的 A 类电缆的。这种电缆的特性如表 5-2 所示。

表 5-2 PROFIBUS RS-485 A 类电缆特性

参　　数	特　　　　性
浪涌阻抗	135~165 Ω,基于 3~20 MHz 的测量频率
电缆电容	<30 pF/m
缆芯截面	>0.34 mm²,线规 AWG 22
电缆类型	双绞线,1×2 根或 2×2 根或 1×4 根导线
环路电阻	<110 Ω/km
信号衰减	在整个电缆段长度上最大衰减 9 dB
屏　　蔽	铜网屏蔽或编织物屏蔽及箔片屏蔽

3）总线连接

欧洲 PROFIBUS 标准 EN 50170 推荐采用 9 芯 sub D 插头连接器进行总线站间的电缆互连。sub D 插座连接器与总线站连接,而 sub D 插头连接器则与总线电缆连接。

表 5-3 中以粗体显示的信号(对应引脚号 3,5,6,9)属于必备信号,它们必须实际可用。

表 5-3　9 芯 sub D 插头连接器引脚分配

布　　局	引脚号	信号名称	说　　　明
	1	SHIELD	屏蔽接地(或称功能地线)
	2	M24	24 V 输出电压地(辅助电源)
	3	**R×D/T×D-P**	**接收/发送数据正端,B 线**
	4	CNTR-P	方向控制信号正端
	5	**DGND**	**数据参考电位(地)**
	6	**VP**	**电源电压正端**
	7	P24	24 V 输出电压正端(辅助电源)
	8	**R×D/T×D-N**	**接收/发送数据负端,A 线**
	9	CNTR-N	方向控制信号负端

4）总线终端

除了 EIA RS-485 标准规定的在数据线 A 和 B 两端所加的总线终端之外,PROFIBUS 中的总线终端还包含一个下拉电阻与数据参考电位 DGND 相连,同时包含一个上拉电阻与电源电压正端 VP 相连(见图 5-3)。当没有总线站在传送数据,也即总线处于两个报文间的空闲状态时,这两个电阻保证了总线上有一个确定的空闲电位。实际所需的总线终端的各种组合可以在近乎所有的标准 PROFIBUS 总线连接器插头上实现,并可以通过跳线或开关来激活。

如果总线系统的传输速率超过 1 500 kbit/s,则必须使用附有轴向电感的总线连接回插头,以避免因互连站点的电容性负载所引起的线路反射(见图 5-6)。

5.1.3.2　DP/FMS(光纤电缆)的物理层(第 1 层)

PROFIBUS 第 1 层的另一版本通过在光纤导体中光的传输来传送数据,它基于 PNO 组织制定的指导规范,即“Optical Transmission Technology for PROFIBUS, version 1.1 dated 07. L993”。在一个 PROFIBUS 系统中,光纤电缆站点间所允许的最大传输距离可达 15 km。它们对电磁干扰不敏感,并总能确保各个站点间的电气隔离。由于光纤的连接技术近年来有了长足进展,因而此项传输技术已经在现场设备的数据通信中广泛应用,尤其是塑料光纤所使用的并不复杂的单工插头连接器得到了广泛的应用。

1）总线导线

总线中的传输介质是使用玻璃或塑料纤维的光纤电缆。传输距离取决于所用的导线

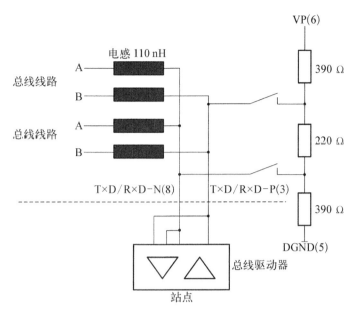

图 5‑6 传输速率大于 1 500 kbit/s 时的总线插头连接器与总线终端的布局

类型。玻璃纤维的连接距离可达到 15 km，而塑料纤维只能达到 80 m。

2）总线连接

将总线站连接到光纤导线可以采用不同的连接技术。

(1) 光链路模块技术（Optical Link Module，OLM）。与 RS‑485 中继器相似，OLM 模块有两个功能上相互独立的电子信道和一个或两个（取决于模型）光学信道。OLM 模块通过一根 RS 485 线路连接到各总线站点或总线段上（见图 5‑7）。

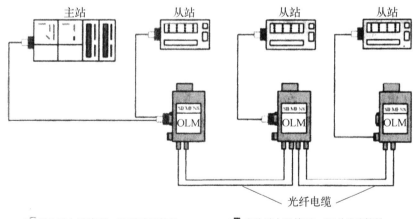

图 5‑7 采用 OLM 技术的总线结构的例子

(2) 光链路插头技术（Optical Link Plug，OLP）。采用 OLP 可以用一个单光纤环将一些非常简单的被动总线站点（从站）连接在一起。OLP 可以直接插向总线站上的 9 芯 sub D 插头连接器。OLP 通过总线站供电，不需要自身电源。然而需要注意的是，总线站的 RS‑485 接口的＋5 V 部分必须能够提供最小 80 mA 的电流（见图 5‑8）。将一个主

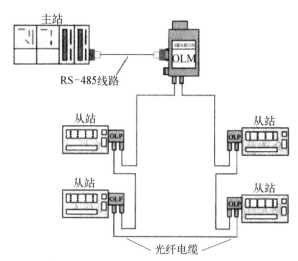

图 5-8　采用 OLP 技术的单光纤环

动总线站(主站)连入一个 OLP 环必定需要一个光链路模块。

（3）集成的光纤电缆连接。使用集成在设备中的光纤接口将 PROFIBUS 节点直接连接到光纤电缆上。

5.1.3.3　PA 的物理层(第 1 层)

PROFIBUS PA 采用符合 IEC 1158-2 标准的传输技术。它能保证本征安全性并可以通过总线对现场设备供电。数据传输采用位同步、无直流分量的曼彻斯特编码的线路协议(也称作 H1 码)。在曼彻斯特编码方式的数据传输中，信号从 0 到 1 的跳变代表二进制"0"，从 1 到 0 的跳变代表二进制"1"。通过对总线系统基电流 I_B° 上调制 ±9 mA 电流来达到数据传输的目的(见图 5-9)。传输速率为 31.25 kbit/s。传输介质采用屏蔽或非屏蔽的双绞线。在段结尾处，通过 RC 被动线路终端的方式来终止总线线路(见图 5-10)。在一个 PA 总线段中最多可连接 32 个总线站点，最大段长很大程度上取决于电源、导线类型和所连接的总线站的电流消耗。

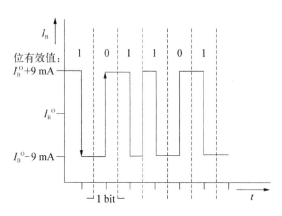

图 5-9　**PROFIBUS PA 中采用电流调制 (曼彻斯特- II 码)方式的数据传输**

PROFIBUS PA 需要一个两芯电缆作为传输介质，其特性并未指定或被标准化。然而，不同总线电缆类型的特性决定了总线的最大扩展能力、可连接的最大总线站数目和对电磁干扰的敏感性。

因此，DIN 61158-2 标准中定义了几种标准电缆类型的电气和物理特性。这项标准推荐 4 种标准的电缆类型用于 PROFIBUS PA，分别称作类型 A～D，如表 5-4 所示。

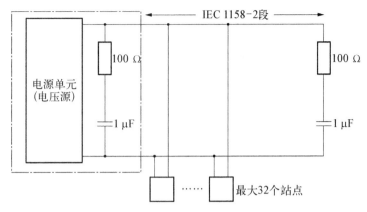

图 5-10　一个 PA 总线段的布局

表 5-4　应用于 PROFIBUS PA 的几种推荐电缆类型

	A 类(参考)	B 类	C 类	D 类
电缆设计	屏蔽双绞线	一组或多组双绞线,完全屏蔽	几组双绞线,非屏蔽	几组非缠绕导线对,非屏蔽
缆芯截面(额定)	0.8 mm² (AWG 18)	0.32 mm² (AWG 22)	0.13 mm² (AWG 26)	1.25 mm² (AWG 16)
环路电阻(直流)/ (Ω·km⁻¹)	44 Ω/km	112 Ω/km	264 Ω/km	40 Ω/km
31.25 kHz 时的浪涌阻抗	100 Ω,±20%	100 Ω,±30%	未指定	未指定
39 kHz 时的波形衰减/(dB·km⁻¹)	3	5	8	8
电容非对称性/ (nF·km⁻¹)	2	2	未指定	未指定
群时延失真(7.9~ 39 kHz)/(μs·km⁻¹)	1.7	未指定	未指定	未指定
屏蔽覆盖度/%	90	未指定	—	—
推荐的网络大小(包括短线)/m	1 900	1 200	400	200

5.1.3.4　现场总线数据链路层(第 2 层)

根据 OSI 参考模型,第 2 层定义了总线访问控制(见 5.2 节)、传输协议和报文中的数据安全和处理。PROFIBUS 中,第 2 层被称作现场总线数据链路层(Fieldbus Data Link,FDL)。

第 2 层的报文格式(见图 5-11)提供了高度的传输安全。呼叫报文的汉明距离(Hamming Distance)是 HD=4。HD=4 意味着最多 3 个同时发生错误的位可以在数据报中被检测出来。达到这一要求需要应用国际标准 IEC 870-5-1,为报文选择特别的起始和终止标识符,采用无间隙同步方式,并采用一个奇偶校验位和一个控制字节。以下几种错误类型可以被检测出来：

字符格式错误（奇偶错误、溢出错误、帧错误）；

协议错误；

开始和终止定界符错误；

帧检查字节错误；

报文长度错误。

已发现的错误报文至少会被自动重发一次。第2层中报文的重发次数最大可设置为8（总线参数"Retry"）。除了逻辑点对点（Point-to-Point）数据传输外，第2层也允许通过广播（Broadcast）和多播（Multicast）的通信方式实现多点（Multiple-Point）传输。

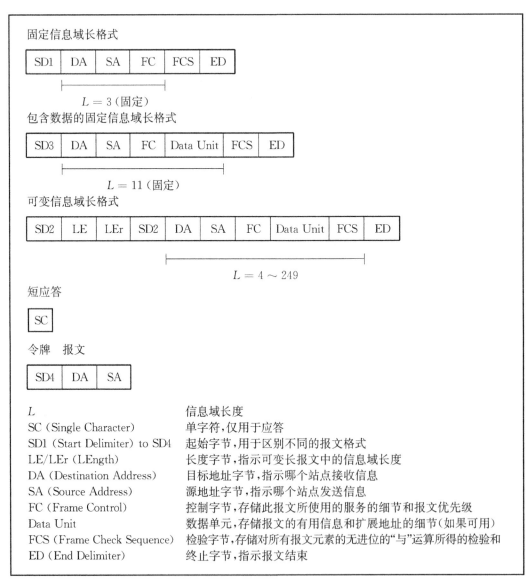

图 5-11 PROFIBUS 报文格式

在广播通信中，主动站点向其他所有站点（主站或从站）发送信息。数据接收无应答。

在多播通信中,主动站点向一组站点(主站或从站)发送信息。数据接收无应答。

表 5-5 列出了第 2 层所提供的数据服务。

表 5-5　PROFIBUS 传输服务

服　务	功　能	DP	PA	FMS
SDA	Send Data with Acknowledge (发送数据有应答)			√
SRD	Send and Request Data with Acknowledge (发送和请求数据有应答)	√	√	√
SDN	Send Data without Acknowledge (发送数据无应答)	√	√	√
CSRD	Cyclic Send and Request Data with Acknowledge (循环发送和请求数据有应答)			√

PROFIBUS DP 和 PROFIBUS PA 分别使用第 2 层服务的一个特定子集。例如,PROFIBUS DP 仅仅使用了 SRD 和 SDN 服务。

更高层可以通过第 2 层的服务访问点(Service Access Point,SAP)调用这些服务。在 PROFIBUS FMS 中,这些服务访问点用于处理逻辑通信关系。在 PROFIBUS DP 和 PROFIBUS PA 中,所使用的每个服务访问点都分配了一个明确定义的功能。

所有主动和被动站点允许几个服务访问点同时使用。用源服务访问点(Source Service Access Point,SSAP)和目的服务访问点(Destination Service Access Point,DSAP)加以区分。

5.1.3.5　应用层(第 7 层)

ISO/OSI 参考模型中的第 7 层即应用层,提供了用户所需的通信服务。PROFIBUS 的应用层由 FMS 接口和 LLI 接口组成。

1) FMS 行规

FMS 行规由 PNO 所定义,用于调整 FMS 通信服务以适应实际所需的功能领域,并定义了与实际应用相关的设备功能。这些 FMS 行规确保了不同厂商的设备拥有相同的功能特性。迄今已制定了以下 FMS 行规。

(1) Communication between programmable controllers (3.002)。这项通信行规指定了哪些 FMS 服务将用于 PLC 间的通信。基于已定义的控制器类型,这项行规详细说明了各类 PLC 分别能够支持哪些服务、参数和数据类型。

(2) Profile for building services automation (3.011)。这是一个领域相关的行规,可作为楼宇服务自动化领域公开招标的基础。它描述了楼宇服务自动化系统中的监控、开环和闭环控制、操作员控制、报警和归档功能是如何用 FMS 来实现的。

(3) Low voltage switch gear devices (3.032)。这是一个领域相关的 FMS 应用行规。它指定了使用 FMS 进行数据传输过程中低压开关设备如何响应。

2) DP 用户接口和 DP 行规

PROFIBUS DP 仅仅使用了第 1 层和第 2 层。用户接口(User Interface)定义了可用的应用程序以及不同类型的 PROFIBUS DP 设备的系统和设备行为。

PROFIBUS DP 协议的唯一任务就是定义用户输入如何通过总线从一个站点传送至另一站点。传输协议对所传输的用户数据没有任何评价。对应用相关参数的精确指定和行规的使用使得不同厂商的各种 DP 部件可以很容易地固合。迄今为止,已制定了下列 PROFIBUS DP 行规。

(1) Pro for NC/RC (3.052)。这项行规描述了 PROFIBUS DP 如何控制操作型机器人和安装型机器人。精确的顺序图从较高层次的自动化工厂的视角描述了机器人的运动和程序控制。

(2) Profile for encoder (3.062)。这项行规描述了轴编码器、轴角编码器和线性编码器如何耦合到 PROFIBUS DP 中。两种类型的设备定义了基本功能以及诸如比例调整、报警控制、扩展诊断等高级功能。

(3) Profile for variable-speed drives (3.072)。驱动技术的先进厂商合力发展了 PROFIDRIVE 行规。这一行规制定了如何定义驱动参数以及如何传输设定点和实际值。这使得使用和集成不同厂商的驱动成为可能。

这项行规包含操作模式"速度控制(Speed Control)"和"定位(Positioning)"所需的详细规范。它指定了基本的驱动功能,同时为应用相关的扩展和进一步的开发留下了足够的自由空间。这一行规要么包含一个 DP 应用功能的映像,要么包含一个 FMS 应用功能的映像。

(4) Profile for operator control and process monitoring,HMI (Human Machine Interface) (3.082)。这一行规定义了如何通过 PROFIBUS DP 将简单的 HMI 设备连到高层的自动化部件上。对于数据传输,它使用了 PROFIBUS DP 功能的扩展集。

(5) Profile for error-proof data transmission with PROFIBUS DP (3.092)。这一行规定义了使用故障保护(Failsafe)设备进行通信时额外的数据安全机制,例如紧急停机(Emergency OFF)。这一行规所制定的安全机制已经被 TUV (German Technical Inspectorate) 和德国联邦劳动安全研究所 (Bundesgenossenschaftliche Institut fur Arbeitsschutz,BIA)所认可。

5.1.4　总线拓扑

5.1.4.1　RS-485

PROFIBUS 系统可由一种线型总线结构组成,总线两端带有有源(Active)终端,这也称为 RS-485 总线段。基于 RS-485 标准,一个总线段中最多可以连接 32 个 RS-485 站(也称"节点")。无论是主站还是从站,一旦连入总线即成为一个 RS-485 电流负载。

RS-485 是 PROFIBUS 中最廉价也最常用的传输技术。

1) 中继器

如果一个 PROFIBUS 系统所包含的站点超过 32 个,则必须分割成数个总线段。每个总线段最多可拥有 32 个站点,各个总线段可通过中继器(也称为线路放大器)相连。中继器可以对传输信号进行放大。EN 50170 标准中没有包含中继器对传输信号进行相位的时间重建(信号整形)的内容。由此将导致位信号的失真和延时,因此 EN 50170 将串联连接的中继器数目限定为 3 个。这些中继器就作为纯粹的线路放大器。然而,在中继器电路中信号整形实际上已经得到了实现。因此,可串联连接的中继器数目取决于特定的中继器和制造商。例如,对于西门子公司制造的 6ES7 972－OAAOO－OXAO 型号的中继器,最多可以将 9 个这样的设备通过串联的方式连接在一起。

两总线站间的最大距离取决于波特率。表 5－6 描述了 6ES7 972－OAAOO－OXAO型号中继器的相关数值。

表 5－6　具有 9 个串联中继器的 PROFIBUS 结构的
最长延伸长度与波特率的函数关系

波特率/(kbit · s⁻¹)	9.6～187.5	500	1 500	12 000
全部段的总长/m	10 000	4 000	2 000	1 000

图 5－12 所示结构图描述了 RS－485 中继器的特点,具体包括:

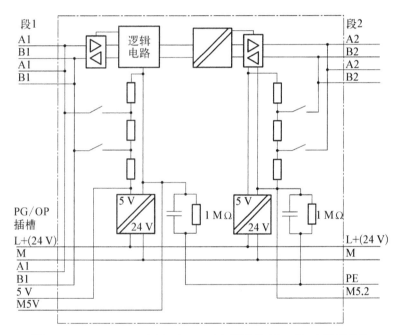

图 5－12　6ES7 972－OAAOO－OXAO 型号的 RS－485 中继器结构

(1) 总线段 1、PG/OP 插槽和总线段 2 相互之间进行了电气隔离。

(2) 总线段 1、PG/OP 插槽和总线段 2 之间的信号被放大和整形。

(3) 中继器为总线段 1 和总线段 2 配备了可连接的终端电阻。

(4) 去掉跳线 M/PE,中继器可以在运行时不用接地。

只有使用中继器,PROFIBUS 结构中才能达到最大可能的站点数。另外,中继器也可用来实现"树"型和"星"型总线结构。不接地的布局也是可行的。在这种结构类型中,总线段间是相互隔离的。在这种情况下,必须使用中继器和一个不接地的 24 V电源。

对于 RS－485 来讲,中继器是一个额外的负载。因此,每使用一个 RS－485 中继器,一个总线段内的最大总线站数将减少1。这样，如果总线段包含一个中继器，此段内最多可以运行31个总线站。但是，中继器并不占用逻辑总线地址，因此总线结构中的中继器数目并不影响总线站的最大数目。图5-13给出了一种使用中继器的总线结构。

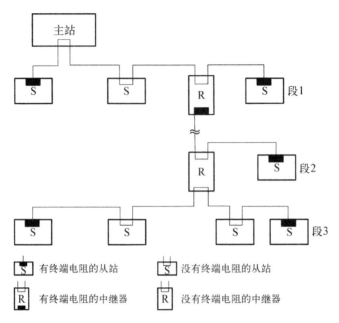

图5-13　使用中继器的总线结构

2）短线

例如，如果将总线站直接连接到总线连接插头的9芯sub D插头连接器上，那么圆在线型结构总线系统中将会产生短线。

尽管EN 50170标准中声明，当传输速率在1 500 kbit/s时，允许每一段内有不超过6.6 m的短线，但是通常在最初构建总线系统时就应当尽量避免使用短线。这一规则也有例外，可以使用短线暂时地连接编程单元或诊断工具。短线会导致线路反射从而干扰报文通信，其影响大小取决于这些短线的数目和长短。当传输速率高于1 500 kbit/s时，不允许出现短线。在存在短线的网络中，编程单元和诊断工具只能通过"有源"的总线连接线路接入总线。

5.1.4.2　光纤

用于数据传输的光纤提供了除现有已知的线型、树型和星型总线结构之外的一种新的总线结构——环型结构。使用光链路模块（OLM）可以实现单光纤环和冗余双光纤环（见图5-14）。在单光纤环中，OLM通过单工光纤电缆互连起来。如果发生错误，比如光纤电缆线中断或某个OLM模块失效，那么整个环就无法工作。在冗余光纤环中，每个OLM模块都通过两根双工光纤电缆与其他OLM模块连接在一起。因此，当两条光纤线路中的一条发生故障时，它们能够相应地做出反应，自动将总线系统切换为线型结构。适当的信号交互能够指示出传输线路的故障，并将此信息继续传递以进一步处理。光纤线路的故障一旦排除，总线系统即可返回到冗余环的正常状态。

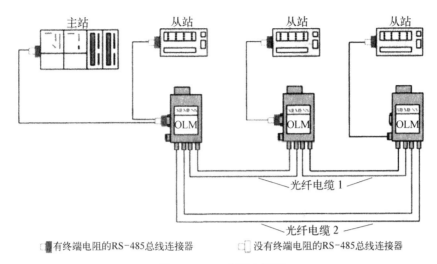

有终端电阻的RS-485总线连接器 ☐ 没有终端电阻的RS-485总线连接器

图 5-14 冗余双光纤环

5.1.5 遵循 IEC 1158-2(PROFIBUS PA)的拓扑

使用 PROFIBUS PA 协议,可以实现线型、树型和星型的总线结构,或者是这几种类型的组合。一个总线段内可运行的总线站数目取决于所使用的电源、总线站的电流消耗、所使用的总线电缆以及总线系统的大小。一个总线段最多可以连接 32 个站点。为了提高系统的可用性(Availability),所有总线段都可以增加一个冗余总线段作为备份。可以使用段耦合器(见图 5-15)或 DP/PA 链接器将 PA 总线段和一个 PROFIBUS DP 总线段相连。

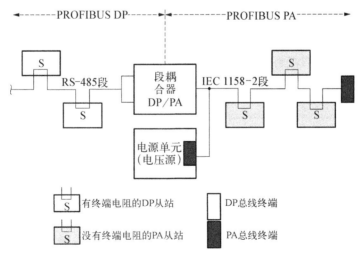

有终端电阻的DP从站 ☐ DP总线终端

没有终端电阻的PA从站 ■ PA总线终端

图 5-15 使用 DP/PA 段耦合器的总线结构

5.1.6 PROFIBUS 网络中的总线访问控制

自动化工业过程和制造过程是现场总线技术的主要应用领域,PROFIBUS 总线访问控制能够满足其中两个极为重要的需求。一方面,同级别的 PLC 或 PC 之间的通信要求每个总线站(节点)能够在规定的时间内获得充分的机会来完成它的通信任务。另一方面,复杂的 PLC 或 PC 与简单的分布式处理 I/O 外设之间的数据通信一定要快速并应尽可能地降低协议开销。

PROFIBUS 通过使用一种混合的总线访问控制机制来达到这一点。它对主动节点(主站)间的通信实行分散式的令牌传递(Token Passing)规程,而对主动节点和被动节点间的通信实行集中式的主-从(Master-Slave)规程。

当一个主动节点(总线站)获得令牌时,它将接管对总线的控制,从而与被动节点和主动节点进行通信。通过节点寻址(Node Addressing)的方式来组织总线上的信息交换。每个 PROFIBUS 节点被赋予一个在整个总线系统中唯一的地址。一个总线系统中的最大可用地址范围是 0~126。这意味着总线系统最多可拥有 127 个节点(总线站)。

这种总线访问控制方法允许下列系统结构:

纯主-主系统(令牌传递规程);

纯主-从系统(主-从规程);

两种规程的结合。

PROFIBUS 的总线访问规程并不依赖于所使用的传输介质。无论网络是使用铜电缆还是光纤都没有关系。PROFIBUS 总线访问控制遵循欧洲标准 EN 50170,Volume 2 所制定的令牌总线规程和主-从规程。

1) 令牌总线规程

PROFIBUS 网络中所连接的主动节点形成一个依据各自总线地址按升序排列的逻辑令牌环(见图 5-16)。所有主动节点在令牌环中依次排列,一个控制令牌总是从一个站点传递给下一站点。获得令牌即有权访问传输介质,通过使用一种特殊的令牌报文使令牌在主动节点间传递。拥有最高站点地址(Highest Station Address, HSA)的主动节点则是个例外,这种节点只能将令牌传递给拥有最低总线地址的主动节点,从而使逻辑令牌环再次形成闭环。

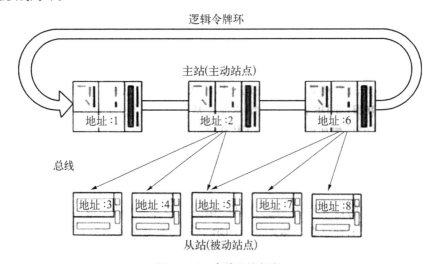

图 5-16 令牌总线规程

令牌在所有主动节点间循环一次所需的时间称为令牌循环时间。使用可调整的令牌时间参数 Ttr(Time Target Rotation)来指定现场总线系统所允许的令牌循环的最大时间。在总线初始化和启动阶段,总线访问控制(也称作介质访问控制,即 Medium Access Control,MAC)通过识别现有的主动节点来建立令牌环。为管理此控制令牌,MAC 程序首先自动地确定总线上所有主动节点的地址,并连同它自己的节点地址一起记录在主动站点列表(List of Active Station,LAS)中。令牌管理中非常重要的是前一站点(Previous Station,PS)的地址和后一站点(Next Station,NS)的地址,当前站点从前一站点获得令牌,并将其传给后一站点。在运行过程中还需利用 LAS 列表将故障的主动节点从环中去掉,或者在环中加入新节点,而不影响总线上的数据通信。

2) 主-从规程

拥有若干被动节点但逻辑令牌环中仅有一个主动节点的网络就是一个纯主-从系统,如图 5 - 17 所示。

主-从规程允许主站(即当前有权发送的主动节点)来寻址那些分配给它的从属设备。这些从站就是被动节点。主站可以向从站传递信息或由从站获取信息。

典型的 PROFIBUS DP 标准总线结构即是基于这种总线访问规程的。一个主动节点(主站)可以循环地与被动节点(DP 从站)交换数据。

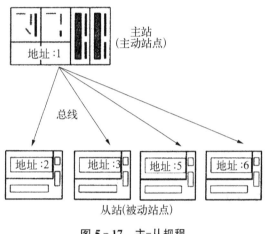

图 5 - 17　主-从规程

5.1.7　总线参数

只有总线参数的设置相互匹配,PROFIBUS 网络才能无故障地运行。如果一个节点对总线参数做了某种设置,那么同一网络中的其他节点必须对总线参数做同样的设置,这样在整个 PROFIBUS 网络中这些参数才是相同的。通常,总线参数取决于所选的数据传输率,并可通过组态工具在每种情况下进行设定。这些参数设置只能由有经验的技术人员进行修改。下面是一些最重要的总线参数及其定义。

Ttr:目标循环时间是令牌在所有总线节点间传递一周所能提供的最大时间。在此时间内,所有主动节点获得一次授权(令牌)在 PROFIBUS 中传递数据。目标循环时间与令牌在某一节点上实际消耗时间之差决定了其他主动节点传送信息帧的可用时间。

GAP factor:GAP 因子定义了令牌循环多少次之后可以尝试在逻辑令牌环中加入一个新的主动节点。

RETRY limit:重试限值定义了当收到错误应答信号或超时信号后信息帧将被重发的次数。

Min_TSDR:响应方的最小站点延迟(Minimum Station Delay Responder)是指被动节点被允许响应一个信息帧前的最小等待时间。

Max_TSDR：响应方的最大站点延迟(Maximum Station Delay Responder)是指被动节点响应一个信息帧时的最大允许时间。

Tslot：时隙时间(Slot Time)定义了发送方对来自被寻址节点的响应的最大等待时间。

Tset：建立时间(Setup Time)定义了节点从接收到一个信息帧到对它作出响应所需的时间。

Tqui：调制器的静止时间(Quiet Time for Modulator)描述了发送节点在发送信息帧之后需经过多久才能切换到接收状态。

Tid1：空闲时间1(Idle Time 1)定义了发送节点在获得响应信号之后再次发送信息帧所需的最短时间。

Tid2：空闲时间2(Idle Time 2)定义了节点在发送一个非响应信息帧(广播)之后再次发送下一信息帧所需等待的时间。

Trdy：就绪时间(Ready Time)描述了发送节点需经过多久才可以接收响应帧。

如上所示,所有的总线参数描述了这些需要相互精确匹配的时间。指定这些总线参数时使用的时间单位是tBIT(Time Bit)。一个tBIT就是传输一个二进制位所需的总线循环时间,也称为位循环时间。这一时间取决于数据传输率,按如下方式计算：

tBIT＝1/数据传输率(bit/s)

例如,数据传输率达到12 Mbit/s时,位循环时间是83 ns,而1.5 Mbit/s的数据传输率所对应的位循环时间是667 ns。

5.2 PROFIBUS DP 的总线设备类型和数据通信

PROFIBUS DP 协议是为自动化工业工厂中的分布式I/O现场设备所需的高速数据通信而设计的。典型的DP组态是单主站(Mono-Master)结构,如图5-18所示。DP主站与DP从站之间的通信基于主-从原则。这意味着DP从站只有在被主站请求的情况下才能成为总线上的活跃站点。DP主站通过使用轮询列表(Polling List)可以连续地寻址所有DP从站。无论用户数据的内容是什么,DP主站连续地(也即循环地)和DP从站间交换用户数据。图5-19描述了在DP主站中是如何处理轮询列表的。DP主站发出的一个请求帧(轮询报文)和DP从站所返回的相关的应答或响应帧构成了DP主站和DP从站间的一次消息循环。

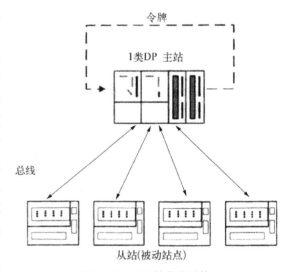

图 5-18　DP 单主站结构

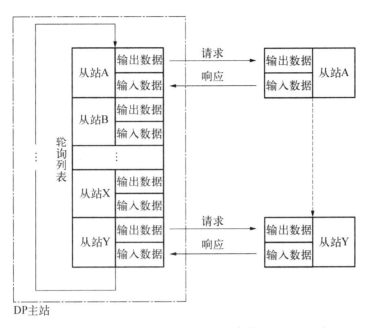

图 5-19 DP 主站对轮询列表的处理

根据 EN 50170 标准中所描述的 PROFIBUS 节点第 1 层和第 2 层的特点,DP 系统也可以采用一种多主站(Multi-Master)结构。在实际中这将意味着若干 DP 主站节点可以连接在一条总线线路上。同样,DP 主站/从站、FMS 主站/从站以及其他被动节点也可以同时存在于一条总线线路上,如图 5-20 所示。

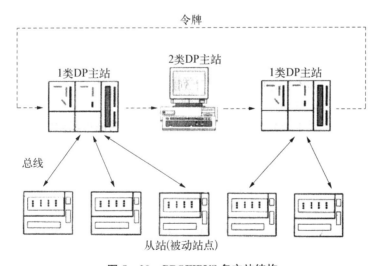

图 5-20 PROFIBUS 多主站结构

5.2.1 总线设备类型

1) DP 主站(1 类)

这类 DP 主站循环地与 DP 从站交换用户数据。1 类 DP 主站使用下列协议功能执行任务。

（1）Set_Prm 和 Chk_Cfg。

DP 主站在启动、重启和数据传送阶段使用这些功能将参数设置传送给 DP 从站。所有参数都会被传递，而不论它们是全局地应用于整个总线还是具有某些特定的重要意义。特定 DP 从站的输入输出数据字节的个数在组态过程中进行了定义。

（2）Data_Exchange。

这项功能用于处理主站与其附属的 DP 从站之间的输入输出数据的循环交互。

（3）Slave_Diag。

这项功能用于在启动阶段或用户数据循环交互过程中读取 DP 从站的诊断信息。

（4）GLobaI_Control。

DP 主站使用控制命令将其操作状态告知 DP 从站。另外，可以将控制命令传送给某些从站或指定的几组 DP 从站来对输出、输入数据进行同步（Sync 和 Freeze 命令）。

2）DP 从站

DP 从站只能与那个负责对其装载参数和组态的 DP 主站交换用户数据。DP 从站可以向 DP 主站报告局部诊断中断和过程中断。

3）DP 主站（2 类）

2 类 DP 主站是指编程单元之类的设备以及诊断与总线管理设备。除了上述 1 类主站功能之外，2 类 DP 主站通常也支持下列特殊功能：

（1）RD_lnp 和 RD_Outp。

在 DP 从站与 1 类主站数据通信的同一时刻，这些功能可以读取 DP 从站的输入、输出数据。

（2）Get_Cfg。

这项功能用于读取 DP 从站的当前组态数据。

（3）Set_Slave_Add。

这项功能允许 DP 主站给 DP 从站分配一个新的总线地址，其前提是要求从站支持这种地址定义方式。

此外，2 类主站还提供了一些功能用于与 1 类主站进行通信。

4）DP 组合设备

将若干类型为“1 类 DP 主站”、“2 类 DP 主站”和“DP 从站”的 DP 设备组合在同一硬件模块中是可能的。事实上这极为常见。下面就是一些典型的设备组合：

1 类 DP 主站与 2 类 DP 主站的组合；

DP 从站与 1 类 DP 主站的组合。

5.2.2　各类 DP 设备间的数据通信

5.2.2.1　DP 通信关系和 DP 数据交换

在 PROFIBUS 协议中，通信任务的发起者被称为请求方，而相应的通信伙伴被称为响应方。1 类 DP 主站的所有请求报文在第 2 层中由“高优先级”的报文服务类进行处理，而 DP 从站发送的响应报文则由第 2 层中的“低优先级”报文服务类进行处理。DP 从站可以告知 DP 主站当前存在未决的（Pending）诊断中断或状态事件。要达到这个目的，DP

从站可以将 Data_Exchange 响应报文服务类从"低优先级"调整为"高优先级",并且只需进行一次这样的调整即可。通过"一对一"或"一对多"的连接(这种连接仅适用于控制命令和交叉通信的情况)可以通过极少的电缆连接实现数据的传输。表 5-7 列出了 DP 主站和 DP 从站的通信能力,并按照请求方和响应方功能进行了编排。

表 5-7　各类设备间的通信关系

功能/服务 (遵循 EN 50170 标准)	DP 从站 Requ Resp	1 类 DP 主站 Requ Resp	2 类 DP 主站 Requ Resp	通过 SAP 号	通过第 2 层服务
Data_Exchange	M	M	O	默认 SAP	SRD
RD_Inp	M		O	56	SRD
RD_Outp	M		O	57	SRD
Slave_Diag	M	M	O	60	SRD
Set_Prm	M	M	O	61	SRD
Chk_Cfg	M	M	O	62	SRD
Get_Cfg	M		O	59	SRD
Global_Control	M	M	O	58	SDN
Set_Slave_Add	O		O	55	SRD
主-主通信		O　O	O　O	54	SRD/SDN
DP V1 服务	O	O	O	51/50	SRD

Requ=请求方,Resp=响应方,M=强制功能,O=可选功能。

5.2.2.2　初始化阶段、重启和用户数据通信

如图 5-21 所示,DP 主站在与从站设备交换用户数据之前必须先对 DP 从站进行参数定义和组态。在此之前 DP 主站需首先查看总线上是否有 DP 从站正在报告。如果有,DP 主站通过请求从站的诊断数据以确定 DP 从站是否就绪。当 DP 从站参数定义已经就绪时,DP 主站将为其装载参数设置和组态数据,然后 DP 主站将再次请求从站的诊断数据以确定是否就绪。只有这样,DP 主站才开始和 DP 从站进行循环用户数据交换。

1) 参数数据

参数设置包括 DP 从站所使用的重要的局部参数和全局参数、特性和功能。通常使用 DP 主站提供的组态工具来指定和设置从站参数。在直接组态方法中,可以在组态软件的图形用户界面所提供的对话框内进行填写。也可使用组态工具访问现有的圈参数以及 DP 从站相关的设备主要数据(GSD 数据)来完成间接组态。参数报文结构中的一部分由 EN 50170 标准所制定,必要时还包含 DP 从站和厂商所指定的部分。参数报文的长度不能超过 244 B。下面列出了参数报文中的重要内容。

(1) 站点状态(Station Status)。站点状态包含从站相关的功能和设定。例如,它可以设定看门狗监视是否被激活。它还定义了是否允许其他 DP 主站访问该 DP 从站,并且在组态允许的情况下确定从站是否使用 Sync 或 Freeze 控制命令。

(2) 看门狗(Watchdog)。看门狗用来检测 DP 主站的故障。如果看门狗使能且 DP

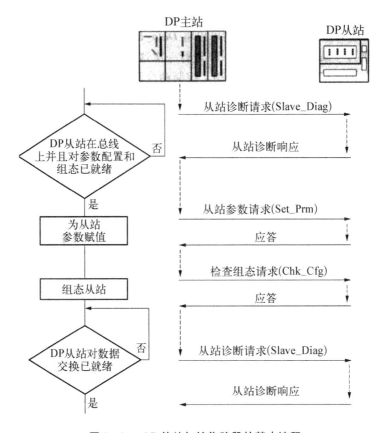

图 5-21 DP 从站初始化阶段的基本流程

从站检测到了 DP 主站的故障,局部输出数据将被删除,或者按照某种定义好的状态进行保护(替代值将传向输出)。无论是否有看门狗,DP 从站都可以在总线上运行。基于总线组态和所选择的传输速率,组态工具将给出一个适于组态的看门狗时间。请参见 5.1.6 节"总线参数"。

(3) 识别码(Ident-Number)。DP 从站的识别码是在 PNO 组织对其进行认证时所分配的。DP 从站的识别码存储在设备主文件(Device Master File)中。DP 从站只有当通过报文接收到的识别码与自己的一致时才会接收此报文。这可以避免意外地对从站设备参数进行错误定义。

(4) 组识别码(Group-Ident)。组识别码允许 DP 从站相互结合成组来使用 Sync 和 Freeze 控制命令。最多可分为 8 组。

(5) 用户参数数据(User-Prm-Data)。DP 从站参数数据(用户参数数据)为 DP 从站指定了应用相关的数据,比如默认设置或控制器参数。

2) 组态数据

在组态数据报文中,DP 主站将标识符格式传送给 DP 从站。这些标识符格式把那些会发生改变的输入/输出区域的范围和结构告知 DP 从站。这些区域[也称为"模块(Module)"]按照字节或字的结构形式(标识符格式)进行定义,并被 DP 主站和 DP 从站所承认。使用标识符格式可以为每一模块指定输入区域或输出区域,或者同时指定输入

和输出区域。这些区域最大可达 16 字节/字。在对组态报文进行定义时,必须基于 DP 从站的类型考虑以下特点:

DP 从站拥有固定的输入和输出区域(例如属于紧凑型 I/O 的 ET200B);

DP 从站拥有一个由组态所决定的动态输入/输出区域(例如 ET200M 或驱动的模块式 I/O);

DP 从站的输入/输出区域由那些 DP 从站和厂商所指定的特殊标识符格式来描述(如 ET200B-Analog,DP/AS I-Link 和 ET200M 之类的 S7 DP 从站)。

包含连续信息但并不以字节或字格式存储的输入和输出数据区域被认为是"一致性(Consistent)"数据。例如,它包含闭环控制器的参数区域或驱动控制的参数设定。使用特殊的标识符格式(与 DP 从站和厂商有关)可以指定长达 64 字节/字的输入和输出区域(模块)。

DP 从站能够使用的输入和输出数据区域(模块)存储在设备主支件(GSD 文件)中。在组态 DP 从站时将由组态工具把它们提交给用户。

3) 诊断数据

在启动阶段,DP 主站通过请求诊断数据查看 DP 从站是否存在参数信息,以及它们是否准备接收参数信息。DP 从站提供的诊断数据包含一个遵循 EN 50170 标准的诊断部分和特定 DP 从站的诊断信息(如果存在的话)。DP 从站通过传送诊断信息将它的操作状态告知 DP 主站,并在故障发生时将故障元凶告知主站。DP 从站可以通过使用第 2 层中的"高优先级(High-Priority)"Data_Exchange 响应报文在 DP 主站的第 2 层中产生一个局部诊断中断。作为回应,DP 主站发出诊断数据请求用以评价。如果当前没有诊断中断,Data_Exchange 响应报文就拥有一个"低优先级(Low-Priority)"的标识符。然而,即使没有特别的诊断中断报告,DP 主站也总可以向 DP 从站请求诊断数据。

4) 用户数据

DP 从站能够检查从 DP 主站接收的参数和组态信息。如果没有错误且 DP 主站所请求的设置是可以允许的,DP 从站将传送诊断数据,报告它对用户数据的循环交换已经就绪。此时,DP 主站开始与 DP 从站交换配置好的用户数据,如图 5-22 所示。在用户数

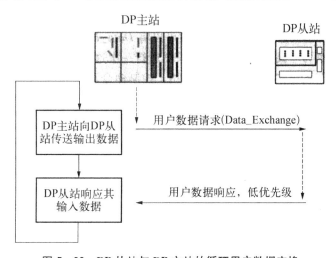

图 5-22　DP 从站与 DP 主站的循环用户数据交换

据交换过程中,DP 从站只对那个曾负责对其参数定义和组态的 1 类 DP 主站所发送的 Data_Exchange 请求报文做出反应,其他用户数据报文则被其拒绝。用户数据并不包含额外的用于描述所传数据的控制字符或结构字符,这意味着只有有用的数据被传送。

如图 5-23 所示,DP 从站通过将响应中的报文服务类由"低优先级"改为"高优先级"即可告知 DP 主站当前存在诊断中断或状态信息。之后 DP 主站将会发出请求,DP 从站将在诊断报文中将实际的诊断信息或状态信息告知主站。主站获得诊断数据之后,DP 从站和 DP 主站将回到用户数据交换状态。使用请求/响应报文,DP 主站和 DP 从站可以双向交换多达 244 B 的用户数据。

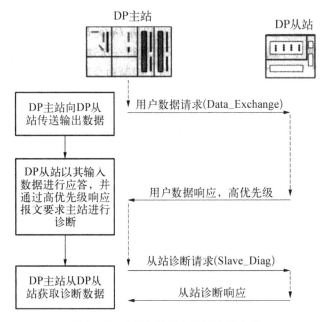

图 5-23　DP 从站报告当前诊断中断

5.2.3　PROFIBUS　DP 循环

1) PROFIBUS　DP 循环的结构

图 5-24 描述了 DP 单主站总线系统中的 DP 循环结构。DP 循环包括一个固定部分和一个可变部分。固定部分由循环报文组成,包括总线访问控制(令牌管理和站点状态)以及和 DP 从站间的 I/O 数据通信(Data_Exchange)。DP 循环的可变部分由许多受事件控制的非循环报文所组成。报文的非循环部分包含以下内容:

DP 从站初始化阶段的数据通信;

DP 从站的诊断功能;

2 类 DP 主站的通信;

DP 主站间通信;

由第 2 层所控制的故障情况下的报文重发(重试);

符合 DPV1 的非循环数据通信;

PG 在线功能;

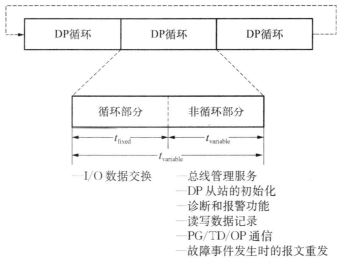

图 5-24　PROFIBUS DP 循环的主要结构

HMI 功能。

根据当前 DP 循环中所发生的非循环报文的个数,DP 循环会相应地延长。

因此,一个 DP 循环总是包含一个固定的循环时间和若干由事件控制的、数目可变的非循环报文(不能不存在)。

2) 恒定 PROFIBUS DP 循环的结构

对自动化领域的某些应用来说,恒定的(Constant)DP 总线循环时间和由此带来的恒定的 I/O 数据交换是有利的。这尤其适用于驱动控制领域。例如,若干驱动器的同步将需要恒定的总线循环时间。注意,恒定的总线循环也常常称为"等间隔(Equidistant)"总线循环。

与正常的 DP 循环不同,在(恒定总线循环的)DP 主站的恒定 DP 循环中为非循环通信保留了一定时间。如图 5-25 所示,DP 主站确保这个保留时间不被超出。这将只允许一定数目的非循环报文事件。如果保留时间是不需要的,DP 主站将向自己发送报文来弥补与所选的恒定总线循环时间的差额,从而构成了一段暂停。这样就确保了以微秒级的精度保持恒定的总线循环时间。

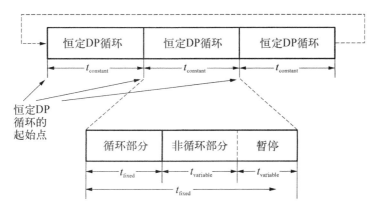

图 5-25　恒定 PROFIBUS DP 循环的结构

在 STEP7 组态工具中可以指定恒定 DP 总线循环的时间。STEP7 推荐的(默认)时间取决于所组态的系统,还要考虑到非循环服务的某些典型部分。当然,用户可以修改 STEP7 推荐的恒定总线循环时间。

目前,恒定 DP 循环时间只能在单主站模式中进行设置。

5.2.4 使用交叉通信进行数据交换

在 SIMATIC S7 应用中,交叉通信[Cross Communication,也称为"直接通信(Direct Communication)"]是 PROFIBUS DP 中的另一种通信方式。在交叉通信过程中,DP 从站响应 DP 主站时并不采用一对一报文(从站>主站),而是使用一种特殊的一对多报文(从站>其他)。这表示响应报文中所包含的从站输入数据并不只对相关主站可用,而是对总线上支持这一功能的所有 DP 节点都可用。

交叉通信中,"主-从"和"从-从"的通信关系都是可行的,但并不是所有类型的 SIMATIC S7 DP 主站和从站设备都支持这两种通信关系。可以使用 STEP7 软件来定义关系类型。对两种通信方式进行组合使用也是允许的。

1) 交叉通信中的主-从关系

图 5-26 描述了在一个由 3 个 DP 主站和 4 个 DP 从站构成的 DP 多主站系统中所能设置的主-从关系。图中所有的从站以一对多报文的方式发送它们的输入数据。为从站 5 和从站 6 所分配的 DP 主站 A 同样可以使用这种报文接收从站 7 和从站 8 的输入数据。

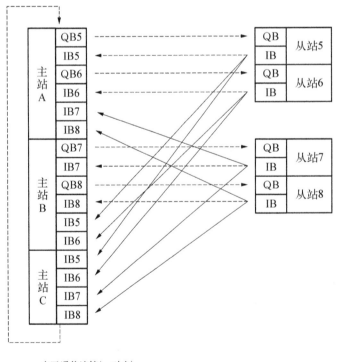

图 5-26 交叉通信中的主-从关系

类似地,为从站 7 和从站 8 所分配的 DP 主站 B 也可以接收从站 5 和从站 6 的输入数据。没有任何从站从属于 DP 主站 C,但主站 C 可以接收总线系统上运行的所有从站的输入数据(即从站 5、从站 6、从站 7、从站 8 的数据)。

　　2) 交叉通信中的从-从关系

　　图 5-27 中所显示的从-从关系使用了 I-从站,例如 CPU315-2DP,这是交叉通信中数据交换的另一种类型。

　　在这种通信方式中,I-从站能够接收其他 DP 从站的输入数据。

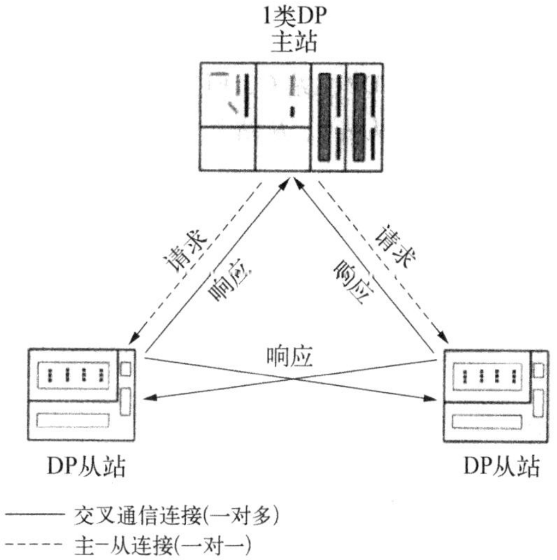

图 5-27　交叉通信中的从-从关系

5.2.5　DPV1 功能扩展

　　DP 从站日渐复杂的需求需要对 PROFIBUS DP 的通信功能进行扩展。这种扩展是指非循环数据通信和中断功能。

　　为满足这一需求,国际现场总线标准 EN 50170 Volume 2 已经进行了扩展。标准中描述的扩展部分涉及 DP 从站模块和 DP 主站模块。这些功能的扩展也称为 DPV1 扩展,它对标准协议来讲是可选的。这确保过去的 PROFIBUS DP 现场设备和具有 DPV1 扩展的设备可以一起工作,从而保证了互操作性。

　　以下规则适用于此。

　　(1) 在不使用 DPV1 功能的情况下,DP 主站可以操作具有 DPV1 扩展的 DP 从站。DP 从站的 DPV1 功能不能使用。

　　(2) 一个 DPV1 主站无须任何约束即可操作一个不具有 DPV1 扩展的 DP 从站。

　　具有 DPV1 扩展的 DP 主站也称为 DPV1 主站。上述规则也同样适用于由 EN 50170 扩展部分指定为 DPV1 从站的 DP 从站。

　　对标准所做的扩展为新一代现场设备扫清了道路。然而,对设计师和组态工程师来说却常常存在这样的问题,即如何确切地区分各种 DP 从站的类型。

　　DP 标准从站只拥有 EN 50170 标准所描述的基本功能,也即它们没有 DPV1 扩展。这说明 DP 标准从站中不能实现非循环数据通信,并且在诊断模式中只提供了诊断中断。DP 标准从站可以在相关的组态工具中通过 GSD 文件进行组态。

　　S7 DP 从站是对来自 SIEMENS 的 DP 标准从站的进一步发展。然而,这些扩展功能只能和 SIEMENS S7 DP 主站模块一起使用。它可以和 S7 DP 从站进行非循环数据通信,同时也实现了一种扩展的中断模型。如果使用 GSD 文件对一个 S7 DP 从站进行组态并将其连接到一个其他厂商生产的 DP 主站模块,那么这个 S7 DP 从站将以一个 DP 标准从站的方式运行,并不包含 EN 50170 Volume 2 所指定的 DPV1 扩展功能。

　　DPV1 从站是包含了 EN 50170 Volume 2 中的 DPV1 扩展的从站。这些扩展是指中断模型和标准化的非循环数据通信。DPV1 从站可以被任何 DPV1 主站进行全功能的操作。这些从站所拥有的 GSD 文件已经经过了 3 次修订。

表 5-8 概要地描述了各类 DP 从站所能够引发的诊断事件或中断事件的类型。其前提是要求该从站运行在一个合适的 DP 主站上。

表 5-8 DP 从站的各类中断和非循环数据通信可用性

	DP 标准从站	S7-DP 从站	DPV1 从站
诊断中断	×	×	×
过程中断	—	×	×
移除中断	—	×	×
插入中断	—	×	×
状态中断	—	—	×
更新中断	—	—	×
厂商指定中断	—	—	×
非循环数据通信	否	是,在与 S7 DP 主站模块通信时	是,在与 DPV1 主站模块通信时

5.3 SIMATIC S7 系统中的 PROFIBUS DP

PROFIBUS 是 SIMATIC S7 系统构成中的一个重要组成部分。使用 STEP7 组态工具,可以将那些用 DP 协议分散连接的 I/O 外设完全集成在一个系统中。这意味着早在组态和编程阶段,对待分式 I/O 设备的方式就和那些连接在本地中央机架或扩展机架上的 I/O 完全一样。在故障、诊断和报警状态下同样如此,SIMATIC S7 DP 从站和那些集中插接的 I/O 模块具有一样的行为特性。SIMATIC S7 提供了集成式或插件式(Plug-in)PROFIBUS DP 接口,用于和那些拥有更多复杂技术功能的现场设备相连接。基于 PROFIBUS 第 1 层和第 2 层的特性以及按相容性原则实现的系统内部通信(S7 功能),可以将编程单元(PG)、PC 以及 HMI 和 SCADA 设备连入一个 SIMATIC S7 PROFIBUS DP 系统。

5.3.1 SIMATIC S7 系统中的 PROFIBUS DP 接口

在 SIMATIC S7-300 和 S7-400 系统中应当对两类 PROFIBUS DP 接口加以区分。集成在 CPU 上的 DP 接口(例如 CPU 315-2DP,CPU 318-2DP,CPU 412-1,CPU 417-4)使用接口模块(Interface Module,IM)或通信处理器(Communications Processor,CP)的插件式 DP 接口(IM 467、CP 443-5 和 CP 342-5)。

DP 接口的性能数据随 CPU 的性能数据而改变。表 5-9～表 5-12 列出了两种 PROFIBUS DP 接口的技术特性,即集成在 CPU 上的接口和插接在 SIMATIC S7-300/400 系统上的接口。从组态和程序访问的角度讲,通过 DP 接口连接的分布式 I/O 与集中式 I/O 被同等对待(CP 342-5 除外)。相反,CP 342-5 的 DP 接口是独立于 CPU 而运行的。在用户程序中,DP 用户数据交换由特殊的功能调用(Function Call,FC)进行管理。

表 5-9　S7-300 系统中集成的 PROFIBUS DP 接口的技术数据

模　块	CPU 315-2DP		CPU 315-2DP		CPU 316-2DP	
MLFB 编号(订货号)	6ES7 315-2AF01 6ES7 315-2AF02		6ES7 315-2AF03-0AB0		6ES7 316-2AG00-0AB0	
接口数目	2 (第 1 接口仅用于 MPI)		2 (第 1 接口仅用于 MPI)		2 (第 1 接口仅用于 MPI)	
运行模式	DP 主站	DP 从站	DP 主站	DP 从站	DP 主站	DP 从站
波特率/(kbit·s^{-1})	9.6~12 000	9.6~12 000	9.6~12 000	9.6~12 000	9.6~12 000	9.6~12 000
DP 从站最大数目	64	—	64	—	64	—
模块最大数目	共 512	32	512	32	512	32
每个从站的输入字节	最大 122		最大 244		最大 244	
每个从站的输出字节	最大 122		最大 244		最大 244	
作从站时的输入字节	—	最大 122	—	最大 244	—	最大 244
作从站时的输出字节	—	最大 122	—	最大 244	—	最大 244
一致性数据模块	最大 32 B	最大 32 B	最大 32 B	最大 32 B	最大 32 B	最大 32 B
可用输入区域/kB	1		1		2	
可用输出区域/kB	1		1		2	
每个从站的最多参数数据/B	244		244		244	
每个从站的最多组态数据/B	244		244		244	
每个从站的最多诊断数据/B	240		240		240	
支持交叉通信	否	否	是	是	是	是
恒定总线循环时间	否	—	是		是	
SYNC/FREEZE	否	否	是	否	是	否
DPV1 模式	否	否	否	否	否	否

模　块	CPU 318-2DP		
MLFB 编号(订货号)	6ES7 318-2AJ00-0AB0		
接口数目	2		
	第 1 接口	第 2 接口	第 1 接口和第 2 接口
运行模式	MPI/DP 主站	DP 主站/MPI	DP 从站
波特率/(kbit·s^{-1})	9.6~12 000	9.6~12 000	9.6~12 000
DP 从站最大数目	32	125	—

（续表）

模　块	CPU 318 - 2DP		
MLFB 编号（订货号）	6ES7 318 - 2AJ00 - 0AB0		
接口数目	2		
	第 1 接口	第 2 接口	第 1 接口和第 2 接口
运行模式	MPI/DP 主站	DP 主站/MPI	DP 从站
模块最大数目	512	1 024	32
每个从站的输入字节	最大 244	最大 244	—
每个从站的输出字节	最大 244	最大 244	—
从站输入字节	—	—	最大 244
从站输出字节	—	—	最大 244
一致性数据模块	—	—	最大 32 B
可用输入区域/kB	2	8	
可用输出区域/kB	2	8	
每个从站的最多参数数据/B	244	244	
每个从站的最多组态数据/B	244	244	
每个从站的最多诊断数据/B	240	240	
支持交叉通信	是	是	是
恒定总线循环时间	是	是	—
SYNC/FREEZE	是	是	否
DPV1 模式	FW 3.0 以上	FW 3.0 以上	FW 3.0 以上

表 5 - 10　S7 - 300 系统中的插件式 PROFIBUS DP 接口的技术特性

模　块	CP 342 - 5		CP 342 - 5	
MLFB 编号（订货号）	6GK7 342 - 5DA00 - 0XA0 6GK7 342 - 5DA01 - 0XA0		6GK7 342 - 5DA02 - 0XA0	
运行模式	DP 主站	DP 从站	DP 主站	DP 从站
波特率/(kbit·s⁻¹)	9.6～1 500	9.6～1 500	9.6～12 000	9.6～12 000
DP 从站最大数目	64	—	124	—
模块最大数目	—	32	—	32
每个从站的输入字节	最大 240	—	最大 240	—
每个从站的输出字节	最大 240	—	最大 240	—
从站输入字节	—	最大 86	—	最大 86
从站输出字节	—	最大 86	—	最大 86
一致性数据模块	最大 240 B	最大 86 B	最大 240 B	最大 86 B

（续表）

模 块	CP 342-5		CP 342-5	
MLFB 编号（订货号）	6GK7 342-5DA00-0XA0 6GK7 342-5DA01-0XA0		6GK7 342-5DA02-0XA0	
可用输入区域	最大 240 B	最大 86 B	240 B	最大 86 B
可用输出区域	最大 240 B	最大 86 B	最大 240 B	最大 86 B
每个从站的最多参数数据/B	242	—	242	—
每个从站的最多组态数据/B	242	—	242	—
每个从站的最多诊断数据/B	240	—	240	—
支持交叉通信	否	否	否	否
恒定总线循环时间	否	否	否	否
SYNC/FREEZE	是	否	是	否
DPV1 模式	否	否	否	否

表 5-11 S7-400 系统中的集成 PROFIBUS DP 接口的技术数据

模 块	CPU 412-1	CPU 412-2		CPU 413-2
MLFB 编号（订货号）	6ES7 412-1XF03-0AB0	6ES7 412-2XG00-0AB0		6ES7 413-2XG0?-0AB0
接口数目	1	2		2（第 1 接口仅用于 MPI）
	第 1 接口	第 1 接口	第 2 接口	第 2 接口
运行模式	MPI/DP 主站	MPI/DP 主站	DP 主站	DP 主站/MPI
波特率/(kbit·s^{-1})	9.6～12 000	9.6～12 000	9.6～12 000	9.6～12 000
DP 从站最大数目	32	32	125	64
每个从站的输入字节	最大 244	最大 244	最大 244	最大 122
每个从站的输出字节	最大 244	最大 244	最大 244	最大 122
一致性数据模块	最大 128 B	最大 128 B	最大 128 B	最大 122 B
可用输入区域/kB	2	2	2	2
可用输出区域/kB	2	2	2	2
每个从站的最多参数数据/B	244	244	244	244
每个从站的最多组态数据/B	244	244	244	244
每个从站的最多诊断数据/B	240	240	240	240
支持交叉通信	是	是	是	否
恒定总线循环时间	是	是	是	否
SYNC/FREEZE	是	是	是	只能通过扩展模块（CP/IM）
DPV1 模式	来自 FW 3.0	来自 FW 3.0	来自 FW 3.0	否

模　　块	CPU 414 - 2	CPU 414 - 2		CPU 414 - 3	
MLFB 编号(订货号)	6ES7 414 - 2X? 00 - 0AB0 6ES7 414 - 2X? 01 - 0AB0 6ES7 414 - 2X? 02 - 0AB0	6ES7 414 - 2XG03 - 0AB0		6ES7 414 - 3XJ00 - 0AB0	
接口数目	2(第 1 接口仅用于 MPI)	2		3(第 3 接口 IF 964 - DP 仅能作为 DP 主站插入)	
	第 2 接口	第 1 接口	第 2 接口	第 1 接口	第 2 接口
运行模式	DP 主站	MPI/DP 主站	DP 主站/MPI	MPI/DP 主站	DP 主站/MPI
波特率/(kbit·s^{-1})	9.6～12 000	9.6～12 000	9.6～12 000	9.6～12 000	9.6～12 000
DP 从站最大数目	96	32	125	32	125
每个从站的输入字节	最大 122	最大 244	最大 244	最大 244	最大 244
每个从站的输出字节	最大 122	最大 244	最大 244	最大 244	最大 244
一致性数据模块	最大 122 B	最大 128 B	最大 128 B	最大 128 B	最大 128 B
可用输入区域/kB	4	2	6	2	6
可用输出区域/kB	4	2	6	2	6
每个从站的最多参数数据/B	244	244	244	244	244
每个从站的最多组态数据/B	244	244	244	244	244
每个从站的最多诊断数据/B	240	240	240	240	240
支持交叉通信	否	是	是	是	是
恒定总线循环时间	否	是	是	是	是
SYNC/FREEZE	只有通过扩展模块(CP/IM)	是	是	是	是
DPV1 模式	否	来自 FW 3.0	来自 FW 3.0	来自 FW 3.0	来自 FW 3.0
模　　块	CPU 416 - 2	CPU 416 - 2		CPU 416 - 3	
MLFB 编号(订货号)	6ES7 416 - 2X? 00 - 0AB0 6ES7 416 - 2X? 01 - 0AB0	6ES7 416 - 2XK02 - 0AB0		6ES7 416 - 3XL00 - 0AB0	
接口数目	2(第 1 接口仅用于 MPI)	2		3(第 3 接口 IF 964 - DP 仅能以 DP 主站插入)	
	第 2 接口	第 1 接口	第 2 接口	第 1 接口	第 2 接口
运行模式	DP 主站	MPI/DP 主站	DP 主站/MPI	MPI/DP 主站	DP 主站/MPI

（续表）

模　块	CPU 416-2	CPU 416-2		CPU 416-3	
MLFB 编号（订货号）	6ES7 416-2X? 00-0AB0 6ES7 416-2X? 01-0AB0	6ES7 416-2XK02-0AB0		6ES7 416-3XL00-0AB0	
接口数目	2（第 1 接口仅用于 MPI）	2		3（第 3 接口 IF 964-DP 仅能以 DP 主站插入）	
	第 2 接口	第 1 接口	第 2 接口	第 1 接口	第 2 接口
波特率/(kbit·s^{-1})	9.6~12 000	9.6~12 000	9.6~12 000	9.6~12 000	9.6~12 000
DP 从站最大数目	96	32	125	32	125
每个从站的输入字节	最大 122	最大 244	最大 244	最大 244	最大 244
每个从站的输出字节	最大 122	最大 244	最大 244	最大 244	最大 244
一致性数据模块	最大 122 B	最大 128 B	最大 128 B	最大 128 B	最大 128 B
可用输入区域/kB	8	2	8	2	8
可用输出区域/kB	8	2	8	2	8
每个从站的最多参数数据/B	244	244	244	244	244
每个从站的最多组态数据/B	244	244	244	244	244
每个从站的最多诊断数据/B	240	240	240	240	240
支持交叉通信	否	是	是	是	是
恒定总线循环时间	否	是	是	是	是
SYNC/FREEZE	只有通过扩展模块（CP/IM）	是	是	是	是
DPV1 模式	否	来自 FW 3.0	来自 FW 3.0	来自 FW 3.0	来自 FW 3.0

模　块	CPU 417-4		IF 964-DP
MLFB 编号（订货号）	6ES7 417-4XL00-0AB0		6ES7 964-2AA00-0AB0
接口数目	4（第 3、4 接口，IF 964-DP 仅能以 DP 主站插入）		1
	第 1 接口	第 2 接口	第 1 接口
运行模式	MPI/DP 主站	DP 主站/MPI	在 S7-400 CPU 中仅用作 DP 主站
波特率/(kbit·s^{-1})	9.6~12 000	9.6~12 000	9.6~12 000
DP 从站最大数目	32	125	最大 125（对 S7-400 CPU）
每个从站的输入字节	最大 244	最大 244	最大 244（对 S7-400 CPU）
每个从站的输出字节	最大 244	最大 244	最大 244（对 S7-400 CPU）
一致性数据模块	最大 128 B	最大 128 B	最大 128 B（对 S7-400 CPU）
可用输入区域/kB	2	8	取决于 CPU
可用输出区域/kB	2	8	取决于 CPU

（续表）

模　块	CPU 417 - 4		IF 964 - DP
MLFB编号（订货号）	6ES7 417 - 4XL00 - 0AB0		6ES7 964 - 2AA00 - 0AB0
接口数目	4（第 3、4 接口，IF 964 - DP 仅能以 DP 主站插入）		1
	第 1 接口	第 2 接口	第 1 接口
每个从站的最多参数数据/B	244	244	244（对 S7 - 400 CPU）
每个从站的最多组态数据/B	244	244	244（对 S7 - 400 CPU）
运行模式	MPI/DP 主站	DP 主站/MPI	在 S7 - 400 CPU 中仅用作 DP 主站
每个从站的最多诊断数据/B	240	240	240（对 S7 - 400 CPU）
支持交叉通信	是	是	取决于 CPU
恒定总线循环时间	是	是	取决于 CPU
SYNC/FREEZE	是	是	取决于 CPU
DPV1 模式	FW 3.0 以上	FW 3.0 以上	取决于 CPU

表 5 - 12　S7 - 400 系统中的插件式 PROFIBUS DP 接口的技术数据

模　块	IM 467/ IM 467 - FO	IM 467	CP 443 - 5 Ext.	CP 443 - 5 Ext.
MLFB编号（订货号）	6ES7 467 - 5? J00 - 0AB0 6ES7 467 - 5? J01 - 0AB0	6ES7 467 - 5GJ02 - 0AB0	6GK7 443 - 5DX00 - 0XE0 6GK7 443 - 5DX01 - 0XE0	6GK7 443 - 5DX02 - 0XE0
接口数目	1	1	1	1
运行模式	DP 主站	DP 主站	DP 主站	DP 主站
波特率/(kbit · s⁻¹)	9.6～12 000	9.6～12 000	9.6～12 000	9.6～12 000
DP 从站最大数目	125	125	125	125
每个从站的输入字节	最大 244	最大 244	最大 244	最大 244
每个从站的输出字节	最大 244	最大 244	最大 244	最大 244
一致性数据模块	最大 128 B	最大 128 B	最大 128 B	最大 128 B
可用输入区域/kB	4	4	4	4
可用输出区域/kB	4	4	4	4
每个从站的最多参数数据/B	244	244	244	244
每个从站的最多组态数据/B	244	244	244	244
每个从站的最多诊断数据/B	240	240	240	240
支持交叉通信	否	是	否	是
恒定总线循环时间	否	是	否	是
SYNC/FREEZE	是	是	是	是
DPV1 模式	否	否	否	6GK7 443 - 5DX03 - XE 以上

在 PROFIBUS DP 系统中,CPU 315–2DP 系列 CPU 的 S7–300–DP 接口和 CP 342–5 既可以作为 DP 主站运行,也可以作为 DP 从站运行。当把 DP 接口作为 DP 从站使用时,可以选择总线访问控制的模式。有两种模式可选:"DP Slave as Active Node(DP 从站作为主动节点)"和"DP Slave as Passive Node(DP 从站作为被动节点)"。从 DP 协议的角度来讲,以主动节点方式运行的 DP 从站在与 DP 主站交互数据时依然看作是(被动的)DP 从站。然而,这个"主动的 DP 从站"一旦获得令牌,就可以根据 FDL 或 S7 功能等附加通信服务与其他节点交换数据。这样,通过执行 PROFIBUS DP 功能,就可以通过 SIMATIC S7 控制器的 DP 接口与 PG、OP 和 PC 进行通信并可依次与多个 S7 CPU 交换数据。

5.3.2　使用 DP 接口时的其他通信功能

除 DP 功能之外,SIMATIC S7–300 和 S7–400 控制器的主动型 DP 接口(DP 主站和主动型 DP 从站)支持以下通信功能:

使用集成或插件式 DP 接口的 S7 功能;

仅适用于通信处理器的 PROFIBUS FDL 服务。

1) S7 功能

S7 功能提供 S7 系统中 CPU 之间的通信服务以及与 SIMATIC 人机界面(HMI)系统之间的通信服务。SIMATIC S7 系列的所有设备可以处理以下 S7 功能:

STEP7 中对 SIMATIC S7–300/400 可编程控制器的在线编程、测试、使用和诊断的全部功能;

对变量的读写访问和对 HMI 系统的自动数据传输;

各 SIMATIC S7 站点间的数据传输和最大 64 kB 的数据区域的传输;

SIMATIC S7 站点间的数据读写,无须通信伙伴一方任何特殊的通信用户程序;

控制功能的初始化,如通信伙伴 CPU 的 STOP、暖重启和热重启;

提供监视功能,例如,可以监视通信伙伴 CPU 的操作状态。

2) FDL 服务

由 PROFIBUS 的第 2 层提供的 FDL 服务允许传送和接收最大 240 B 的数据块。此类通信基于 SDA(Send Data with Acknowledge)报文,不仅用于 SIMATIC S7 可编程控制器之间的数据通信,还可用于 SIMATIC S7 与 S5 系统之间以及与 PC 之间的数据传输。在 SIMATIC S7 控制器中,FDL 服务由来自用户程序内部的功能调用(AG_SEND 和 AG_RECV)进行处理。

5.3.3　SIMATIC S7 控制器中 DP 接口的系统响应

除 CP 342–5 之外,正如在本小节 1)～8)中所描述的 SIMATIC S7 概念,DP 主站接口是完全集成的。

1) SIMATIC S7 中 DP 主站接口的启动特性

在工厂中,尤其是在分布式设备布局的工厂中,技术上和拓扑上的因素常常导致无法在同一时间开启所有的电子设备或系统部件。在实际中,这将意味着在 DP 主站开启时并非所有的 DP 从站都可用。由于电源启动错时(Time-Staggered Startup)和由此导致的 DP 从站的启动错时,DP 主站需要一定的启动时间,之后才能为从站装载参数设置,并开启与 DP 从站的循环用户数据交换。基于这一原因,S7 - 300 和 S7 - 400 系统允许用户设置在 POWER - ON 之后对所有 DP 从站 READY 信息的最大等待时延。参数 READY message from modules 可以在 $1 \sim 65\ 000$ ms 范围内设置这个时延。其默认值为 65 000 ms。当达到这个时延,CPU 将转向 STOP 或 RUN,这取决于参数 Startup for required configuration not equal actual configuration 的设置。

2) DP 从站的故障/恢复

如果 DP 从站由于电源失效、总线线路中断或其他某种故障导致失效,CPU 的操作系统将通过调用组织块 OB86(模块机架故障,DP 电源故障或 DP 从站故障)报告这一错误。对每一类型的事件,无论是离去事件还是到来事件,OB86 都会被调用。如果不对组织块 OB86 进行编程,CPU 将在 DP 电源故障或从站故障发生时转向 STOP 状态。因此,SIMATIC S7 系统对分布式 I/O 模块故障的反应方式和对集中式 I/O 模块故障的反应方式是一样的。

3) DP 从站的插入/移除中断

在 SIMATIC S7 系统中,组态模块的插入和移除是被集中地监视的。在分布式结构中,SIMATIC S7 DP 从站和 DPV1 从站也能够监视这一事件并在其发生时报告给 DP 主站。这将在 CPU 中启动组织块 OB83,模块的移除将作为一个故障事件来处理,而模块的插入则作为一个"返回正常(Back-to-Normal)"事件来处理。如果在 RUN 模式下将一个模块插入已组态的槽中,CPU 操作系统将检查所插入模块的类型是否与组态相一致。然后启动 OB83,如果所组态的模块类型与插入的模块类型一致,将对其进行参数设定。如果在插入/移除中断发生时尚未对 OB83 编程,那么 CPU 将转向 STOP 模式。

4) DP 从站产生的诊断中断

具有诊断能力的分布式 I/O 模块能够通过产生诊断中断来报告事件的发生。DP 从站通过这种方式指明故障状况,如部分节点故障、信号模块断路、I/O 通道的短路或过载,或者是负载电压源的故障。作为反应,CPU 操作系统将调用 OB82,它是为处理诊断中断而保留的组织块。同样,对每种诊断中断,无论这个中断所指示的是一个到来事件还是离去事件,OB82 都会被调用。如果没有对 OB82 编程,那么在诊断中断发生时 CPU 将转向 STOP 模式。由于 DP 从站的复杂性,EN 50170 标准中定义了一些可能的诊断中断及其信息格式。其他的则依赖于特定的从站和厂商。对于 SIMATIC S7 系列的 DP 从站,其诊断中断与 SIMATIC S7 系统诊断一致。

5) DP 从站产生的过程中断

具有过程中断能力的 SIMATIC S7 系列 DP 从站和 DPV1 从站通过总线向 DP 主站 (CPU)报告过程故障。例如,当一个模拟输入值超出所定义范围时将产生一个过程中断。在 SIMATIC S7 系统中保留了组织块 OB40~OB47 用于过程中断(也称为"硬件中断")。CPU 的操作系统将在中断发生时调用 OB40~OB47。如果相关组织块未被编程,CPU 将停留在 RUN 模式而不转向 STOP 模式。这样,无论过程中断来自集中式 I/O 模块还是分布式 I/O 模块,SIMATIC S7 CPU 对这些中断总是采用相同的方式。然而应当注意的是,由于总线上报文运行时间和主站中的中断处理过程,DP 主站对分布式 I/O 所产生的过程中断的响应会比较慢。

6) DP 从站的状态中断

DPV1 从站能够引发状态中断。例如,如果一个 DPV1 从站的模块改变了它的操作状态(比如从 RUN 模式转入 STOP 模式),它可以通过状态中断将这个状态变化报告给 DP 主站。能够引发状态中断的具体事件由厂商定义,在 DPV1 从站的文档中有详细的描述。状态中断发生后,CPU 的操作系统将调用组织块 OB55。如果此组织块未被编程,CPU 将仍然保持在 RUN 模式。OB55 只有在具备 DPV1 的 S7 CPU 中才可以使用。

7) DP 从站的更新中断

通过向 DP 主站发送更新中断,DPV1 从站可以发出诸如准备传送某个模块参数的改变之类的信号。此时在 CPU 中 OB56 将被调用。只有在具备 DPV1 的 S7 CPU 中才可以对 OB56 进行编程。CPU 在接收到中断信号时总保持在 RUN 模式,即使 OB56 未被编程也依然如此。DPV1 从站的厂商定义了哪种事件将会引发更新中断。请参考 DPV1 从站的描述以获取更多详细信息。

8) DP 从站的厂商指定中断

厂商指定中断只能由一个 DPV1 从站的插槽传送给 DP 主站。此时,CPU 将调用组织块 OB57。只有在具备 DPV1 的 S7 CPU 中才能使用这个用于厂商指定中断的组织块。如果在 CPU 中 OB57 未被编程,CPU 仍将保持在 RUN 状态。厂商通常决定了 DPV1 从站会在何时引发厂商指定中断,这依赖于具体从站;而对于智能从站的情况,则取决于它们的具体应用。请参考从站文档以确定该 DPV1 从站是否或何时会引发厂商指定中断。

5.3.4 SIMATIC S7 系统中的 DP 从站类型

SIMATIC S7 系统使用三组不同的 DP 从站。根据它们的结构和目的,对 SIMATIC S7 DP 从站设备作如下分类:

紧凑型 DP 从站;

模块化 DP 从站;

智能 DP 从站(I-从站)。

1) 紧凑型 DP 从站

紧凑型 DP 从站在输入和输出区域具有不可更改的固定结构。ET 200B 电子终端组(B 代表块 I/O)就是由这类紧凑型 DP 从站构成的。ET 200B 模块系列提供了不同电压范围的模块和数目不等的 I/O 通道。

2) 模块化 DP 从站

在模块化 DP 从站中,输入和输出区域的结构是可变的。在使用 S7 组态软件 HW Config 对 DP 从站进行组态时可以对其加以定义。ET 200M 模块是这类 DP 从站的典型代表。最多可以将 8 个模块 S7-300 系列的 I/O 模块连接到一个 ET 200M 接口模块。

3) 智能从站(I-从站)

在 PROFIBUS DP 网络中,S7-300 可编程控制器如果包含有 CPU 315-2、

CPU 316-2或 CPU 318-2 类型的 CPU 或者包含有 CP 342-5 通信处理器,那么就可以作为 DP 从站。在 SIMATIC S7 系统中,这些信号处理现场设备被称为"智能 DP 从站",简称 I-从站。使用 S7 组态软件 HW Config 可以定义作为 DP 从站使用的 S7-300 控制器的输入/输出区域结构。

　　智能 DP 从站的一个特性就是,提供给 DP 主站的输入/输出区域并不是真实存在的 I/O 区域,而是由预处理 CPU 映像出来的输入/输出区域。

5.4　用 STEP7 编程和组态 PROFIBUS DP

　　STEP7 是应用于 SIMATIC S7 系统的标准的编程和组态软件。本节将描述 STEP7 软件包(版本 5.0,在 Windows 95 或 Windows NT 以上的平台中使用)中用于设置和组态 PROFIBUS DP 网络的相关工具。假定读者已经在 PG 编程单元或 PC 上安装了 STEP7 软件,并且熟悉 Windows 的操作。标准的 STEP7 软件包由多种应用组成,如图 5-28 所示,它们分别负责自动化任务编程中的某一特定工作,例如:

　　组态硬件和设置参数;
　　组态网络、连接和接口;
　　创建和调试用户程序。

　　一些附加的可选软件工具扩展了标准的 STEP7 软件包,适用于某些特殊应用,其中包括像 SCL、S7GRAPH 或 HiGraph 之类的编程语言包。为这些任务所提供的图形用户界面即是人

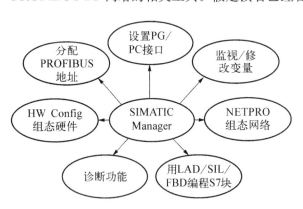

图 5-28　SIMATIC Manager 中可以调用的 PROFIBUS DP 相关的 STEP7 应用

们所知的 SIMATIC Manager(SIMATIC 管理器)。SIMIATIC Manager 集中了一项自动化任务所需的所有数据和设置并将这些信息组合在一个项目中。在这个项目中,所有数据和设置根据其功能进行了结构化的处理,并以对象形式进行描绘。STEP7 提供了大量在线帮助,包括用于所选文件夹、对象和错误信息的帮助。

5.4.1　STEP7 基础

　　1) STEP7 对象
　　所熟知的 Windows 资源管理器采用目录结构来显示文件夹和文件。与此类似,一个 STEP7 项目被划分为许多文件夹和对象。文件夹是一种可以包含其他文件夹和对象的对象。例如,在 SIMATIC Manager 中进行组态的 S7 站点所对应的文件夹还包含了分别用于硬件和 S7 程序的子文件夹。同样地,S7 程序文件夹则包含了另外的文件夹用于存储文字或图形源码以及 STEP7 软件块,这些都用于构成 STEP7 用户程序。用户在项目组态和编程过程中所创建的 STEP7 块以对象的形式存储在 Blocks 文件夹中。

2) STEP7 中的面向对象

当用户在 SIMATIC Manager 中处理某个对象时，程序将自动地调出与所处理对象类型相关的应用。这种由对象到相关应用的自动链接使得用户可以方便地处理 STEP7 项目。要启动与对象相链接的应用，可以双击对象，或打开快捷菜单。要打开快捷菜单，可以在 SIMATIC Manager 中选择对象（见图 5-29），然后单击鼠标右键，在快捷菜单中选择"打开对象"。

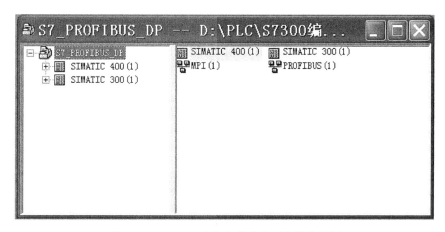

图 5-29　STEP7 中的文件夹和对象结构示例

3) STEP7 项目

SIMATIC Manager 中的主对象就是项目。在项目中，处理自动化任务所需的所有数据和程序都存储在一个树状结构中。这个树状结构反映了项目层次（见图 5-30）。项目由以下组态信息组成：

用于硬件设置的组态数据；

所用模块的参数数据；

用于网络和通信的组态数据；

用于可编程模块的程序。

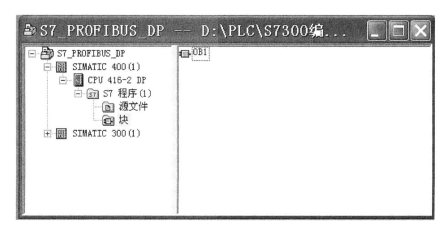

图 5-30　STEP7 项目中的对象层次

5.4.2　PROFIBUS DP 项目示例

本节将开发一个示例项目。在创建项目过程中，将会介绍如何使用 STEP7 程序来设置和组态一个使用了 PROFIBUS DP 网络的 SIMATIC S7 自动化系统。这些 STEP7 程序主要是指 SIMATIC Manager 和 HW Config。其中所提出的 SIMATIC S7 项目的创建流程将会帮助读者简单快速地了解 STEP7 组态工具。

这一组态示例适用于包含 CPU 416 - 2DP 的 SIMATIC S7 - 400 可编程控制器。通过 CPU 的集成 DP 接口连接 DP 从站 ET 200B - 16DI/16DO，ET 200M 和 S7 - 300/CPU315 - 2，并将传输速率设置为 1 500 kb/s。

5.4.2.1　创建新的 STEP7 项目

要创建一个新的 STEP7 项目，需打开 SIMATIC Manager，然后按照如下流程操作：

（1）在菜单栏上选择"文件＞新建"...，将开启一个对话框（见图 5 - 31）用于设置新的项目。

图 5 - 31　用于创建新项目的对话框

（2）选择 New Project 按钮，并为新项目设置存储位置（路径）。

（3）为新项目输入名字（例子中为 S7_PROFIBUS_DP），并单击"确定"按钮确认并离开。现在将返回 SIMATIC Manager 的主菜单。S7_PROFIBUS_DP 对象文件夹的创建已经自动产生了 MPI 对象，可以在项目屏幕的右半边看到它。MPI 对象是由 STEP7 在每次创建新项目时自动产生的。MPI 是标准的 CPU 编程和通信接口。

5.4.2.2　在 STEP7 项目中插入对象

在项目屏幕的左边选择项目，单击鼠标右键打开快捷菜单。选择命令"插入新对象"，插入 SIMATIC 400 站点对象。新插入对象出现在项目屏幕的右边。像对待其他所有对象一样,此时可以修改项目名称,例如可以赋予一个项目相关名称。

在快捷菜单(单击右键打开)中,选择"对象属性",在属性对话框中可以为对象输入其他一些特性,如作者名、说明等。

接着,在所创建的 STEP7 项目中插入对象 PROFIBUS,按照与刚才插入 SIMATIC 400 站点对象相同的方法进行。

5.4.2.3 PROFIBUS 网络设置

现在已返回到名为 S7_PROFIBUS_DP 的项目主屏幕。选择 PROFIBUS 对象并单击右键打开快捷菜单。选择"打开对象",启动图形化的组态工具 NetPro。在屏幕上半部,选择 PROFIBUS 子网[PROFIBUS(1)],并单击鼠标右键打开快捷菜单。选择命令"对象属性",在属性-PROFIBUS 对话框中打开"网络设置"选项卡(见图 5-32)。可以在这里为 PROFIBUS 子网设置所有相关的网络参数。

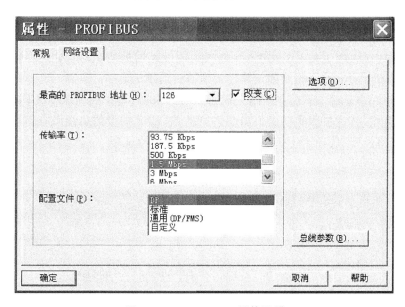

图 5-32　PROFIBUS 网络设置

单击"确定"按钮确认项目示例中的推荐设置(默认设置)。如果想马上开始建立项目,请跳转至 5.4.2.节。

下面将简要地解释属性-PROFIBUS 对话框中"网络设置"选项卡中所能设置的网络参数的意义。

1) Highest PROFIBUS Address(最高 PROFIBUS 地址)

在 EN 50170 标准中将其称为最高站点地址(Highest Station Address,HSA)。这个参数用于优化多主站总线结构中的总线访问控制(令牌管理)。在单主站的 PROFIBUS DP 结构中,不要改变这一参数的默认值 126。

2) Transmission Rate(传输速率)

此处所选择的传输速率将应用于整个 PROFIBUS 子网。这意味着 PROFIBUS 子网中使用的所有站点(也称为"节点")都必须支持所选的波特率。可以在 9.6~12 000 kbit/s 范围内选择波特率。波特率默认值为 1 500 kbit/s。

3) Profile(行规)

总线行规为 PROFIBUS 的不同应用提供了标准(默认设置)。每种总线行规包含一个 PROFIBUS 总线参数集。STEP7 在计算和设置这些参数时考虑了特殊的组态、行规和波特率。这些总线参数全局地应用于整个总线和 PROFIBUS 子网中连接的所有节点。

可以为某些特殊应用定义 User-Defined 行规。首先,选择行规 DP、Standard 或 Universal(DP/FMS)的参数设定,将其保存为用户自定义行规,然后根据需要对它们进行修改。当然,这些参数只能由具有组网经验的工程师来进行调节。

在 PROFIBUS DP 网络中根据不同的硬件组态可以使用不同的总线行规。

(1) DP 行规。只有当系统是一个包含 SIMATIC S7 和 SIMATIC M7 的纯 PROFIBUS DP 单主站和多主站结构时,才选择这个行规。针对这一行规计算出的优化的总线参数考虑了当有其他节点连接到总线上时在通信负载上的全部变化。PROFIBUS 子网上的这类额外负载可能是 PG 编程单元、操作员控制与过程监控设备、已组态的非循环 FDL 服务以及 FMS 和 S7 节点。

DP 行规仅仅考虑了对 PROFIBUS 子网实际可知的那些 PROFIBUS 节点。这意味着它们必须是 STEP7 项目的一部分并且必须被合适地组态。

(2) Standard(标准)行规。如果需要将总线参数的计算扩展到在 STEP7 中无法组态的其他总线节点,或者是那些不属于当前进行的 STEP7 项目的总线节点,可以使用这个行规。在"网络设置"选项卡上,单击"选项"按钮,打开"选项"对话框和"网络站点"选项卡,如图 5-33 所示。

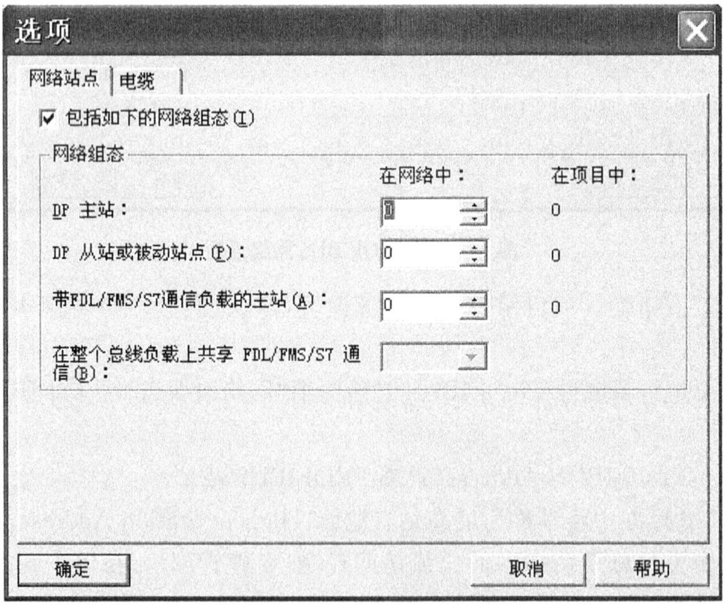

图 5-33 设置网络站点

如果不选择复选框"包括如下的网络组态"(Include network configuration below),总线参数的计算将采用 DP 行规中所使用的同一优化算法。如果启用这一选项,则会应用一种简化的、更一般的算法。

对于其他所有使用 SIMATIC S7 和 SIMATIC M7 的多主部总线结构(DP/FMS/FDL)以及所有扩展至一个以上 STEP7 项目的组态,都可以利用 Standard 行规加以实现,Standard 行规就是针对这些应用而特别设计的。

(3) Universal(DP/FMS)行规。这一总线行规适用于使用了 SIMATIC S5 系列 PROFIBUS 部件的网络,例如 CP5431 通信处理器或 S5-95u 可编程控制器等。当 SIMATIC S7 和 SIMATIC S5 站点同时应用于一个 PROFIBUS 子网时,应该总是选择 Universal(DP/FMS)。

4) 总线参数

通过"总线参数"按钮可以访问 STEP7 所计算出的总线参数。根据 STEP7 项目中已知的总线结构和总线站个数,STEP7 能够计算出总线参数 Ttr(Time Target Rotation,即目标循环时间)和总线参数 Response Monitoring 的取值,后一个参数只与 PROFIBUS DP 从站有关。

由于 STEP7 计算出的 Ttr 总线参数值代表了最大允许值,而不是实际的令牌循环时间,因而不能用来确定总线系统的反应时间。

如果选择 User-Defined 行规,只能改变图 5-34 中显示的取值。需要特别说明的是,只有针对所选的总线行规将总线参数调节至最佳,PROFIBUS 子网才能可靠地工作。因此,在 Bus Parameters 对话框中显示的预设值只能由富有经验的人员进行修改。

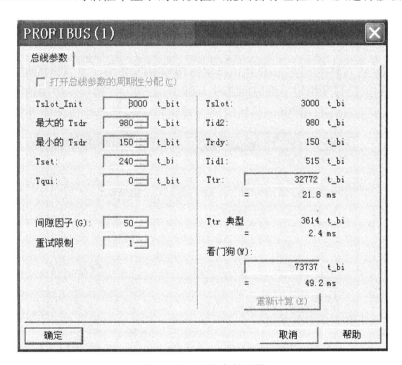

图 5-34　总线参数设置

所有的总线参数值以 tBIT(time_BIT,即运行时间)为单位进行表示。表 5-13 显示的位运行时间取决于波特率,并按下式计算:

$$\text{tBIT}\,[\mu s] = 1/\text{Baud Rate}\,[\text{Mbit/s}]$$

表 5 - 13　位运行时间(是波特率的函数)

波特率/(kbit·s^{-1})	tBTT/μs	波特率/(kbit·s^{-1})	tBTT/μs
9.6	104.167	500	2.000
19.2	52.083	1 500	0.667
45.45	22.002	3 000	0.333
93.75	10.667	6 000	0.167
187.5	5.333	12 000	0.083

5) 激活总线参数的周期性分配

如果使能这一选项,为所选 PROFIBUS 子网定义的参数设置将被 PROFIBUS 子网中活跃的所有 DP 主站接口循环地发送。第 2 层的 SDN(Send Data with No Acknowledge)服务将使用 DSAP 63(Destination Service Access Point,目的服务访问点)发出多播报文,参数数据则通过此多播报文进行发送。

使用这个功能,可以暂时地将 PG 编程单元连入一个正在运行的 PROFIBUS 子网,即便是在并不精确地知道 PROFIBUS 子网的总线参数设置的情况下依然如此。

如果已经选择了模式 Constant Bus Cycle[也称为 Equidistant(等间隔)总线循环],那么就不应当使能这一功能,因为这将不必要地延长总线循环。如果 PROFIBUS 子网中包含有使用 DSAP 63 进行多播的其他站点,同样不应使能这一功能。

6) 恒定总线时间

如果想将 PROFIBUS DP 运行在恒定总线循环时间模式,在 Properties 对话框中,单击"选项"按钮,然后打开恒定总线时间选项卡(见图 5 - 35)。选项卡中描述了这一模式下的基本参数。只有选择选项"恒定总线时间",对话框中的其他参数才能进行选择。现在

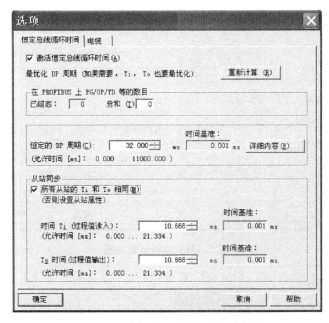

图 5 - 35　为恒定 DP 循环设定时间值

可以为 PROFIBUS 子网设置一个恒定的总线循环。恒定总线循环是指 DP 主站发送权的连续转换之间的时间间隔是固定的。

以恒定总线循环时间运行的 PROFIBUS 子网可能只包含一个 1 类 DP 主站。1 类 DP 主站循环地选取它的 DP 从站进行 I/O 数据交换。

STEP7 通过计算为特定的系统结构提供了恒定（即等间隔）DP 循环的一个推荐值。在推荐时间内，足够处理与 DP 从站间的循环用户数据通信以及与 PG、OP 和 TD 设备的非循环数据交换。如图 5-35 所示，在恒定总线时间对话框中，可以根据需要对参数在 PROFIBUS 上 PG/OP/TD 等的数目进行设定，从而为总线中运行的额外的 PG、OP 和 TD 保留总线循环时间。

可以改变 STEP7 所提供的恒定总线循环时间。增大推荐值并不会产生问题，但是，如果要缩短恒定总线循环（也许要降至显示的最小值），那么应当注意，诸如 DP 从站的失效与恢复之类的故障也许会影响总线循环并使其延长至超出所选的恒定值。缩短这一恒定时间间隔的另一不利影响则是：其他主动节点，如 PG 编程单元等，在进行非循环数据交换时所能利用的时间也被设置为最小。在某些网络中，这可能会导致非循环通信的延时甚至是失败。

在恒定总线时间的对话框中还展示了构成给定恒定总线循环时间的时间片断。指示为循环部分的时间是固定而不可更改的。然而，非循环时间部分和用于 PG、OP 和 TD 设备等其他主动节点的时间部分则是可以修改的。

7）网络站点

PROFIBUS 系统也许会包含 STEP7 项目中无法注册的节点。要在总线系统中包含这类节点，可以在属性 PROFIBUS 对话框中选择“选项”，屏幕上将出现选项对话框。打开网络站点选项卡，如图 5-36 所示，可以定义想要在总线参数的计算中包括多少附加的主动节点和被动节点。这个选项并不适用于 DP 行规。

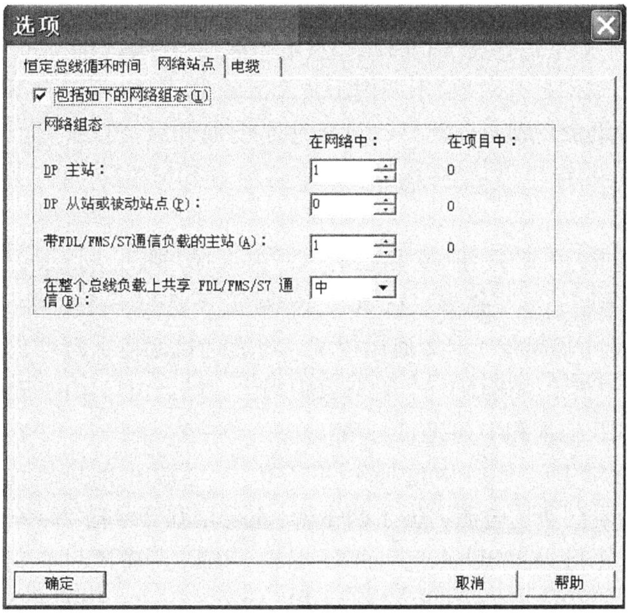

图 5-36 PROFIBUS 子网中的附加网络节点

8）电缆

影响总线参数计算的因素不光是电缆长度，RS 485 中继器或光纤电缆 OLM 的使用都会对其产生影响。相关变量在选项对话框的电缆选项卡中进行了描述，如图 5 - 37 所示。

图 5 - 37　用于定义中继器、OLM 和电缆长度的 Cables 对话框

5.4.2.4　使用 HW Config 程序组态硬件

在设置 PROFIBUS DP 示例网络时，下一步要做的工作是对 S7 - 400 可编程控制器所使用的硬件进行组态。退出 NetPro 程序，返回到 SIMATIC Manager 的主屏幕。在屏幕左半边，双击打开文件夹 S7_PROFIBUS_DP。选择 SIMATIC 400　（1）对象，然后右击打开快捷菜单并选择"打开对象"来调用 HW Config 程序，也可双击 SIMATI CManager 屏幕右边的硬件对象来完成。HW Config 程序自动地开启，出现一个具有两个水平区域的窗口。在这个阶段，窗口仍是空白的，可以在这里为 SIMATIC 400 站点组态硬件。

1）组态机架

在工具栏中单击"目录"按钮，或者在菜单栏中选择"视图＞目录"打开硬件目录。在目录中打开 SIMATIC 400 文件夹。在 RACK - 400 下选择一个机架。针对我们的示例组态，可以选择有 9 个插槽的 UR 2 通用机架。将所选机架拖入窗口左上部。

现在 S7 - 400 机架的插槽在一个组态表中列出。站点窗口中的较低部分显示了详细特性，如顺序号、MPI 地址和 I/O 地址(I 和 Q)。

现在从硬件目录 PS - 400 中选择 PS407 10 A 电源并将其放置在 S7 - 400 机架的 1 号槽中。将会看到所选电源占据了两个槽：1 号槽和 2 号槽。

下面，打开硬件目录 CPU 400＞CPU 416 - 2DP 并选择具有订货号 6ES7 416 - 2XKOO - OABO 的 CPU 416 - 2DP。将此 CPU 拖至 S7 - 400 机架的 3 号槽，此时自动弹出属性- PROFIBUS 接口 DP 对话框的参数选项卡。可以在这里为 CPU 中集成的 DP 主

站接口设置参数。将 PROFIBUS 地址设为 2,在后续的表中,选择要连接到 CPU 的 DP
主站接口的 PROFIBUS 子网,如图 5-38 所示。在本例中,只组态了一个 PROFIBUS
子网。

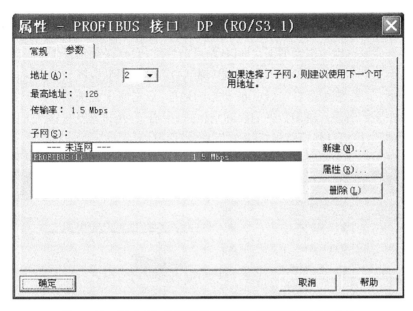

图 5-38　PROFIBUS 网络分配属性>PROFIBUS DP 主站

在此对话框中,也可以安装一个新的 PROFIBUS 子网或删除一个已存在的子网。单
击"确定"按钮确认所做的选择,并返回到 HW Config 的主窗口。

2）组态 DP 从站

图 5-39 显示了现已组态的 S7-400 站点所对应的 HW Config 窗口。具有组态 DP
主站系统的 S7-400 站点显示在窗口的上半部。

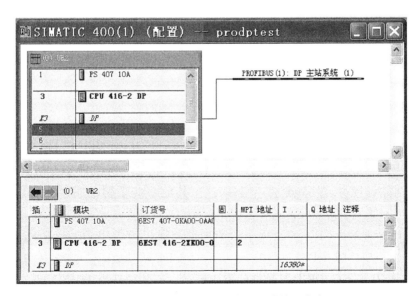

图 5-39　HW Config 中 DP 主站系统的站点窗口

(1) ET 200B 站点。下一步必须将 DP 从站连入 DP 主站系统。为此,打开仍显示在屏幕右边的硬件目录中的 PROFIBUS DP 文件夹。打开 ET 200B 文件夹并选择站点 ET 200B-16DI/16DO。将这个 DP 从站拖向窗口左上方显示的集成 DP 主站接口使其连入 DP 主站系统。对话框属性- PROFIBUS 站点 B 16DI/16DO DP 自动弹出。这里将这个 DP 从站的 PROFIBUS 地址设为 4,单击 OK 返回到 HW Config 站点窗口。

在屏幕下部显示出所组态的 ET 200B 站点的详细信息(必须选择了 ET 200B 站点),信息中指出了这个 DP 从站所占据的地址(输入字节从 0 到 1,输出字节从 0 到 1),如图 5-40 所示。如果想改变 HW Config 所给的地址,双击表中相关行,DP 从站属性对话框将会开启并显示出输入输出数据的实际结构,如果需要,可以在这里改变地址。在启动阶段,这些数据结构信息将通过组态报文发送给 DP 从站。

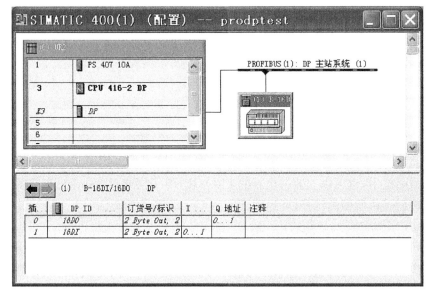

图 5-40　HW Config 中 ET 200B DP 从站的站点窗口

要获得其他站点的详细信息,可以使用左上角显示的箭头按钮从一个站点向另一个站点切换:

←显示所显 DP 主站的详细信息(默认设置);

→显示 DP 主站的详细信息。

现在,双击 HW Config 站点窗口上半部显示的 DP 从站,将开启 DP 从站属性对话框和属性选项卡,如图 5-41 所示。在属性中,可以看到与所组态 DP 从站对应的一些参考信息,例如订货号、设备族、类型和描述。其他一些重要的特性则必须由用户来设置。

首先是诊断地址。CPU 使用这个诊断地址并通过组织块 OB86(Rack Failure/DP Slave Failure,机架故障/DP 从站故障)来指示一个 DP 从站故障。此外,还可以由此地址读出诊断信息,从而了解 DP 从站故障的发生原因。诊断地址由 HW Config 给出。必要时可对其进行修改。

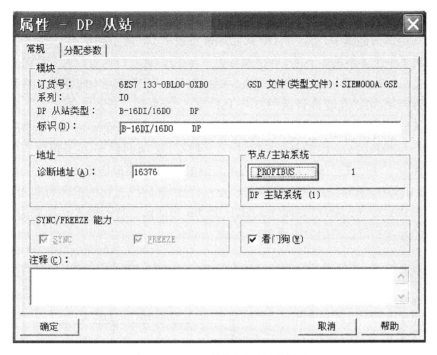

图 5-41 DP 从站的属性对话框

其次是 SYNC/FREEZE 能力。

这个域指示了 DP 从站是否能够执行 DP 主站所发出的 SYNC 和(或)FREEZE 控制命令。HW Config 可以从 DP 从站的 GSD 文件中获得这项信息。此时,SYNC/FREEZE能力只是显示了出来,设置无法修改。

最后是看门狗。

在 DP 从站与 DP 主站的通信过程中,应当打开响应监视功能从而允许 DP 从站对故障作出反应。如果在超出了预先定义的响应监控延时后从站与主站间仍没有数据通信,DP 从站将转向安全状态。所有的输出将设置为信号状态"O",或者在 DP 从站支持的情况下设置为其他替代值。

注意,如果禁止响应监视,将出现有害的系统状态。对每个 DP 从站都可以设置响应监视的开启和关闭。

在 DP 从站属性对话框的分配参数选项卡中,可以指定 DP 从站的相关参数。要了解这些数据的内容和意义,请参考 DP 从站设备的文档。对于本例中所组态的 ET 200B 站点来说,是不可能设置这些十六进制参数的。然而,在此必须设置 SB 的 00(默认设置)。此对话框中存储的信息将作为参数报文中的一部分传送给 DP 从站。对 SIMATIC S7 系列的 DP 从站来讲,没必要对任何参数按十六进制格式进行设置。在组态 DP 从站时,HW Config 组态工具直接提供了参数报文所需的设置。

(2) ET 200M 站点。示例组态也将包含一个 ET 200M 站点。ET 200M 模块经过了模块化的设计,并配备一个 8DI/8DO 模块、一个 AI2×12 bit 模块和一个 AO2×12 bit 模块,可以按照与 ET 200B 相同的组态流程对其进行组态。在硬件目录中打开硬件PROFIBUS DP 文件夹,然后打开 ET 200M 文件夹并选择接口模块 IM 153-2。将其拖至集成的 DP 主站接口,从而将这个模块接入 S7-PROFIBUS DP 网络。在属性-PROFIBUS 接口 IM 153-2 对话框中,将这个 DP 从站地址设置为 5。所组态的 ET 200M 站点的详细视图列出了一个 8 行的组态表,分别编号为 4 至 11。这 8 行列表代表 ET 200M 站点最多能够安装 8 个来自 S7-300 系列的模块。要找到 ET 200M 单元中能够插入的 IM 153-2 类型的硬件模块,可以在硬件目录中打开 IM153.2 文件夹。子文件夹列出了可用模块。打开 DI/DO-300 文件夹,选择信号模块 SM 323 DI8/DO8×24 V/0.5 A,并将其移至窗口下方的 ET 200M 站点详细视图的插槽 4。然后,使用同样的方法将模拟输入模块 SM 331 AI2×12 bit 放置在 ET 200M 站点的插槽 5,并将模拟输出模块 SM 332 AO2×12 bit 放置在 ET 200M 站点的插槽 6(见图 5-42)。在详细视图的第 5 行双击模拟输入模块 SM 331 AI2×12 bit,打开属性-AI2×12 bit 对话框。打开输入选项卡为模拟输入设置所需的参数。可以采用以下设置:

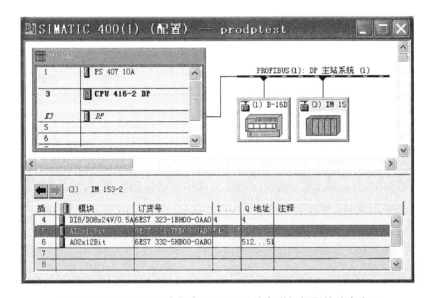

图 5-42　HW Config 中包含 ET 200M 站点详细视图的站点窗口

启用所有中断;

单独启用诊断中断;

启用过程中断并设置限值;

测量类型;

测量范围;

测量范围模块的位置;

积分时间。

在这个项目示例中,应使能诊断中断,并单击"确定"按钮离开输入选项卡。

在模拟输出模块 SM 332 AO2×12 bit 所对应的属性对话框的输出选项卡中可以设置以下参数(双击详细视图的第 6 行):

启用诊断中断;

输出范围;

对 CPU－STOP 的反应；

替代值(如果适用)。

在示例组态中,使用这个模拟输出模块所给出的默认设置,单击"确定"按钮确认并离开。

现在已经完成了 SIMATIC 400 (1)主站。单击"站点＞保存"并编译保存设置,然后单击"站点＞退出"退出 SIMATIC 400 (1)站点。

(3) 用 S7－300/CPU 315－2DP 作为 I－从站。在 S7－300 可编程控制器接入 DP 主站系统之前,必须在项目中安装这个 PLC(对象)。可以采用和刚才描述的在项目中插入 S7－300 站点相同的方法进行。

要为 S7－300 站点配置模块,请开启 SIMATIC Manager,并在 HW Config 中打开与 S7－300 对应的站点窗口。打开硬件目录并选择 SIMATIC 300 和 RACK－300。然后选择对象 Rail 并将其拖至站点窗口的上半部。此时将出现一个结构表指示出 S7－300 寻轨的插槽。从 PS－300 硬件目录中选择电源 PS307 2A 放置在模块机架的 1 号槽上。下面,打开文件夹 CPU－300 和 CPU 315－2DP 然后选择名为 6ES7 315－2AF01－0AB0 的 CPU 315－2DPC,将其移动至模块机架的 2 号槽中。

属性-PROFIBUS 接口 DP Master 对话框将自动开启。在网络设置选项卡中为 CPU 中集成的 DP 接口设置参数。将 PROFIBUS 地址设为 6,并在下面的表中,选择想要连接至 CPU 上的 DP 接口的 PROFIBUS 子网。将只配置一个 PROFIBUS 子网。

在这个例子中,将使用 S7－300 可编程控制器作为 DP 从站。因此,必须将 CPU 315－2DP的 DP 接口(重新)组态为 DP 从站。为此,在槽列表中双击 DP Master 行。这将打开属性-DP 主站对话框。在工作模式选项卡中选择"DP-从站"选项。现在,切换到组态选项卡并选择"新建"。

在此界面显示如下信息：

DP 从站中用于主-从通信的输入/输出区域的组态；

DP 从站中用于直接数据交换(交叉通信)的输入/输出区域的组态；

DP 从站接口的局部诊断地址。当 CPU 处于从站模式时,地址选项卡中的诊断地址是无关的。

填写图 5-43 所示的对话框,然后单击 OK 按钮。所输入的组态作为模块被接受。可以用同样方式输入第二个模块,并进行如下设置：地址类型为"输出",地址为"1000",长度为"10",一致性为"全部"。选择"确定"接受这些值。此时将显示出图 5-44 所示的组态。

单击 OK 按钮返回 S7－300 站点的 HW Config 主窗口。刚刚组态的运行模式 DP-Slave 现在显示出来,并对应于 DP 接口,如图 5-45 所示。在 HW Config 中保存 S7－300 站点所对应的站点组态,并按下组合键 Ctrl＋Tab,返回到 S7－400 站点窗口。最终,切换到组态窗口并双击第一行打开组态对话框。完成图 5-46 中所示的主站相关参数地址类型和地址,并单击"确定"按钮加以确认。现在双击第二行打开对应组态,设置地址类型为"输入",并设置地址为"1000"。单击"确定"对取值加以确认并返回到 DP 从站属性窗口(见图 5-47)。站点窗口如图 5-48 所示。

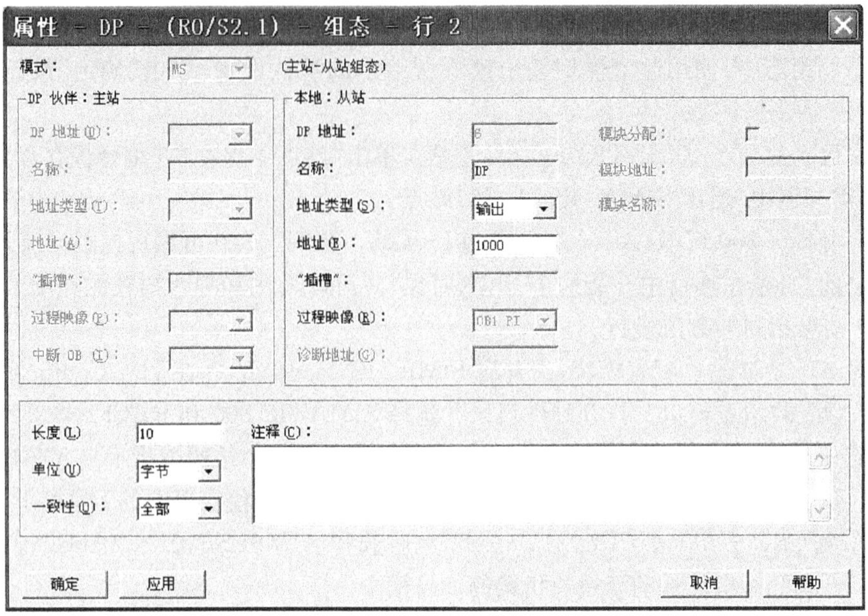

图 5-43 HW Config 中 DP 属性的组态

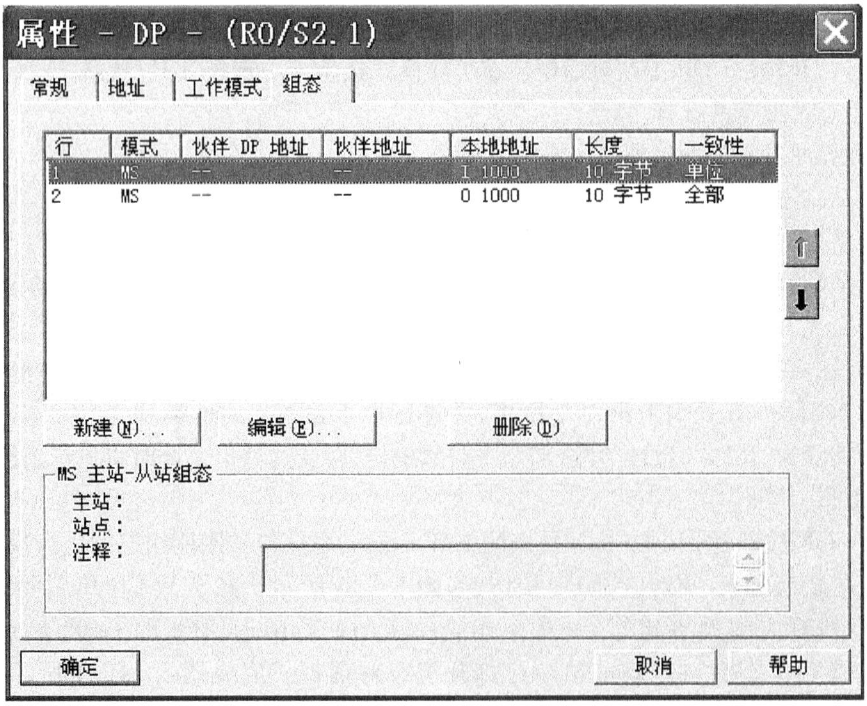

图 5-44 HW Config 中属性- DP 界面

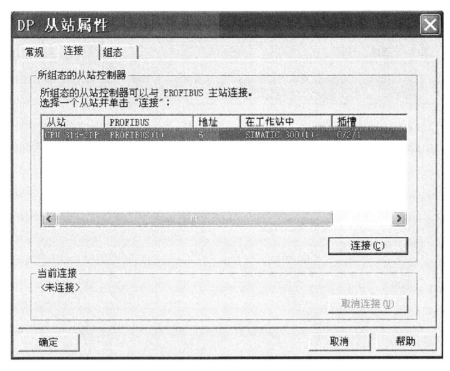

图 5‐45　HW Config 中 DP 从站属性对话框的连接选项卡

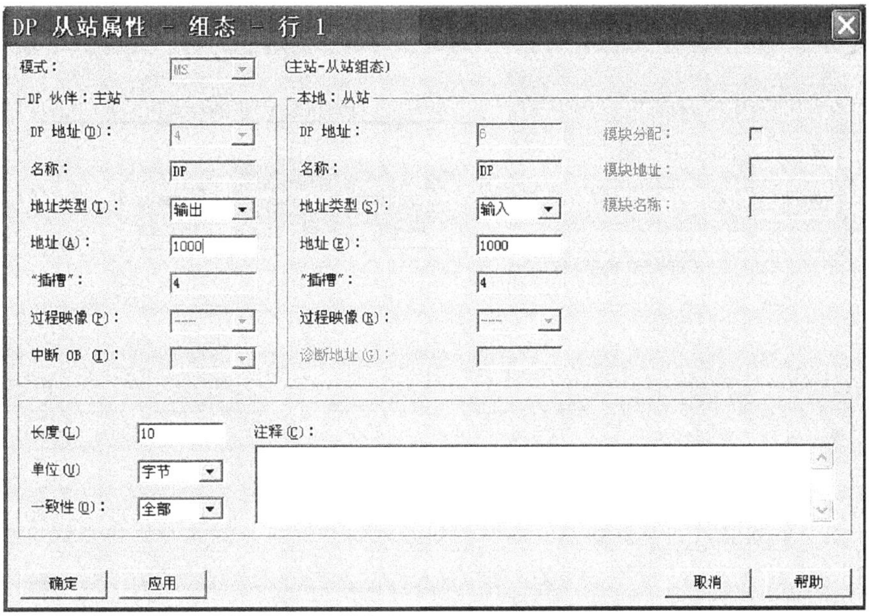

图 5‐46　HW Config 中 DP 从站属性对话框组态选项卡中行 1 的组态

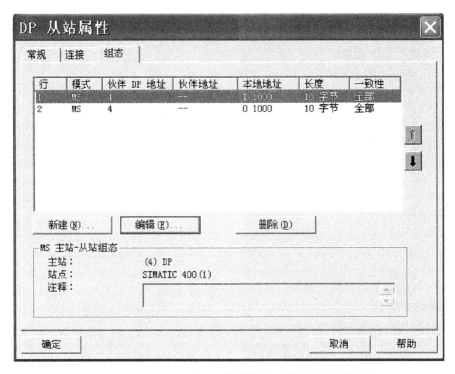

图 5 - 47　HW Config 中 DP 从站属性对话框的组态选项卡

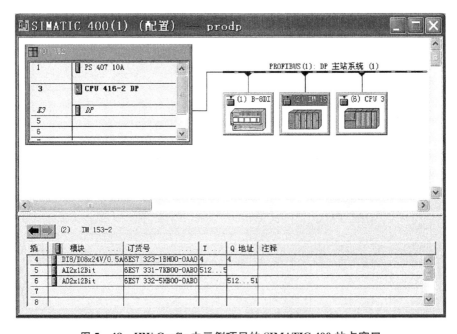

图 5 - 48　HW Config 中示例项目的 SIMATIC 400 站点窗口

第 6 章　由 PLC 构建的以太网工业控制网络

随着信息技术的不断发展,信息交换技术覆盖了各行各业。在自动化领域,越来越多的企业需要建立包含从工厂现场设备层到控制层、管理层等各个层次的综合自动化网络管控平台,建立以工业控制网络技术为基础的企业信息化系统。

工业以太网(Ethernet)提供了针对制造业控制网络的数据传输的以太网标准。该技术基于工业标准,利用了交换以太网结构,有很高的网络安全性、可操作性和实效性,最大限度地满足了用户和生产厂商的需求。工业以太网以其特有的低成本、高实效、高扩展性及高智能的魅力,吸引着越来越多的制造业厂商。

6.1　以太网协议及其基本功能

以太网最早由施乐(Xerox)公司创建,后来由施乐、英特尔(Intel)和 DEC 公司联合扩展,并于 1982 年公布基于以太网规范的 IEEE 802.3。以太网是一种公共总线型局部网络。需要注意的是,以太网不是一种具体的网络,而是一种技术规范,适用于大量数据传输和长距离通信的场合。

以太网络是按照信息网络设计的,使用载波监听多路访问及冲突检测(CSMA/CD)技术协议,各站用竞争的方式发送信息到传输线上,并以 10/100 Mbit/s 甚至更高的速率传输信息。由于 CSMA/CD 技术存在通信延时不确定性,因此工业以太网在实时性、可靠性、抗干扰性等方面做了改进,以满足工业网络要求。

6.1.1　以太网协议

以太网规范只定义了 ISO 开放系统互联参考模型分层结构中的物理层和数据链路层。而现在人们所指的以太网技术,不仅包含了物理层和数据链路层的以太网规范,还包括了 TCP/IP 协议组,即包含了网络层的网际互联协议 IP、传输层的传输控制协议 TCP、用户数据报文协议 UDP 等,有时甚至把应用层的简单邮件传输协议 SMTP、域名服务 DNS、文件传输协议 FTP、超文本链接 HTTP、动态网页技术等都与以太网技术捆绑在一起。以太网与 OSI 互连参考模型的对照关系如表 6 - 1 所示。

表 6-1 以太网与 OSI 互联参考模型对照表

OSI 参考模型	以 太 网	OSI 参考模型	以 太 网
应用层	应用协议	网络层	IP
表示层		数据链路层	以太网 MAC
会话层		物理层	以太网物理层
传输层	TCP/UDP		

当以太网用于信息技术时,应用层包括 HTTP、FTP、SNMP 等常用协议,但当它用于工业控制时,体现在应用层的是实时通信、用于系统组态的对象以及工程模型的应用协议。目前还没有统一的应用层协议,但受到广泛支持并已经开发出相应产品的有 4 种主要协议:HSE、Modbus TCP/IP、PROFINET 和 Ethernet/IP。

1) HSE 高速以太网

现场总线基金会 FF 于 2000 年发布以太网规范,称为 HSE(High Speed Ethernet)。HSE 是以太网协议 IEEE 802.3,TCP/IP 协议族与 FF 的现场总线控制系统的结合体。现场总线基金会明确将 HSE 定位于实现控制网络与 Internet 的集成。

HSE 技术的一个核心部分就是链接设备,它是 HSE 体系结构将 H1(31.25 kb/s)设备连接到 100 Mb/s 的 HSE 主干网的关键组成部分,同时也具有网桥和网关的功能。网桥功能能够用于连接多个 H1 总线网段,使同 H1 网段上的 H1 设备之间能够进行对等通信而无须主机系统的干涉。网关功能允许将 HSE 网络连接到其他的工厂控制网络和信息网络,HSE 链接设备不需要为 H1 子系统作报文解释,而是将来自 H1 总线网段的报文数据集合起来并且将 H1 地址转化为 IP 地址。

2) Modbus TCP/IP

该协议由施耐德公司推出,以一种非常简单的方式将 Modbus 帧嵌入 TCP 帧中,使 Modbus 与以太网和 TCP/IP 结合,成为 Modbus TCP/IP。这是一种面向连接的方式,每一个呼叫都要求一个应答,这种呼叫/应答的机制与 Modbus 的主/从机制相互配合,使交换式以太网具有很高的确定性。利用 TCP/IP 协议,通过网页的形式可以使用户界面更加友好。

施耐德公司已经为 Modbus 注册了 502 端口,这样就可以将实时数据嵌入网页中,通过在设备中嵌入 Web 服务器,就可以将 Web 浏览器作为设备的操作终端。利用网络浏览器就可方便地查看企业网内部设备运行情况。

3) PROFINET

针对工业应用需求,德国西门子公司于 2001 年发布了该协议。它是将原有的 PROFIBUS 与互联网技术结合,形成了 PROFINET 的网络方案,主要包括:基于组件对象模型(COM)的分布式自动化系统;规定了 PROFINET 现场总线和标准以太网之间的开放、透明通信;提供了一个独立于制造商,包括设备层和系统层的系统模型。

PROFINET 采用标准 TCP/IP 加以太网作为连接介质,采用标准 TCP/IP 协议加上应用层的 RPC/DCOM 来完成节点间的通信和网络寻址。它可以同时挂接传统 PROFIBUS 系统和新型的智能现场设备。

现有的 PROFIBUS 网段可以通过一个代理设备(Proxy)连接到 PROFINET 网络当中,使整 PROFIBUS 设备和协议能够原封不动地在 PROFINET 中使用。传统的 PROFIBUS 设备可通过代理与 PROFINET 上面的 COM 对象进行通信,并通过 OLE 自动化接口实现 COM 对象间的调用。

4) Ethernet/IP

Ethernet/IP 是适合工业环境应用的协议体系。它是由 ODVA(Open Devicenet Vendors Association) 和 Control Net International 两大工业组织推出的最新成员。Device Net 和 Control Net 一样,都是基于 CIP(Controland Information Protocol)协议的网络。它是一种面向对象的协议,能够保证网络上隐式(控制)的实时 I/O 信息和显式信息(包括用于组态、参数设置、诊断等) 的有效传输。

Ethernet/IP 采用和 Device Net 以及 Control Net 相同的应用层协议 CIP。因此,它们使用相同的对象库和一致的行业规范,具有较好的一致性。Ethernet/IP 采用标准的以太网技术和 TCP/IP 技术传送 CIP 通信包,这样,通用且开放的应用层协议 CIP 加上已经被广泛使用的以太网协议和 TCP/IP 协议,就构成 Ethernet/IP 协议的体系结构。

6.1.2　以太网基本功能

以太网标准出现较早,其实现容易,成本较低,得到了广泛的应用。信息以太网主要应用在快速可靠地建立一个企业、大楼内部的网络。再加上与各种广域网技术的结合,实现城市、国家、全球的联网。连入 Internet 的大大小小的网络中,有很多就是以太网。

利用工业以太网,SIMATIC NET 提供了一个无缝集成到新的多媒体世界的途径。以太网不但已经进入今天的办公室领域,而且还可以应用于生产和过程自动化。继 10 M 波特率以太网成功运行之后,具有交换功能、全双工和自适应的 100 M 波特率快速以太网(Fast Ethernet,符合 IEEE 802.3u 的标准)也已成功运行多年。以太网的功能特点总结如下:

应用广泛。以太网是目前应用最为广泛的计算机网络技术,几乎所有的编程语言都支持以太网的应用开发,如 Java、Visual C++、Visual Basic 等。因此,使用以太网技术可以保证有多种开发工具、开发环境可供选择。此外,以太网作为一种标准的开放式网络,不同厂商的设备很容易互联,这种特性正好解决了现场总线控制系统设备间互操作问题。

成本低廉。以太网应用广泛,因此受到硬件开发与生产厂商的高度重视与广泛支持,已有多种硬件产品可供用户选择,而且硬件价格也相对低廉。

通信速率高。目前 100 Mb/s 的快速以太网已广泛应用,1 000 Mb/s 的以太网技术逐渐成熟,10 Gb/s 的以太网也处于研究中,通信速率比现场总线快很多。

软硬件资源丰富。由于以太网已经应用多年,人们对以太网的设计、应用有着很多的开发经验,对其技术也甚为熟悉。大量的软件资源和设计经验可以显著降低系统的开发和培训费用,从而显著减少系统的整体费用,并大大加快系统的开发和推广速度。

资源共享能力强。随着 Internet/Intranet 的发展,以太网已经渗透各个角落,网络上的用户,无论处于什么地方,也无论资源的物理位置在哪里,都能使用网络中的程序、设备和数据,也就是说,用户使用千里之外的数据就像使用本地数据一样。它解除了资源"地理位置上的束缚"。

可持续发展潜力大。由于以太网的广泛应用,它的发展一直受到广泛的重视和大量的技术投入;并且,在这瞬息万变的时代,企业的生存与发展将很大程度上依赖一个快速而有效的通信管理网络,信息技术与通信技术的发展将更加快速、更加成熟,由此保证了以太网不断地持续向前发展。

以太网是当前应用最为广泛的计算机网络技术。它有广泛的技术支持,已经成为网络通信领域事实上的标准,因此我们对以太网技术很熟悉,可以降低系统开发、培训及维护费用。同时,以太网可以达到很高的通信速率。利用以太网的这些优点,结合 PLC 控制器,就可以构筑全分散、全开放的工业控制系统。当前很多厂家提供把 PLC 和以太网相结合的产品,如西门子公司的 PLC 产品系列。西门子提供的强大的工业以太网解决方案就是针对大数据量交换以及实时性要求比较高的网络环境的一种高级网络应用。IT 技术的应用体现了以太网发展的新趋势,同时也为工业以太网的发展提供了更为广阔的空间。

由上可见,如果采用以太网作为工业控制网络,可以避免现场总线技术游离于计算机网络技术之外,从而实现现场总线技术和一般网络技术互相促进、共同发展,并保证技术上的可持续发展,在技术升级方面无须单独的研究投入,这一点是任何现有的现场总线技术所无法比拟的。

6.2　SIMATIC NET 网络解决方案

西门子公司 1998 年推出的 SIMATIC NET 是按照 IEEE 802.3, IEEE 802.3u 以太网标准设计,支持 10/100 Mbit/s 传输速率的一种工业控制网络。SIMATIC NET 能以最高 100 Mb/s 的传输速率实现 PLC 之间以及 PLC 和智能设备(PC,处理器)之间的数据通信。并通过 TCP/IP 协议,特别是通过 SMTP 协议(用于收发电子邮件)和 HTTP 协议(用于访问 Web 浏览器),实现工业控制与信息网络系统的集成。SIMATIC NET 是全集成自动化系统的一个重要组成部分,为完整的工业通信提供网络和部件。它主要由工业以太网、PROFIBUS、AS-i、MPI 多点接口和点对点接口构成。

SIMATIC NET 工业以太网是用于大型集散控制系统的高速网络系统,最高通信速率可达 100 Mbit/s,通信距离为 1.5 km(同轴电缆)或 4.5 km(光纤),网络可连接多于1 000个节点。它是基于 IEEE 802.3 的工业标准总线系统,采用 CSMA 介质访问控制协议。节点之间通过连接方式进行数据传输,由主动站建立连接,被动站加以确认。PG/PC 和 PLC 之间可建立无穷多个连接,而每个 PLC 最多可建立 16 个 PLC-PLC 连接。每一个连接最多一次可发送 240 个字节;传送的数据为 I/O 地址、中间寄存器和 DB 数据块,可按位、字节等方式读写。

6.2.1　工业以太网网络方案

工业以太网具有以下类型的解决方案:

（1）三同轴网络。传统的三同轴网络已使用了十多年，均为总线型结构，并且极其坚固耐用，网络中各设备都共享 10 Mbit/s 带宽。

（2）双绞线网络和光纤网络。采用双绞线和光纤传输技术的 10 Mbit/s 以太网可以是线型或星型拓扑结构，并使用光学链接模块和电气链接模块。这些网络拓扑结构也可组合应用。

快速以太网（100 Mbit/s）是在已成熟的以太网技术基础上进一步发展而来的。

快速以太网标准 IEEE 802.3u（100BaseT）在很大程度上是以适应于双绞线电缆的传统以太网标准（10BaseT）为基础建立的，只是其传输速率提高了 10 倍，达到 100 Mbit/s。

6.2.2　CP 1613 PCI 网卡

CP 1613 是一个有微处理器的 PCI 插件（见图 6-1），用于将编程器或 PC 连接到有 10/100 Mbit/s 自动检测波特率的工业以太网。新的 CP 1613 A2 模块支持 PCI 标准 2.2 V、3.3 V 和 5 V（通用按键）PCI 接口；工作频率 33 MHz 和 66 MHz；32 位，也可用于 64 位 PCI 插槽和 PCI-X 插槽。

用于 SIMATIC NET CD V6.2 SP1 及更高版本的该模块已经发布。与 CP 1613 一起使用的 Windows 应用程序可使用从此版本起的 CP 1613 A2，而不需要对组态或用户软件作任何改变。对于较早的 SIMATIC NET CD，仍然可以使用 CP 1613（6GK1161-3AA00）。在普通的通信网络中，也可以用普通的网卡代替 CP 1613 网卡。

图 6-1　CP 1613 PCI 网卡

图 6-2　CP 343-1 PLC 网卡

6.2.3　CP 343-1 PLC 网卡

CP 343-1 PLC 网卡（见图 6-2）属于西门子 PLC 的以太网模块，PLC 要通过以太网连接时需要加入该网卡。网卡具有 10/100 Mb/s 的通信速率，包括的功能：网络服务器，电子邮件功能，AUI/ITP 和 RJ45 接口，支持 ISO 和 TCP/IP 协议，支持 S7 通信和 S5 兼容通信。

CP 343-1 以太网通信模块可独立处理工业以太网上的数据拥塞。此模板具有自己的处理器。第1~4层符合国际标准传送协议,TCP/IP 和 UDP、多协议运行是可能的。为了进行连接控制(保持活化),可为所有有源/无源通信伙伴的 TCP 传输连接组态一个可调时间。CP 343-1 拥有一个预定的唯一以太网地址,通过网络可直接使用。

6.3 以太网工业控制网络的应用分析

6.3.1 以太网工业控制网络拓扑结构

6.3.1.1 总线型拓扑结构

总线型拓扑结构简称总线拓扑,它是将网络中的各个节点设备用一根总线(如同轴电缆等)挂接起来,实现计算机网络的功能。

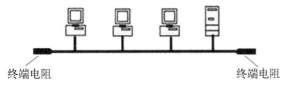

总线型拓扑结构的数据传输是广播式传输结构,数据发送给网络上所有的计算机,只有计算机地址与信号中的目的地址相匹配的计算机才能接收到。采取分布式访问控制策略来协调网络上计算机数据的发送,如图6-3所示。

图 6-3 总线型拓扑结构

1) 主要优点

(1) 网络结构简单,节点的插入、删除比较方便,易于网络扩展。

(2) 设备少,造价低,安装和使用方便。

(3) 具有较高的可靠性,单个节点的故障不会涉及整个网络。

2) 主要缺点

(1) 故障诊断困难。总线型的网络不是集中控制,故障诊断需要在整个网络的各个站点上进行。

(2) 故障隔离困难。当节点发生故障时,隔离起来还比较方便,一旦传输介质出现故障,就需要将整个总线切断。

(3) 易于发生数据碰撞,线路争用现象比较严重。

总线拓扑主要适用于家庭、宿舍等网络规模较小的场所。

在光学链接模板(OLM)或电气连接模板(ELM)的总线拓扑结构中,数据终端设备(DTE)可以通过工业屏蔽双绞线(ITP)电缆及接口连接在 OLM 或 ELM 上。每个 OLM 或 ELM 有3个 ITP 接口。OLM 之间可以通过光缆进行连接,最多可以级联11个。而在 ELM 之间可以通过 ITP XP 标准电缆进行连接,最多可以级联13个。ESM 可以通过 TP/ITP 电缆相连组成总线型网络。任何一个端口都可以作为级联的端口使用。两个 ESM 之间的距离不能超过100 m,整个网络最多可以连接50个 ESM。

6.3.1.2 星型拓扑结构

星型结构以中央节点为中心,并用单独的线路使中央节点与其他各节点相连,相邻节点之间的通信都要通过中心节点。

星型拓扑采用集中式通信控制策略,所有的通信均由中央节点控制,中央节点必须建立和维持许多并行数据通路。

星型拓扑采用的数据交换方式主要有线路交换和报文交换两种,线路交换更为普遍。

网络的扩展通常是采用增加中央节点的方式,将中央节点级联起来,需要增加的节点再与新中央节点连接。

1) 主要优点

(1) 易于进行故障的诊断与隔离。

(2) 易于进行网络的扩展。

(3) 具有较高的可靠性。

2) 主要缺点

(1) 过分依赖中央节点。

(2) 组网费用高。

(3) 布线比较困难。

星型网络是在现实生活中应用最广的网络拓扑,一般的学校、单位都采用这种网络拓扑结构组建他们的计算机网络,如图 6 - 4 所示。

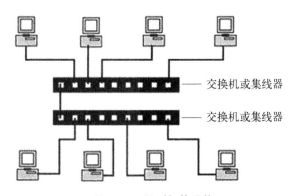

图 6 - 4　星型拓扑网络

6.3.1.3　环型拓扑结构

环型拓扑结构是由一些中继器和连接中继器的点到点链路组成一个闭合环,计算机通过各中继器接入这个环中,构成环型拓扑的计算机网络。在网络中各个节点的地位相等。

环型拓扑中的每个站点都是通过一个中继器连接到网络中的,网络中的数据以分组的形式发送。网络中的信息流是定向的,网络的传输延迟也是确定的。

1) 主要优点

(1) 数据传输质量高。

(2) 可以使用各种介质。

(3) 网络实时性好。

2) 主要缺点

(1) 网络扩展困难。

(2) 网络可靠性不高。

(3) 故障诊断困难。

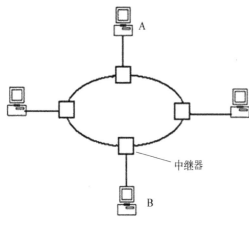

图 6-5　环型拓扑网络

环型网平时用得比较少,主要用于跨越较大地理范围的网络。环型拓扑更适合于网际网等超大规模的网络,如图 6-5 所示。

OLM 可以通过光缆将总线型网络首尾相连,从而构成环行网络。整个网络上最多可以级联 11 个 OLM。与总线型网络相比冗余环网增加了数据交换的可靠性。而 OSM/ESM 也能够构成环网拓扑结构,它们具有网络冗余管理功能。通过 DIP 开关可以设置网络中的任何一个 OSM/ESM 作为冗余管理器,因而可以组成冗余的环网,其中 OSM/ESM 上 7、8 口作为环网的光缆级连接口。

作为冗余管理器的 OSM 监测 7、8 口的状态,一旦检测到网络中断,将重新构建整个网络,将网络切换到备份的通道上,保证数据交换不会中断。网络重构时间小于 0.3 s。

6.3.2　以太网服务器的通信配置

在 STEP7 Micro/WIN 中对以太网服务器进行配置的步骤如下。

1) 进入以太网配置向导

选择项目树中的"向导→以太网"进入以太网配置向导,如图 6-6 所示。

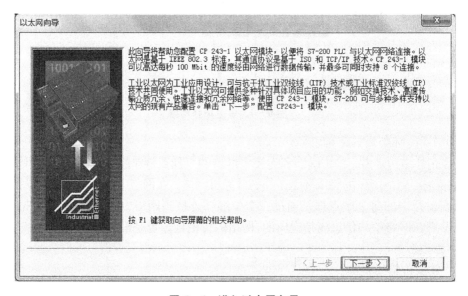

图 6-6　进入以太网向导

2) 指定模块位置

在以太网向导界面单击"下一步"按钮,进入指定模块界面,如图 6-7 所示。

可以手动指定模块在 PLC 硬件系统中的位置,当模块在线情况下,也可以通过点击"读取模块"按钮搜寻在线的 CP 243-1 IT 模块。

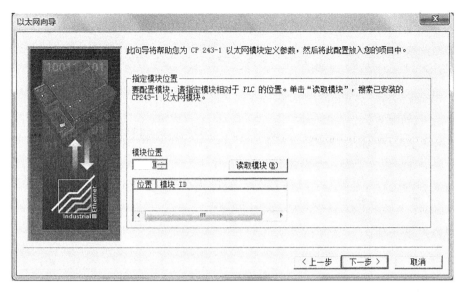

图 6 - 7　指定模块位置

3）指定模块地址

指定模块位置后，点击"下一步"按钮，进入指定模块地址界面，如图 6 - 8 所示。

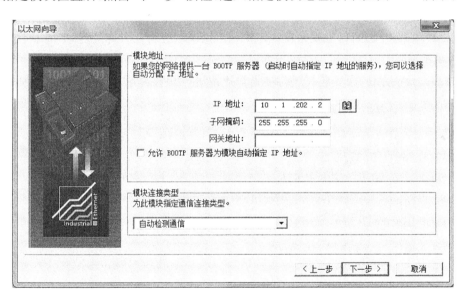

图 6 - 8　指定模块 IP 地址

在此界面，设定模块的 IP 地址、子网掩码、网关地址等以太网设置。自定义的 IP 地址必须是适用的，本例中设为"10.1.202.2"。此处的设置和普通 PC 机上网卡设置的概念一致。

选择模块的通信连接类型，使用系统默认的设置。

4）指定命令字节和连接数目

指定 IP 地址等参数后，点击"下一步"按钮，进入命令字节和连接数目设置界面，如图 6 - 9 所示。

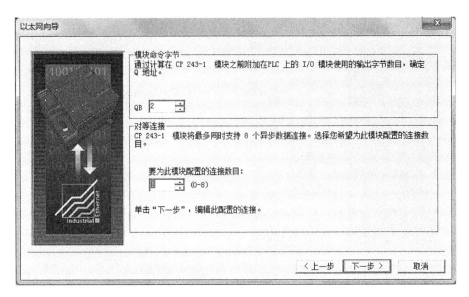

图 6-9 指定命令字节和连接数目

在此界面需要确定命令字节,一般使用系统默认设置。该输出字节是以太网模块内部缓冲区需要的,其地址可由系统自动确定,不受位置影响,但是 PLC 带输出负载的实际数量将减少 8 个点。

配置模块的连接数目,也就是指定该模块可以同时进行几个连接,在本例中选择 1。

5) 配置连接

在图 6-9 中点击"下一步"按钮,进入对连接进行配置的界面,如图 6-10 所示。

图 6-10 配置连接

在此界面可以将本连接配置为客户端或者服务器连接。本例中选择此连接为服务期连接。

设置 TSAP(Transport Service Access Point)地址。该地址是通信链接地址,它包括两部分:第一部分为通信连接号,如 10;第二部分为 CP 243-1 模块安装在 S7-200 PLC 的机架/槽号,如"00"代表 CP 243-1 安装在 0 号机架 0 号槽(即 CPU 之后的第一个模块)。

如果以太网模块紧挨着 CPU 放置,使用以太网向导将连接 0 设定为服务器连接,本地 TSAP 默认为 10.00;如果以太网模块与 CPU 隔两个模块放置,连接 1 设定为服务器连接时,本地 TSAP 默认为 11.02。本地(CP 243-1)TSAP 地址是自动生成的,无法修改。远程 TSAP 的设置需要与远程的 CP 243-1 模块配对。

本例中选择"接受所有连接请求",使该服务器能够响应所有的网络连接请求。

实际应用中可以配置多个连接,不同连接可以分别配置为服务器连接或者客户端连接。对应不同的连接,其 TSAP 地址不同。

6) 配置 CRC 保护和保持活动间隔

配置连接完成后,点击"下一步"按钮,进入 CRC 配置界面,如图 6-11 所示。

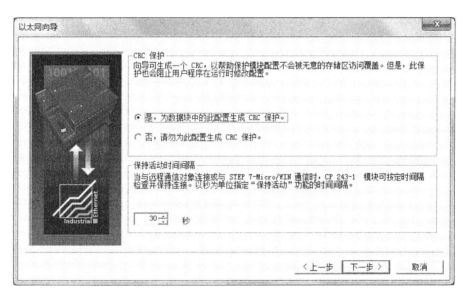

图 6-11 CRC 保护配置

如果选择 CRC 保护,将对传输的数据进行 CRC 校验。CRC 即循环冗余校验码(Cyclic Redundancy Check),是通信领域中最常用的一种差错校验码,具有数据传输检错功能,对数据进行多项式计算,并将得到的结果附在帧的后面,接收设备也执行类似的算法,以保证数据传输的正确性和完整性。

设置"保持活动"的时间间隔,使用系统默认的设置。该时间间隔指连接保持活动有效的时间间隔,如果超过此时间间隔仍然没有连接信息,则该连接自动断开。

7) 配置存储区

配置完成后点击"下一步"按钮,可进入分配存储区界面,如图 6-12 所示。读者应选择一块未使用的 V 存储区来存放模块的配置信息,特别要注意不能与其他程序块或者其

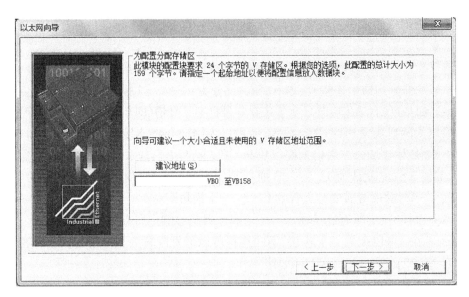

图 6-12　分配存储区

他模块所使用的存储区产生冲突。可以点击"建议地址"按钮,让系统来选定一个合适的存储区,用户也可以输入所使用的存储区首地址,系统自动计算存储区的大小。

8) 生成项目组件

分配存储区完成后点击"下一步"按钮,进入生成项目组件界面,如图 6-13 所示。在此界面可以修改默认的组件名称,该名称将在程序中应用。本例中使用系统默认的名称。最后,单击"完成"按钮,完成以太网向导。

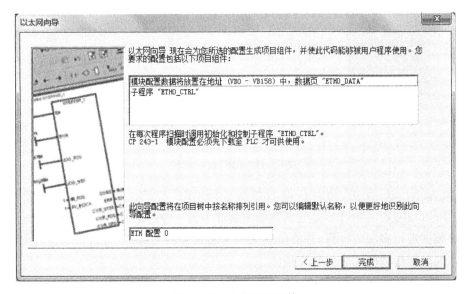

图 6-13　生成项目组件

6.3.3　以太网客户机的配置及其通信数据

S7-200 PLC 要通过以太网与其他设备通信,S7-200 必须使用 CP 243-1(或 CP

243－1 IT)以太网模块,PC 机上也要安装以太网卡。图 6－14 为 CP 243－1 IT 以太网模块。

　　配置客户机的步骤与配置服务器的步骤基本一致,只在第 5 步配置连接时有所区别,详述如下。

　　在配置连接界面选择为客户机连接,为此连接指定服务器 IP 地址为上文配置的服务器的 IP,即"10.1.202.2"。为此连接定义符号名,此名称在程序中将会用到,本例中维持默认设置"Connection0_0"。远程 TSAP 设定要与远程服务器上的本地 TSAP 一致。

图 6－14　CP 243－1 IT 扩展模块

　　配置连接之后,为完成客户机与服务器之间的数据和信息交换,需要进一步在客户机与服务器之间配置数据传输。在图 6－15 的"本地属性(客户机)"框中,点击"数据传输"按钮可进入数据传输配置窗口。在该窗口中单击"新传输"按钮,并确认弹出的对话框,可进入数据传输配置窗口,如图 6－16 所示。

图 6－15　配置客户机连接

　　配置数据传输实际上是配置客户机如何对远程服务器进行数据的读写操作。对一个连接,可以配置多个数据传输,每个数据传输可以单独配置为从远程服务器读数据或向远程服务器写数据。同时,可以配置远程服务器上数据的存储地址和本地客户机上数据的存储地址,用户只需指定存储区的首地址即可,存储区的大小由系统根据每个传输可以读写数据的字节数自动计算。每个连接可读写的字节数由用户指定。

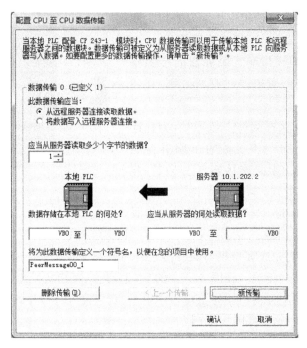

图 6-16　配置数据传输

图 6-16 所示的数据传输的含义是从远程服务器 VB0 开始的存储区中读取一个字节的数据,将该数据保存到本地 PLC 从 VB0 开始的一个字节空间中。

用户可以为此数据传输定义符号名,此名称在以太网通信程序项目中会应用到。

配置客户机的其他步骤与配置服务器的步骤相同。

6.3.4　STEP7 程序运行中的有关指令

完成上述配置后会在指令树的调用子程序中生成同以太网通信有关的子程序调用指令,如图 6-17 所示,包括 ETH0_CTRL 和 ETH0_XFR。指令中的 0 表示与编号为 0 的

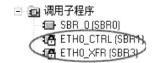

图 6-17　以太网子程序

以太网模块有关的指令。如果系统中有第 2 个以太网模块的话,其生成的子程序调用指令编号为 1。因此,在下文中,使用 ETHx_CTRL 和 ETHx_XFR 来说明指令的含义,其中 x 表示模块的编号。

ETHx_CTRL 子程序(见图 6-18)一般在扫描开始时被调用,用于对以太网模块的初始化,包括执行以太网模块错误检查、更新配置等,其参数说明如表 6-2 所示。使用中,应当在每次扫描开始时调用子程序,且每个模块仅限使用一次子程序。每次 CPU 更改为 RUN(运行)模式时,该指令命令 CP 243-1 以太网模块检查 V 内存区是否存在新配置。如果配置不同或 CRC 保护被禁止,则系统使用新配置重设模块。

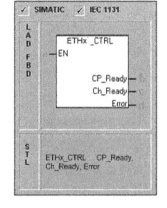

图 6-18　ETHx_CTRL 指令

表 6 - 2　ETHx_CTRL 指令参数说明

输入/输出	数据类型	注　　　释
EN		使能 ETHx_CTRL 指令
CP_Ready	字	当以太网模块准备从其他指令接收命令时,CP_Ready 变为现用
Ch_Ready	布尔	Ch_Ready 有一个指定给每个通道的位,显示该特定通道的连接状态。例如,当通道 0 建立连接后,位 0 打开
Error	字	Error(错误)包含模块状态

ETHx_XFR 子程序指令(见图 6 - 19)通过指定客户机连接和信息号码,用于在 S7 - 200 和远程连接之间进行数据传送,其参数说明如表 6 - 3 所示。只有在至少配置了一个客户机连接时,才会生成该子程序。数据传送所需的时间取决于使用的传输线路类型。如果要提高传输速度,则应使用配备扫描时间低于 1 s 的程序。

图 6 - 19　ETHx_XFR(数据传送)指令

表 6 - 3　ETHx_XFR(数据传送)指令参数说明

输入/输出	注　　　释
EN	EN 位必须打开,才能启用模块命令,EN 位应当保持打开,直至设置表示执行完成的 Done 位
START	当 START(开始)输入打开且模块目前不繁忙时,XFR 命令在每次扫描时均被发送至以太网模块。START(开始)输入可通过仅允许发送一条命令的边缘检测元素用脉冲方式打开
Chan_ID	Chan_ID 是在向导中配置的一条客户机通道的号码。使用在向导中指定的连接符号名
Data	Data(数据)是为在向导中配置的指定信号定义的一个数据传送。使用在向导中指定的符号名
Abort	Abort(异常中止)命令以太网模块停止在指定通道上的数据传送。该命令不会影响其他通道上的数据传送。如果指定通道的"保持现用"功能被禁用,当超出预期的超时限制时,则使用"异常中止"参数取消数据传送请求
Done	当以太网模块完成数据传送时,Done(完成)打开
Error	Error(错误)包含数据传送结果

第7章 其他船舶常用 PLC

船舶较常用的 PLC 除了西门子的 PLC 外,还有日本的欧姆龙、三菱以及美国的罗克韦尔等公司生产的 PLC。其中日本的小型 PLC 最有特色。在世界小型 PLC 市场上,日本产品约占 70% 份额。

7.1 欧姆龙 PLC

欧姆龙公司的 PLC 产品,大、中、小、微型规格齐全。该公司的 PLC 产品以其门类齐、型号多、功能强和适应面广等特点占据了我国 PLC 市场的较大份额。它的 PLC 指令系统功能强大,能够满足各种控制要求。微型机以 SP 系列为代表;小型机有 P 型、H 型、CPM1A 系列、CPM2A 系列、CPM2C、CQM1 等,P 型机现已被 CPM1A 系列所取代;中型机有 C200H、C200HS、C200HX、G200HG、G200HE、CS1 系列。本节主要介绍 CPM1A 系列 PLC。

7.1.1 硬件特性

欧姆龙 PLC - CPM1A - V1 系列产品型号种类较多,例如:CPM1A - 10CDR - A - V1 是指 10 点 CPU 单元,交流 100~220 V,6 点输入,4 点继电器输出(1A 是型号代号;10 表示输入输出总点数为 10 点;C 表示是 CPU 单元;D 表示混合型,也就是有输入也有输出;R 表示继电器输出型;A 表示工作电压为交流电 100~240 V)。

表 7 - 1 PLC - CPM1A - V1 硬件特性

控 制 方 式		存 储 程 序 方 式
输入输出控制方式		循环扫描方式和即时刷新方式并用
编程语言		梯形图方式
指令长度		1 步/1 指令、1~5 步/1 指令
指令种类	基本指令	14 种
	应用指令	79 种 139 条
处理速度	基本指令(LD)	0.72~17.2 μs
	应用指令	MOV 指令 16.3 μs

（续表）

控 制 方 式		存 储 程 序 方 式
程序容量		2 048 字
最大 I/O 点数		10 点、20 点、30 点、40 点
输入继电器		00000～00915
输出继电器		01000～01915
内部辅助继电器		512 点：20000～23115(200CH～231CH)
特殊辅助继电器		384 点：23200～25515(232CH～255CH)
暂存继电器 TR		8 点：TR0～8
保持继电器 HR		320 点：HR0000～1915(HR00～HR19CH)
辅助记忆继电器 AR		256 点：AR0000～1515(AR00～15CH)
链接继电器 LR		256 点：LR0000～1515(LR00～15CH)
定时器/计数器 TIM/CNT		128 点：TIM/CNT000～127。 100 ms 型：TIM000～127(号数与 10 ms 型共用)； 10 ms 型(高速定时器)：TIM000～127。 减法计数器、可逆计数器
数据 存储器 DM	可读/写	1 002 字(DM0000～0999、1022～1023)
	故障履历存入区	22 字(DM1000～1021)
	只读	456 字(DM6144～6599)
	PC 系统设定区	56 字(DM6600～6655)
输入中断		2 点(10 点)，4 点(20 点及以上型)
间隔定时中断		1 点(0.5～319 968 ms、单触发模式或定时中断模式)
停电保持功能		保持继电器 HR、辅助记忆继电器 AR、计数器 CNT、数据内存(DM)的内容保持
内存后备		快闪内存：用户程序、只读数据内存(无电池保持)
		超级电容：读/写数据内存、保持继电器、辅助记忆继电器、计数器(保持 20 天/环境温度 25 ℃)
自诊断功能		CPU 异常(WDT)、内存检查、I/O 总线检查
程序检查		无 END 指令、程序异常(运行时一直检查)
高速计数器		1 点单相 5 kHz 或两相 2.5 kHz(线性计数器方式)。当前值 248(L)、249(H)CH 递增模式 0～65 535(16 位)、增减模式－32 767～32 767(16 位)
脉冲输出		1 点 20 Hz～2 kHz(单相输出：占空比 50%)
快速响应输入		与外部中断输入共用(最小输入脉冲宽度 0.2 ms)(不经滤波)
输入时间常数		可设定 1/2/4/8/16/32/64/128 ms 中的一个(输入滤波时间常数设定)
模拟电位器		2 点(0～200)

7.1.2 软件设计

欧姆龙 PLC 的编程使用 CX - Programmer V9.3 编程软件,可以用指令形式编程,也可采用梯形图语言编程,简单易用。

CPM1A 共有 14 条基本指令,79 条应用指令。

所有无功能号的指令称为基本编程指令,共 14 条。主要包括与、或、非、输出、复位、置位等逻辑指令。另外,普通定时器和计数器指令也没有功能号,也归为基本指令。

1) 基本顺序输入指令

基本顺序输入指令如表 7 - 2 所示。

表 7 - 2 欧姆龙 PLC 基本顺序输入指令

指　令	助记符　　操作数		功　能	操作数、相关标志
LD	LD	继电器号	表示逻辑起始	继电器号 00000~01915 20000~25507 HR0000~1915 AR0000~1515 LR0000~1515 TIM/CNT000~127 TR0~7(仅能使用于 LD 指令)
LD NOT	LD　NOT	继电器号	表示逻辑反相起始	
AND	AND	继电器号	逻辑与操作	
AND NOT	AND NOT	继电器号	逻辑与非操作	
OR	OR	继电器号	逻辑或操作	
OR NOT	OR NOT	继电器号	逻辑或非操作	
AND LD	AND　LD		和前面的条件与	
OR LD	OR　LD		和前面的条件或	

使用基本顺序输入指令时必须注意以下问题:

与母线连接的接点,必须使用 LD 指令;

接点串联连接时,使用 AND 指令;接点并联连接时,使用 OR 指令;

程序中的常闭接点,使用 NOT 指令;

程序块与程序块串接时使用(逻辑与)AND LD 指令,在与前面程序块串联连接的下一程序块的起点使用第二次 LD 指令;

程序块与程序块并联时使用(逻辑或)OR LD 指令,在与前面程序块并联的下一程序块的起始接点处使用第二次 LD 指令。

2) 顺序输出指令

顺序输出指令如表 7 - 3 所示。

表 7 - 3 欧姆龙 PLC 顺序输出指令

指　令	助记符　　操作数		功　能	操作数、相关标志
OUT	OUT	继电器号	把逻辑运算结果用继电器输出	继电器号 00000~01915 20000~25215 HR0000~1915 AR0000~1515 LR0000~1515 TR0~7(仅能使用于 OUT 指令)
OUT NOT	OUT NOT	继电器号	把逻辑运算结果反相用继电器输出	
SET	SET	继电器号	使指定接点 ON	
RESET	RSET	继电器号	使指定接点 OFF	

使用顺序输出指令需注意,当输入继电器号 00000～00915 在实际中未被使用时,方可在基本输出指令中作为内部继电器使用;特殊辅助继电器 232CH～249CH 只有当其不作为特殊辅助继电器使用时,方可作为内部继电器使用。

顺序输入输出梯形图程序及其对应的指令表程序如图 7-1 所示。

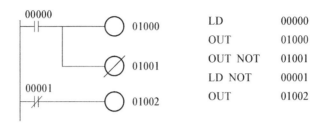

图 7-1　顺序输入输出程序示例

3) 定时器/计数器指令

定时器/计数器指令如表 7-4 所示。

表 7-4　定时器/计数器指令

指　令	助记符	操作数	功　能	操作码相关标志
定时器	TIM	计时器号设定值	延时定时器,设定时间 0～999.9 s (0.1 s 为单位)	(1) 定时器号、计数器号 NO TIM/CNT000～127,在使用高速定时器指令中作中断处理的定时器请指定 TIMH000～003; (2) 设定值
计数器	CNT	计数器号设定值	减法计数器,设定值 0～99 999 次	000～019,200～255CH HR00～19、LR00～15、DM0000～1023 和 6144～6655、＊DM0000～1023 和 6144～6655、＃0000～9999(BCD 码)

7.1.3　通信功能

欧姆龙 PLC 网络类型较多,功能齐全,可以适应各种层次工业自动化网络的不同需要。图 7-2 为欧姆龙公司的 PLC 网络系统的结构体系。

欧姆龙的 PLC 网络结构体系大体分为三个层次:信息层、控制层和器件层。信息层是最高层,负责系统的管理与决策,除了以太网外,HOST Link 网也可算在其中,因为 HOST Link 网主要用于计算机对 PLC 的管理和监控。控制层是中间层,负责生产过程的监控、协调和优化,该层的网络有 SYSMAC NET、SYSMAC Link、Controller Link 和 PLC Link 网。器件层是最低层,为现场总线网,直接面对现场器件和设备,负责现场信号的采集及执行元件的驱动,有 CompoBus/D、CompoBus/S 和 Remote I/O 网。

以太网属于大型网,它的信息处理功能很强,支持 FINS 通信、TCP/IP 和 UDP/IP 的

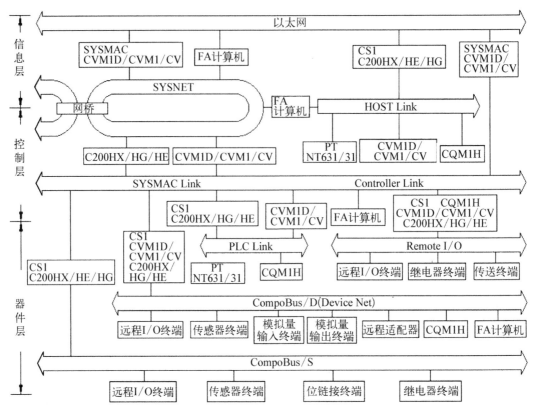

图 7 - 2 欧姆龙公司的 PLC 网络

Socket(接驳)服务、FTP 服务。HOST Link 网是欧姆龙推出较早、使用较广的一种网。上位计算机使用 HOST 通信协议与 PLC 通信,可以对网中的各台 PLC 进行管理与监控。

SYSMAC NET 网属于大型网,是光纤环网,主要是实现大容量数据链接和节点间信息通信。它适用于地理范围广、控制区域大的场合,是一种大型集散控制的网络。SYSMAC Link 网属于中型网,采用总线结构,适用于中规模集散控制的网络。Controller Link 网(控制器网)是 SYSMAC Link 网的简化,相比而言,规模要小一些,但实现简单。PLC Link 网的主要功能是为各台 PLC 建立数据链接(容量较小),实现数据信息共享,它适用于控制范围较大、需要多台 PLC 参与控制且控制环节相互关联的场合。

CompoBus/D 是一种开放、多主控的器件网,开放性是其特色。它采用了美国 AB 公司制定的 DeviceNet 通信规约,只要符合 DeviceNet 标准,就可以接入其中。其主要功能有远程开关量和远程模拟量的 I/O 控制及信息通信。这是一种较为理想的控制功能齐全、配置灵活、实现方便的控制网络。CompoBus/S 也是器件网,是一种高速 ON/OFF 现场控制总线,使用 CompoBus/S 专用通信协议。CompoBus/S 的功能虽不及 CompoBus/D,但它实现简单,通信速度更快,主要功能有远程开关量的 I/O 控制。Remote I/O 网实际上是 PLC I/O 点的远程扩展,适用于工业自动化的现场控制。

Controller Link 网推出时间较晚,只有新型号 PLC(如 C200H、CV、CS1、CQM1H 等)才能入网。随着 Controller Link 网的不断发展和完善,其功能已覆盖了控制层其他三种网络。

目前,在信息层、控制层和器件层这三个网络层次上,欧姆龙主推以太网、Controller Link 和 CompoBus/D 三种网络。

7.2　三菱 PLC

三菱电机公司的 PLC 产品较早进入中国市场,具有系统配置灵活、品种丰富、编程简单、外部设备通用等特点。其主要产品有小型机 F1/P2 系列、FX 系列,大中型机 A 系列、QnA 系列、Q 系列,具有丰富的网络功能。

FX1N 系列是三菱推出的功能强大的普及型 PLC。具有扩展输入输出,模拟量控制和通信、链接功能等扩展性,是一款广泛应用于一般场合的顺序控制三菱 PLC。

FX2N 系列是三菱 FX PLC 家族中最先进的系列。具有高速处理及可扩展大量满足单个需要的特殊功能模块等特点,为工厂自动化应用提供最大的灵活性和控制能力。

FX3U 系列是三菱电机公司新近推出的新型第三代三菱 PLC,可能称得上是小型至尊产品。基本性能大幅提升,晶体管输出型的基本单元内置了 3 轴独立最高 100 kHz 的定位功能,并且增加了新的定位指令,从而使得定位控制功能更加强大,使用更为方便。

FX3G 系列是三菱电机公司新近推出的新型第三代三菱 PLC,基本单元自带两路高速通信接口(RS‐422,USB),内置高达 32 kB 大容量存储器,标准模式时基本指令处理速度可达 0.21 μs,控制规模 14～256 点(包括 CC‐LINK 网络 I/O),定位功能设置简便(最多三轴),基本单元左侧最多可连接 4 台 FX3U 特殊适配器,可实现浮点数运算,可设置两级密码,每级 16 字符,增强密码保护功能。

FX1NC,FX2NC,FX3UC 三菱 PLC 在保持了原有强大功能的基础上实现了极为可观的规模缩小,I/O 型接线接口降低了接线成本,并大大节省了时间。

Q 系列三菱 PLC 是三菱电机公司推出的大型 PLC,CPU 类型有基本型 CPU、高性能型 CPU、过程控制 CPU、运动控制 CPU 和冗余 CPU 等,可以满足各种复杂的控制需求。三菱电机为了更好地满足国内用户对三菱 PLC Q 系列产品高性能、低成本的要求,还推出了经济型的 QUTESET 型三菱 PLC,即一款以自带 64 点高密度混合单元的 5 槽 Q00JCOUSET;另一款自带 2 块 16 点开关量输入及 2 块 16 点开关量输出的 8 槽 Q00JCPU‐S8SET,其性能指标与 Q00J 完全兼容,也完全支持 GX Developer 等软件,故具有极佳的性价比。

三菱 A 系列 PLC 使用三菱专用顺控芯片(MSP),速度/指令可媲美大型三菱 PLC。A2AS CPU 支持 32 个 PID 回路,而 QnAS CPU 的回路数目无限制,可随内存容量的大小而改变;程序容量为 8 k～124 k 步,如使用存储器卡,QnAS CPU 的内存量可扩充到 2 MB;有多种特殊模块可选择,包括网络、定位控制、高速计数、温度控制等模块。

7.2.1　FX 系列 PLC 硬件特性

FX 系列 PLC 各部分含义如图 7‐3 所示。

FX 后各参数意义如下。

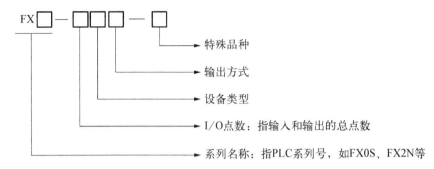

图 7-3 FX 系列 PLC 各部分含义

系列序号：即系列名称，如 OS、ON、1N、1S、2N、2NC 等。

I/O 总点数：10～256。

单元类型：M—基本单元；E—输入输出混合扩展单元与扩展模块；EX—输入专用扩展模块；EY—输出专用扩展模块。

输出形式：R—继电器输出；T—晶体管输出；S—晶闸管输出。

特殊品种的区别：D—DC 电源，AC 输入；A1—AC 电源，AC 输入；V—立式端子排的扩展模块；C—接插口输入输出方式；F—输入滤波器 1 ms 的扩展模块；L—TTL 输入型扩展模块；S—独立端子(无公共端)扩展模块。

若特殊品种缺省，通常指 AC 电源、DC 输入、横式端子排，其中继电器输出 2 A/1 点；晶体管输出 0.5 A/1 点；晶闸管输出 0.3 A/1 点。

例如 FX2N—40MRD，其参数含义为三菱 FX2N PLC，有 40 个 I/O 点的基本单元，继电器输出型，使用 24 V 直流电源。

FX 系列 PLC 的性能规格如表 7-5 所示。

表 7-5 FX 系列 PLC 性能规格

项　　目		规　　格	备　　注
运转控制方法		通过储存的程序周期运转	
I/O 控制方法		批次处理方法(当执行 END 指令时)	I/O 指令可以刷新
运转处理方法		基本指令：0.55～0.7 μs 应用指令：3.7 μs 至几百微秒	
编程语言		逻辑梯形图和指令清单	使用步进梯形图能生成 SFC 类型程序
程序容量		内置 2 k 步 EEPROM	存储盒(FX1n-EEPROM-8L)可选
指令数目		基本顺序指令：27 步进梯形指令：2 应用指令：85	最大可用 167 条应用指令，包括所有的变化
I/O 配置		最大 I/O 由主处理单元设置	
辅助继电器 (M 线圈)	一般	384 点	M0～M383
	锁定	128 点(子系统)	M384～M511
	特殊	256 点	M8000～M8255

（续表）

项　目		规　　格	备　　注
状态继电器（S 线圈）	一般	128 点	S0～S127
	初始	10 点（子系统）	S0～S9
定时器（T）	100 ms	范围：0～3 276.7 s 200 点	T0～T199
	10 ms	范围：0～3 276.7 s 46 点	T200～T245
	1 ms	范围：0.001～32.767 s 4 点	T246～T249
计数器（C）	一般	范围：1～32 767 数 16 点	C0～C15 类型：16 位增计数器
	锁定	范围：1～32 767 数 16 点	C16～C31 类型：16 位增计数器
高速计数器（C）	单相	范围：−2 147 483 648～ ＋2 147 483 648 数。	C235～C238 4 点（注意 C235 被锁定）
	单相 c/w 起始停止输入	FXo：选择多达 4 个单相计数器，组合计数频率不大于 5 kHz，或选择一个相或 A/B 相计数器，组合计数频率不大于 2 kHz。	C241（锁定上）C242 和 C244（锁定）3 点
	双相	FXos：当使用多个单相计数器时，频率和必须不大于 14 kHz。当使用双相计数器时，最大计数速度必须不大于 14 kHz	C241，C247 和 C249（都锁定）3 点
	A/B 相		C251，C252 和 C254（都锁定）3 点
数据寄存器（D）	一般	128 点	D0～D127
	保持	7 872 点	D128～D7999
	特殊	类型：16 位数据存储寄存器 256 点	D8000～D8255
	变址	16 点	V0～V7，Z0～Z7

7.2.2　软件设计

三菱公司 FX 系列 PLC 编程软件为 FX - GP - WIN。FX 系列可编程控制器的编程语言主要有梯形图及指令表。梯形图是用图形符号及图形符号间的相互关系来表达控制思想的一种图形程序，而指令表则是图形符号及它们之间关联的语句表述。指令表由指令集合而成，且和梯形图有严格的对应关系。基本指令是以位为单位的逻辑操作，是构成继电器控制电路的基础。

三菱全系列 PLC 程序设计软件，支持梯形图、指令表、SFC、ST 及 FB、Label 语言程序设计，网络参数设定，可进行程序的线上更改、监控及调试，结构化程序的编写（分部程序设计），可制作成标准化程序，在其他同类系统中使用。

下面介绍基本功能指令。

1）触点线圈指令

触点线圈指令包括 LD、LDI、OUT 等指令，其功能如表 7 - 6 所示。

表 7-6　触点线圈指令

符 号 名 称	功 能	操 作 元 件
LD 取	常开触点逻辑运算起始	X,Y,M,S,T,C
LDI 取反	常闭触点逻辑运算起始	X,Y,M,S,T,C
OUT 输出	线圈驱动	Y,M,S,T,C
AND 与	常开触点串联连接	X,Y,M,S,T,C
ANI 与非	常闭触点串联连接	X,Y,M,S,T,C
OR 或	常开触点并联连接	X,Y,M,S,T,C
ORI 或非	常闭触点并联连接	X,Y,M,S,T,C

2) 置位、复位指令

SET 指令称为置 1 指令,功能为驱动线圈输出,使动作保持,具有自锁功能。

RST 指令称为复 0 指令,功能为清除保持的动作,以及寄存器的清零。

置位指令 SET 和复位指令 RST 指令可以做到自锁控制,并且是在 PLC 控制系统中经常用到的比较方便的指令。

图 7-4 给出了 FX 系列 PLC 的一个例程,程序中:

(1) 当 X0 接通时,Y0 接通并自保持接通;

(2) 当 X1 接通时,Y0 清除保持。

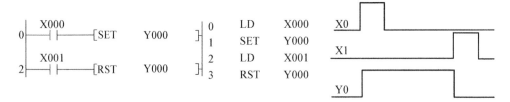

图 7-4　FX 系列 PLC SET 和 RST 指令示例

7.2.3　通信功能

三菱公司 PLC 网络继承了传统使用的 MELSEC 网络,并使其在性能、功能、使用简便等方面更胜一筹。Q 系列 PLC 提供层次清晰的三层网络,针对各种用途提供最合适的网络产品,如图 7-5 所示。

1) 信息层——以太网

信息层为网络系统中的最高层,主要是在 PLC、设备控制器以及生产管理用 PC 之间传输生产管理信息、质量管理信息及设备的运转情况等数据。信息层使用最普遍的是以太网。它不仅能够连接 Windows 系统的 PC、UNIX 系统的工作站等,而且还能连接各种 FA 设备。Q 系列 PLC 的以太网模块具有了日益普及的因特网电子邮件收发功能,使用户无论在世界的任何地方都可以方便地收发生产信息邮件,构筑远程监视管理系统。同时,利用因特网的 FTP 服务器功能及 MELSEC 专用协议可以很容易地实现程序的上传/

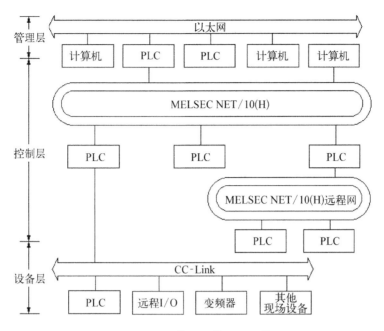

图 7-5　三菱公司的 PLC 网络

下载和信息的传输。

2）控制层——MELSEC NET/10(H)

整个网络系统的中间层,是在 PLC、CNC 等控制设备之间方便且高速地进行处理数据互传的控制网络。作为 MELSEC 控制网络的 MELSEC NET/10,以它良好的实时性、简单的网络设定、无程序的网络数据共享概念以及冗余回路等特点获得了很高的市场评价,被采用的设备台数在日本达到最高,在世界上也是名列前茅的。而 MELSEC NET/H 不仅继承了 MELSEC NET/10 优秀的特点,还使网络的实时性更好,数据容量更大,进一步适应市场的需要。但目前 MELSEC NET/H 只有 Q 系列 PLC 才可使用。

3）设备层——现场总线 CC-Link

设备层是把 PLC 等控制设备和传感器以及驱动设备连接起来的现场网络,为整个网络系统最低层的网络。采用 CC-Link 现场总线连接,布线数量大大减少,提高了系统可维护性。而且,不只是 ON/OFF 等开关量的数据,还可连接 ID 系统、条形码阅读器、变频器、人机界面等智能化设备,从完成各种数据的通信,到终端生产信息的管理均可实现,加上对机器动作状态的集中管理,使维修保养的工作效率也大有提高。在 Q 系列 PLC 中使用,CC-Link 的功能更好,而且使用更简便。

在三菱的 PLC 网络中进行通信时,不会感觉到有网络种类的差别和间断,可进行跨网络间的数据通信和程序的远程监控、修改、调试等工作,而无须考虑网络的层次和类型。

MELSEC NET/H 和 CC-Link 使用循环通信的方式,自动地周期性收发信息,不需要专门的数据通信程序,只需简单的参数设定即可。MELSEC NET/H 和 CC-Link 是使用广播方式进行循环通信发送和接收的,这样就可做到网络上的数据共享。

对于 Q 系列 PLC 使用的以太网、MELSEC NET/H、CC-Link 网络,可以在 GX Developer 软件画面上设定网络参数以及各种功能,简单方便。

另外,Q系列PLC除了拥有上面所提到的网络之外,还可支持PROFIBUS、Modbus、DeviceNet、AS-i等其他厂商的网络,还可进行RS-232/RS-422/RS-485等串行通信,通过数据专线、电话线进行数据传送等多种通信方式。

7.3 罗克韦尔PLC

美国罗克韦尔自动化公司是全球最早生产PLC的厂家之一,也是全球PLC技术最为先进的厂家之一,它与德国的西门子、日本的三菱、美国的GE等多家公司一起促进了PLC技术的发展。罗克韦尔自从20世纪70年代开始生产可编程序控制器以来,经过几十年的发展,形成了很大的生产规模。据统计,其PLC在北美的市场占有率达67%以上,而且在其他地区的占有率也在日益增长。该公司的PLC与其他公司的产品相比,除了性能好、可靠性高之外,在通信网络、编程软件等方面还具有独特的优势。罗克韦尔的几款PLC为:MicroLogix系列、SLC500系列、PLC-5、ControlLogix系列、ProcessLogix系列、CompactLogix系列及Flex I/O系列。MicroLogix系列属于微型PLC,主要是针对小型场合开发的,型号主要为MicroLogix 1000,MicroLogix 1200和MicroLogix 1500。

7.3.1 硬件特性

本节就MicroLogix系列的1000、1200、1500 PLC硬件特性加以介绍。

1) MicroLogix 1000

MicroLogix 1000是一种小型的、经济的可编程控制器,用来完成具有特定要求的控制任务。这种控制器将电源、处理器、I/O电路和通信接口集成在一个单元上。最大I/O点数为32点,可支持2路模拟量输入,1路模拟量输出。

2) MicroLogix 1200

MicroLogix 1200是一种经济的、结构紧凑的、具有增强功能的可编程控制器系列。控制器包括电源、处理器、集成的输入/输出端子、通信接口,并可通过1762系列I/O模板扩展其输入/输出的类型和能力,适合不同的应用。可支持最大I/O点数为136点,可以扩充6块数字量或模拟量I/O模板。

3) MicroLogix 1500

MicroLogix 1500是MicroLogix系列控制器中功能最强劲的控制器,可以将其应用在较大规模的控制领域。MicroLogix 1500控制器支持更多的I/O点(最大156点)和I/O类型(数字量、模拟量、热电阻、热电偶等),具有更多的指令及更多的通信功能(双RS-232通信口,Modbus通信口等)选择。

7.3.2 软件设计

MicroLogix PLC使用RSLogix 500软件编程、下载、上传和运行。

7.3.2.1 位指令

位指令包括:检查闭合(XIC),检查断开(XIO),输出激励(OTE),输出锁存

（OTL），输出解锁（OTU），一次启动（ONS），上升沿一次响应（OSR），下降沿一次响应（OSF）。

1）检查闭合

XIC 属输入指令[见图 7-6(a)]，用于检查某位是否导通（ON）。它类似于常开开关。当指令执行时，如果寻址位是导通状态（1），则指令被赋值为真；如果寻址位是断开状态（0），则指令被赋值为假。如果寻址位使用了输入映像表的位，则其状态必须与相应地址实际输入设备的状态一致。

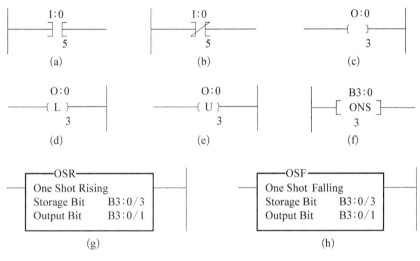

图 7-6　位指令

2）检查断开

XIO 属输出指令[见图 7-6(b)]，用于检查某位是否断开（OFF）。它类似于常闭开关。当指令执行时，如果寻址位是断开状态（0），则指令被赋值为真；如果寻址位是导通状态（1），则指令被赋值为假。

3）输出激励

OTE 指令属输出指令[见图 7-6(c)]，用于控制存储器中的位。若 OTE 指令前面的梯级条件为真，寻址位导通，相应的设备接通；否则寻址位不能够导通，相应的设备不能够接通。它类似于继电器的输出线圈。OTE 指令由它前面的输入指令控制，而继电器的线圈由硬触点控制。

4）输出锁存

OTL 属保持型输出指令[见图 7-6(d)]。当梯级条件为真时，OTL 指令对该寻址位置位。即使梯级条件变为假，该位依然保持置位。若要复位，则需要在另一个阶梯中使用解锁指令 OTU，对同一寻址位进行解锁。

5）输出解锁

OTU 属保持型输出指令[见图 7-6(e)]，常用于复位由 OTL 指令锁存的位，此时OTL、OTU 应使用相同的地址。当梯级条件为真时，OTU 指令对该寻址位复位。即使梯级条件变为假，该位依然保持复位。直至另一指令对该位重新置位。

6）一次启动

ONS 属输入指令[见图 7-6(f)]。当程序中 ONS 指令所在梯级条件由假到真变化时,它的指令逻辑为真,但只保持一个扫描周期。使用 ONS 指令可启动由按钮触发的事件,如从拨盘开关上取值。ONS 指令中有一个位地址参数,此地址可以是位文件或整数文件地址(如 B3：0/3,N7：0/0 等)。该位自动存储了 ONS 指令所在梯级条件(为真则存储 1,为假则存储 0)。

ONS 的功能相当于限制所在梯级的输出。当输入条件由假变真时,它使输出为 1 且只保持一个扫描周期,在以后连续的扫描中输出为 0,直到输入再次由假到真跳变。

7）上升沿一次响应

OSR 属输出指令[见图 7-6(g)]。当 OSR 指令所在梯级条件由假到真变化时,在输出位(Output Bit)产生一个周期正脉冲(即"上升沿动作类型")。存储位(Storage Bit)中自动存储了 OSR 指令所在阶梯的梯级条件(为真则存储 1,为假则存储 0)。

8）下降沿一次响应

OSF 属输出指令[见图 7-6(h)]。当 OSF 指令所在梯级条件由真到假变化时,在输出位产生一个周期正脉冲(即"下降沿动作类型")。存储位中自动存储了 OSF 指令所在阶梯的梯级条件(为真则存储 1,为假则存储 0)。

7.3.2.2　计时器和计数器指令

计时器和计数器指令属输出指令,用于控制基于时间和事件记数的操作,包括：延时导通计时器(TON),延时断开计时器(TOF),保持型计时器(RTO),加计数(CTU),减计数(CTD)。

1）延时导通计时器

延时导通计时器[TON,见图 7-7(a)]的功能是梯级条件变真后经过一段延时时间

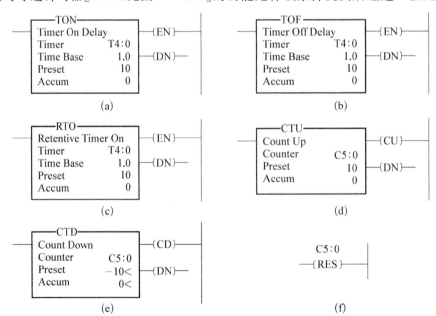

图 7-7　计时器和计数器指令

对输出动作。它相当于继电器控制系统中的通电延时继电器。TON 是否启动由它前面的输入指令控制,而通电延时继电器是由硬触点控制。TON 的延时时间可任意设定,而通电延时继电器是由它的物理结构决定的,不能够任意改动。因此 TON 指令更加方便灵活。使用 TON 指令时需要提供以下参数:

(1) 计时器(Timer):指明所使用的计时器元素(如 T4:0)。

(2) 时基(Time Base):计时器每次计时的递增值。MicroLogix 1500 系列可选择 1 s、0.01 s 和 0.001 s 三种,共可累计 32 767 个时基间隔。它决定了计时器的精度。

(3) 预置值(Preset):用于设定延时时间,可设为整数 $-32\ 768 \sim 32\ 767$。

(4) 累计值(Accum):是一个动态值,表明了到目前计时器已经延时的数值。

当梯级条件变真时,TON 开始计时,直到下列条件中的任何一个发生为止:累计值=预置值,梯级变假,复位计时器。

不论计时器是否计到时,当梯级变假时计时器复位累计值(把累计值清零)。

TON 的状态位可用作对输出的控制信号。正确灵活地应用这些状态位是掌握 TON 编程的关键。TON 的状态位及它们的变化情况如表 7-7 所示。

表 7-7 TON 的状态位

状 态 位	置 位 条 件	保持置位直到下列情况发生
DN	累计值>=预置值	梯级变为假
TT	梯级为真且累计值<预置值	梯级变为假或被 DN 置位
EN	梯级为真	梯级变为假

使用时请注意 TT 位和 EN 位的区别。

2) 延时断开计时器

延时断开计时器[TOF,见图 7-7(b)]的功能是梯级条件变假后经过一段延时时间对输出动作。它相当于继电器控制系统中的断电延时继电器。

TOF 指令各参数的含义与 TON 相同。

当梯级条件变假时,TOF 开始计时,直到下列条件中的任何一个发生为止:累计值=预置值,梯级变真。

不论计时器是否计到时,当梯级变真时计时器复位累计值。

TOF 指令的状态位变化情况如表 7-8 所示,注意它们和 TON 的区别。

表 7-8 TOF 指令的状态位

状 态 位	置 位 条 件	保持置位直到下列情况发生
DN	梯级为真	梯级变为假且累计值>=预置值
TT	梯级为假且累计值<预置值	梯级变为真或 DN 被复位
EN	梯级为真	梯级变为假

无论任何情况都不要用 RES 指令对 TOF 复位。因为 RES 总是清零状态位及累计

值,若对 TOF 复位,则 DN,TT,EN 被清零,可能会使指令逻辑陷于混乱,发生不可预知的结果。

3) 保持型计时器

TON 和 TOF 计时器在梯级条件变假时,累计值和 DN 位都要被复位,梯级条件变为真后又重新计时,有时这会给某些应用带来不便。这时我们可以采用能累积计时的保持型计时器(RTO)指令[见图 7-7(c)]。

当梯级条件为真时,RTO 指令开始计时。当下列任何情况发生时,RTO 指令保持它的累计值:梯级变假,用户改变到编程方式,处理器出错或断电。

当处理器重新运行或阶梯变真时,RTO 计时器从保持的值开始继续计时,直到累计值达到预置值。如果需要复位其累计值和状态位,可在另一阶梯中用 RES 指令对相同地址的计时器复位。无论任何情况,复位指令总是优先执行,即只要使能复位指令,无论计时器是否正在计时,累计值及状态位总被复位为 0。

RTO 指令的状态位的变化情况如表 7-9 所示。

表 7-9　RTO 指令的状态位

状态位	置位条件	保持置位直到下列情况发生
DN	累计值>=预置值	相应的 RES 指令使能
TT	梯级为真且累计值<预置值	梯级变为假或被 DN 置位
EN	梯级为真	梯级变为假

4) 加计数

加计数(CTU)指令[见图 7-7(d)]在-32 768~32 767 范围内向上计数。每一次梯级条件由假变真时 CTU 累计值加 1。当梯级再次变为假时累计值保持不变。当累计值等于或超过预置值时,CTU 指令置位完成位 DN。编程时可以用 CTU 指令计数某些动作来引发事件,比如通过计数一个存储位的变化或一个外设的导通关断变化次数来让另一外设动作。

CTU 指令的状态位及变化情况如表 7-10 所示。

表 7-10　CTU 指令的状态位

状态位	置位条件	保持置位直到下列情况发生
OV	累计值返回到-32 768(即从 32 767 继续计数)	相应的 RES 指令使能或者用 CTD 指令使累计值<=32 767
DN	累计值>=预置值	累计值<预置值
CU	梯级为真	梯级变为假或相应的 RES 指令使能

5) 减计数

减计数(CTD)指令[见图 7-7(e)]在-32 768~32 767 范围内向下计数。每一次梯级条件由假变真时,CTU 累计值减 1;当梯级条件再次变为假时累计值保持不变。当累计值等于或超过预置值时,CTU 指令置位完成位 DN。编程时可以用它计数某些动作来引发其他事件,比如通过计数一个存储位的变化或一个外设的导通关断变化来控制另一外设动作。CTD 指令的状态位变化情况如表 7-11 所示。

表 7-11　CTD 指令的状态位

状　态　位	置　位　条　件	保持置位直到下列情况发生
UN	累计值返回到 32 767（即从 -32 768 继续计数）	相应的 RES 指令使能或者用 CTD 指令使累计值≥= -32 767
DN	累计值≥=预置值	累计值＜预置值
CD	梯级为真	梯级变为假或相应的 RES 指令使能

6）计时器/计数器复位

计时器/计数器复位（RES）指令[见图 7-7(f)]用于复位计时器（除 TOF）和计数器。当梯级条件为真时 RES 指令复位相同寻址位的计时器或计数器（把状态位和累计值清零）。无论任何情况，RES 指令都优先执行。

7.3.3　通信功能

罗克韦尔公司的世界级自动化系统给用户提供了一个开放性的网络。这是一个完整的开放性网络，它包括三个网络层。其中，以太网是以 TCP/IP（传输控制协议/网际协议）作为其传输协议的开放型的网络信息层；控制网是一个开放型的现代化的控制网络，可以提供可编程序控制器、输入/输出机架、个人计算机、第三方软硬件以及相关输入/输出设备间的实时通信；设备网是一个开放型的全球化的工业标准通信网络，无须中间的输入/输出系统就可以将现场设备和可编程序控制器直接相连。在设备层，采用 DeviceNet（设备网）将底层的设备直接连到车间控制器上，这种连接无须通过 I/O 模块。在控制层，采用 ControlNet 网络，它满足了连接 PLC 处理器、I/O 计算机、操作员界面以及其他智能化设备所需的实时、高信息吞吐量应用的要求。控制网网络组合了 I/O 网络和对等网络的功能，同时也提供了这两个网络的高速性能。一方面，利用控制网 5 Mb/s 的传输速率，可以重复传输诸如 I/O 数据刷新和处理器信息互锁的关键数据。同时，它也支持非实时关键数据的传输。因此，控制网网络非常适合于满足工业应用方面的需求。在信息层，采用了以太网（支持 TCP/IP 通信协议），通过以太网可以访问车间级的数据，从而将控制系统与信息管理系统集成起来。另外，罗克韦尔还有传统意义上的远程 I/O 链路（Remote I/O）、增强型数据高速公路（DH+）、DH485 等通信网络。通过这些网络，就可以构成一个开放性网络。

1）设备网

采用设备网，只需通过一根电缆就能够将可编程序控制器直接连接到智能化设备，如传感器、按钮、马达起动器、变频器、简单的操作员接口等，省却了可编程序控制器与输入/输出网络的通信、输入/输出网络与现场设备的硬连线。正是由于设备网可以省却输入/输出网络的这一特点，它才可以使产品集成变得容易，使产品安装和连线费用降低。同时，通过采用全新的生产者/客户（Producer/Consumer）通信模式，又为设备网提供了强有力的故障诊断和故障查询能力。采用设备网扫描器（1771-SDN、1747-SDN），PLC、SLC500 系列可编程序控制器可以连接到设备网，一方面实现了可编程序控制器到现场设备的直接通信,另一方面又可以将设备网和用户现有的罗克韦尔系统集成在一起。采用 1784-PCD、1770-KFD、1770-KFDG 等插卡,还可以将个人计算机、工作站、笔记本电脑等接入设备网,从而可以直接在计算机上对现场设备的操作进行编程,如变频器的加速速率和减速速率。此外,设备网不仅可提供大量的数字量 I/O 接口,而且可以通过 FF (Foundation Fieldbus)现场总线提供大量的模拟量 I/O 接口,因而许多应用场合都可以采用设备网来作为其解决方案。设备网的典型结构如图 7-8 所示。

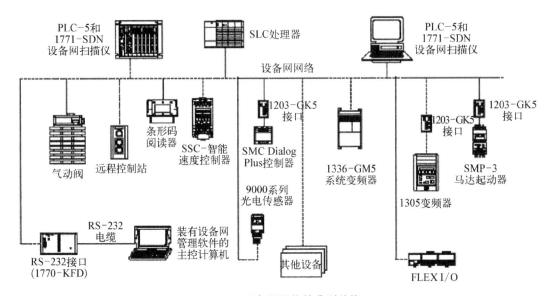

图 7-8　设备网网络的典型结构

2) 控 制 网

采用生产者/客户通信模式,控制网结合了输入/输出网络和点对点信息网络的功能,既可以满足时间要求很高的控制数据传输(如 I/O 刷新、控制器到控制器的互锁)的需要,又可以满足对时间非苛求的数据传输(如程序上载、下载、信息传送)的需要。控制网适用于实时、高信息吞吐量的应用场合,它的数据传输速率高达 5 MB/s。因为它的这种高速率,控制网可以支持高度分布式的自动化系统,特别是那些具有高速数字量 I/O 和大量模拟量 I/O 的系统。I/O 机架和其他设备可以安放在离可编程序控制器几百米远的地方,或者,对于分布式控制系统来说,可以就将可编程序控制器放置在 I/O 机架中,这样,PLC 可以在监视其驻留本地 I/O 的同时通过控制网与上一级管理控制器进行通信。

控制网能够处理在一根电缆上的所有控制数据:点对点信息传送、远程编程、故障查询、I/O 刷新和 PLC 处理器之间的信息互锁。通过采用专利性的介质存取方法,对时间苛求的数据的传输总是拥有比对时间非苛求的数据的传输更高的优先权,因而 I/O 刷新和 PLC 之间的互锁永远比程序上载、下载和一般信息传输更为优先,这使得控制网上的数据传输具有确定性和可重复性。罗克韦尔公司提供了内置控制网扫描器的 C 系列 PLC 处理器、I/O 机架控制网适配器(1771-ACN、1771-ACNR、1794-ACN)、个人计算机的控制网插卡(1770-KFC、1770-KFCD、1784-KTC、1784-KTCX)等产品,使得控制网安装方便、成本低、效率高。典型的控制网网络结构如图 7-9 所示。

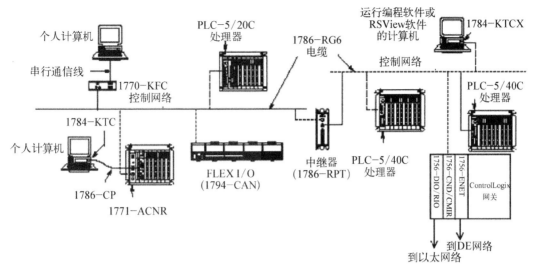

图 7 - 9　控制网网络的典型结构

3）以太网

以太网以 TCP/IP 作为其传输协议,是一个开放型的信息网络。罗克韦尔提供了具有内置以太网通信能力的 PLC - 5 E 系列处理器和 SLC 5/05 处理器,并提供了以太网接口模块(1785 - ENET),使 PLC - 5 其他系列的处理器通过即插方式也能够与以太网相连。这些以太网可编程序控制器模块可以无须特殊硬件而连接到以太网上。并且,用户可以在装有以太网网卡的个人计算机上借助 RSLinx 软件,通过使用罗克韦尔 A. I. 或 RSLogix5、RSLogix500 系列编程软件在线修改各处理器的数据表文件和程序文件。同时,使用标准 PLC - 5 处理器的信息传送指令,可以在以太网处理器之间实现点对点通信。因此,通过使用 RSViewTM、RSLinx 以及其他罗克韦尔软件,具有以太网网卡的工作站能够通过以太网网络来监控采集数据。

4）其他的网络及其通信

除了上面介绍的开放型的设备网、控制网和以太网之外,罗克韦尔的通用远程 I/O 链路(相应于设备网)和 DH＋(增强型数据高速公路)网络(相应于控制网)已经为成千上万的用户所使用和熟悉。

罗克韦尔的可编程序控制器往往还内置有 RS - 232 口,可以提供处理器与其他设备间的串行通信。

5）通信产品

罗克韦尔的各种通信产品提供了设备网网络(RIO 链路)、控制网网络(DH＋网)以及以太网网络之间的联系,这对于通信结构体系来说是非常有帮助的。

除了在前面介绍到的适配器、网络接口模块、插卡之外,罗克韦尔的硬件通信产品还有 ControlLogix 网关(1756 系列)和以太网到 DH＋网网关(5820 - GW4、5820 - GW8),前者提供在以太网、控制网和 DH＋网网络之间的网桥和路由,后者提供 DH＋网站与以太网之间的网桥和路由。

第8章 PLC在船舶机舱自动化中的应用

8.1 PLC控制系统的总体设计

在掌握了PLC的硬件系统配置、工作原理、编程语言与指令系统及基本的程序设计方法后,具有一定控制基础知识和实践经验的工程技术人员,就可以将PLC作为主要的控制器,设计PLC应用系统。

8.1.1 PLC控制系统设计的基本原则和设计步骤

8.1.1.1 PLC应用系统设计的基本原则

PLC是一种计算机化的高科技产品,相对于继电器而言其价格相对较高。因此,在应用PLC之前,首先应该考虑是否有必要使用PLC。如果被控系统很简单,I/O点数很少,或者I/O点数虽然多,但是控制要求并不复杂,各部分的相互联系也很少,就可以考虑继电器控制的方法,而没有必要使用PLC。

通常在下列情况下,可以考虑使用PLC:

(1) 系统的开关量I/O点数很多,控制要求复杂。如果用继电器控制,需要大量的中间继电器、时间继电器、计数器等器件。

(2) 系统对可靠性的要求比较高,继电器控制不能满足要求。

(3) 由于生产工艺流程或产品的变化,需要经常改变系统的控制关系,或者需要经常修改多项控制参数。

(4) 可以用一台PLC控制多台设备的系统。

实际生产过程中,任何一种电气控制系统都是为了实现被控对象(生产设备或生产过程)的工艺要求,以提高生产效率和产品质量。因此,确定使用PLC应用系统也应把这个问题放在首位。实际过程中应遵循以下基本原则:

(1) 最大限度地满足被控设备或生产过程的控制要求。充分发挥PLC功能、最大限度地满足被控对象的控制要求,是设计控制系统的前提。这就要求设计人员要深入现场进行调查研究,收集资料。同时要注意与现场工程管理和技术人员及操作人员紧密配合,共同解决重点问题和疑难问题。

(2) 在满足控制要求的前提下,力求使系统简单、经济,使用及维修方便。在满足控制要求的前提下,一方面要注意不断地扩大工程的效益,另一方面也要注意不断地降低工程的成本,不宜盲目追求自动化和高指标。

（3）保证控制系统工作安全可靠。保证 PLC 控制系统能够长期安全、可靠、稳定运行，是设计控制系统的重要原则。这就要求设计者在系统设计、器件选择和软件编程上要全面考虑。

（4）考虑到今后生产的发展和工艺的改进，在选择 PLC 的容量时，应适当留有裕量。随着控制技术的不断发展，对控制系统的要求也会不断提高，需要不断加以完善。因此，在控制系统的设计时要考虑到今后的发展和完善。这就要求在选择 PLC 机型和输入输出模块时，要适当地留有裕量。

8.1.1.2　系统设计和调试的主要步骤

在现代化的工业生产设备中，有大量的数字量及模拟量的控制装置，例如电动机的起停，电磁阀的开闭，产品的计数，温度、压力、流量的设定与控制等。PLC 是解决工业现场中这些自动控制问题的最有效工具之一。下面介绍 PLC 应用系统设计的主要内容和基本步骤。

1）系统设计的主要内容

（1）确定系统运行方式与控制方式。PLC 可构成各种各样的控制系统，如单机控制系统、集中控制系统等。在进行应用系统设计时，要确定系统的构成形式。对于复杂的控制系统，也可以将控制任务分成几个独立部分，这样可以化繁为简，有利于编程和调试。

（2）选择输入设备和输出设备。按照被控对象对 PLC 应用系统的功能要求，确定系统的输入设备和输出设备。常用的输入设备有按钮、操作开关、限位开关、传感器等，输出设备有继电器、接触器、信号灯等执行元件，以及由输出设备驱动的控制对象（电动机、电磁阀等）。

（3）PLC 类型的选择。PLC 是控制系统的核心部件，正确选择 PLC 对于保证整个控制系统的技术经济指标起着重要的作用。选择 PLC 类型应包括机型的选择、容量的选择、I/O 模块的选择、电源模块的选择等。

（4）分配 I/O 点。分配 PLC 的输入输出点，编制出 I/O 分配表或绘制出 I/O 端子的连接图，必要时还需设计操作台、电气柜及非标准电器元部件等。

（5）设计控制程序，进行应用系统整体调试。控制程序是整个系统工作的软件，是保证系统正常、安全、可靠的关键。因此控制系统的程序应经过反复调试、修改，直到满足要求为止。在 PLC 软硬件设计和控制柜及现场施工完成后，就可以进行整个系统的联机调试。调试中发现的问题，要逐一排除，直至调试成功。

（6）编制控制系统的技术文件。系统技术文件包括说明书、电气原理图及电气元件明细表、I/O 连接图、I/O 地址分配表、控制软件等。根据具体任务，上述内容可适当调整。

2）系统设计的基本步骤

PLC 应用系统设计与调试的主要步骤如图 8-1 所示。

（1）深入了解和分析被控对象的工艺过程和控制要求。系统的设计应首先详细分析被控对象的工艺过程及工作特点，了解被控对象机、电、液之间的配合，然后提出被控对象对 PLC 控制系统的控制要求，确定控制方案，拟定设计任务书。

被控对象指的是受控的机械、电气设备、生产线或生产过程。

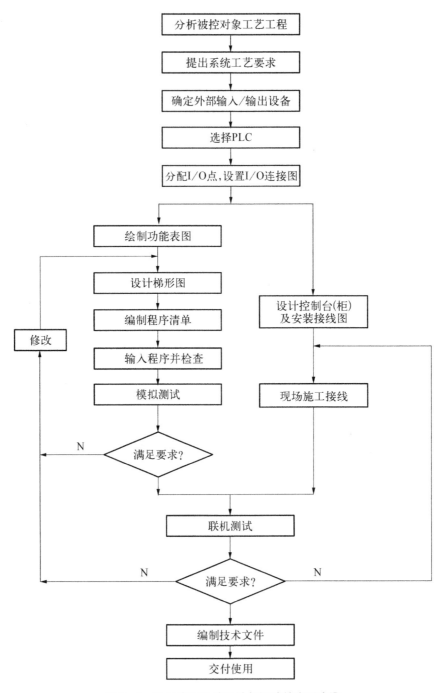

图 8-1　PLC 应用系统设计与调试的主要步骤

控制要求包括控制的基本方式、应完成的动作、自动工作循环的组成、必要的保护和联锁等。对较复杂的控制系统，还可将控制任务分成几个独立部分，这样可化繁为简，有利于编程和调试。

（2）确定 I/O 设备。根据系统的控制要求，确定系统所需的全部输入设备（如按钮、位置开关、转换开关及各种传感器等）和输出设备（如接触器、电磁阀、信号指示灯及其他执行器等),从而确定与 PLC 有关的输入/输出设备,以确定 PLC 的 I/O 点数。

(3) 选择合适的 PLC 类型。根据已确定的用户 I/O 设备,统计所需的输入信号和输出信号的点数,选择合适的 PLC 类型,包括机型的选择、容量的选择、I/O 模块的选择、电源模块的选择等。

(4) 分配 I/O 点并设计 PLC 外围硬件线路。

分配 I/O 点:画出 PLC 的 I/O 点与输入/输出设备的连接图或对应关系表。

设计 PLC 外围硬件线路:画出系统其他部分的电气线路图,包括主电路和未进入 PLC 的控制电路等。

由 PLC 的 I/O 连接图和 PLC 外围电气线路图组成应用系统的电气原理图。到此,应用系统的硬件电气线路已经确定。

(5) 设计应用系统梯形图程序。根据工作功能图表或状态流程图等设计出梯形图即编程。这一步是整个应用系统设计的核心工作,也是比较困难的一步。要设计好梯形图,首先要熟悉控制要求,同时还要有一定的电气设计实践经验。

(6) 将程序输入 PLC。使用简易编程器将程序输入 PLC 时,需要先将梯形图转换成指令助记符,以便输入。当使用 PLC 的辅助编程软件在计算机上编程时,可通过上下位机的连接电缆将程序下载到 PLC 中去。

(7) 进行软件测试。程序输入 PLC 后,应先进行测试。在程序设计过程中,难免会有疏漏的地方。因此在将 PLC 连接到现场设备上去之前,必须进行软件测试,以排除程序中的错误,同时也为整体调试打好基础,缩短整体调试的周期。

(8) 应用系统整体调试。在 PLC 软硬件设计和控制柜及现场施工完成后,就可以进行整个系统的联机调试。如果控制系统是由几个部分组成的,则应先进行局部调试,然后再进行整体调试;如果控制程序的步序较多,则可先进行分段调试,然后再连接起来总调。调试中发现的问题,要逐一排除,直至调试成功。

(9) 编制技术文件。系统技术文件包括说明书、电气原理图、电气控制装置图、电气元件明细表和 PLC 梯形图。

8.1.2　减少 PLC 输入输出点数的方法

PLC 每一个 I/O 点的平均价格高达数十元,减少所需 I/O 点的点数是降低系统硬件费用的主要措施。

8.1.2.1　减少所需输入点数的方法

1) 分时分组输入

自动程序和手动程序不会同时执行,自动和手动这两种工作方式分别使用的输入量可以分成两组输入。如图 8-2 所示,I1.0 用来输入自动/手动命令信号,供自动程序和手动程序切换之用。图中的二极管用来切断寄生电路。假设没有二极管,系统处于自动状态,K1、K2、K3 闭合,K4 断开,这时电流从 L+端子流出,经 K3、K1、K2 形成的寄生回路流入 I0.1 端子,使输入

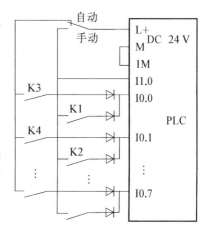

图 8-2　分时分组输入

位 I0.1 错误地变为 ON。各开关串联了二极管后,切断了寄生回路,避免了错误输入的产生。

2) 输入触点的合并

如果某些外部输入信号总是以某种"与或非"组合的整体形式出现在梯形图中,则可以将它们对应的触点在 PLC 外部串、并联后作为一个整体输入 PLC,只占 PLC 的一个输入点。

例如要求将控制某电动机的起动按钮和停止按钮设置在 3 个不同的地点,可以将 3 个起动按钮并联,将 3 个停止按钮串联,分别送给 PLC 的两个输入点(见图 8-3)。与每一个起动按钮或停止按钮占用一个输入点的方法相比,不仅节约了输入点,还简化了梯形图电路。

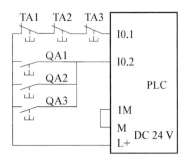

图 8-3　输入触点的合并

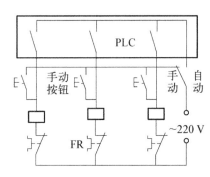

图 8-4　将信号设置在 PLC 之外

3) 将信号设置在 PLC 之外

系统的某些输入信号,例如手动操作按钮、保护动作后需手动复位的电动机热继电器 FR 的常闭触点提供的信号,可以设置在 PLC 外部的硬件电路中(见图 8-4)。某些手动按钮需要串接一些安全联锁触点,如果外部硬件联锁电路过于复杂,则应考虑仍将有关信号送入 PLC,用梯形图实现联锁。

8.1.2.2　减少所需输出点数的方法

1) 减少所需数字量输出点数

在 PLC 的输出功率允许的条件下,通/断状态完全相同的多个负载并联后可以共用一个输出点,通过外部的或 PLC 控制的转换开关的切换,一个输出点可以控制两个或多个不同时工作的负载。与外部元件的触点配合,可以用一个输出点控制两个或多个有不同要求的负载。例如,用一个输出点控制指示灯常亮或闪烁,可以显示两种不同的信息。

在需要用指示灯显示 PLC 驱动的负载(例如接触器线圈)的运行状态时,可以将指示灯与负载并联,并联时指示灯与负载的额定电压应相同,总电流不应超过允许值。指示灯可以选用电流小、工作可靠的 LED 灯。

可以用接触器的辅助触点来实现 PLC 外部的硬件联锁。

系统中某些相对独立或比较简单的部分,可以不用 PLC,而用继电器电路来控制,这样也可减少所需的 PLC 的输入点和输出点。

2）减少数字显示所需输出点数

如果直接用数字量输出点来控制多位 LED 七段显示器,所需的输出点是很多的。

在图 8-5 所示的电路中,用具有锁存、译码、驱动功能的芯片 CD4513 驱动共阴极 LED 七段显示器,两个 CD4513 的数据输入端 A～D 共用 PLC 的 4 个输出端,其中 A 为最低位,D 为最高位。LE 是锁存使能输入端,在 LE 信号的上升沿将数据输入端输入的 BCD 数锁存在片内的寄存器中,并将该数译码后显示出来。如果输入的不是十进制数,显示器熄灭。

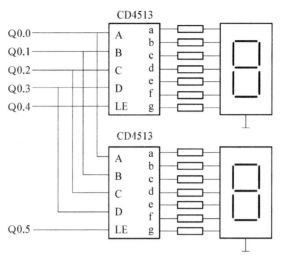

图 8-5　PLC 的数字显示电路

LE 为高电平时,显示的数不受数据输入信号的影响。显然,N 个显示器占用的输出点数为 $P = 4 + N$。

如果使用继电器输出模块,应在与 CD4513 相连的 PLC 各输出端与"地"之间分别接一个几千欧的电阻,以避免在输出继电器的触点断开时 CD4513 的输入端悬空。输出继电器的状态变化时,其触点可能抖动,因此应先送数据输出信号,待该信号稳定后,再用 LE 信号的上升沿将数据锁存进 CD4513。

如果需要显示和输入的数据较多,可以使用文本显示器或触摸屏。

8.1.3　提高 PLC 控制系统可靠性的方法

PLC 是专门为工业环境设计的控制装置,一般不需要采取什么特殊措施,就可以直接在工业环境使用。但是如果环境过于恶劣,电磁干扰特别强烈,或安装使用不当,都不能保证系统的正常安全运行。干扰可能使 PLC 接收到错误的信号,造成误动作,或使 PLC 内部的数据丢失,严重时甚至会使系统失控。在系统设计时,应采取相应的可靠性措施,以消除或减少干扰的影响,保证系统的正常运行。

干扰主要来自控制系统供电电源的波动和电源电压中的高次谐波,以及因为线路和设备之间的分布电容和分布电感产生的电磁感应。

实践表明,系统中 PLC 之外的部分(特别是机械限位开关和某些执行机构)的故障率,往往比 PLC 本身的故障率高得多,因此在设计时采取相应的措施,例如用可靠性高的接近开关代替机械限位开关,可以提高整个系统的可靠性。

8.1.3.1　电源的抗干扰措施

电源是干扰进入 PLC 的主要途径之一,电源干扰主要是通过供电线路的阻抗耦合产生的,各种大功率用电设备是主要的干扰源。

在干扰较强或对可靠性要求很高的场合,可以在 PLC 的交流电源输入端加接带屏蔽层的隔离变压器和低通滤波器,如图 8-6 所示。

低通滤波器可以吸收掉电源中的大部分"毛刺"。图中的 L_1 和 L_2 用来抑制高频差模

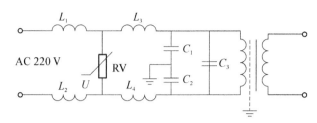

图 8-6 低通滤波电路与隔离变压器

电压;L_3 和 L_4 是用相同圈数的导线反向绕在同一磁环上的,50 Hz 的工频电流在磁环中产生的磁通互相抵消,磁环不会饱和。两根导线中的共模干扰电流在磁环中产生的磁通是叠加的,共模干扰被 L_3 和 L_4 阻挡。图中的 C_1 和 C_2 用来滤除共模干扰电压,C_3 用来滤除差模干扰电压。RV 是压敏电阻,其击穿电压应高于交流电源的正弦峰值电压。平常相当于开路,遇尖峰干扰脉冲时它被击穿,干扰电压被压敏电阻钳位,这时压敏电阻的端电压等于其击穿电压;尖峰脉冲消失后,压敏电阻恢复正常状态。

高频干扰信号不是通过变压器绕组的耦合,而是通过一次、二次绕组间的分布电容传递的。在一次、二次绕组之间加绕屏蔽层,并将它和铁芯一起接地,可以减少绕组间的分布电容,提高抗高频共模干扰的能力。屏蔽层应可靠接地。

动力部分、控制部分、PLC、I/O 电源应分别配线,隔离变压器与 PLC 和与 I/O 电源之间应采用双绞线连接。系统的动力线应足够粗,以降低大容量异步电动机起动时的线路压降。如果有条件,可以对 PLC 采用单独的供电回路,以避免大容量设备的起停对 PLC 的干扰。

8.1.3.2　安装的抗干扰措施

1) 布线的抗干扰措施

数字量信号一般对信号电缆无严格的要求,可以选用一般电缆,信号传输距离较远时,可以选用屏蔽电缆。对于模拟信号和高速信号(例如模拟量变送器和旋转编码器等提供的信号)应选择屏蔽电缆。通信电缆对可靠性的要求高,有的通信电缆的信号频率很高(例如 10 MHz),一般应选用专用的电缆,在要求不高或信号频率较低时,也可以选用带屏蔽的多芯电缆或双绞线电缆。

PLC 应远离强干扰源,例如大功率晶闸管装置、变频器、高频焊机和大型动力设备等。PLC 不能与高压电器安装在同一个开关柜内,在柜内 PLC 应远离动力线,两者之间的距离应大于 200 mm。与 PLC 装在同一个开关柜内的电感性元件,例如继电器、接触器的线圈,应并联 RC 消弧电路。

信号线与功率线应分开走线,电力电缆应单独走线,不同类型的线应分别装入不同的电缆管或电缆槽中,并使它们之间有尽可能大的空间距离,信号线应尽量靠近地线或接地的金属导体。

当数字量输入、输出线不能与动力线分开布线,且距离较远时,可以用继电器来隔离输入/输出线上的干扰。

I/O 线与电源线应分开走线,并保持一定的距离。如果不得已要在同一线槽中布线,应使用屏蔽电缆。交流线与直流线应分别使用不同的电缆;I/O 线很长时,输入线与输出线应分别使用不同的电缆;数字量、模拟量 I/O 线应分开敷设,后者应采用屏蔽线。如果模拟量输入/输出线距离 PLC 较远,应采用 4~20 mA 的电流传输方式,而不是易受干扰的电压传输方式。

传送模拟信号的屏蔽线,其屏蔽层应一端接地,为了泄放高频干扰,数字信号线的屏蔽层应并联电位均衡线,其电阻应小于屏蔽层电阻的 1/10,并将屏蔽层两端接地。如果无法设置电位均衡线,或只考虑抑制低频干扰时,也可以一端接地。

不同的信号线最好不用同一个插接件转接,如果必须用同一个插接件,要用备用端子或地线端子将它们分隔开,以减少相互干扰。

2) PLC 的接地

良好的接地是 PLC 安全可靠运行的重要条件。PLC 与强电设备最好分别使用不同的接地装置,接地线的截面积应大于 2 mm^2,接地点与 PLC 的距离应小于 50 m。

在大型控制系统中,各控制屏和自动化元件可能相距甚远,若分别将它们在就近的接地母线上接地,强电设备的接地电流可能在两个接地点之间产生较大的电位差,干扰控制系统的工作。为防止不同信号回路接地线上的电流引起交叉干扰,必须分系统(例如以控制屏为单位)将弱电信号的内部地线接通,然后各自用规定截面积的导线统一引到接地网络上的某一点,从而实现控制系统一点接地的要求。

3) 强烈干扰环境中的隔离措施

PLC 内部用光耦合器、输出模块中的小型继电器和光敏晶闸管等器件来实现对外部数字量信号的隔离,PLC 的模拟量 I/O 模块一般也采取了光耦合的隔离措施。这些器件除了能减少或消除外部干扰对系统的影响外,还可以保护 CPU 模块,使之免受从外部窜入 PLC 的高电压的危害,因此,一般没有必要在 PLC 外部再设置干扰隔离器件。

在大型发电厂等工业环境,空间中极强的电磁场和高电压、大电流断路器的通断将会对 PLC 产生强烈的干扰。由于现场条件的限制,有时几百米长的强电电缆和 PLC 的低压控制电缆只能敷设在同一电缆沟内,强电干扰在输入线上产生的感应电压和电流相当大,足以使 PLC 输入端的光耦合器中的发光二极管发光,光耦合器的隔离作用失效,使 PLC 产生误动作。在这种情况下,对于用长线引入 PLC 的数字量信号,可以用小型继电器来隔离。光耦合器中发光二极管的最小逻辑信号电流仅 2.5 mA,而小型继电器的线圈吸合电流为数十毫安,强电干扰信号通过电磁感应产生的能量一般不会使隔离用的继电器误动作。来自开关柜内和距离开关柜不远的输入信号一般没有必要用继电器来隔离。

为了提高抗干扰能力,对长距离的 PLC 的外部信号、PLC 和计算机之间的串行通信信号,可以考虑用光纤来传输和隔离,或使用带光耦合器的通信接口。在腐蚀性强或潮湿的环境、需要防爆的场合更适于采用这种方法。

4) PLC 输出的可靠性措施

如果用 PLC 驱动交流接触器,应将额定电压为 380 V 的交流接触器的线圈换成 220 V 的。在负载要求的输出功率超过 PLC 的允许值时,应设置外部继电器。PLC 输出模块内的小型继电器的触点小,断弧能力差,不能直接用于 220 V 的直流电路,必须用 PLC 驱动外部继电器,用外部继电器的触点驱动 220 V 的直流负载。

8.1.3.3　故障检测与诊断

PLC 的可靠性很高,本身有很完善的自诊断功能,如果出现故障,借助自诊断程序可以方便地找到出现故障的部件,更换后就可以恢复正常工作。

大量的工程实践表明,PLC外部的输入、输出元件,例如限位开关、电磁阀、接触器等的故障率远远高于PLC本身的故障率,而这些元件出现故障后,PLC一般不能觉察出来,不会自动停机,可能使故障扩大,直至强电保护装置动作后停机,有时甚至会造成设备和人身事故。停机后,查找故障也要花费很多时间。为了及时发现故障,在没有酿成事故之前自动停机和报警,也为了方便查找故障,提高维修效率,可以用梯形图程序实现故障的自诊断和自处理。

现代的PLC拥有大量的软件资源,例如S7-200系列CPU有几百点位存储器、定时器和计数器,有相当大的裕量。可以把这些资源利用起来,用于故障检测。

1) 超时检测

机械设备在各工步的动作所需的时间一般是不变的,即使变化也不会太大,因此可以以这些时间为参考,在PLC发出输出信号,相应的外部执行机构开始动作时启动一个定时器定时,定时器的设定值比正常情况下该动作的持续时间长20%左右。例如设某执行机构在正常情况下运行10 s后,它驱动的部件使限位开关动作,发出动作结束信号。在该执行机构开始动作时启动设定值为12 s的定时器定时,若12 s后还没有接收到动作结束信号,由定时器的常开触点发出故障信号,该信号停止正常的程序,启动报警和故障显示程序,使操作人员和维修人员能迅速判别故障的种类,及时采取排除故障的措施。

2) 逻辑错误检测

在系统正常运行时,PLC的输入、输出信号和内部的信号(例如存储器位的状态)相互之间存在着确定的关系,如果出现异常的逻辑信号,则说明出现了故障。因此,可以编制一些常见故障的异常逻辑关系,一旦异常逻辑关系为ON状态,就应按故障处理。

例如龙门刨床控制系统正常运行时,工作台"前进减速"行程开关I0.4应在"前进换向"行程开关I0.2之前动作。如果前进减速行程开关尚未动作,前进换向行程开关就动作了,说明前进减速行程开关出现了故障。可以在顺序功能图中,用$\overline{I0.4}\cdot I0.2$作为转换条件,转换到故障处理步,用人机界面显示"前进减速行程开关故障"。按下故障复位按钮后,故障信息被清除,系统返回初始步。

8.2 船舶艏侧推远程控制系统

大型船舶在港口、航道内的操纵要比在海上操纵困难得多,其主要原因在于:① 操船水域面积不足,通常很难达到依靠舵自力操船的最低标准;② 水深变浅,船舶旋回性能相对于深水中变差;③ 船速较高时,舵效明显,但船舶尺度大,惯性大,旋回性变差,船速过低时,舵效几乎为零,需要借助辅助操船设备控制船舶;④ 船舶由于自控能力较差和受港内水域限制,难以按港章和避碰规则及早、大幅度、宽裕地避让。大型船舶自身的特点以及港口、航道内船舶操纵的困难,使得大型船舶的操纵人员必须借助侧推器来协助船舶完成进、出航道和港口以及靠离泊等操纵作业,侧推器已经成为协助船舶(尤其是大型船舶)进出港口、靠离泊操纵的重要手段。与此同时,大型油轮、滚装船、航天测量船以及各种工程船等专业化船舶,对船舶的操纵性能提出了更高的要求。为了减小对拖船的依赖,提高船舶自身的经济效益,越来越多的专业船舶装上侧推器来进行辅助操纵,有的船舶甚至装有 4 个侧推器。

由于船舶侧推器对提高船舶的操纵性能有很大作用,侧推器已经成为提高船舶操纵性能不可缺少的重要手段,其应用已日趋普遍,人们越来越关注侧推器的操纵与控制,因此,对侧推控制系统的研究显得尤为重要。

按照侧推器安装位置的不同可将侧推器划分为艏侧推器和艉侧推器,然而安装隧道式侧推器时,需要贯穿船体的通道,贯穿船艏比船艉要容易一些,而且在靠离码头时,驾驶员在某种程度上更期望多利用位于尾流的舵,因此,大多数船舶的侧推器都是艏侧推器。

8.2.1 船舶艏侧推远程控制的基本要求

侧推器的生产厂商为数不少,产品外形各不相同,但侧推器的构成却基本相同。电动式侧推器一般由侧推电机、传动装置和螺旋桨三部分组成。其中,侧推电机为侧推器的螺旋桨提供动力,多采用船用三相异步电动机;传动装置的主要任务是将电动机的能量传递给螺旋桨,即电动机通过传动装置带动螺旋桨转动。

目前使用最为广泛的侧推器是一种槽道式的侧推器,一般是在船体水下的艏部或艉部开一个贯穿船体且与船舶纵舯抛面垂直的槽道,在其中装设螺旋桨,利用螺旋桨旋转形成的向船侧的喷流来产生作用于船体的横向推力。通过改变螺旋桨的旋转方向,来改变横向推力的方向,从而实现对船舶方向的控制。图 8-7 给出了侧推器的组成情况。

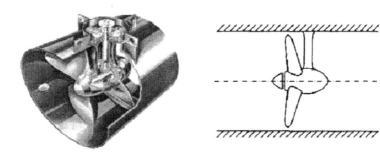

图 8-7 侧推器的组成

按照侧推器安装位置的不同,可将其分为艏侧推器和艉侧推器,但在设计、安装时,考虑到贯穿船艏比贯穿船艉要容易很多,而且在某种程度上,舵具有艉侧推器的操纵性能,因此,实际中多采用艏侧推器。有些船舶为了更进一步提高低速工况下的操纵性能,除在艏部装有艏侧推器外,还在船舶的艉部装设艉侧推器。艉侧推器的构造与艏侧推器几乎完全相同。

8.2.1.1 侧推控制系统的逻辑结构

定距桨侧推控制系统主要由电源、机旁控制站、安全系统、报警系统、遥控系统、指示和操作面板等部分组成,其总体结构如图 8-8 所示。各个系统相互独立又有联系,遥控系统、报警系统、安全系统以及机旁控制站通过统一的总线连接在一起。

(1)定距桨侧推装置。定距桨侧推装置由定螺距侧向推进器、联轴节、交流异步电动

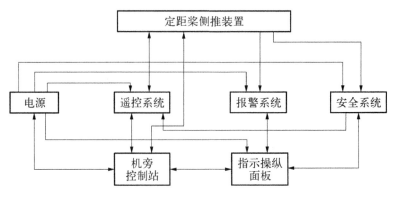

图 8-8　系统的逻辑结构

机组成。定螺距侧向推进器通过联轴节与交流变频异步电动机相连接,交流变频异步电动机与交流变频控制柜中的变频器相连接。

（2）电源。根据船级社对船舶侧向推进装置的要求来进行电源设计,为保证供电的可靠性,需要为侧推装置提供两路独立的供电网络,另外还可以根据需要提供不间断电源。

（3）机旁控制站。机旁控制站主要是在对侧推器维修时或者在侧推遥控系统出现故障的应急情况下,对侧推器进行操作。机旁操纵采用变频控制柜上的操作面板操纵,有速度控制旋钮和"起动""停止""紧急停止"等按钮,在柜子面板上安装一个遥控/本地操纵转换开关。该转换开关具有优先权,这是满足规范要求"本地操纵应比驾驶室遥控操纵具有优先权"的措施。

（4）遥控系统。遥控系统是实现在集控室和驾驶室都能对侧推器进行远程控制的系统,是侧推装置的正常操作方式,同时也是自动化程度较高的操作方式。通过遥控系统可以对侧推装置的整个控制系统的数据进行监控,并且可以很方便地对侧推器进行操作。

（5）监控界面。监控界面一般设在集控室,其中装有交互的指示、系统的硬件切换以及应急停车功能。集控室控制台可以安装模拟量速度指示器和模拟负荷指示器。附加的面板有应急停车、越控、系统报警指示功能。可视的相关操作数据是通过仪表来实现的。

（6）安全系统。安全系统应具有减小负荷、应急停车和越控的功能。当根据船舶规范要求的一些重要参数超过预先设定的极限时,独立于遥控装置的安全系统能够发出"负荷减小"信号至遥控装置,遥控单元通过降低侧推电机转速来降低负荷并发出声光报警,当参数恢复正常后,转速设定自动恢复到原来遥控操纵器的设定值;如果应急停车被安全系统触发,应急停车信号迅速作用在应急停车和速度控制装置,实现应急停车。

（7）报警系统。报警系统监视定距桨侧推装置的各种重要参数。报警系统独立于安全系统工作,安全系统出现故障,报警系统仍然能够监视所有的运行参数和报警信号。报警系统由 PLC 程序和 WinCC 界面共同实现,所有重要的运行参数以及故障引起的报警信号由传感器采集并经过 PLC 模拟量输入模块传输到报警系统。

8.2.1.2　侧推控制系统的功能

尽管不同厂商或设计单位的侧推控制系统在实现的方案和手段上不尽相同,但都必须遵守共同的船舶建造和入级规范。船舶侧推控制系统主要包括操作部位切换功能、逻辑程序控制功能、转速与负荷控制功能、监控报警功能以及安全保护与应急操作功能。

1）操作部位切换功能

出于安全考虑,侧推控制系统必须保证在驾驶台遥控失效时能切换到集控室进行操纵,集控室也失效时能切换到机旁进行应急操纵。因此在设计侧推控制系统时务必在机旁和集控室装设操作部位切换装置。在机旁一般设有"机旁(Local)"和"遥控(Remote)"转换开关;而集控台上则设有"集控室(ECR)"和"驾驶台(BR)"转换开关;最后,驾驶台上也应设有"主控"和"侧翼"转换开关。只有将机旁的"机旁(Local)"和"遥控(Remote)"转换开关旋至"遥控(Remote)"位置时才能在集控室或驾驶台操作;是在集控室还是在驾驶台操作则由集控室的"集控室(ECR)"和"驾驶台(BR)"转换开关进行选择;是在驾驶台主控面板还是在侧翼控制由驾驶台上的"主控"和"侧翼"转换开关进行选择。在三个操作部位中,机旁的优先权最高,自动化程度最低;集控室的优先权和自动化程度均居其次;驾驶台的优先权最低,但自动化程度最高。在进行操作部位切换时,在最高优先级的操作部位可以无条件收回操作权,反之则不然。

2）逻辑程序控制功能

逻辑程序控制功能是侧推控制系统最基本的功能,主要包括操纵船舶侧推器的起动、换向、调速、停车等。操作人员在机旁或集控室或驾驶室通过控制面板和操纵手柄完成对侧推器各种工况的操纵。控制系统根据控制面板的信号和操纵手柄位置的变化,可以实现侧推器的起动、换向、调速和停车等操纵。

3）转速与负荷控制功能

电机的转速与负荷控制回路是一个较为复杂的综合控制回路。在正常情况下,控制回路主要是通过变频器对船用变频电动机的转速进行定值控制,其原理就是克服各种扰动,把电机转速稳定在控制手柄所设定的转速上。然而当船舶处在恶劣海况时,螺旋桨可能会频繁露出水面导致转速频繁变化,若此时仍采用转速定时控制,变频器为了维持电机运行在设定转速上,不得不频繁地大幅度改变电源频率,这就有可能导致电机超热负荷,因此必须设计转速与负荷控制功能,通过对转速与负荷的综合控制来保护侧推装置。

4）监控报警功能

监控报警功能是侧推控制系统的重要组成部分,用于监视整个侧推控制系统的重要参数和设备状态。当重力油箱滑油液位、电机绕组温度、驱动电机速度、驱动电机负荷等重要参数越限时,进行声光报警。同时在控制面板上设有"试灯"和"消音"按钮,"试灯"按钮用来检查系统中各指示灯和报警声响是否正常;"消音"按钮可在系统有声光报警时消除声响,并且将报警灯定光。

5）安全保护及应急操纵功能

(1)安全保护。安全保护装置是侧推控制系统的重要组成部分,其主要作用是监视侧推系统的重要参数。当有重要参数越限时,它能使侧推电机自动减速或自动停车,发出报警信号并显示安全系统动作的原因,以保护侧推装置的安全。

(2)应急操纵。在应急情况下,为了保障船舶安全必须对侧推装置进行一些特殊的操纵,主要包括以下三个方面:

机旁应急运行。在侧推遥控系统失灵的情况下,为了保证船舶安全需要侧推装置继续运行时,只要将机旁的"机旁(Local)"和"遥控(Remote)"转换开关旋至"机旁(Local)"

位置,即可实现机旁手动操纵。

应急运行。当安全保护系统动作后电动机将会进行减速或停止,但从整个船的安全看,又不允许其减速或停止,此时应采取"舍机保船"措施,取消自动减速和自动停车信号,迫使侧推电机"带病"运转,但对一些严重的故障停车信号(如电机超速)一般是不能强迫运转的。

手动应急停车。当遥控系统出现了故障,控制手柄扳回到停车位置不能使侧推电机停止时,应按下"应急停车"按钮,应急停车装置通过切断电源强迫电动机立即停止,并发出报警。若要重新起动侧推装置,必须先对应急停车信号进行复位。

8.2.2　船舶艉侧推远程控制的组成和 PLC 的通信

8.2.2.1　侧推控制系统整体结构和组成

根据图 8-8 所示的控制系统逻辑结构图,可总结出某定距桨侧推控制系统的整体结构,如图 8-9 所示。具体结构描述如下。

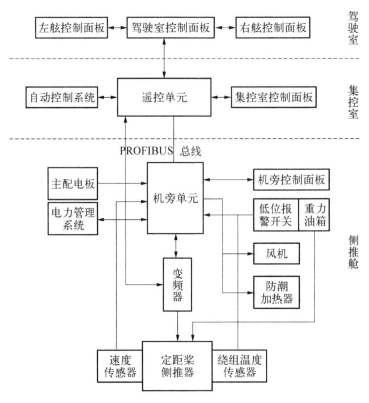

图 8-9　侧推控制系统组成结构

1) 控制面板

控制面板主要用来发送指令和接收反馈信息。控制面板包括机旁控制面板、集控室面板和驾驶室面板(含主控面板和侧翼面板)。

2) 控制单元

控制单元由控制器及其扩展单元构成。本系统包含两个控制单元:遥控单元和机舱单元。这两个控制单元间采用 PROFIBUS 总线进行通信,每个单元具备独立运算处理的能力,将采集到的信号经过处理运算后再进行模块之间的通信,可以提高运算速度,节省响应时间。两单元间相互独立,又相互连接,满足集中管理、分散控制要求,符合危险分散原则,可增强整个系统的可靠性与生命力。

3）自动控制系统

自动控制系统在侧推装置选择自动控制模式时,发送控制指令给控制单元,从而实现侧推装置的自动控制。

4）主配电板和电力管理系统

主配电板为整个侧推系统包括主电路和控制电路提供电源,电力管理系统则提供电源的使用情况并对电源的使用进行有效的管理。例如侧推装置起动时,控制系统将发送"重载请求"指令到电力管理系统,只有当电力负荷满足侧推装置的要求时,电力管理系统才会发出"允许起动"信号。

5）变频器

变频器是主电路的核心部件,也是整个侧推系统的核心部分之一,主要承担电机的驱动功能。

6）辅助装置

侧推辅助装置包括风机、重力油箱和防潮加热器,其中风机可以改善侧推舱的环境,为驱动电机等提供强制散热的功效;重力油箱中装有润滑油,主要为侧推装置提供有效润滑;防潮加热器在驱动电机停止后起动,主要为侧推装置防湿驱潮。

8.2.2.2　遥控系统组成及功能

遥控系统主要由以下几个部分组成:主驾驶台的操纵面板(包括中心和侧翼)、集控室的操纵面板、PLC、变频器以及装有上位机软件的计算机。

驾驶台和集控室都设有应急停车按钮,当按下应急停车按钮时,按钮直接作用于空气断路器,进行停电操作,遥控系统随后将速度输出设为 0;驾驶台中心控制台上设有备用控制按钮,当遥控系统出现故障时,按下备用控制按钮,控制信号不经过遥控系统,直接作用于变频器,对速度进行控制;遥控系统不直接控制驱动电机,它只输出控制信号给变频器,由变频器来控制驱动电机的转速。

遥控系统的主要控制功能包括:

(1)通信联络功能,控制权能够在驾驶室和集控室之间进行切换。

(2)能够通过操纵驾驶室和集控室的操纵杆对侧推器螺旋桨的转速进行控制。

(3)系统具有自动负荷控制功能,能够根据电动机的负荷自动调整转速,保证驱动电机在较为恶劣的工况下不超负荷。

(4)系统能够对螺旋桨转速和负荷进行指示。

侧推进控制系统有三种控制模式:手动控制模式、自动控制模式和应急控制模式。

(1)手动控制模式。手动控制模式是侧推系统的正常操作模式,通过在集控室和驾驶室(包括主控制面板和侧翼控制面板)控制台上的一个操纵手柄,来控制螺旋桨的转速。

(2)自动控制模式。当装有侧推器的船舶或海洋平台需要进行动力定位时,需要采用自动控制模式,此时操纵侧推器的控制信号均来自动力定位系统或其他自动控制系统。

（3）应急控制模式。如果遥控系统出现故障而不能使用，仍然能够使用驾驶台上的应急系统对侧推器进行控制。应急系统和主控制系统在驾驶台上使用同一根操纵杆，但是与主控制系统又是相互独立的。

8.2.2.3　PLC及其通信

PLC的选型原则是在满足控制要求的前提下，力求使控制系统结构简单、安全可靠、经济实用、易于操作以及维修方便。根据控制系统的要求，选择西门子公司的S7系列PLC。

遥控单元主要负责遥控信号的采集、处理以及实现自动控制系统的功能，不仅需要采集的信号多而且需要进行较复杂的运算，故采用西门子S7-300 PLC作为系统遥控单元。S7-300 PLC是模块化的中小型PLC，它具有高速的计算能力、完整的指令集、多点接口和通过PROFIBUS总线进行联网的能力；简便的连接系统和无限的插入模块组态，使系统组态处理更加方便；由于其快速的指令处理速度，大大缩短了系统循环时间；同时高性能模块和多种CPU为各种各样的需求提供了合适的解决方案；模块扩展能力最多可增加到3个扩展机架，极高的安装密度（背板安装总线安装在每个模块中）和预先接线系统减少了所用空间和费用，同时为连接SIMATIC系列各种部件提供了接口；它还具有对用户友好的STEP7编程软件和功能强大的编程器。

机旁单元则负责机旁信号的采集与处理，由于不需要进行复杂的运算，故只需采用S7-200即可。S7-200系列PLC属于整体式小型PLC，包含了一个单独的S7-200 CPU和各种可选择的扩展模块，其控制规模从几点到几百点，可以十分方便地组成不同规模的控制器，其具有强大的通信功能，可以方便地组成PLC-PLC网络和微-S7-200网络，常被用于代替继电器的简单控制场合，也可以用于复杂的自动化控制系统。S7-200系列PLC将CPU模块、I/O模块和电源装在一个箱型机壳内，以其紧凑的结构、强大的指令功能、良好的扩展性和相对低廉的价格，成为当今各种小型控制工程的理想控制器。

遥控单元位于集控室中，机旁单元位于机舱，两者通过PROFIBUS现场总线进行通信。数字量输入输出信号主要有按钮信号、指示灯信号等，模拟量输入输出信号主要有控制手柄信号、速度反馈信号等。各信号送至CPU，经运算并运行相关程序，然后送至各执行单元，实现对侧推装置的起动、制动、转速控制、安全保护等控制操作。侧推控制系统中S7-300与S7-200 PLC的模块布置如图8-10所示。

CP 342-5模块是将S7-300 PLC连接到PROFIBUS-DP总线系统的经济实惠型的DP主/从站接口模块。它减轻了CPU的通信压力，通过光缆接口（FOC）可以直接连接到光纤PROFIBUS网络上，其最高通信速率可达12 Mb/s。CP 342-5模块作为DP主站自动处理数据传输，通过它将DP从站连接到S7-300。

S7-200系列PLC没有集成DP接口，它们必须通过带有DP接口的EM 277模块连接到总线上。EM 277模块通过总线电缆可以与CPU 200进行数据交换。EM 277模块的左上方有两个拨码开关，借助该拨码开关可以设置EM 277模块在PROFIBUS网络中的物理地址。进行硬件网络组态时设定的EM 277站的地址必须与拨码开关设定的地址一致。

PROFIBUS-DP网络通过硬件组态时预先设定的通信区来实现数据交换。该数据区对通信双方是互为映射的，因此被称为通信映射区。设定通信字节长度为32 B时，其通信映射区示意图如图8-11所示。

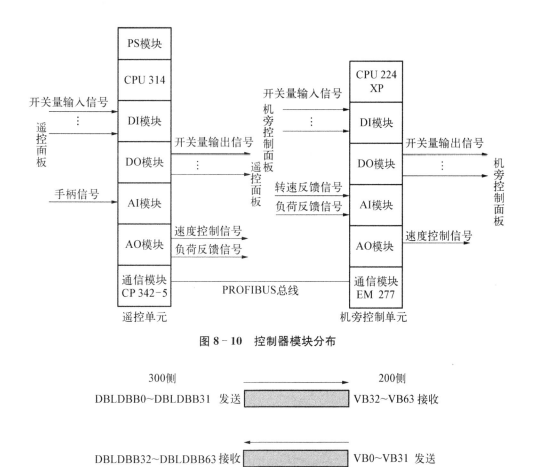

图 8 - 10　控制器模块分布

DBLDBB0~DBLDBB31　发送　　VB32~VB63　接收

DBLDBB32~DBLDBB63　接收　　VB0~VB31　发送

图 8 - 11　通信映射区

通信的过程如下：300 侧有数据被存入 DB1. DBB0～DB1. DBB31,则这些数据将自动通过 PROFIBUS 网络传输到 200 侧的 VB32～VB63 中,在 200 侧可以读取这些数据参与其他的运算；如果 200 侧有数据被存入 VB0～VB31,则这些数据将自动通过 PROFIBUS 网络传输到 300 侧的 DB1. DBB32～DB1. DBB63 中,在 300 侧可以编程读取这些数据参与其他的运算。

8.2.3　船舶艏侧推远程控制的 PLC 编程

侧推控制系统的基本功能是通过 PLC 编程实现的。PLC 编程可以通过梯形图或语句表等编程语言实现,但最核心的是明确系统要实现的功能并绘制程序流程图。系统基本程序有安全保护功能、起动程序、停止程序、控制地点切换功能、速度与转向控制、负荷控制等。

1）系统的安全保护

由于侧推系统直接关系到船舶的机动性和安全性,所以在系统中必须增加许多的安全保护措施,具体如下：

驱动电机的起动条件；

驱动电机的过流保护,在过载和过热时发出声光报警,同时马上降低转速至零位或某个固定的转速；

在重力油箱液位低下时发出声光报警；

系统异常时发出声光报警；

出现紧急情况时能立即停止该系统；

在系统异常时能进行手动应急控制。

2）驱动电机的起动

驱动电机起动的条件：

从电网至侧推器的自动空气断路器合闸之后才允许起动；

输入接触器闭合之后才允许起动；

重力油柜液位必须高于报警值；

电网剩余功率必须大于侧推器的功率。

起动逻辑控制是侧推控制系统最基本的功能之一，起动电机前应首先按下"重载问询"按钮，系统将自动检查各个起动条件是否具备，只有所有条件具备后"允许起动"指示灯才会亮，此时按下变频电机的"起动"按钮才能起动侧推装置。系统起动程序流程如图 8 - 12 所示。

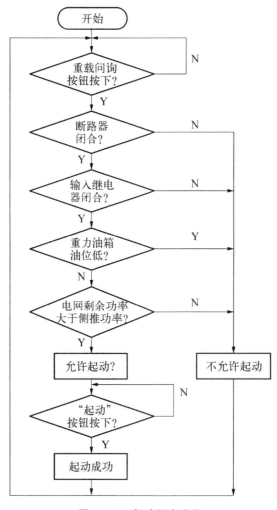

图 8 - 12 起动程序流程

3）停止程序

停止逻辑控制也是侧推控制系统最基本的功能之一。停止可以正常停止和非正常停止，正常停止指未出现紧急情况和无故障的情况下通过"停止"按钮或控制手柄回零后使变频电机停止运行，非正常停止又包括紧急停止、应急停止和故障停止，非正常停止后在下次起动之前要先进行手动复位或排除故障。停止程序具体流程如图 8-13 所示。

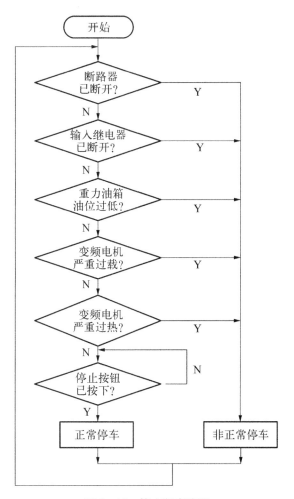

图 8-13　停止程序流程

4）控制地点切换功能

为保障船舶安全，在设计侧推控制系统时务必保证在驾驶台遥控失效时能切换到集控室进行操纵，而集控室失效时能切换到机旁进行应急操纵。系统控制地点切换的流程如图 8-14 所示。

5）变频电机转速和转向控制

控制系统采用变频器进行变频调速。由于变频器内部已包含速度反馈环，故此处的转速控制采用开环调速，即直接通过操纵手柄或上位机操纵面板发送包含转向信息的转速模拟量信号到 PLC。PLC 将所收到的转速模拟量信号转化成变频器所需的频率信号后再输出给变频器，变频器将根据所接收的控制信号控制变频电机运转，从而实现侧推装

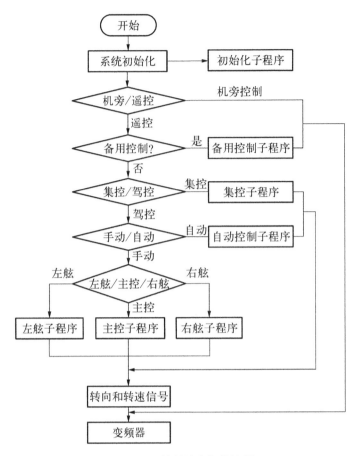

图 8-14　控制地点切换流程

置的变频调速和转向控制。

　　6）侧推负荷控制

　　负荷控制是为了防止驱动电机过载。系统实时测量驱动电机电流,从"负荷曲线"计算驱动电机负荷,并将其与负荷限制参数进行比较。当驱动电机电流过高时,系统将降低驱动电机转速。在操纵过程中,驱动电机负荷随驱动电机转速自动调整,最大允许负荷由"负荷限制"决定。当负荷过大时,系统产生报警输出,过载开关输入自动激活。"负载控制失败"的报警输出可以以开路电压连接的形式从电流控制系统中得到。此报警包括负荷传输到驱动电机起动器的线缆损坏。此功能只在从变频器到控制系统过载连接时有效。

8.3　船舶机舱设备的 PLC 及其控制网络

8.3.1　备用泵的自动切换电路及其 PLC 控制

　　现代船舶自动化机舱中重要的泵除了能本地操作外,还能在集控室主控制台或主配电屏的计算机液晶控制触摸屏、组合起动屏上进行遥控操作和自动运行。在自动运行方式中,自动运行的泵一旦出现故障,同组的备用泵能够自动起动并实现自动切换,各组泵依据事先设定好的次序逐台重新自动起动。

在组合起动屏中配置 PLC 控制单元,屏内泵起动控制单元通过现场总线与计算机控制系统建立通信联系,实现在液晶触摸屏上的起停泵控制。PLC 控制单元 I/O 电路还接收受控泵的压力或液位控制信号。这样,这些泵不仅可以在多点进行起动和停止,而且一旦运行中的泵出现故障,在 PLC 控制下还能根据压力或液位信号的变化自动切换备用泵。

PLC 控制单元采用冗余结构,配置两套可编程控制器 PLC1、PLC2,I/O 电路,PLC自动切换电路和自诊断电路。PLC1 和 PLC2 互为备用,一旦运行的一套 PLC 出现故障,PLC 自动切换电路立即使备用的 PLC 投入运行。

8.3.1.1　船用泵组的自动切换系统控制线路原理和运行分析

船用泵组的自动切换控制原理基本相同,以主燃油泵为例进行分析。图 8-15 为主燃油泵的主电路,图 8-16 为 1 号主燃油泵控制线路。压力开关 LP 检测同组两台主燃油泵出口压力,并将压力信号送至 PLC 控制屏的 I/O 电路,监测运行燃油泵的出口压力。整个控制线路由 PLC 起动器控制单元、继电-接触器控制电路和主电路组成。

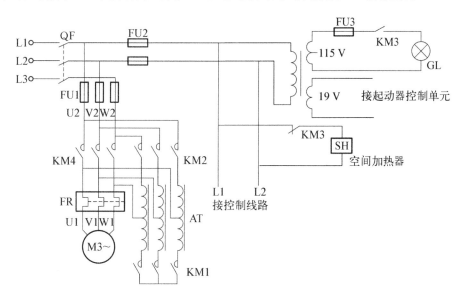

图 8-15　主燃油泵的主电路原理

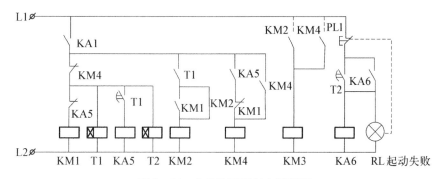

图 8-16　主燃油泵控制电路原理

1) 起动器控制单元

绝大部分组合屏中的起动控制单元(SCU)是由核心单元 PLC 和中间继电器组成的。主燃油泵的 PLC 起动控制单元有 4 个输出继电器：起动继电器 KA1、停止继电器 KA2、运行继电器 KA3 和自动继电器 KA4。当起动控制单元接收到起动主燃油泵的操作命令时，起动继电器 KA1 获电；当接收到停止命令时，停止继电器 KA2 获电；当主燃油泵处于正常运行状态时，运行继电器 KA3 获电；当主燃油泵的控制线路处于自动状态时，自动继电器 KA4 获电。

通过设置起动控制单元中的 DIP 开关、代码开关和编程，可以实现泵在集控室或主配电屏触摸屏、组合起动屏和本地控制箱等多点手动起动和停止控制，欠压保护，自动状态下电源恢复后自动延时起动，电动机故障报警功能及主备用泵的自动切换功能，满足各类泵、通风机等运行机械的不同要求。主燃油泵的起动控制单元具有如下功能：燃油压力过低时备用泵自动切换，"MAN/LINK"转换。

2) 主燃油泵的手动起动和停止控制

由于船舶电站容量有限，为了减小主燃油泵电动机起动过程中的冲击电流对电力系统的影响，主燃油泵电动机采用按时间原则的自耦变压器降压起动方式。

(1) 主燃油泵的手动起动控制。合上低压断路器 QF，按下本地控制箱上的起动按钮 SB1，或者点击触摸屏上起动图标，或者按下组合屏上起动按钮，起动信号送至控制单元的 PLC，起动控制单元 PLC 的绿色运行指示灯(RUN)亮。同时，PLC 的输出触点 KA1 闭合，接通 1 号主燃油泵控制线路电源。接触器 KM1、时间继电器 T1 和 T2 同时得电，T1 的瞬动触点闭合与 KM1 的常开辅触点闭合，使接触器 KM2 线圈得电。接触器 KM1 主触头闭合，将主电路中的自耦变压器 AT 结成"Y"形，KM2 的主触头闭合，自耦变压器原边接电源，副边接电动机的定子绕组，主燃油泵电动机以额定电压的 90% 开始降压起动。KM2 的辅触点闭合，接触器 KM3 线圈得电，KM3 的 3 个触点动作如下：

① KM3 的常开触点闭合，本地控制箱上的绿色运行指示灯 GL 亮。

② KM3 常开触点闭合，使 PLC 的运行继电器 KA3 的线圈得电，KA3 常开触点闭合，组合屏上的运行指示灯亮。

③ KM3 的常闭触点断开，将主燃油泵电动机定子绕组内的加热电阻(SH)电源切断。电动机起动 8 s 后，T1 的延时结束，T1 的常开触点延时闭合，继电器 KA5 得电。继电器 KA5 的常闭触点断开，使继电器 KM1 的线圈断电；继电器 KA5 的常开触点闭合，使接触器 KM4 的线圈得电并实现自保。KM4 的主触头闭合，电动机从降压起动切换为全压运行。接触器 KM4 常闭触点断开，使 KM1、T1、KA5 和 T2 断电恢复到起动前的状态。接触器 KM4 常开辅触点闭合，使接触器 KM3 继续获电，本地控制箱上的运行指示灯和组合屏上的运行指示灯保持点亮。

(2) 起动失败报警。在起动线路中的时间继电器 T2 是为防止起动过程中不能在规定的时间(8 s)内从降压起动自动切换到全压运行而设计的。主燃油泵电动机开始降压起动时，时间继电器 T2 得电，如果在 T2 的 15 s 延时内 T1 不能动作，电动机无法进入全压运行，T2 的常开触点延时闭合使继电器 KA6 得电。KA6 的 2 个触点动作如下：

KA6 的常开触点闭合实现自保，并使红色起动失败(START FAIL)指示灯亮；

KA6 的常闭触点断开,向 PLC 输入起动失败信号,使其输出继电器 KA1 断电,起动结束,并发出起动失败报警信号。

(3) 主燃油泵的手动停止控制。按下本地控制箱上的停止按钮 SB2,或者点击触摸屏上停止图标,或者按下组合屏上的停止按钮,停止信号送至起动控制单元 PLC,起动继电器 KA1 断电,KA1 的常开触点断开,接触器 KM4 线圈断电,电动机停止运行。同时,停止继电器 KA2 得电,KA2 的常开触点闭合,组合起动屏上的红色停止指示灯亮。

3) 泵的自动切换和顺序起动控制

(1) 泵的自动切换控制。① 当运行泵电动机过载时,过载继电器 FR 动作,FR 的常闭触点断开,运行泵的起动控制单元 PLC 接收到电动机的过载信号,运行泵停止,备用泵自动起动。待故障排除后,热继电器复位,原来的运行泵成为备用泵。② 当运行泵电动机突然失电后,停止运行,备用泵自动起动,当原来的运行泵的电源恢复后成为备用泵。③ 当运行泵出口压力下降至某一值时,LP 断开。由于某种原因泵的出口压力下降至动作值,并持续 2 s 以上时,LP 将出口压力下降信号送至 PLC 控制屏,运行泵立即停止并自动起动备用泵。经过 15 s 延时后,如果出口压力恢复正常,则按下原运行泵的停止按钮,使其成为备用泵;反之,停止备用泵的运行,并且阻止起动信号,防止备用泵和运行泵轮流起动的严重后果。

(2) 泵的顺序起动控制。将起动控制单元 SCU 中的“MAN/LINK”双位开关置于“LINK”位置。由于某种原因电网失电后,所有泵都停止运行,电网恢复供电后,为防止电网超负荷情况发生,各组原来运行的泵应按事先设定的时间顺序逐台起动,每台泵的顺序起动时间由 PLC 控制屏设定。

8.3.1.2　PLC 硬件配置

根据控制要求可考虑 PLC 系统的硬件设计。硬件设计的主要内容是分析系统所需的输入输出信息,确定 PLC 输入输出接点的类型、数量和 PLC 的配置,绘出系统的 PLC 输入输出接点的配置图。

为了满足控制要求,系统应输入以下开关信息:① 系统起动信号(起动按钮)X0;② 系统停止信号(停止按钮)X1;③ 泵组起动运行状态信号 X2;④ 泵组起动失败信号 X3;⑤ 泵出口压力信号 X4;⑥ “MAN/LINK”双位开关位置信号 X5;⑦ 泵过载信号 X6。

系统输出开关信息有:① 起动控制单元运行工作指示灯(RUN) Y0;② 起动继电器 KA1 控制信号 Y1;③ 停止继电器 KA2 控制信号 Y2;④ 起动控制单元红色停止指示灯(RL) Y3;⑤ 运行继电器 KA3 控制信号 Y4;⑥ 组合起动屏上的运行指示灯 Y5;⑦ 自动继电器 KA4 控制信号 Y6。

根据上述对系统输出开关信息的分析,若采用 FX2N 系列 PLC,则系统的输入输出接点配置如图 8-17 所示。

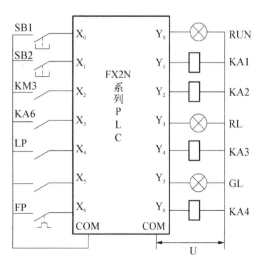

图 8-17　船用泵组的自动切换 PLC 控制系统 I/O 配置

根据输入输出接点配置的设定,按控制要求及其所确定的逻辑条件,画出梯形图,编写 PLC 程序,便可完成泵组的自动切换 PLC 控制。

船用泵组的自动切换系统采用 PLC 的控制系统克服了继电器-接触器控制可靠性、直观性、自动化程度不高的特点,结合触摸屏智能操作及显示技术,充分发挥了 PLC 控制系统的抗干扰强、功能强大、精确度高等优点。

8.3.2 PLC 实现的自动电站

发电机的自动并车、自动调压及无功分配、频率和有功功率自动调整及继电保护等控制功能,都属电站自动化范畴。随着船舶自动化程度的不断提高,电站自动化由局部的、本地的控制,发展到综合的、集中的乃至集散的自动电站。

8.3.2.1 基本功能

各种船舶电站自动控制装置产品的控制任务大致可以分为两大方面:一是对每台发电机组的起动、停机、自动并车进行控制,以及发生机电故障时对本台机组的处理等功能;二是在整个电站系统并联运行时进行功率管理,也包括发生机电故障时对系统中其他机组发出控制要求(例如备用机组的自动起动或阻塞)及信息通信等的管理控制。

船舶电站自动控制系统的主要任务是保证船舶电站供电的安全可靠和改善劳动条件,提高电站运行的经济性。在要求多台机组并联供电的电站中,实现电站的自动化,必须将各个自动功能单元(模块)有机地联系,组成一个总体控制系统。这个系统收集来自各台柴油发电机组、断路器、汇流排以及各主要负载的必要信息及参数,并加以分析、判断,在一定的条件下,自动地采取符合逻辑的措施,处理电站运行中可能出现的各种情况,确保电力系统安全、可靠、经济地运行。系统控制功能框图如图 8-18 所示。

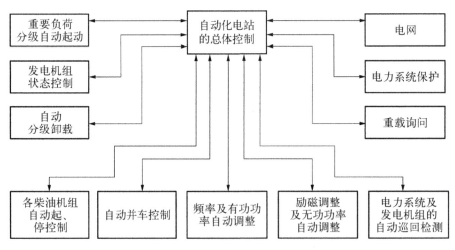

图 8-18 电站自动控制系统主要功能

船舶自动化电站的功能包括以下方面。

(1)发电机组操作方式的选择。自动电站中每一台发电机组应有三种可供选择的操作方式:"机旁"、"遥控"和"自动"。并且这三种方式按次序前者应优先于后者。仅当某机组确定为"自动"方式时,它才纳入总体控制系统的范围。在机组发生故障的情况下,应能自行"退出自动"(即所谓"阻塞"),非经管理人员排除故障并自动控制"复位",不得自行恢复"自动"功能。

(2) 发电机组的自动起动。当柴油发电机组处于停机状态时,如有令发电机起动的信号,该机就能实现自动起动。

(3) 自动准同步并车。当装置接到合闸指令后,就自动进入并车程序,通过升速(或减速)控制使待并机组频率高于电网频率 $0.1\sim0.5$ Hz,再进行发电机与电网相位差检测,当相位差角 $\delta< +10°$ 时,发出超前时间为 $0\sim1$ s 的合闸信号,使待并发电机投入电网运行。

(4) 自动恒频及有功功率自动分配。当两台机组并联运行时启动调频调载装置与原动机调速器配合工作,使电网频率维持恒定,偏差不大于 ±0.25 Hz,并使两台机组承担的有功功率按机组容量成比例分配。

(5) 自动恒压及无功功率自动分配。无论单机还是并联运行,励磁自动调节装置总能保持电网电压维持恒定,误差不大于 $\pm2.5\% U_N$(U_N 为发电机额定电压)。同时能调整并联运行发电机的无功分配,使之合理分担。

(6) 自动分级卸载。当电网负载超过额定负载时,可分一次或二次卸掉次要负载。

(7) 重载询问。当需要起动大负载时,应先询问运行发电机(电网)功率储备是否满足其用电和起动要求,若不能满足时,则应先起动备用发电机组并车后才允许该负载接入电网。

(8) 重要负载分级起动。当船舶电网因故障失电后又获电时,为避免因负载同时起动造成的电流冲击,甚至使发电机主开关(空气断路器,ACB)再次跳闸,自动电站应能够对重要负载进行分级起动,按照在紧急状况下各负载的重要性排好先后次序,并按其起动电流大小分组,然后按程序逐级起动,每两级起动之间的时间间隔为 $3\sim6$ s。

(9) 自动解列。当装置接到解列指令后,进入解列程序,此时如电网总负载大于在网发电机的 $85\% P_N$(P_N 为发电机额定功率),则自动取消解列指令;反之则进入负载转移控制,当负载转移到 $10\% P_N$ 以下时,延时 1 min 后发出分闸信号,解列成功。若在负载转移过程中,在网发电机负载大于 $85\% P_N$ 时,自动取消解列指令,重新进入原来的调频调载工况。

(10) 巡回检测及保护。为了对电站运行状况做到适时控制,电站自动控制系统通常依靠各种传感器对电力系统中的大量参数连续而自动地进行巡回检测、数字显示、报警和记录,同时输出信号,通过计算机或其他相应的自动控制设备去控制有关设备的运行与停止。柴油发电机组巡回检测、报警及保护的内容有:

对于柴油机:零转速、点火转速、中速运行、额定转速;润滑油压力低和过低;冷却水出口温度高和过高;各缸排烟温度;柴油机运行时数累计等。

对于发电机:电压、频率、功率、电流、功率因数;ACB 的储能、合闸、断开。

对于电网:汇流排电压、短路、绝缘状态。

对系统状态及工作过程的监视与指示:原动机的预热、预润滑;起动空气压力;运行控制方式选择;正在起动;起动成功或失败;正在停机过程中;停机成功或失败;机组完车以及控制系统的工作电源等。

自动电站控制系统的每一功能单元都有相对的独立性,由总体控制系统将各部分工作有机地协调起来,在系统的安排上,应充分利用各功能单元的独立性,使系统运用起来更加灵活。例如,当某部分出现故障时,仍可利用其他单元实现局部自动化或半自动化。

8.3.2.2 SIMOS PMA71型电力自动管理系统的系统组成

SIMOS PMA71型电力管理系统(以下简称PMA71)是西门子公司的新一代电站自动化产品,配备于我国"泰安口"半潜船等许多远洋船舶。PMA71具有如下功能:船舶电网监视(全船断电、频率过低等);根据负载状况(过电流、过负荷)或故障状况自动启动发电机组;发电机的过电流、逆功率保护,按照三个等级对非重要负载自动卸载,依据电网功率余量自动或手动停止发电机组;发电机自动并车,频率和有功功率自动调整;短路保护;在液晶显示操作单元上可以显示故障诊断信息;大负荷起动时的自动问讯控制,停机时具有自动逐步转移负载功能,在起动发电机组时,可设置多次起动尝试。

图8-19给出了管理两台发电机并联运行时的PMA71系统布置。图中,每一台柴油发电机组配置有:一台SIMATIC S7-315-2DP型PLC控制装置,一台GENOP71型发电机保护/并车单元和测量传感器,一只OP7型液晶显示操作单元。

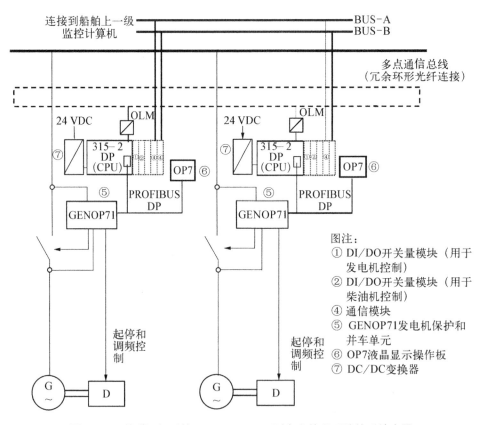

图8-19　并联运行时的SIMOS PMA71型电力管理系统的系统布置

SIMATIC S7-315-2DP型PLC装置包括带MPI通信口和PROFIBUS通信口的CPU模块、用于发电机控制的开关量输入/输出模块和对柴油机进行控制的开关量输入/输出模块。PLC采集发电机组的现场信息,并接受从GENOP71型发电机保护/并车单元或 OP7 液晶显示操作单元传递来的信息,负责对本台柴油发电机组(或轴带发电机的控制系统)的起停逻辑控制,负责电网断电、欠频的监视,还负责发电机过负荷的保护。同时,各台发电机的 PLC 通过 MPI 通信总线传递信息,组成了 PMA71 系统的控制核心,实现对整个电站的自动管理,负责电能管理信息的处理。根据负载状况或发生故障(过电流、过负荷)时,PLC 需处理发电机组自动起动或停车顺序的逻辑控制,向各台发电机的 GENOP71 单元发出并车指令和频率、有功功率自动调整指令等。

GENOP71 型发电机保护/并车单元可以单独工作或与 PLC 一起集成在 PMA71 系统中工作,负责电网三相电压、发电机三相电压、电流等信号的采集处理;具有发电机保护(过电流分级卸载,逆功率或短路保护)和自动并车功能;能通过 PROFIBUS 现场总线将采集和处理过的电压、电流、功率、差频脉动电压等数字信息输入 PLC;能接受 PLC 通过 PROFIBUS 现场总线发出的指令。可以使用 OP7 型液晶显示操作单元变更 GENOP71 的工作参数,传送到 PLC,然后再由 PLC 传送给 GENOP71。

OP7 型液晶显示操作单元是系统的人机界面。操作人员通过 OP7 与 PLC 交换信息,对 PMA71 系统进行操作,随时显示系统运行或故障状态,并用于对系统的工作参数进行修改。

DC 24 V/DC 24 V 变流器为 PLC、GENOP71、OP7 单元的工作提供可靠的电源。

每一台发电机组中,所属的 PLC、GENOP71 和 OP7 各单元之间通过高速可靠的 PROFIBUS - DP 型现场总线相互通信。而系统中各台发电机之间的控制信息的通信则是通过所属 PLC 上 CPU 模块的 MPI 多口通信接口(类似 RS485 通信)的光纤总线传递信息。如果船舶还设置有更高一级的计算机集中监控系统,电站自动化系统还可以作为上级监控系统的一个子系统来运行;这时,每台发电机的监控信息可以通过所属 PLC 上的 2 个通信模块,与上位监控计算机的通信总线相连(图中为冗余布置的 BUS - A,BUS - B 两条通信总线,工业以太网),从而可以在上级监控系统的显示器界面进行遥控操作。

上述 4 个单元安装于每台发电机组的配电板上,其中 OP7 型液晶显示操作单元和电压表、电流表、功率表、频率表、控制开关和指示灯等一样,安装于配电板的正面,以便于操作。PMA71 系统的这种布置既适合分布布置的配电板(即每套 PMA71 装置可以安装于每台分布布置的发电机配电板上),也适合于在控制多台发电机的集中主配电板间的布置。

8.3.2.3　GENOP71 型发电机保护/并车单元

理论上,几乎所有的控制功能都可以设计在 PLC 中执行,但是为了提高运行速度和可靠性,对一些要求高的控制任务往往采用专用模块来实现。这些专用模块作为下一级的模块,能与上位 PLC 一起并行地处理自己承担的控制任务,也可与 PLC 的 CPU 模块交换控制信息。在 PMA71 电力自动管理系统中,GENOP71 单元就是特别为发电机控制设计的智能模块。

GENOP71 单元在系统中承担对本台发电机控制的以下三方面基本任务。① 发电机保护功能:监视短路故障、过电流、逆功率,实现故障工况下的非重要负荷分级卸载或发电机主开关延时跳闸;② 自动并车功能:在接到 PLC 单元或者来自配电盘按钮发出的同步并车指令后,控制发电机和电网母线的自动并车过程;③ 信号采集处理和通信功能:采集、处理发电机和电网的信号,通过 PROFIBUS 现场总线把数据传送到 PLC 单元,供

PLC 对整个电站自动化控制判断使用。GENOP71 的工作参数由 PMA 系统中的 PLC 单元进行设置。

1) GENNOP71 单元的外观及接线端子

GENOP71 输入必需的系统状态信号,经过处理后,向控制对象发出控制信号,并与 PLC 单元进行通信。图 8-20 中,上面一排接线端子是单元的工作电源(直流 24 V,交流 230 V)和单元的输入信号,单元的输入信号自左至右分别为:电网汇流排三相电压(L_1,L_2,L_3,N),发电机三相电流(从电流互感器 IL_1,IL_2,IL_3 输入),发电机三相电压,单元的 230 V 交流电源,24 V 直流电源,手动合闸的输入指令接线端(由主开关接通后的反馈输入信号常闭触点和同步并车的开始按钮串联组成),以及复位按钮接线端。下面一排接线端子是该单元的输出信号以及与 PLC 或其他设备的通信接口(PROFIBUS,RS232),单元的输出信号自左至右分别为:控制柴油机调速器的调频信号输出端子(即内部继电器常开输出触点,R 为升速,L 为降速,COM 为公共端);控制主开关合闸的内部继电器一对常开触点输出端子 Sy、Sy;用于发电机过电流保护控制,分三级进行非重要负荷自动卸载的内部继电器输出触点 GW1、GW2、GW3;发电机逆功率或短路保护时用于控制发电机主开关脱扣的内部继电器输出触点 off、off;而内部继电器输出触点 GW1~GW4、P←、Imax 是与过电流、逆功率、短路故障信号有关的扩展输出触点。最右下角的单元地址 DIP 开关是用来设置 GENOP71 单元的 PROFIBUS 通信地址的。面板上的发光二极管指示分别为:并车差频脉动电压指示,待并发电机和母线之间电压差过大指示灯,发电机主开关合闸指示灯,GW1~GW4、P←、Imax 接线端子上方的过电流、逆功率、短路故障指示灯,还有现场总线通信故障指示灯。

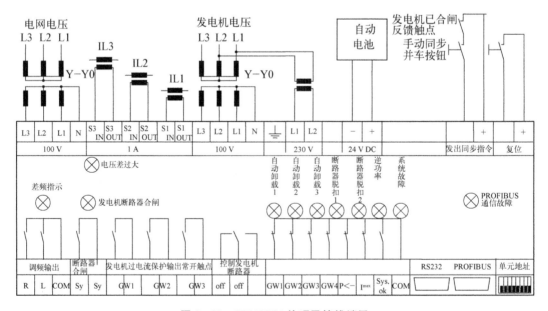

图 8-20 GENOP71 外观及接线端子

2) GENOP71 单元的发电机保护功能

GENOP71 单元从电流互感器采集发电机的电流值,当电流值分别大于单元中预先设置的 GW1 等限值或者逆功率数值大于设定限值时,GENOP71 就分别通过输出端子 GW1、GW2、GW3、GEN. BR. OFF 实施非重要负荷分级卸载或者主开关跳闸。为了实现发电机主开关和下一级配电线路断路器保护的选择性,GENOP71 中还设置了延时。PMA71 电力自动管理系统除了通过 GENOP71 装置直接对发电机实施保护之外,GENOP71 还会将信息传送到 PLC 单元,由 PLC 根据故障类别和电网的供电情况,分别对发电机组发出停车、阻塞、将发电机运行模式切换到半自动模式等进一步的保护动作,并对电网中的其他发电机组发出相应的控制指令。

另外,在 GENOP71 中,上述不同限值的过电流保护、逆功率、短路故障的信息会被记忆,并且触发发光二极管故障显示或对外部监控系统提供继电器输出触点。当故障消除后,GENOP71 上面的发光二极管故障显示可以通过 RESET 按钮或者通过 PROFIBUS 现场总线进行复位。

3) GENOP71 的发电机自动同步并车功能

(1) 频率调整。在发电机组启动后,发电机的频率首先是在一个连续定值脉冲信号的调频命令控制之下趋近于电网母线频率。发电机频率与电网母线频率的比较是由 GENOP71 进行的。如果待并发电机频率小于电网母线频率,则 GENOP71 单元的升频接线端子输出“1”信号;如果待并发电机频率大于电网母线频率,则 GENOP71 的降频端子输出“1”信号。升频和降频指令的脉冲长度可以通过液晶操作面板 OP7 进行设置。

(2) 差频脉动电压。GENOP71 是通过测量待并发电机和电网母线之间的差频脉动电压实现自动同步并车功能的。根据差频脉动电压可以得出待并发电机和电网母线之间的频差以及差频脉动电压变化的斜率,并且考虑到发电机主开关合闸动作的时间因素,在差频脉动电压过零时刻之前发出主开关合闸命令。

(3) 开关合闸指令的阻塞和调频指令的阻塞。当待并发电机和电网母线之间频差大于 0.5 Hz 时,阻塞主开关合闸指令。如果测量结果频差大于 10 Hz,说明发电机组中存在干扰,频差无法调小,因此应该阻塞升频/降频指令的输出。

(4) 频率的重新调整。在同步并车调频过程中,如果发电机的频率被引导到十分接近于电网母线频率,已经满足并车的频差条件,有时还可能处于一种不利于并车的特定状况,即待并发电机电压与电网母线电压恰好处于反相位的时刻。由于频差过小,并车的相位相同条件长时间不能满足,从而无法发出合闸命令。在这种状态下,GENOP71 会进行频率的重新调整,自动假设一个较大的频差,重新产生升频/降频指令,迫使差频脉动电压提早过零,产生主开关合闸命令,加快同步并车过程。假如在一定时限中,差频脉动电压仍然没有过零,系统会再次发出升频/降频指令。

(5) GENOP71 中用于同步并车控制的参数。使用 PMA71 系统中的 OP7 液晶显示操作单元可以对 GENOP71 单元中下列有关同步并车控制的参数进行设置:用于阻塞对频率进行调整的频差判断值(例如该值可设置为频差 10 Hz);用于从采用连续定值脉冲信号调频切换到长脉冲信号调频的频差判断值(例如该值可设置为频差 1.5 Hz);用于从长脉冲信号调频切换到短脉冲信号调频的频差判断值(例如该值可设置为频差 0.6 Hz);用于释放发电机组主开关合闸命令的频差判断值(例如该值可设置为频差 0.5 Hz);短脉冲的波峰波谷长度;长脉冲的波峰波谷长度;发电机组主开关合闸的提前时间;发电机组开关合闸命令的作用时限;发出频率重新调整命令之前的延时时间;用于频率重新调整命令的脉冲波峰波谷长度;取消发电机主开关合闸命令的电压判断值(即 10% 的电压差)。

8.3.2.4　OP7 型液晶显示操作单元和 PLC 单元

1) OP7 型液晶显示操作单元

在传统的工业控制系统中,系统的运行状态可以通过常规电工仪表显示或测量。而在微型机的工控系统中,系统的功能主要由微机程序来实现,其中的工作过程很难使用常规电工仪表显示或测量。为了使系统的运行状态可视化,以及对微机发出控制命令,在发生故障时能够查询显示故障状态,一般的微型机工控系统都配备了友好的人机接口装置。

OP7 型液晶显示操作单元是西门子公司 SIMATIC PLC 系列中与 PLC 配套的人机通信接口装置,在它的面板上集成了一个可以显示 4 行字符的液晶窗口(用于输出信息)和 30 个操作键(用于输入信息),并通过通信接口与 PLC 交换信息。在 PMA 电力自动管理系统中,它安装于每台发电机配电板面板上。

液晶窗口可以显示来自 PLC 单元的系统运行状态、故障信息和实际的控制过程数值。

30 个操作键包括两类:一类是通常的数字(字符)键、"Shift"、"Del"、"Esc"、"Enter"和光标移动键等,用于在查询和修改参数时输入信息;另外 8 个是在 PMA71 系统中,专门定义的功能键"AUTO"(自动模式)、"SEMI"(半自动模式)、"START"(起动发电机组)、"STOP"(发电机组停车)、"BREAK. ON"(发电机主开关合闸)、"BREAK. OFF"(发电机主开关断开)、"DISPLAY"(显示)、"CONFIRM"(确认)。这些专门定义的控制功能键用于向 PLC 单元发出 PMA71 系统运行模式的选择命令和在系统运行于半自动控制模式时发出对发电机组的控制命令等。使用这些功能按键取代老一代自动化电站主配电板上的常规选择开关和按钮,并用液晶显示板来显示系统设置改变之后的状态,可以使系统的自动功能更加灵活,各台发电机相互控制的配合更加方便,也避免了传统硬件手动选择开关的位置不能自动跟随软件控制而变化的技术缺陷。

轮机管理人员对 PMA71 系统的许多运行操作都要通过 OP7 来输入,然后传送到 PLC 单元;而系统的运行状态信息或故障信息也要从 PLC 传送到 OP7,然后按预先编程的文本信息来显示。在 PMA71 系统的技术手册中列出了使用 OP7 单元对 PMA71 系统进行操作的方法和比较详细的根据故障信息进行故障判断的方法。

2) PLC 可编程序控制器单元

PLC 作为工控系统的核心,与外部传感器、执行机构一起组成了控制系统。在 PMA71 电力自动管理系统中,PLC 单元是系统的控制核心,直接采集柴油发电机组的现场信息,还接收 GENOP71 单元或 OP7 单元传递来的电气信号测量值或操作命令。其控制任务有两方面:一是负责对本台柴油发电机组(或轴带发电机的控制系统)的起动、停车逻辑控制;二是各台发电机的 PLC 一起协同工作,负责对电网断电、欠频的监视,发电机过负荷的保护,负责整个系统电能管理信息的处理。根据负载状况或故障(过电流、过负荷)状况,自动起动备用发电机组或实施停车顺序的逻辑控制,向各台发电机的 GENOP71 发出并车指令和调频指令,管理并联运行中功率的自动分配和电网频率的自动调整,以及大负荷起动时的自动问讯控制等。PMA71 系统所采用 PLC 的 CPU 模块型号是 SIMATIC S7 - 315 - 2DP,带有 MPI 多口通信和 PROFIBUS 现场总线两种通信接口,还有用于发电机控制的开关量输入/输出模块,对柴油机进行控制的开关量输入/输出模块,开关量输出模块是继电器输出型。各台发电机的 PLC 通过 MPI 多口通信总线传递信息,组成了 PMA71 系统的控制核心,实现对整个电站的自动管理。

8.3.3　船舶辅锅炉的 PLC 控制系统

船舶辅锅炉是船舶动力装置中最早实现自动控制的设备之一。它包括水位的自动控制,蒸汽压力的自动控制,锅炉点火及燃烧的时序控制和自动安全保护等。大型油船辅锅炉所产生的蒸汽主要用于加热货油、驱动货油泵及其他甲板机械,其蒸发量及蒸汽压力都比较大;柴油机货船辅锅炉所产生的蒸汽仅用于加热柴油机所需用的燃油、滑油及船员生活,其蒸发量及蒸汽压力比较小。因此,确保船舶辅锅炉控制系统的安全、可靠、经济运行,是船舶自动化控制的重要内容之一。

船舶辅锅炉控制系统有其自身的特点,船舶工况复杂多变,船舶的辅锅炉设备工作条件恶劣,更易发生故障,而传统的继电接触式控制系统的可靠性、稳定性都不够理想,因此采用可靠性好的可编程控制器来控制显得十分有必要。

8.3.3.1　船舶辅锅炉 PLC 自动控制流程

根据船舶辅锅炉的工作原理及过程,设计出其由 PLC 进行控制的整个工作流程(见图 8 - 21),包括:

(1) 水位正常的判定。

(2) 风机正常的判定。

(3) 油泵正常的判定。

(4) 点火成功的判定。

船舶辅锅炉 PLC 自动控制系统应能实现以下基本功能:

(1) 锅炉起动前和停炉后都能保证水泵独立正常工作。

(2) 应有"自动"、"手动"两种控制方式。

(3) 对自动起动的各程序工作(水位检测、转换开关置于自动位置、风压检测、预扫风、自动点火等)设置逻辑判断和监视。

(4) 风量和油量的配比,由风门挡板的适当开度来保证。

(5) 适用于燃烧重油,设有燃油加热器及其控制线路和"轻油-重油"切换电路,燃油采用电加热。

(6) 采用两个压力开关实现锅炉蒸汽压力的双位自动控制。

(7) 有正常停炉和紧急停炉两种停炉方式。

(8) 锅炉运行故障监视,包括高水位、低水位、危险低水位、低风压、汽压高、水泵过载、风机过载、油泵过载、中途熄火等故障保护。

8.3.3.2　船舶辅锅炉 PLC 自动控制系统软硬件设计

控制系统有 21 个输入点,14 个输出点,采用德国西门子 S7 - 200 CPU 226 CN,输入 24 点,输出 16 点。具体输入输出接口含义及接线原理图如图 8 - 22 所示。

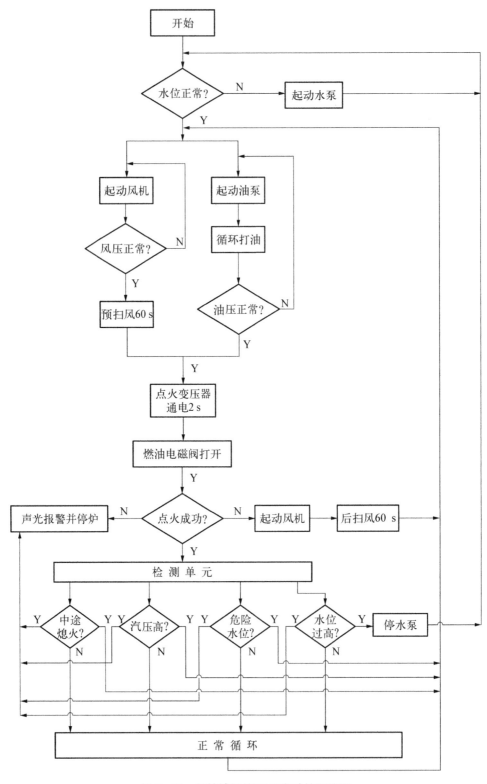

图 8-21 船舶辅锅炉 PLC 自动控制流程

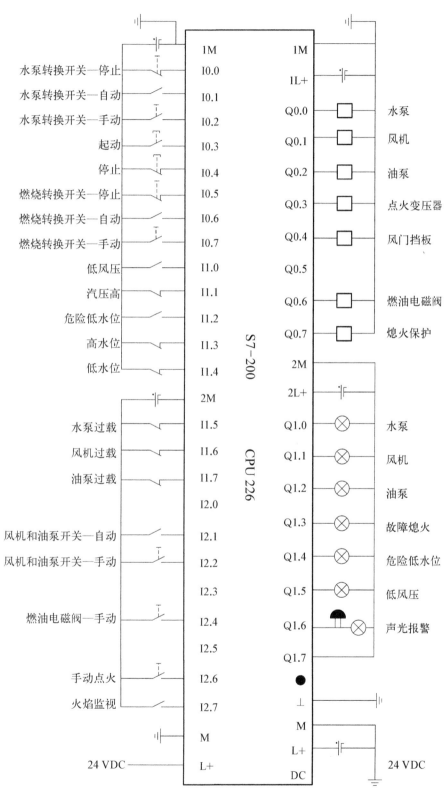

图 8 - 22　PLC 接线原理

　　根据控制流程图和系统的输入、输出信号编制梯形图控制程序,如图 8 - 23 所示。本装置在自动位置按下 I0.3 后系统就会根据所检测到的信号自动投入运行,当检测到有故障信号时,系统会发出声光报警直至停炉。

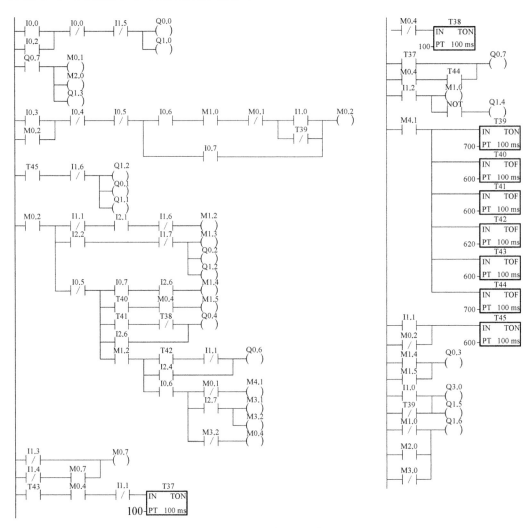

图 8 - 23　梯形图程序

　　定时器和辅助继电器的分配如表 8 - 1 所示。

表 8 - 1　时间继电器、中间继电器一览表

定　时　器	功　　　能	中间继电器	功　　　能
T37	火焰监视计时	M0.1	熄火保护
T38	点火成功计时	M0.2	燃烧
T39	开始风压检查	M0.7	水位双位控制
T40	开始点火计时	M1.0	危险低水位
T41	预扫风计时	M1.2	风机

（续表）

定 时 器	功　　　能	中间继电器	功　　　能
T42	打开燃油电磁阀计时	M1.3	油泵
T43	开始火焰计时	M1.4	点火（手动）
T44	中途熄火监视	M1.5	点火（自动）
T45	后扫风计时	M2.0	熄火指示
		M3.0	低风压指示
		M3.1	火焰监视
		M4.1	时间继电器

8.3.3.3　PLC 控制过程分析

1）起动前的准备

（1）合上总电源开关，控制电路接通电源。

（2）如果锅炉水位低于危险低水位，则触点 I1.2 断开，M1.0 断电，其常开触点 M1.0 断开，锅炉无法起动。将给水泵转换开关扳到"手动"位置，触点 I0.2 闭合，Q0.0 通电，水泵起动向炉内供水。当水位上升至正常水位后，把水泵转换开关扳到"停"位置，水泵就停止工作。然后再将给水泵开关扳到"自动"位置，触点 I0.1 闭合，此时锅炉水位就由高水位压力开关触点 I1.3 和低水位压力开关触点 I1.4 进行双位控制。

（3）使燃油压力和温度控制系统投入工作，保持燃油压力和温度在正常范围内。

（4）将燃烧转换开关扳到"手动"位置，风机和油泵开关扳到"手动"位置，触点 I0.7 和 I2.2 均闭合，按下起动按钮 I0.3，M0.2 通电，M0.2 闭合自锁，M1.2 和 M1.3 通电，M1.2 和 M1.3 触点闭合，则 Q0.0 和 Q0.2 通电，起动风机进行预扫风，同时油泵进行预运转，手动预扫风约 1 min 后，按停止按钮 I0.4，使风机停止工作。

2）手动控制

在手动控制前，将燃烧转换开关置于"停止"位置，将风机和油泵开关、点火控制开关和燃油电磁阀控制开关置于"自动"位置。

手动操作具体步骤如下：

（1）按下起动按钮 I0.3 接通控制电路。

（2）将燃烧转换开关扳到"手动"位置，I0.7 闭合，M0.2 通电，M0.2 闭合。

（3）将风机和油泵转换开关转到"手动"位置，风机和油泵投入运行，进行预扫风并使燃油管路建立油压。

（4）预扫风 1 min 左右，将点火控制开关扳到"手动"位置，触点 I2.6 闭合，I0.7 已闭合，M1.4 通电，触点 M1.4 闭合，点火变压器 Q0.3 通电，点火电极之间产生电火花进行点火。同时 Q0.4 通电，风门挡板关闭，准备点火。

（5）将燃油电磁阀控制开关扳到"手动"，触点 I2.4 闭合，燃油电磁阀 Q0.6 有电，油泵到喷油器的供油管路打开，向炉内喷油，开始点火。

（6）从观察孔看到火焰时，将点火控制开关扳到"自动"位置，终止点火变压器工作，

Q0.4 断电,风门挡板打开,进入正常燃烧阶段。

(7) 若手动点火失败,应立即将燃油电磁阀控制开关扳到"自动",并进行后扫风,然后将风机和油泵开关扳到"自动"位置,燃烧转换开关扳到"停止"位置。待故障排除并复位后,方可进行重新点火。

(8) 停炉时,应将燃油电磁阀控制开关扳到"自动"并进行后扫风,再将风机和油泵开关扳到"自动"位置,燃烧转换开关扳到"停止"位置,最后切断总电源。

船舶辅锅炉之所以设置手动控制,其目的是在于当自动控制系统发生故障时,锅炉能够在人工操作的条件下顺利起炉点火,并在点火成功后顺利进入正常燃烧阶段。

3) 自动控制

在完成锅炉起动前的准备后,将水泵开关、燃烧开关、风机和油泵开关都扳到"自动"位置,准备自动起动。

(1) 预扫风。按下起动按钮 I0.3,此时水位正常,M1.0 有电,其常开触点 M1.0 闭合。此时 T11 计时时间未到,其常闭延时开触点 T11 闭合,M0.2 有电,Q0.1 和 Q0.2 通电,风机和油泵开始运转。由于燃油电磁阀无电关闭,所以燃油在管路中循环,不能进入炉内。此时 M0.1 闭合,M4.1 得电,M4.1 闭合,T11、T12、T13、T14、T15、T16 均开始通电计时。此时 T13 计时未到,其常开延时闭触点 T13 断开,风门挡板 Q0.4 断电,风门挡板在弹簧力的作用下开度最大,风机对炉膛进行预扫风。由于在 60 s 之前未进行点火,所以火焰感受器感受不到火焰的光照,I2.7 断开,M3.1 无电,M0.4 有电,M0.4、触点闭合,为自动点火和火焰监视计时器 T2 通电做好准备。

(2) 点火。在预扫风 60 s 时,T13 计时时间到,其常开延时闭触点 T13 闭合,Q0.4 通电,风门挡板关闭,准备点火。T12 计时时间到,常开延时闭触点 T12 闭合,M1.5 通电,触点 M1.5 闭合,点火变压器 Q0.3 通电,点火电极之间产生电火花进行预点火。T14 计时时间到,T14 闭合。此时炉内处于无压或低压状态,I1.1 是闭合的,故燃油电磁阀 Q0.6 有电,油泵到喷油器的供油管路打开,向炉内喷油,开始点火。60 s 时,T15 计时时间到,T15 同时闭合,T2 通电。延时 10 s 后才能将触点 T2 闭合,熄火保护继电器 Q0.7 通电,此时只对火焰进行监视,为熄火保护做好准备。若 10 s 内点火成功,火焰感受器感受到光照,触点 I2.7 闭合,M0.4 失电,M0.4 断开,T2 失电,其触点 T2 由于未达到闭合时间而继续断开,维持 M0.1 为断电状态。常开触点 M0.4 断开,点火变压器 Q0.3 断电,停止点火。常闭触点 M0.4 闭合,2 s 后 T3 断开,Q0.4 断电,风门打开。

(3) 点火失败。由上可知,从 60 s 时开始 T15 闭合,T2 通电开始 10 s 延时,若延时超过 10 s 火焰感受器仍未感受到火焰,触点 I2.7 处于断开状态,M0.4 一直有电,M0.4 一直闭合。当 T2 达到设定时间 10 s 后,触点 T2 闭合,Q0.7 通电,常开触点 Q0.7 闭合,M0.1 得电,触点 M0.1 断开,M0.2 断电,M0.2 断开,燃油电磁阀 Q0.6 断电,停止向炉内喷油。同时常开触点 M0.1 闭合,M2.0 通电,常开触点 M2.0 闭合,熄火指示灯 Q1.3 通电亮,常开触点 M2.0 闭合,Q1.6 通电发出声光报警。M0.2 闭合,T17 通电计时,此时常闭延时开触点 T17 处于闭合状态,M1.2 继续有电,进行后扫风 60 s 后风机停转。到 70 s 时,T11 计时时间到,常闭延时开触点 T11 断开,若风压正常,则 I1.0 闭合,M0.2 仍有电。若风压未建立,低风压保护触点 I1.0 就不能闭合,M0.2 断电,燃油电磁阀 Q0.6 断电,停止向炉内喷油。触点 I1.0 断开,M3.0 断电,M3.0 闭合,低风压指示灯 Q1.5 通电亮,M3.0 闭合发出声光报警。后扫风后风机停转,锅炉自动停炉。

(4) 再次起动。在点火失败后,必须先排除故障才能再次起动锅炉。将熄火保护继电器触点 Q0.7 手动复位,使 M0.1 断电,M0.1 恢复闭合,方可重新起动。

(5) 中途熄火燃烧过程中,若中途熄火,火焰感受器失去光照,则触点 I2.7 断开,同上述点火失败一样使 M0.2 断电,燃油电磁阀关闭,进行后扫风 60 s 后风机停转,并发出声光报警。

4) 汽压的自动控制

当高汽压压力开关动作时,触点 I1.1 断开,燃油电磁阀 Q0.6 断电,停止向炉内喷油,油泵停止运行。常开触点 I1.1 闭合,T17 通电计时,此时常闭延时开触点 T17 处于闭合状态,M1.2 继续有电,进行后扫风 60 s 后风机停转。此时炉内虽无火,但 M0.4 仍通电,常开触点 M0.4 闭合,又因为 I1.1 已经断开,所以 T2 不会通电,也就不会发出声光报警,视为正常停炉。当炉内汽压降到控制汽压下限值时,I1.1 重新闭合,风机和油泵重新起动,锅炉重新燃烧。

5) 安全保护

该系统有危险低水位和风压过低自动熄炉保护。锅炉在运行中,若水位下降到危险低水位时,触点 I1.2 断开,M1.0 断电,使 M0.2 断电,切断整个控制程序,使锅炉自动熄火停炉并发出声光报警。若风压过低,低风压保护继电器触点 I1.0 断开,主继电器 M0.2 断电,锅炉自动熄火停炉并发出声光报警。

6) 停炉

停炉时,可手按停止按钮 I0.4,使 M0.2 断电,燃烧系统停止工作。若锅炉水位低于危险低水位,应把水泵开关放在“手动”位置,继续向锅炉供水,直到水位达到正常水位时,再把水泵开关扳到“停止”位置上。然后把燃烧开关置于“停止”位置,风机和油泵开关扳到“手动”位置。最后切断总电源。

8.4　基于 PLC 的船舶监控报警系统

船舶机舱监控系统是对机舱重要设备的运行状态和安全参数进行监测,并可以对设备进行控制,对值班人员和管理者给出声光提示以便及时决策设备管理措施,保证设备系统或者人员安全的重要系统。该系统还可以对参数和状态进行记录、打印、实时显示等,给船舶轮机管理工作带来质的飞跃,减轻轮机员劳动强度,是实现无人机舱的必备系统。

8.4.1　网络型监视报警系统的组成

目前,根据船舶机舱监视与报警系统的结构特点,可将其分为集中型系统、集散型系统和全分布式系统。

集中型系统采用单台计算机的结构形式,可靠性较差,一旦计算机发生故障,则整个系统完全瘫痪。集散型系统采用集中和分散相结合的系统结构,将监视任务合理地分散成由多台微机进行分别监视的子系统,各个子系统与上层计算机进行通信连接,实现集中管理和信息共享。进入20世纪90年代后,随着现场总线技术的不断完善,在新造船舶中,越来越多地采用内置有微处理器的现场测控仪表,这些仪表具有数字计算、处理和数字通信能力,能独立完成对机舱设备的监控。多个现场测控仪表通过现场总线互联成底层控制网络,通过网关与上层局域网形成全分布式的网络型监控系统。

西门子公司的SIMOS IMA(Integrated Monitoring and Alarm System)32C及51集中监视报警系统自20世纪90年代在船上使用至今,被广泛安装应用在船上。它以PLC作为主站和从站,并通过计算机局域网络连接,形成计算机集散控制系统,具有使用简便、维修维护方便、运行可靠等特点,深受船东和船员的欢迎。SIMOS IMAC 55在SIMOS IMA系统的基础上加以改进,引进更多的现代控制技术,具有更大的优越性。

SIMOS IMAC系统比之SIMOS IMA系统,加强了控制功能,所以系统中加入“C”-CONTROL。SIMOS IMAC所实现的功能包括:监视及报警发布、电源管理、燃油系统、压载水等系统、泵及阀的控制、闭环控制、应急泵自动控制、燃油消耗的记录、水箱(油箱)液位监视及容量计算、货物控制及监视、安全功能。

可以看出,SIMOS IMAC 55已经不是传统意义上的监视报警,它不但完成了监视和报警的工作,还包含了相当完善的控制功能,从而使本系统成为名副其实的“监视报警控制系统”。这应该是SIMOS IMAC系统区别于SIMOS IMA系统的最重要的特征,也是机舱监视报警系统的重大突破。

SIMOS IMAC 55系统的通信采用分散控制代替集散系统控制,速度更快;采用新型的SIMATIC S7系列PLC代替老的SIMATIC S5系列PLC,功能更强大;利用工控软件制作界面,显示的效果极佳,且参数的修改更方便。

SIMOS IMA系统采用集散系统控制方式进行控制,系统的分站直接安装在机舱传感器附近,减少了电缆的根数同时安全性能大大提高,主站故障不会影响分站的正常工作。分站通过SINEC L1工控机局域网络与主站联网。应该说,SIMOS IMA已经达到了比较好的控制要求。SIMOS IMAC 55系统比SIMOS IMA系统更进了一步,采用分散的、开放式的现场总线控制方式。

图8-24为SIMOS IMAC 55系统的结构。从图中可以看到,船舶的驾控系统、集控室系统以及机舱系统通过通信线分散接入系统,实现基于计算机控制的交互式的船用网络型检测报警系统。

SIMOS IMAC 55的接口用以在计算机之间或者基于计算机控制的系统之间进行数据交换。可以将船用子母钟、导航系统、船舶管理系统以及卫星通信系统等联系起来,或者通过卫星系统与港口连接。SIMOS IMAC 55具有多终端的效能,即船上所有的操作站都具有平等的地位,它在先进的船舶操作方面取得重大进展。这样所实现的是真正的分散式控制。

SIMOS IMAC 55系统这些功能的开发,得益于目前先进的接口、通信技术。西门子新型PLC以及工业PC可以方便地进行相互通信,快速连接到PROFIBUS现场总线,信息传送速度大为提高,又因为可以使用光缆等,所以应用在干扰严重的环境也毫无问题。另外,SIMOS IMAC 55系统在结构上增加了一组冗余的数据总线作为系统各操作站的冗余连接。

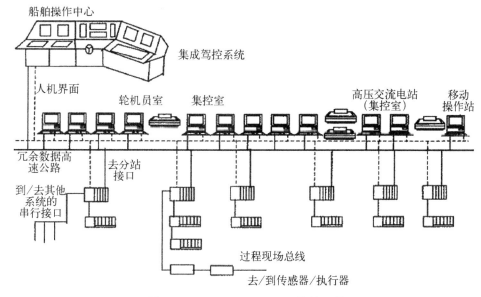

图 8 - 24　SIMOS IMAC55 系统的组成

8.4.2　监控计算机与 PLC 的通信

1）监控计算机

SIMOS IMAC 55 采用 PC 机作为监控计算机，使用 Windows 作为其操作系统。IMAC 系统充分利用了 Windows 用户界面友好的优势，可以在屏幕上同时显示多个窗口，这样操作者可以同时观看多个相关信息。

SIMOS IMAC 55 系统的操作界面采用应用广泛的 WinCC 组态软件制作，可以满足最严格的要求，包括系统整体的图形显示、窗体的灵活应用、直观的使用指导以及在线帮助等。尽管有丰富的功能，但操作界面却非常简洁，重要功能可以通过操作功能键实现。此外，可以在一个界面上显示多组图像，图像缩放功能可以完成窗口的关闭以及对图像进行技术分组。SIMOS IMAC 55 系统可以通过"IMPORT"（导入）和"EXPORT"（导出）界面完成测点表与其他系统数据的互换，具有全面的文件记录，可以回放参数的变化。

SIMOS IMAC 55 系统中，将单独的报警点分配到不同的声光报警组中。此外，每个报警点都有一个访问授权。每个报警点最多可设 8 个状态及 7 个限值，每个报警点可设报警延时或报警闭锁等复杂监视功能。

故障报告具有如下特点或功能。

（1）动态限值。使一个测点的限值变化成另外一个测点的实际测量值。如滑油压力限值被控制成速度功能。

（2）提示。为指定的测点提供操作方法注解，文字可在船修改。

（3）报警识别图片。如在报警列表中选择了此项目，系统显示被影响测点的处理图像。

（4）报警识别录像。报警发生时显示由事先设置的录像机录制的图像，例如监视无人的房间、场所或应急出口。

（5）报警趋势图。监视测点值的动态变化。这样可以发现危险值以及在报警限值达到之前及时作出反应。例如轴承温度的迅速变化。

（6）测点报告。系统提供对所有测点的全面的信息,包括当前状态、瞬间测量值、当前的限值以及其他重要信息的动态显示。此外,测点报告还显示分站、模块插入位置、传感器类型以及延时时间等静态信息。

（7）报警点实时显示。报警点按一定的顺序实时显示,每点显示 100 ms。

（8）报警总结、事件记录、部分数据、测点表。通过对部分报警的评估及一些不同列表,促进了对船上事件的迅速和全面的了解。列表的内容是动态的,所有的测点值不断更新。

2）WinCC 与 PLC 的通信

WinCC 是 Windows Control Center 的简称,它是西门子公司设计的基于 Windows 操作系统的强大的 HMI/SCADA 应用软件系统。WinCC 于 1996 年进入世界工业控制组态软件市场,并在短时间内发展成为第三个在世界范围内成功的 SCADA 系统,成为 HMI/SCADA 软件中的后起之秀。WinCC 的设计从一开始就定位于世界范围内的通用性多语言设计软件,其产品适合于世界上各主要制造商生产的控制系统,如 A－B,Modicon,GE 等。WinCC 提供多种系统组态方式,包括单用户、多用户、分布式以及冗余系统,为用户提供了 Windows 操作系统环境下使用各种通用软件的功能,并集成了组态、监控和数据采集（SCADA）、脚本（Script）语言和 OPC 等先进技术。WinCC 可连续记录与质量有关的顺序和时间,具有强大的数据采集与监控功能:全图形化显示过程顺序和状态条件、记录过程和归档数据、归档测量值和消息、生成报表和确认时间、提供脚本语言的二次开发功能、支持存储和查询历史数据、用户管理及其访问授权等。

西门子常用的通信方式主要有以下几种:自由口通信、PPI 通信、MPI 通信、PROFIBUS 通信、工业以太网通信等。

WinCC 以变量和过程值的形式与 PLC 交换信息。PLC 采集被监控系统的过程参数值,通过特定方式传送给 WinCC 变量管理器,WinCC 的应用程序如图形运行系统、报警记录运行等以 WinCC 变量形式向变量管理器请求所需要的数据。同理,用户所需要执行的操作通过 WinCC 的应用程序赋予 WinCC 变量,再送到 PLC,从而决定 PLC 的输出信号,并用来驱动控制系统。

实现 WinCC 与西门子 S7 PLC 的通信,需要确定 PLC 上通信口的类型,据此选择 PC 机上的通信卡类型。S7－300 系列的 CPU 至少会集成一个 MPI/DP 口,如果型号后面有 2DP 则表示两个 DP 口。当通信口不能满足需要或组态了其他通信方式时,则需要扩展通信模块。同时,PC 机上必须安装通信卡。PC 机上的通信卡可分为这几类:按用途可分为工业以太网卡和 PROFIBUS/MPI 卡,按插槽可分为 ISA 型、PCI 型和 PCMCIA 型,按通信卡的工作原理可分为 Hardnet（这种类型的通信卡有自己的微处理器,可以减轻系统 CPU 上的负荷,可以使用两种或两种以上的通信协议,即多协议操作）型和 Softnet（这种类型的通信卡没有自己的微处理器,同一时间内只能使用一种通信协议,即单协议操作）型两种。

实现 WinCC 与 PLC 的通信还需要添加 SIMATIC S7 Protocol Suite 驱动程序。

WinCC 提供了一个名称为 SIMATIC S7 Protocol Suite 的驱动程序,支持 WinCC 站与 SIMATIC S7 系列 PLC 之间的通信。该通道包括许多通道单元,主要用于连接 SIMATIC S7 - 300 和 SIMATIC S7 - 400。

添加 SIMATIC S7 Protocol Suite 驱动程序的步骤如下:

(1) 在 WinCC 项目管理器的浏览窗口中,鼠标右键单击"变量管理"。

(2) 从弹出变量管理器的快捷菜单中选择"添加新的驱动程序"菜单项,打开"添加新的驱动程序"对话框,选择"SIMATIC S7 Protocol Suite. chn"。

(3) 添加此驱动程序到所组态的 WinCC 项目中。

通道创建以后,可以看到 S7 协议组中 MPI、PROFIBUS、以太网的驱动。

SIMOS IMAC 55 网络型监控系统采用 PROFIBUS 实现 PLC 与 WinCC 之间的通信。

3) 采用 PROFIBUS 的通信设置

WinCC 侧设置步骤(使用 CP5611):

(1) 在安装 WinCC 的 PC 机上安装 CP5611 PROFIBUS 通信卡并重启。

(2) 安装 SIMATIC NET 光盘上的文件,包括 SIMATIC NET PC Product、NCM PC/S7 和 NCM S7 - PROFIBUS 软件。

(3) 打开 Windows 控制面板下的工具 Set PG/PC Interface,然后打开 Installing/Uninstalling Interface 对话框。如果 CP5611 未出现在已安装的模块清单中,就需要添加 CP5611 模块,然后退出此对话框。在 Set PG/PC Interface 对话框中选择 CP_L2_1 的访问站点为 CP5611(PROFIBUS)。同时设置 CP5611 卡的站地址、PROFIBUS 总线的传输率和传输协议。

(4) 添加驱动程序 SIMATIC S7 Protocol Suite。添加完成后,选择 PROFIBUS 网络。添加一个与 PLC 的连接,并定义 CPU 的站号、槽号以及扩展机架号等。

(5) 在 PROFIBUS 通道单元的快捷菜单中选择"新驱动程序的连接"菜单项,打开"连接属性"对话框,输入连接的名称。然后在"属性"中打开"连接参数- PROFIBUS"对话框,在"站地址"文本框中输入站地址,此站地址应与硬件组态时设定的站地址相同,网络段号为 0,在"机架号"中输入 CPU 所在的机架号,在"插槽号"文本框中指定 CPU 所在的插槽号。

(6) 在刚刚建立的 PROFIBUS 连接上建立变量,测试连接是不是正常。

同时,在 PLC 侧也需要设置 PROFIBUS 站地址和传送速率,并下载到 PLC 中。注意这些设置需要与在 WinCC 中的对应设置一致。

附录 A   PLC 实验指导书

A.1   Y/△换接起动的模拟控制

1）实验目的

用 PLC 构成 Y/△换接起动控制系统。

2）实验内容

（1）控制要求。

按下启动按钮 SB1，电动机运行，U1，V1，W1 亮，表示是 Y 型起动；2 s 后，U1，V1，W1 灭，U2，V2，W2 亮表示△型起动。按下停止按钮 SB2，电动机停止运行。

（2）I/O 分配。

输入	输出	
起动按钮：I0.0	U1：Q0.0	U2：Q0.3
停止按钮：I0.1	V1：Q0.1	V2：Q0.4
	W1：Q0.2	W2：Q0.5

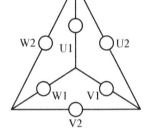

图 A-1   Y/△换接起动控制

表 A-1   Y/△换接起动语句表程序

1	LD	I0.0	7	AN	Q0.5	13	LD	T37
2	O	Q0.0	8	=	Q0.0	14	O	Q0.3
3	A	I0.1	9	=	Q0.1	15	A	I0.1
4	AN	T37	10	=	Q0.2	16	=	Q0.3
5	AN	Q0.3	11	LD	Q0.0	17	=	Q0.4
6	AN	Q0.4	12	TON	T37,+20	18	=	Q0.5

A.2   天塔之光的模拟控制

1）实验目的

用 PLC 构成天塔之光控制系统。

2) 实验内容

(1) 控制要求。

L12→L11→L10→L8→L1→L1、L2、L9→L1、L5、L8→L1、
L4、L7→L1、L3、L6→L1→L2、L3、L4、L5→L6、L7、L8、L9→L1、
L2、L6→L1、L3、L7→L1、L4、L8→L1、L5、L9→L1→L2、L3、L4、
L5→L6、L7、L8、L9→L12→L11→L10……循环下去

(2) I/O分配。

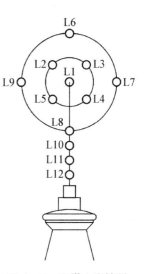

图 A-2　天塔之光控制

输入	输出	
起动按钮: I0.0	L1: Q0.0	L7: Q0.6
停止按钮: I0.1	L2: Q0.1	L8: Q0.7
	L3: Q0.2	L9: Q1.0
	L4: Q0.3	L10: Q1.1
	L5: Q0.4	L11: Q1.2
	L6: Q0.5	L12: Q1.3

表 A-2　天塔之光控制语句表程序

1	LD	I0.0	21	LD	M0.0	40	LD	M11.1
2	O	M0.1	22	SHRB	M10.0, M10.1,+19	41	O	M11.3
3	A	I0.1				42	O	M11.6
4	=	M0.1	23	LD	M10.5	43	O	M12.2
5	LD	M0.1	24	O	M11.6	44	=	Q0.2
6	AN	M0.0	25	O	M11.7	45	LD	M11.0
7	TON	T37,+5	26	O	M11.0	46	O	M11.3
8	LD	T37	27	O	M11.1	47	O	M11.7
9	=	M0.0	28	O	M11.2	48	O	M12.2
10	LD	M0.1	29	O	M11.5	49	=	Q0.3
11	TON	T38,+10	30	O	M11.6	50	LD	M10.7
12	AN	T38	31	O	M11.7	51	O	M11.3
13	=	M1.0	32	O	M12.0	52	O	M12.0
14	LD	M1.0	33	O	M12.1	53	O	M12.2
15	O	M0.2	34	=	Q0.0	54	=	Q0.4
16	=	M10.0	35	LD	M10.6	55	LD	M11.1
17	LD	M12.3	36	O	M11.3	56	O	M11.4
18	TON	T39,+5	37	O	M11.5	57	O	M11.5
19	AN	T39	38	O	M12.2	58	O	M12.3
20	=	M0.2	39	=	Q0.1	59	=	Q0.5

（续表）

60	LD	M11.0	68	O	M11.7	76	LD	M10.3
61	O	M11.4	69	O	M12.3	77	=	Q1.1
62	O	M11.6	70	=	Q0.7	78	LD	M10.2
63	O	M12.3	71	LD	M10.6	79	=	Q1.2
64	=	Q0.6	72	O	M11.4	80	LD	M10.1
65	LD	M10.4	73	O	M12.0	81	=	Q1.3
66	O	M10.7	74	O	M12.3	82	LDN	I0.1
67	O	M11.4	75	=	Q1.0	83	R	M10.1,19

A.3　数码显示的模拟控制

1）实验目的

用 PLC 构成数码显示控制系统。

2）实验内容

（1）控制要求。

A→B→C→D→E→F→G→H→ABCDEF→BC→
ABDEG → ABCDG → BCFG → ACDFG → ACDEFG →
ABC→ABCDEFG→ABCDFG→A→B→C……循环下去

（2）I/O 分配。

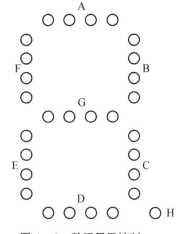

图 A-3　数码显示控制

输入	输出	
起动按钮：I0.0	A：Q0.0	E：Q0.4
停止按钮：I0.1	B：Q0.1	F：Q0.5
	C：Q0.2	G：Q0.6
	D：Q0.3	H：Q0.7

表 A-3　数码显示控制语句表程序

1	LD	I0.0	9	=	M0.0	17	LD	M12.2
2	O	M0.1	10	LD	M0.1	18	TON	T39,+20
3	A	I0.1	11	TON	T38,+30	19	AN	T39
4	=	M0.1	12	AN	T38	20	=	M0.2
5	LD	M0.1	13	=	M1.0	21	LD	M0.0
6	AN	M0.0	14	LD	M1.0	22	SHRB	M10.0, M10.1, +18
7	TON	T37,+20	15	O	M0.2			
8	LD	T37	16	=	M10.0	23	LD	M10.1

(续表)

24	O	M11.1	46	O	M11.4	68	=	Q0.4
25	O	M11.3	47	O	M11.5	69	LD	M10.6
26	O	M11.4	48	O	M11.6	70	O	M11.1
27	O	M11.6	49	O	M11.7	71	O	M11.5
28	O	M11.7	50	O	M12.0	72	O	M11.0
29	O	M12.0	51	O	M12.1	73	O	M11.7
30	O	M12.1	52	O	M12.2	74	O	M12.1
31	O	M12.2	53	=	Q0.2	75	O	M12.2
32	=	Q0.0	54	LD	M10.4	76	=	Q0.5
33	LD	M10.2	55	O	M11.1	77	LD	M10.7
34	O	M11.1	56	O	M11.3	78	O	M11.3
35	O	M11.2	57	O	M11.4	79	O	M11.4
36	O	M11.3	58	O	M11.6	80	O	M11.5
37	O	M11.4	59	O	M11.7	81	O	M11.6
38	O	M11.5	60	O	M12.1	82	O	M11.7
39	O	M12.0	61	O	M12.2	83	O	M12.1
40	O	M12.1	62	=	Q0.3	84	O	M12.2
41	O	M12.2	63	LD	M10.5	85	=	Q0.6
42	=	Q0.1	64	O	M11.1	86	LD	M11.0
43	LD	M10.3	65	O	M11.3	87	=	Q0.7
44	O	M11.1	66	O	M11.7	88	LDN	I0.1
45	O	M11.2	67	O	M12.1	89	R	M10.1,18

A.4　交通灯的模拟控制

1）实验目的

用 PLC 构成交通灯控制系统。

2）实验内容

（1）控制要求。

起动后,南北红灯亮并维持 25 s。在南北红灯亮的同时,东西绿灯也亮,1 s 后,东西车灯即甲亮。到 20 s 时,东西绿灯闪亮,3 s 后熄灭,在东西绿灯熄灭后东西黄灯亮,同时甲灭。黄灯亮 2 s 后

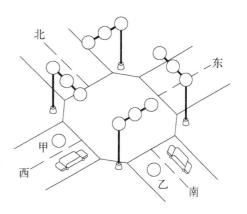

图 A-4　交通灯控制

灭,东西红灯亮。与此同时,南北红灯灭,南北绿灯亮。1 s后,南北车灯即乙亮。南北绿灯亮了25 s后闪亮,3 s后熄灭,同时乙灭,黄灯亮2 s后熄灭,南北红灯亮,东西绿灯亮,循环。

（2）I/O分配。

输入	输出	
起动按钮：I0.0	南北红灯：Q0.0	东西红灯：Q0.3
	南北黄灯：Q0.1	东西黄灯：Q0.4
	南北绿灯：Q0.2	东西绿灯：Q0.5
	南北车灯（乙）：Q0.6	东西车灯（甲）：Q0.7

表 A-4　交通灯控制语句表程序

1	LD	I0.0	26	=	Q0.3	51	LD	T38
2	O	M0.0	27	LD	Q0.0	52	AN	T39
3	=	M0.0	28	AN	T43	53	A	T59
4	LD	M0.0	29	=	Q0.3	54	OLD	
5	AN	T41	30	LD	Q0.0	55	=	Q0.2
6	TON	T37,+250	31	AN	T43	56	LD	Q0.3
7	LD	T37	32	LD	T43	57	AN	T38
8	TON	T41,+300	33	AN	T44	58	LD	LD
9	LD	M0.0	34	A	T59	59	AN	T39
10	AN	T37	35	OLD		60	OLD	
11	TON	T43,+200	36	=	Q0.5	61	=	T50,+10
12	LD	T43	37	LD	Q0.0	62	LD	T50
13	TON	T44,+30	38	AN	T43	63	AN	T39
14	LD	T44	39	LD	T43	64	=	Q0.6
15	TON	T42,+20	40	AN	T44	65	LD	T39
16	LD	T37	41	OLD		66	AN	T40
17	TON	T38,+250	42	TON	T49,+10	67	=	Q0.1
18	LD	T38	43	LD	T49	68	LD	M0.0
19	TON	T39,+30	44	AN	T44	69	AN	T60
20	LD	T39	45	=	Q0.7	70	TON	T59,+5
21	TON	T40,+20	46	LD	T44	71	LD	T59
22	LD	M0.0	47	AN	T42	72	TON	T60,+5
23	AN	T37	48	=	Q0.4	73	LDN	SM0.7
24	=	Q0.0	49	LD	Q0.3	74	R	M0.0,100
25	LD	T37	50	AN	T38			

A.5 四节传送带的模拟控制

1）实验目的

用 PLC 构成四节传送带控制系统.

2）实验内容

（1）控制要求.

起动后,先起动最末的皮带机(M4),1 s 后再依次起动其他的皮带机;停止时,先停止最初的皮带机(M1),1 s 后再依次停止其他的皮带机;当某条皮带机发生故障时,该机及前面的应立即停止,以后的每隔 1 s 顺序停止;当某条皮带机有重物时,该皮带机前面的应立即停止,该皮带机运行 1 s 后停止,再 1 s 后接下去的一台停止,依此类推.

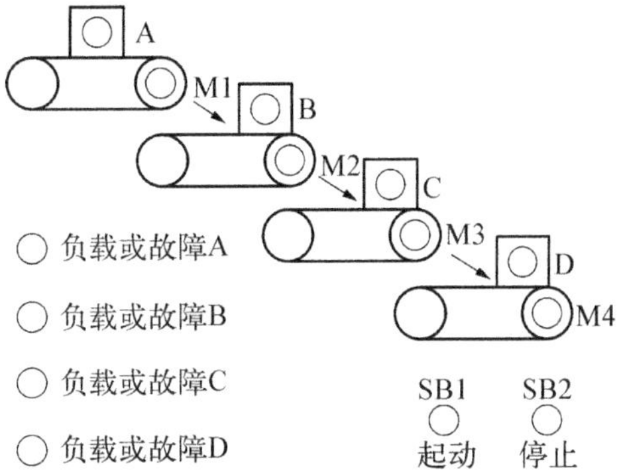

（2）I/O 分配.

输入		输出	
起动按钮:	I0.0	M1:	Q0.1
停止按钮:	I0.5	M2:	Q0.2
负载或故障 A:	I0.1	M3:	Q0.3
负载或故障 B:	I0.2	M4:	Q0.4
负载或故障 C:	I0.3		
负载或故障 D:	I0.4		

图 A-5 四节传送带控制

表 A-5 四节传送带故障设置控制语句表程序

1	LD	I0.0	14	=	M0.2	27	R	Q0.1,1
2	O	M0.1	15	LD	M0.2	28	=	M0.4
3	A	I0.5	16	TON	T38,+10	29	LD	M0.4
4	AN	I0.1	17	LD	T38	30	TON	T40,+10
5	AN	I0.2	18	S	Q0.2,1	31	LD	T40
6	AN	I0.3	19	=	M0.3	32	R	Q0.2,1
7	AN	I0.4	20	LD	M0.3	33	=	M0.5
8	S	Q0.4,1	21	TON	T39,+10	34	LD	M0.5
9	=	M0.1	22	LD	T39	35	TON	T41,+10
10	LD	M0.1	23	S	Q0.1,1	36	LD	T41
11	TON	T37,+10	24	LDN	I0.5	37	R	Q0.3,1
12	LD	T37	25	O	M0.4	38	=	M0.6
13	S	Q0.3,1	26	AN	I0.0	39	LD	M0.6

（续表）

40	TON	T42,+10	59	TON	T45,+10	78	O	M0.4
41	LD	T42	60	LD	T45	79	AN	I0.0
42	R	Q0.4,1	61	R	Q0.4,1	80	R	Q0.1,1
43	LD	I0.1	62	LD	I0.2	81	R	Q0.2,1
44	O	M0.7	63	O	M1.2	82	R	Q0.3,1
45	AN	I0.0	64	AN	I0.0	83	=	M1.4
46	R	Q0.1,1	65	R	Q0.1,1	84	LD	M1.4
47	=	M0.7	66	R	Q0.2,1	85	TON	T48,+10
48	LD	M0.7	67	=	M1.2	86	LD	T48
49	TON	T43,+10	68	LD	M1.2	87	R	Q0.4,1
50	LD	T43	69	TON	T46,+10	88	LD	I0.4
51	R	Q0.2,1	70	LD	T46	89	O	M1.5
52	=	M1.0	71	R	Q0.3,1	90	AN	I0.0
53	LD	M1.0	72	=	M1.3	91	R	Q0.1,1
54	TON	T44,+10	73	LD	M1.3	92	R	Q0.2,1
55	LD	T44	74	TON	T47,+10	93	R	Q0.3,1
56	R	Q0.3,1	75	LD	T47	94	R	Q0.4,1
57	=	M1.1	76	R	Q0.4,1	95	=	M1.5
58	LD	M1.1	77	LD	I0.3			

A.6 五相步进电机的模拟控制

1）实验目的

用PLC构成五相步进电机控制系统。

2）实验内容

（1）控制要求。

按下启动按钮SB1，A相通电（A亮）→B相通电（B亮）→C相通电（C亮）→D相通电（D亮）→E相通电（E亮）→A→AB→B→BC→C→CD→D→DE→E→EA→A→B循环下去。按下停止按钮SB2，所有操作都停止需重新起动。

（2）I/O分配。

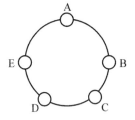

图A-6 五相步进电机控制

输入	输出	
起动按钮：I0.0	A：Q0.1	D：Q0.4
停止按钮：I0.1	B：Q0.2	E：Q0.5
	C：Q0.3	

表 A‑6　五相步进电机控制语句表程序

1	LD	I0.0	19	TON	T39,+20	35	O	M11.1
2	O	M0.1	20	AN	T39	36	O	M11.2
3	A	I0.1	21	=	M0.2	37	O	M11.3
4	=	M0.1	22	LD	M0.0	38	=	Q0.3
5	LD	M0.1	23	SHRB	M10.0, M10.1,+15	39	LD	M10.4
6	AN	M0.0				40	O	M11.3
7	TON	T37,+20	24	LD	M10.1	41	O	M11.4
8	LD	T37	25	O	M10.6	42	O	M11.5
9	=	M0.0	26	O	M10.7	43	=	Q0.4
10	LD	M0.1	27	O	M11.7	44	LD	M10.5
11	TON	T38,+30	28	=	Q0.1	45	O	M11.5
12	AN	T38	29	LD	M10.2	46	O	M11.6
13	=	M1.0	30	O	M10.7	47	O	M11.7
15	LD	M1.0	31	O	M11.0	48	=	Q0.5
16	O	M0.2	32	O	M11.1	49	LDN	I0.1
17	=	M10.0	33	=	Q0.2	50	R	M10.1,15
18	LD	M11.7	34	LD	M10.3			

附录 B   S7 - 200 PLC 指令快速参考

B.1   特殊存储器

（1）SMB0：状态位。

各位的作用如下所示，在每个扫描周期结束时，由 CPU 更新这些位。

SM0.0：此位始终为 1；

SM0.1：首次扫描时为 1，可以用于调用初始化子程序；

SM0.2：如果断电保存的数据丢失，此位在一个扫描周期中为 1，可用作错误存储器位，或用来调用特殊启动顺序；

SM0.3：开机后进入 RUN 模式，该位将置位一个扫描周期，可以用于起动操作之前给设备提供预热时间；

SM0.4：提供高低电平各为 30 s，周期为 1 min 的时钟脉冲；

SM0.5：提供高低电平各为 0.5 s，周期为 1 s 的时钟脉冲；

SM0.6：扫描时钟，本次扫描时为 1，下次扫描时为 0，可以用作扫描计数器的输入；

SM0.7：指示工作方式开关的位置，0 为 TERM 位置，1 为 RUN 位置。开关在 RUN 位置时，该位可以使自由口端通信模式有效，切换 TERM 位置时，CPU 可以与编程设备正常通信。

（2）SMB1：状态位。

SMB1 包含了各种潜在的错误提示，这些位因指令的执行被置位或复位。

SM1.0：零标志，当执行某些指令的结果为 0 时，该位置 1；

SM1.1：错误标志，当执行某些指令的结果溢出或检测到非法数值时，该位置 1；

SM1.2：负数标志，数学运算的结果为负时，该位置 1；

SM1.3：试图除以 0 时，该位置 1；

SM1.4：执行 ATT（Add to Table）指令时超出表的范围时，该位置 1；

SM1.5：执行 LIFO 或 FIFO 指令时试图从空表读取数据时，该位置 1；

SM1.6：试图将非 BCD 数值转换成二进制数值时，该位置 1；

SM1.7：ASCII 码不能被转换成有效的十六进制数值时，该位置 1。

（3）SMB2：自由端口接收字符缓冲区。

在自由端口模式下从端口 0 或端口 1 接收的每个字符均被存于 SMB2，便于梯形图程序存取。

（4）SMB3：自由端口奇偶校验错误。

接收到的字符有奇偶校验错误时，SM3.0 被置 1，根据该位来丢弃错误的信息。

（5）SMB4：队列溢出。

SMB4 包含中断队列溢出位、中断允许标志位和发送空闲位等（见表 C-3 和 6.6.3 节）。

SM4.0：通信中断队列溢出时，该位置 1；

SM4.1：输入中断队列溢出时，该位置 1；

SM4.2：定时中断队列溢出时，该位置 1；

SM4.3：在运行时发现编程问题，该位置 1；

SM4.4：全局中断允许位，允许中断时该位置 1；

SM4.5：端口 0 发送器空闲时，该位置 1；

SM4.6：端口 1 发送器空闲时，该位置 1；

SM4.7：发生强制时，该位置 1。

（6）SMB5：I/O 错误状态。

SMB5 包含 I/O 系统里检测到的错误状态位。

（7）SMB6：CPU 标识（ID）寄存器。

SM6.4～SM6.7 用于识别 CPU 的类型。

（8）SMB8～SMB21：I/O 模块标识与错误寄存器。

SMB8～SMB21 以字节对的形式用于 0～6 号扩展模块。偶数字节是模块标识寄存器，用于标记模块的类型、I/O 类型、输入和输出的点数。奇数字节是模块错误寄存器，提供该模块 I/O 的错误信息。

（9）SMW22～SMW26：扫描时间。

SMW22～SMW26 中是以 ms 为单位的上一次扫描时间、最短扫描时间和最长扫描时间。

（10）SMB28 和 SMB29：模拟电位器。

8 位数字分别对应于模拟电位器 0 和模拟电位器 1 动触点的位置（只读）。

（11）SMB30 和 SMB130：自由端口控制寄存器。

SMB30 和 SMB130 分别控制自由端口 0 和自由端口 1 的通信方式，用于设置通信的波特率和奇偶校验等，并提供自由端口模式或系统支持的 PPI 通信协议的选择。

（12）SMB31 和 SMB32：EEPROM 写控制。

（13）SMB34 和 SMB35：定时中断的时间间隔寄存器。

SMB34 和 SMB35 用于设置定时器中断 0 与定时器中断 1 的时间间隔（1～255 ms）。

（14）SMB36～SMD62：HSC0、HSC1 和 HSC2 寄存器。

（15）SMB66～SMB85：PTO/PWM 寄存器，用于控制和监视脉冲输出（PTO）和脉宽调制（PWM）功能。

（16）SMB86～SMB94：端口 0 接收信息控制。

（17）SMW98：扩展总线错误计数器。

当扩展总线出现校验错误时加 1，系统得电或用户写入零时清零。

（18）SMB130：自由端口 1 控制寄存器，与 SMB30 功能相同。

（19）SMB136～SMB165：高速计数器寄存器，用于监视和控制高速计数器 HSC3～HSC5 的操作（读/写）。

（20）SMB166～SMB185：PTO0 和 PTO1 包络定义表。

（21）SMB186～SMB194：端口 1 接收信息控制。

（22）SMB200～SMB549：智能模块状态。

SMB200～SMB549 预留给智能扩展模块（例如 EM 277 PROFIBUS-DP 模块）的状态信息。例如 SMB200～SMB249 预留给系统的第一个扩展模块（离 CPU 最近的模块）；SMB250～SMB299 预留给第二个智能模块。

B.2　指令简表

类别	指　令	操 作 数	功　　　　　能
布 尔 指 令	LD LDI LDN LDNI	N N N N	装载（电路开始的常开触点） 立即装载 取反后装载（电路开始的常闭触点） 取反后立即装载
	A AI AN ANI	N N N N	与（串联的常开触点） 立即与 取反后与（串联的常闭触点） 取反后立即与
	O OI ON ONI	N N N N	或（并联的常开触点） 立即或 取反后或（并联的常闭触点） 取反后立即或
	LDBx	N1，N2	装载字节的比较结果，N1（x：<，<=，=，>=，>，<>）N2
	ABx	N1，N2	与字节比较的结果，N1（x：<，<=，=，>=，>，<>）N2
	OBx	N1，N2	或字节比较的结果，N1（x：<，<=，=，>=，>，<>）N2
	LDWx	N1，N2	装载字比较的结果，N1（x：<，<=，=，>=，>，<>）N2
	AWx	N1，N2	与字比较的结果，N1（x：<，<=，=，>=，>，<>）N2
	OWx	N1，N2	或字比较的结果，N1（x：<，<=，=，>=，>，<>）N2
	LDDx	N1，N2	装载双字的比较结果，N1（x：：<，<=，=，>=，>，<>）N2
	ADx	N1，N2	与双字的比较结果，N1（x：<，<=，=，>=，>，<>）N2
	ODx	N1，N2	或双字的比较结果，N1（x：<，<=，=，>=，>，<>）N2
	LDRx	N1，N2	装载实数的比较结果，N1（x：<，<=，=，>=，>，<>）N2
	ARx	N1，N2	与实数的比较结果，N1（x：<，<=，=，>=，>，<>）N2
	ORx	N1，N2	或实数的比较结果，N1（x：<，<=，=，>=，>，<>）N2

(续表)

类别	指　令	操 作 数	功　　　能
布尔指令	NOT		栈顶值取反
	EU ED		上升沿检测 下降沿检测
	＝	Bit	赋值(线圈)
	＝I	Bit	立即赋值
	S R SI RI	Bit,N Bit,N Bit,N Bit,N	置位一个区域 复位一个区域 立即置位一个区域 立即复位一个区域
	LDSx ASx OSx	N1, N2 N1, N2 N1, N2	装载字符串比较结果,N1(x: ＝,＜＞)N2 与字符串比较结果,N1(x: ＝,＜＞)N2 或字符串比较结果,N1(x: ＝,＜＞)N2
	ALD OLD		与装载(电路块串联) 或装载(电路块并联)
	LPS LRD LPP LDS	 N	逻辑入栈 逻辑读栈 逻辑出栈 装载堆栈
	AENO		逻辑与 ENO 输出
数学、加1减1指令	＋I ＋D ＋R	IN1, OUT IN1, OUT IN1, OUT	整数加法,IN1＋OUT＝OUT 双整数加法,IN1＋OUT＝OUT 实数加法,IN1＋OUT＝OUT
	－I －D －R	IN1, OUT IN1, OUT IN1, OUT	整数减法, OUT－IN1＝OUT 双整数减法,OUT－IN1＝OUT 实数减法,OUT－IN1＝OUT
	MUL	IN1, OUT	整数乘整数得双整数
	＊I ＊D ＊R	IN1, OUT IN1, OUT IN1, OUT	整数乘法,IN1＊OUT＝OUT 双整数乘法,IN1＊OUT＝OUT 实数乘法,IN1＊OUT＝OUT
	DIV	IN1, OUT	整数除整数得双整数
	/I /D /R	IN1, OUT IN1, OUT IN1, OUT	整数除法,OUT/IN1＝OUT 双整数除法,OUT/IN1＝OUT 实数除法,OUT/IN1＝OUT
	SQRT	IN, OUT	平方根
	LN	IN, OUT	自然对数
	EXP	IN, OUT	自然指数

(续表)

类别	指令	操作数	功能
数学、加1减1指令	SIN	IN, OUT	正弦
	COS	IN, OUT	余弦
	TAN	IN, OUT	正切
	INCB	OUT	字节加1
	INCW	OUT	字加1
	INCD	OUT	双字加1
	DECB	OUT	字节减1
	DECW	OUT	字减1
	DECD	OUT	双字减1
	PID	Table, loop	PID 回路
定时器和计数器指令	TON	Txxx, PT	接通延时定时器
	TOF	Txxx, PT	断开延时定时器
	TONR	Txxx, PT	保持型接通延时定时器
	BITIM	OUT	起动间隔定时器
	CITIM	IN, OUT	计算间隔定时器
	CTU	Cxxx, PV	加计数器
	CTD	Cxxx, PV	减计数器
	CTUD	Cxxx, PV	加/减计数器
实时时钟指令	TODR	T	读实时时钟
	TODW	T	写实时时钟
	TODRX	T	扩展读实时时钟
	TODWX	T	扩展写实时时钟
程序控制指令	STOP		切换到 STOP 模式
	WDR		看门狗复位(300 ms)
	JMP	N	跳到指定的标号
	LBL	N	定义一个跳转的标号
	CALL	N(N1, …)	调用子程序,可以有 16 个可选参数
	CRET		从子程序条件返回
	FOR	INDX,	For/Next 循环
	NEXT	INIT, FINAL	
	LSCR	N	顺控继电器段的启动
	SCRT	N	顺控继电器段的转换
	CSCRE		顺控继电器段的条件结束
	SCRE		顺控继电器段的结束
	DLED	IN	诊断 LED

类别	指令	操作数	功能
传送、移位、循环和填充指令	MOVB MOVW MOVD MOVR	IN,OUT IN,OUT IN,OUT IN,OUT	字节传送 字传送 双字传送 实数传送
	BIR BIW	IN,OUT IN,OUT	立即读取物理输入字节 立即写物理输出字节
	BMB BMW BMD	IN, OUT, N IN, OUT, N IN, OUT, N	字节块传送 字块传送 双字块传送
	SWAP	IN	交换字节
	SHRB	DATA, S-BIT, N	移位寄存器
	SRB SRW SRD	OUT,N OUT,N OUT,N	字节右移 N 位 字右移 N 位 双字右移 N 位
	SLB SLW SLD	OUT,N OUT, N OUT,N	字节左移 N 位 字左移 N 位 双字左移 N 位
	RRB RRW RRD	OUT,N OUT,N OUT,N	字节循环右移 N 位 字循环右移 N 位 双字循环右移 N 位
	RLB RLW RLD	OUT,N OUT,N OUT,N	字节循环左移 N 位 字循环左移 N 位 双字循环左移 N 位
	FILL	IN, OUT, N	用指定的元素填充存储器空间
逻辑操作	ANDB ANDW ANDD	IN1,OUT IN1,OUT IN1,OUT	字节逻辑与 字逻辑与 双字逻辑与
	ORB ORW ORD	IN1,OUT IN1,OUT IN1,OUT	字节逻辑或 字逻辑或 双字逻辑或
	XORB XORW XORD	IN1,OUT IN1,OUT IN1,OUT	字节逻辑异或 字逻辑异或 双字逻辑异或
	INVB INVW INVD	OUT OUT OUT	字节取反(1 的补码) 字取反 双字取反

（续表）

类别	指令	操作数	功能
字符串指令	SLEN	IN,OUT	求字符串长度
	SCAT	IN,OUT	连接字符串
	SCPY	IN,OUT	复制字符串
	SSCPY	IN,INDX,N	OUT 复制子字符串
	CFND	IN1,IN2,OUT	在字符串中查找一个字符
	SFND	IN1,IN2,OUT	在字符串中查找一个子字符串
表、查找和转换指令	ATT	TABLE,DATA	把数据加到表中
	LIFO	TABLE,DATA	从表中取数据,后入先出
	FIFO	TABLE,DATA	从表中取数据,先入先出
	FND=	TBL,PATRN,INDX	在表 TBL 中查找等于比较条件 PATRN 的数据
	FND<>	TBL,PATRN,INDX	在表 TBL 中查找不等于比较条件 PATRN 的数据
	FND<	TBL,PATRN,INDX	在表 TBL 中查找小于比较条件 PATRN 的数据
	FND>	TBL,PATRN,INDX	在表 TBL 中查找大于比较条件 PATRN 的数据
	BCDI	OUT	BCD 码转换成整数
	IBCD	OUT	整数转换成 BCD 码
	BTI	IN,OUT	字节转换成整数
	ITB	IN,OUT	整数转换成字节
	ITD	IN,OUT	整数转换成双整数
	DTI	IN,OUT	双整数转换成整数
	DTR	IN,OUT	双整数转换成实数
	ROUND	IN,OUT	实数四舍五入为双整数
	TRUNC	IN,OUT	实数截位取整为双整数
	ATH	IN,OUT,LEN	ASCII 码→16 进制数
	HTA	IN,OUT,LEN	16 进制数→ASCII 码
	ITA	IN,OUT,FMT	整数→ASCII 码
	DTA	IN,OUT,FMT	双整数→ASCII 码
	RTA	IN,OUT,FMT	实数→ASCII 码
	DECO	IN,OUT	译码
	ENCO	IN,OUT	编码
	SEG	IN,OUT	七段译码
	ITS	IN,FMT,OUT	整数转换为字符串
	DTS	IN,FMT,OUT	双整数转换为字符串
	STR	IN,FMT,OUT	实数转换为字符串
	STI	IN,INDX,OUT	子字符串转换为整数
	STD	IN,INDX,OUT	子字符串转换为双整数
	STR	IN,INDX,OUT	子字符串转换为实数

类别	指 令	操 作 数	功　　　能
中断 指令	CRETI		从中断程序有条件返回
	ENI DISI		允许中断 禁止中断
	ATCH DTCH	INT,EVENT EVENT	给中断事件分配中断程序 解除中断事件
通信 指令	XMT RCV	TABLE,PORT TABLE,PORT	自由端口发送 自由端口接收
	NETR NETW	TABLE,PORT TABLE,PORT	网络读 网络写
	GPA SPA	ADDR,PORT ADDR,PORT	获取端口地址 设置端口地址
高速 计数 器指令	HDEF	HSC,MODE	定义高速计数器模式
	HSC	N	激活高速计数器
	PLS	X	脉冲输出

附录 C S7－300 组织块、系统功能与系统功能块一览表

表 C－1 组织块一览表

OB 编号	启动事件	默认优先级	说　明
OB1	启动或上一次循环结束时执行 OB1	1	主程序循环
OB10～OB17	日期时间中断 0～7	2	在设置的日期和时间启动
OB20～OB23	时间延迟中断 0～3	3～6	延时后启动
OB30～OB38	循环中断 0～8	7～15	以设定的时间为周期运行
OB40～OB47	硬件中断 0～7	16～23	检测到来自外部模块的中断请求时启动
OB55	状态中断	2	DPV1 中断（PROFIBUS－DP 中断）
0B56	刷新中断	2	
0B57	制造厂商特殊中断	2	
OB60	多处理器中断，调用 SFC 35 时启动	25	多处理器中断的同步操作
OB61～OB64	同步循环中断 1～4	25	
OB65	技术功能同步中断	25	
OB70	I/O 冗余错误	25	
OB72	CPU 冗余错误，例如一个 CPU 发生故障	28	冗余故障中断，只用于 H 系列 CPU
OB73	通信冗余错误中断，例如冗余连接的冗余丢失	25	
OB80	时间错误	26,启动时为 28	
OB81	电源故障	26,启动时为 28	
OB82	诊断中断	26,启动时为 28	
OB83	插入/拔出模块中断	26,启动时为 28	异步错误中断
OB84	CPU 硬件故障	26,启动时为 28	
OB85	优先级错误	26,启动时为 28	

（续表）

OB 编号	启 动 事 件	默认优先级	说 明
OB86	扩展机架、DP 主站系统或分布式 I/O 站故障	26，启动时为 28	异步错误中断
OB87	通信故障	26，启动时为 28	
OB88	过程中断	28	
OB90	背景组织块	29	背景循环
OB100	暖启动	27	启动
OB101	热启动	27	
OB102	冷启动	27	
OB121	编程错误	与引起中断的 OB 有相同的优先级	同步错误中断
OB122	I/O 访问错误		

表 C-2 系统功能(SFC)一览表

SFC 编号	SFC 名称	说 明
SFC 0	SET_CLK	设置系统时钟
SFC 1	READ_CLK	读取系统时钟
SFC 2	SET_RTM	设置运行时间定时器
SFC 3	CTRL_RTM	启动/停止运行时间定时器
SFC 4	READ_RTM	读取运行时间定时器
SFC 5	GADR_LGC	查询通道的逻辑地址
SFC 6	RD_SINFO	读取 OB 的启动信息
SFC 7	DP_PRAL	触发 DP 主站的硬件中断
SFC 9	EN_MSG	激活与块相关、符号相关和组状态的信息
SFC 10	DIS_MSG	禁止与块相关、符号相关和组状态的信息
SFC 11	SYC_FR	同步或锁定 DP 从站组
SFC 12	D_ACT_DP	激活或取消 DP 从站
SFC 13	DPNRM_DG	读取 DP 从站的诊断信息(从站诊断)
SFC 14	DPRD_DAT	读标准 DP 从站的一致性数据
SFC 15	DPWR_DAT	写标准 DP 从站的一致性数据
SFC 17	ALARM_SQ	生成可应答的与块相关的报文
SFC 18	ALARM_S	生成永久性的可应答的与块相关的报文
SFC 19	ALARM_SC	查询最后的 ALARM_SQ 状态报文的应答状态

SFC 编号	SFC 名称	说　　明
SFC 20	BLKMOV	复制多个变量
SFC 21	FILL	初始化存储器
SFC 22	CREAT_DB	生成一个数据块
SFC 23	EL_DB	删除一个数据块
SFC 24	TEST_DB	测试一个数据块
SFC 25	COMPRESS_	压缩用户存储器
SFC 26	UPDAT_PI	刷新过程映像输入表
SFC 27	UPDAT_PO	刷新过程映像输出表
SFC 28	SET_TINT	设置实时钟中断
SFC 29	CAN_TINT	取消实时钟中断
SFC 30	ACT_TINT	激活实时钟中断
SFC 31	QRY_TINT	查询实时钟中断的状态
SFC 32	SRT_DINT	启动延迟中断
SFC 33	CAN_DINT	取消延迟中断
SFC 34	QRY_DINT	查询延迟中断
SFC 35	MP_ALM	触发多 CPU 中断
SFC 36	MSK_FLT	屏蔽同步错误
SFC 37	DMSK_FLT	解除对同步错误的屏蔽
SFC 38	READ_ERR	读错误寄存器
SFC 39	DIS_IRT	禁止新的中断和异步错误处理
SFC 40	EN_IRT	允许新的中断和异步错误处理
SFC 41	DIS_AIRT	延迟高优先级的中断和异步错误处理
SFC 42	EN_AIRT	允许高优先级的中断和异步错误处理
SFC 43	RE_TRICR	重新触发扫描时间监视
SFC 44	REPL_VAL	将替换值传送到累加器 1 中
SFC 46	STP	将 CPU 切换到 STOP 模式
SFC 47	WAIT	延迟用户程序的执行
SFC 48	SNC_RTCB	同步从站的实时钟
SFC 49	LGC_CADR	查询一个逻辑地址的插槽和机架
SFC 50	RD_LCADR	查询模块所有的逻辑地址

（续表）

SFC 编号	SFC 名称	说　　　明
SFC 51	RDSYSST	读取系统状态表或局部系统状态表
SFC 52	WR_USMSG	将用户定义的诊断事件写入诊断缓冲器
SFC 54	RD PARM	读定义的参数
SFC 55	WR_PARM	写入动态参数
SFC 56	WR_DPARM	写入默认的参数
SFC 57	PARM_MOD	指定模块的参数
SFC 58	WR_REC	写入一个数据记录
SFC 59	RD_REC	读取一个数据记录
SFC 60	GD_SND	发送 GD(全局数据)包
SFC 61	GD_RCV	接收全局数据包
SFC 62	CONTROL	查询属于 S7_400 的本地通信 SFB 背景的连接状态
SFC 63	AB_CALL	调用汇编代码块
SFC 64	TIME_TCK	读取系统时间
SFC 65	X_SEND	将数据发送到局域 S7 站外的一个通信伙伴
SFC 66	X_RCV	接收局域 S7 站外的一个通信伙伴的数据
SFC 67	X_GET	读取局域 S7 站外的一个通信伙伴的数据
SFC 68	X_PUT	将数据写入局域 S7 站外的一个通信伙伴
SFC 69	X_ABORT	中止与局域 S7 站外的一个通信伙伴的连接
SFC 72	I_GET	从局域 S7 站内的一个通信伙伴读取数据
SFC 73	I_PUT	将数据写入局域 S7 站内的一个通信伙伴
SFC 74	I_ABORT	中止与局域 S7 站内的一个通信伙伴的连接
SFC 78	OB_RT	确定 OB 程序的运行时间
SFC 79	SET	置位输出范围
SFC 80	RSET	复位输出范围
SFC 81	UBLKMOV	不间断的块移动
SFC 82	CREA_DBL	生成装载存储器中的数据块
SFC 83	READ_DBL	读取装载存储器中的一个数据块
SFC 84	WRIT_DBL	写入装载存储器中的一个数据块
SFC 87	C_DIAC	实际连接状态的诊断
SFC 90	H_CTRL	H 系统的控制操作

（续表）

SFC 编号	SFC 名称	说　　明
SFC 100	SET_CLKS	设置日期时间和日期时间状态
SFC 101	RTM	处理运行时间计时器
SFC 102	RD_DPARA	重新定义参数
SFC 103	DP_TOPOL	识别 DP 主系统中的总线拓扑
SFC 104	CiR_	控制 CiR
SFC 105	READ_SI_	读动态系统资源
SFC 106	DEL_SI	删除动态系统资源
SFC 107	ALARM_DQ	生成可应答的与块有关的报文
SFC 108	ALARM_D	生成永久的可应答的与块有关的报文
SFC 126	SYNC_PI	同步刷新过程映像输入表
SFC 127	SYNC_PO	同步刷新过程映像输出表

表 C - 3　系统功能块(SFB)一览表

SFB 编号	SFB 名称	说　　明
SFB 0	CTU	加计数
SFB 1	CTD	减计数
SFB 2	CTUD	加/减计数
SFB 3	TP	生成一个脉冲
SFB 4	TON	产生 ON 延迟
SFB 5	TOF	产生 OFF 延迟
SFB 8	USEND	不对等的数据发送
SFB 9	URCV	不对等的数据接收
SFB 12	BSEND	发送段数据
SFB 13	BRCV	接收段数据
SFB 14	CET	从远程 CPU 读数据
SFB 15	PUT	向远程 CPU 写数据
SFB 16	PRINT	发送数据到打印机
SFB 19	START	初始化远程装置的暖起动或冷起动
SFB 20	STOP	将远程装置切换到 STOP 状态
SFB 21	RESUME	初始化远程装置的热起动
SFB 22	STATUS	查询远程装置的状态

(续表)

SFB 编号	SFB 名称	说　　明
SFB 23	USTATUS	接收远程装置的状态
SFB 29	HS_COUNT	集成的高速计数器
SFB 30	FREQ_MES	集成的频率计
SFB 31	NOTIFY_8P	生成不带应答指示的与块相关的报文
SFB 32	DRUM	实现一个顺序控制器
SFB 33	ALARM	生成带应答指示的与块相关的报文
SFB 34	ALARM_8	生成与 8 个信号值无关的与块相关的报文
SFB 35	ALARM_ 8P	生成与 8 个信号值有关的与块相关的报文
SFB 36	NOTIFY	生成不带应答显示的与块相关的报文
SFB 37	AR_ SEND	发送归档数据
SFB 38	HSC_ A _B	集成的 A/B 相高速计数器
SFB 39	POS	集成的定位功能
SFB 41	CONT_C	连续 PID 控制
SFB 42	CONT_S	步进 PID 控制
SFB 43	PULSEGEN	脉冲发生器
SFB 44	ANALOC	使用模拟输出的定位,仅用于 S7－300C CPU
SFB 46	DIGITAL	使用数字输出的定位,仅用于 S7－300C CPU
SFB 47	COUNT	计数器控制,仅用于 S7－300C CPU
SFB 48	FREQUENC	频率测量控制,仅用于 S7－300C CPU
SFB 49	PULSE	脉冲宽度调制控制,仅用于 S7－300C CPU
SFB 52	RDREC	从 DP 从站读数据记录
SFB 53	WRREC	向 DP 从站写数据记录
SFB 54	RALRM	从 DP 从站接收中断
SFB 60	SEND_PTP	发送数据(ASCII 协议或 3964(R)协议),仅用于 S7－300C CPU
SFB 61	RCV_PTP	接收数据(ASCII 协议或 3964(R)协议),仅用于 S7－300C CPU
SFB 62	RES_RCVB	删除接收缓冲区(ASCII 协议或 3964(R)协议),仅用于 S7－300C CPU
SFB 63	SEND_RK	发送数据(RK512 协议),仅用于 S7－300C CPU
SFB 64	FETCH_RK	获取数据(RK512 协议),仅用于 S7－300C CPU
SFB 65	SERVE_RK	接收/提供数据(RK512 协议),仅用于 S7－300C CPU
SFB 75	SALRM	向 DP 主站发送中断

参 考 文 献

［1］廖常初.S7－200PLC 编程及应用［M］.北京：机械工业出版社,2011.

［2］李方园.PLC 电气控制精解［M］.北京：化学工业出版社,2010.

［3］缪学勤.20 种类型现场总线进入 IEC61158 第四版国际标准［J］.自动化仪表,2007,28(S1)：25－29.

［4］向晓汉,刘摇摇.西门子 S7－200PLC 完全精通教程［M］.北京：化学工业出版社,2013.

［5］张扬,蔡春伟,孙明健.原理与应用系统设计,S PLC［M］.北京：机械工业出版社,2007.

［6］Simatic.S7－200 可编程序控制器系统手册［M］.西门子公司,2008.

［7］Simatic.STEP7_Micro－WIN 使用说明 V4.0 SP5［EB/OL］.西门子公司,2007.

［8］廖常初.S7－300/400PLC 应用技术［M］.北京：机械工业出版社,2011：431.

［9］姜建芳.西门子 S7－300/400 PLC 工程应用技术［M］.北京：机械工业出版社,2012.

［10］西门子公司,Weigmann Josef,Kilian Gerhard.西门子 PROFIBUS 工业通信指南［M］.闫志强译.北京：人民邮电出版社,2007.

［11］刘明烈,胡毅,于东.工业控制网络的研究现状及发展趋势［J］.计算机科学,2010(1)：23－27.

［12］高鸿斌,孔美静,赫孟合.西门子 PLC 与工业控制网络应用［M］.北京：电子工业出版社,2006.

［13］Pigan Raimond,Metter Mark.西门子 PROFINET［M］.汤亚锋译.北京：人民邮电出版社,2007.

［14］向晓汉,王宝银.三菱 FX 系列 PLC 完全精通教程［M］.北京：化学工业出版社,2012.

［15］公利滨,张智贤,杜洪越.欧姆龙 PLC 培训教程［M］.北京：中国电力出版社,2012.

［16］王德吉.罗克韦尔 PLC 控制技术［M］.北京：机械工业出版社,2015.

［17］刘金保.定距桨侧推控制系统设计［D］.镇江：江苏科技大学,2012.

［18］王瑞云.基于 PLC 控制的船用泵组的自动切换系统分析［J］.船海工程,2012(6)：59－61.

［19］潘晓飞,冯腾飞.基于 PLC 的船舶辅锅炉控制系统的设计［J］.机电工程技术,2013(1)：49－54.

［20］赵晓玲.SIMOS IMAC 55 机舱监视报警控制系统分析［J］.青岛远洋船员学院学报,

2002(2)：43-46.

[21] 刘国平,单海校. PLC 在船舶锅炉控制系统中的应用[J]. 船电技术,2006(1)：
33-35.

[22] 赵殿礼,吴浩峻,张春来. PLC 技术在船舶辅锅炉自动控制系统中的应用[J]. 航海技
术,2005(2)：53-55.

[23] 黄辉,林叶春. 基于 PLC 技术的船舶艏侧推控制系统[J]. 电气自动化,2009(5)：
35-37.

[24] 柴涵. 基于 S7-200 的船舶机舱监测系统[J]. 可编程控制器与工厂自动化,2014(6)：
59-61.

[25] 曹京生. 基于 PLC 技术的内河船舶集成监控系统[J]. 中国造船,2008(S1)：
192-196.

[26] 李玲,胡燕平. 基于 PLC 的船艏侧推筒体封盖系统的控制设计[J]. 船海工程,2013
(6)：64-68.

[27] 周琴,欧阳三泰,胡俊达. PLC 控制系统自动报警程序的设计方法[J]. 机床电器,
2004(2)：37-39.

[28] 刘彪. 基于 WinCC 的环境模拟试验监控系统设计与实现[D]. 南京：南京理工大
学,2013.

[29] 郑华耀. 船舶电气设备及系统[M]. 大连：大连海事大学出版社,2005.